华 章 图 书

一本打开的书，一扇开启的门，
通向科学殿堂的阶梯，托起一流人才的基石。

Linux哲学

[美] 戴维·博特（David Both） 著

卢涛 李颖 译

机械工业出版社
China Machine Press

图书在版编目（CIP）数据

Linux 哲学 /（美）戴维·博特（David Both）著；卢涛，李颖译 . —北京：机械工业出版社，2019.9

（Linux/Unix 技术丛书）

书名原文：The Linux Philosophy for SysAdmins: And Everyone Who Wants To Be One

ISBN 978-7-111-63546-8

I. L… II. ①戴… ②卢… ③李… III. Linux 操作系统－程序设计 IV. TP316.85

中国版本图书馆 CIP 数据核字（2019）第 188820 号

本书版权登记号：图字 01-2019-0941

First published in English under the title

The Linux Philosophy for SysAdmins: And Everyone Who Wants To Be One

by David Both

Copyright © David Both, 2018

This edition has been translated and published under licence from

Apress Media, LLC, part of Springer Nature.

Chinese simplified language edition published by China Machine Press, Copyright © 2019.

This edition is licensed for distribution and sale in the People's Republic of China only, excluding Hong Kong, Taiwan and Macao and may not be distributed and sold elsewhere.

Linux 哲学

出版发行：机械工业出版社（北京市西城区百万庄大街 22 号　邮政编码：100037）

责任编辑：李忠明　　　　　　　　　　　　　责任校对：李秋荣

印　　刷：北京市荣盛彩色印刷有限公司　　　版　　次：2019 年 9 月第 1 版第 1 次印刷

开　　本：186mm×240mm　1/16　　　　　　印　　张：23.75

书　　号：ISBN 978-7-111-63546-8　　　　　定　　价：119.00 元

客服电话：（010）88361066　88379833　68326294　　投稿热线：（010）88379604

华章网站：www.hzbook.com　　　　　　　　　读者信箱：hzit@hzbook.com

我曾经是一名软件开发人员和数据库管理员，工作中接触 Linux 很多年了，对照第 1 章列出的清单，我符合其中的几条，所以我也是一名系统管理员。对一般人来说，哲学似乎是很玄的东西，在翻译本书之前，我也这么认为。但随着翻译的逐步深入，我渐渐体会到它实用的方面。任何人学习任何本领，都有一个从完全不懂到知之甚少，再到基本掌握的过程。而那些引导我们逐步前进的原则，就构成了哲学，或者理念。当然，不专门学习哲学，我们也可以达成学习的目标，但学习了哲学，并按照它的指引，我们可以少走许多弯路。

作为 20 世纪 70 年代生人，我的计算机学习之路就是从命令行开始的。所以，看到作者列举的许多例子，我深有感触。身为一个 IT 从业人员，操作命令行是最基本的技能，否则无法高效完成工作。举个例子，如果有一批文件需要按照规则改名，使用命令行可能一行即可完成，而改用图形界面手工操作，可能所需时间的倍数与文件的数量成正比，还不包括误操作可能会造成错误的情况。关于数据流和解决一种问题的多种可能性，我至今记得一位同事把 nc 和 tar 命令用管道结合，把我整个 ftp 个人目录从一台服务器迅速移动到了另一台，而我如果用 ftp 客户端操作，因为有的客户端不支持两台服务器间的传输，会需要额外的空间和多出几倍的时间。

本书还涉及良好工作习惯的养成。编写代码，书写文档并按照规则命名，便于理解和维护程序。而按照标准保存文件，我们就可以在固定的位置取得想要的东西。这些都有利于正确而高效地工作。

我自己也有把需要多次重复操作的步骤编成程序的习惯，我也欣赏绝妙的代码，我还用论坛发帖这种形式给技术社区做贡献。而这一切都在 ITPUB 的 SQL 大赛中融合到了一起。我和其他几位版主负责出题、制定规则、评分。我负责客观分，比如代码的长度、结果的正确性和执行时间，我编写了一个 PL/SQL 脚本，用几种测试用例来验证选手的代码，并在最后输出一个统计表，这极大地提高了比赛的打分效率，也减少了我自己的工作量，从而能够把更多时间用在体会印象深刻的优秀作品上，这样我自己也获得了提升。

工作做得多了，我们自己也慢慢总结出一套原则，其中大部分和本书中的哲学是吻合的，而另一些原则我们没有意识到，是因为我们没有接触到这些方面，比如本书提到的将硬盘检查和防火墙告警信息进行总结发送到邮箱。我们需要开拓视野，以便从别人的经验中学到将来我们可能面对的问题的对策。因为讲述重点在于哲学，本书对命令的解释点到即止，若要深入研究可阅读作者推荐的其他参考书。

书中关于如何与人协作的内容也很好，系统管理员并不只是对机器负责，还需要满足各种人群的需求。这对我们技术人员是一种鞭策，作者通过亲身经历的案例，鞭策我们克服自身弱点，达到更高的境界。

正如作者说的，写作不是单枪匹马的行动，翻译也是如此。本书翻译完成，离不开大家的帮助。

感谢华章公司刘锋编辑信任我，把这本书交给我翻译。感谢我的同事们，在工作中教给我许多 IT 知识。感谢家人，你们辛勤劳动，使我能专心投入这本书的翻译。卢令一，这本书是送给你的。

卢涛

David Both 是一位开源软件和 GNU/Linux 的倡导者、培训师、作家和演讲人。他从事 Linux 和开源软件工作已有 20 余年，从事计算机工作已超过 45 年。他在 IBM 工作了 21 年，并于 1981 年在佛罗里达州博卡拉顿担任课程开发员，为第一台 IBM PC 编写了培训课程。他曾在 Red Hat 教过 RHCE 课程，曾在 MCI Worldcom、思科和北卡罗来纳州工作过。在离开 IBM 后，他在工作的大多数地方都教过 Linux 课程，包括午餐讲座和完整的五天课程。

David 非常喜欢购买配件和从头开始组装自己的计算机，以确保每台新计算机都符合他的严格规范。他最近组装的计算机配备华硕 TUF X299 主板和带有 16 个处理器核心（32 个线程）的 Intel i9 CPU 以及 64GB RAM，采用 ThermalTake Core X9 机箱。

他为包括《 Linux Magazine 》和《 Linux Journal 》在内的杂志撰写过文章，目前仍在撰写大量文章并且是 OpenSource.com 的志愿者社区版主。他特别喜欢在研究文章时学习新事物。

David 目前住在北卡罗来纳州的罗利，与非常支持他的妻子爱丽丝和一条奇特的杰克罗素救援犬在一起。David 喜欢读书、旅游、去海滩消遣，与他们的两个孩子及其伴侣还有四个孙子共度时光。

技术审阅者简介 *About the Technical Reviewer*

　　Ben Cotton 是一名受过训练的气象学家，职业是高性能计算工程师。Ben 在学术界和高性能计算方面拥有超过十年的 Linux、Windows 和 macOS 系统支持经验。Ben 和他人共同创立了一个本地技术聚会小组，他是开源计划的成员和软件自由保护协会的支持者，并曾为 Sysadvent、Opensource.com、The Next Platform 以及他在 funnelfiasco.com 的博客撰稿。

Acknowledgements 致　谢

撰写一本书不是一场单枪匹马的行动，本书也不例外。创作一本书需要一个后援队。这项工作中最重要的人就是我了不起的妻子爱丽丝，她在整个过程中一直担任我的首席后援队长。我最好的朋友，我的心上人，如果没有你的支持，我不可能完成这本书。

很多时候，出版一本书最困难的部分就是为它找到出版商。2017 年 10 月，当我去北卡罗来纳州罗利市的 All Things Open（ATO）时，我已经写了大约 20 000 字，目的是请他们帮助推荐出版商。我已经问过 Rikki Endsley 是否能帮助我，她是 Opensource.com 的聪明而有才华的社区经理和编辑，我经常向她投稿。Rikki 给了我一份简短的名单，列出了她多年来在技术出版方面认识的人，名单上有两家出版商在 ATO。非常感谢 Rikki 在我替 Opensource.com 写作的那段时间里对我的支持，她指点我找到 Apress，并成为我的知心朋友。这里还要感谢她不仅为我，也为许多替 Opensource.com 撰稿的作者当了一名出色的后援队长。

2017 年在 ATO 的第一天，我在浏览赞助商的展台时偶遇了 Apress 的开源领域高级编辑 Louise Corrigan，她的名字列在 Rikki 给我的名单上。她正在为 Apress 招募人员，当我拿起她的名片时，我对她说："我有一本书想投稿给你。"她马上表示感兴趣并告诉我她对我这本书的看法，她对此非常热心。她的热情和对我的理想不加任何改变的喜欢促使我选择了 Apress。感谢 Louise 对我和我的理想的信任。

感谢 Apress 的编辑 Nancy Chen 和 James Markham，他们从始至终都在指导我完成这本书的创作，并解答了我的许多问题。感谢你们两位帮助我完成我第一本书的撰写。

尽管这是一本关于哲学的书，但它也是一本非常有技术含量的书。作为我的技术评审人，Ben Cotton 做了出色的工作。他确保了本书实验和其他技术部分的技术准确性。当我忘记或错过一些重点时，Ben 也对需要进一步澄清的内容提出了一些很好的建议。Ben，你的贡献为本书增色许多，非常感谢你的出色工作。

我要感谢 Opensource.com 的所有编辑，感谢他们对我在那里提交的文章所做的工作以及他们用温和的方式帮助我了解编辑过程。他们还帮我提高了写作能力。谢谢你们，

Jason Hibbits、Rikki Endsley、Jen Wike Huger、Jason Baker、Bryan Behrenshausen 和 Alex Sanchez。

我还要感谢所有为 Opensource.com 做出贡献的志愿者社区版主。我们每年尽可能设法从世界各地聚会，在 ATO 总是我度过的最精彩的时刻之一。我很荣幸能加入这么优秀的人才团队，我总是能够从你们身上学到很多东西。

Contents 目　　录

第一部分 *Part 1*

导　论

本书的第一部分介绍 Unix 哲学和原始 Linux 哲学，其中后者直接源自 Unix 哲学，还会介绍 Unix 和 Linux 的开发历史与参与者，以及这些开发者是如何将起先的 Unix 哲学和后来的 Linux 哲学付诸实现的。

我制定自己的哲学的理由和动机在很大程度上是原始 Linux 哲学在应用于系统管理员时存在一些不足。

书中有一些动手实验，以实现大多数系统管理员最喜欢的学习类型——从实践中学习。第一部分将为这些实验做准备。运行实验需要 Linux 计算机应具备的一整套最低配置和一个 U 盘。

本书中的实验都设计得很简短。它们的主要目的是帮助读者理解系统管理员的 Linux 哲学。

Linux 哲学简介

Unix 哲学是造就 Unix [⊖] 独特和强大的重要组成部分。关于 Unix 哲学的文章有很多。Linux 哲学本质上与 Unix 哲学基本相同，因为它直接来自 Unix。

最初的 Unix 哲学主要面向系统开发人员。事实上，由 Ken Thompson [⊜] 和 Dennis Ritchie [⊜] 领导的 Unix 开发人员在设计 Unix 的过程中采取了一种对他们有意义的方法，他们创建规则、指导方针和程序化的方法，然后将它们设计到操作系统的结构中。这对系统开发人员来说效果很好，而且（至少部分）适用于系统管理员。在 Mike Gancarz 的优秀著作《Unix 哲学》中，他编纂了来自 Unix 操作系统创始人的指导方针集合，后来 Gancarz 先生又把它更新为《Linux/Unix 设计思想》®。

Eric S. Raymond 的另一本书《Unix 编程艺术》(The Art of Unix Programming) ® 提供了作者在 Unix 环境中编程的哲学观点。它也有点像 Unix 的发展历史，因为它是作者亲身经历和回忆的。此书也可在互联网上免费获取 ®。

我从这三本书中学到了很多东西。它们对 Unix 和 Linux 程序员都有巨大的价值。每个 Linux 程序员、系统管理员和开发运营人员都应该熟读《Linux/Unix 设计思想》以及《Unix 编程艺术》。

我持续使用计算机的时间超过了 45 年。直到我开始使用 Unix 和 Linux 并开始阅读有

⊖ https://en.wikipedia.org/wiki/Unix。

⊜ https://en.wikipedia.org/wiki/Ken_Thompson。

⊜ https://en.wikipedia.org/wiki/Dennis_Ritchie。

⊛ Mike Gancarz, Linux and the Unix Philosophy, Digital Press – an imprint of Elsevier Science, 2003, ISBN 1-55558-273-7。

⑤ Eric S. Raymond, The Art of Unix Programming, Addison-Wesley, September 17, 2003, ISBN 0-13-142901-9。

⑥ Eric S. Raymond, "The Art of Unix Programming," http://www.catb.org/esr/writings/taoup/html/。

关 Unix、Linux 和它们共有的通用哲学的一些文章及书籍时，我才理解 Linux 和 Unix 世界中的许多事情为什么会实现成现在的样子。

在撰写本书时，我已经使用 Unix 和 Linux 工作了 20 多年，作为系统管理员，Linux 哲学对我自己的效率和有效性有巨大贡献。我一直努力遵循 Linux 理念开展工作，我的经验是，不管上司（PHB，Pointy-Haired-Boss）⊖的压力多大都严格遵守它，从长远来看，这么做总会带来好处。

原始的 Unix 和 Linux 哲学适用于操作系统的开发人员。虽然系统管理员可以将许多原则应用于他们的日常工作，但仍缺少许多解决系统管理员独有问题的重要原则。

在我的 Unix 和 Linux 职业生涯中，我非常幸运能够遇到一些优秀的导师。他们帮助我树立了不怕失败的信心。因为他们总是让我自己解决我造成的问题，所以当我遭遇失败的时候，我从中学到的东西远超任务正常运行时。这些专家担任系统管理员的时间比我长许多年，他们从来没有因为失败而责备我或惩罚我——他们的信条是，"如果你失败了，你就学会了。"我学到了很多东西。他们教给我的一个重要部分是 Linux 哲学，但他们也教会了我他们自己的哲学，那些哲学有助于填补原始哲学的缺失部分。

因此，持续使用 Linux 和 Unix 的这么多年来，我已经制定了自己更直接地应用于系统管理员的日常生活和任务的哲学。我的哲学部分基于最初的 Unix 和 Linux 哲学，以及我的导师的哲学。当我决定编写自己的书，一本针对当今系统管理员需求的书时，我从这些原则开始，但随着写作的进展，这种哲学的结构和性质变得前所未有的清晰。事实证明，这种哲学与最初的 Linux 哲学有很大的不同。直到那时我才意识到我们多么需要一种专门针对系统管理员的新哲学。我把这种新哲学称为"系统管理员的 Linux 哲学"。

本书是我创造新哲学的成果，它提供了一种独特的实践方法，大家可以藉此成为更好的系统管理员。我的成长离不开社区的培养，而且它帮助我变得更加自信，我想把这本书及其揭示的哲学回馈给社区。

在本书中大部分地方会将"系统管理员的 Linux 哲学"简称为"哲学"。

1.1　我是系统管理员吗

由于本书适用于系统管理员，因此你需要了解自己承担的是否是系统管理员工作。维基百科⊜将系统管理员定义为"负责计算机系统（特别是多用户计算机，例如服务器）的维护、配置和可靠运营的人员"。根据我的经验，这个系统可以包括计算机和网络硬件、软件、机架和机箱、计算机房或空间等。

典型的系统管理员工作包括大量任务。在小型企业中，系统管理员可能负责与计算

⊖　Dilbert 漫画中的人物，原文贬义，本书统一译成中性的"上司"。——译者注
⊜　https://en.wikipedia.org/wiki/System_administrator。

机相关的所有事情。在较大的环境中，多个系统管理员可能共同负责保持运行所需的所有任务。在某些情况下，你甚至可能不知道你是系统管理员，你的经理可能只是简单地告诉你要开始维护办公室中的一台或多台计算机——这就会使你成为系统管理员，无论你喜欢与否。

术语"DevOps"用于描述以前互相独立的开发和运营人员的交集。在过去，这主要是教授系统管理员编写代码，但现在的重点转向教授程序员如何执行运营任务⊖。参与系统管理员任务使得这些人至少在部分时间内也是系统管理员。在思科工作时，我有一个 DevOps 类型的工作。部分时间我编写代码来测试 Linux 设备，其余时间我是这些经过测试的设备所在实验室中的系统管理员。在我的职业生涯中，这是一段非常有趣和有益的时间。

下面的清单可以帮助你确定自己是不是系统管理员。如果符合其中的几条，你就是一名系统管理员。

1）你认为这本书可能很有趣。

2）人们经常要求你帮助他们使用计算机。

3）每天早上检查服务器，然后再做其他事情。

4）编写 shell 脚本以自动完成简单的任务。

5）共享 shell 脚本。

6）你的 shell 脚本使用开源许可证进行许可。

7）你知道开源意味着什么。

8）你记录自己所做的一切。

9）你破解无线路由器以安装 Linux 软件。

10）你发现计算机比大多数人更容易交流。

11）你理解 :(){ :|:& };:

12）你认为命令行很有趣。

13）你想完全掌控。

14）你是 root 用户。

15）你理解应用于软件时，"免费"与"自由"之间的区别。

16）你在机架机箱中安装了计算机。

17）你将标准 CPU 冷却风扇更换为散热更多的风扇。

18）你购买配件并组装自己的计算机。

19）你为 CPU 使用液体冷却。

20）你可以在所有的东西上安装 Linux。

21）你有一个 Raspberry Pi 连接到你的电视。

⊖ Charity，Ops: It's everyone's job now（运营：现在这是每个人的工作），https://opensource.com/article/17/7/state-systems-administration。

22）你使用 Raspberry Pi 作为家庭网络的防火墙。

23）你运行自己的电子邮件、DHCP、NTP、NFS、DNS 或 SSH 服务器。

24）你破解了家用计算机，以用更快的速度更换处理器。

25）你已在计算机中升级 BIOS。

26）由于经常更换配件，因此将盖板从计算机上卸下。

27）ISP 提供的路由器处于"直通"模式。

28）你使用 Linux 计算机作为路由器。

29）其他……

明白了吧。我可以列出更多可能使你成为系统管理员的东西，但那将会有数百个条目。我相信你可以想到更适合你的东西。

1.2　哲学的结构

系统管理员的 Linux 哲学有三个层次，类似于马斯洛的需求层次[⊖]这些层次也通过逐步提高的领悟水平体现着我们的成长。

底层是基础层——担任系统管理员执行最低级的工作需要知道的基本命令和知识。中间层包含在基础层上构建，并告知系统管理员的日常任务的实用原则。顶层包含满足系统管理员的更高要求，以及鼓励并使我们能够分享知识的原则。

本书由三部分组成，分别对应哲学的三个层次，如图 1-1 所示。哲学的第一层也是最基本的一层，它奠定了基础。我们将介绍"Linux 的真相"、数据流、标准输入输出（STDIO）、转换数据流，以及"一切都是文件"的含义。随着工作的开展，我们会学到很多新命令，学到如何在简单的命令行程序中有效地使用它们，以及如何利用一切都是文件的事实。本书第二部分对这个基础层进行了详细探讨。

图 1-1　系统管理员 Linux 哲学的分层结构

然后我们开始探索哲学的中间层，在此处，功能成为我们的行动指南。为了更好地利用命令行，我们开始扩展命令行程序，以创建经过测试且可维护的 shell 程序，我们可以保存并可以重复使用甚至共享它们。我们成为"懒惰管理员"并开始自动化一切。我们适当地使用 Linux 文件系统分层结构并以公开格式存储数据。哲学的功能部分见第三部分。

⊖　Wikipedia, Maslow's hierarchy of needs（马斯洛的需求层次，将人类需求像阶梯一样从低到高按层次分为五种，分别是：生理需求、安全需求、社交需求、尊重需求和自我实现需求），https://en.wikipedia.org/wiki/Maslow%27s_hierarchy_of_needs。

在第四部分我们进入哲学的最高层——领悟层。当我们开始不仅仅只是执行系统管理员任务并完成工作时，我们对 Linux 设计的优雅性和简洁性的理解已经完善。我们开始努力优雅地完成自己的工作，保持解决方案简单，简化现有但复杂的解决方案，并创建可用且完整的文档。我们开始只是为了获得新知识而探索和实验。在领悟阶段，我们开始将知识和方法传递给那些新的专业人员，积极支持我们最喜欢的开源项目。

在现实生活中，哲学的层次很少是泾渭分明的。如何运用和应用哲学的原则可能会因环境、上司、我们的培训水平以及我们目前对哲学的理解而有所不同。

1.3　谁应该读这本书

如果你是系统管理员或有志于此职业，你应该阅读本书。如果你至少履行系统管理员的部分职责，即使这不是你的职位，你也应该阅读本书。如果你在做开发运营工作，你应该阅读本书。如果你是一台或多台 Linux 计算机的 root 用户，你应该阅读本书。如果你经常使用和喜欢命令行，你应该阅读本书。如果你认为命令行既有趣又强大，你应该阅读本书。下图中的奶牛也希望你阅读本书。

如果你想成为本领高强远超凡人的 Linux 系统管理员；如果你想成为其他人在出麻烦时转身求助的系统管理员——那么这本书适合你。

本书与学习新命令无关。相反，它讲述的是使用你应该熟悉的常见和众所周知的命令在命令行中阐明 Linux 的底层结构。可以把这本书以及你将在练习中使用的命令当作体检时医生用来揭示人体内部的工具，如 X 射线、CT 扫描和核磁共振成像。本书将展示如何使用一些简单的 Linux 命令来揭示 GNU/Linux 的底层结构。

本书旨在揭示和说明命令行的强大功能与灵活性，以及支持这些特征的设计和使用原则。了解如何从 Linux 命令行中提取最多信息可以帮助你成为更好的系统管理员。

我假设本书的读者至少有一整年的 Linux 命令行界面经验，最好是使用 bash shell，但任何 shell 都可以。你应该熟悉许多 Linux 命令。

我期望你已经知道如何使用适当的命令执行大部分的系统管理员工作，并能够进行调整以使用适当的设备。因此，当我告诉你，例如，"将 U 盘挂载在 /mnt 上"时，你明白我的意思并能够确定要挂载的设备文件，使用 mount 命令执行挂载，以及根据需要访问已挂载的设备，以便创建或查看内容。

你还应该在一台或多台 Linux 计算机上具有 root 访问权限，并且至少已执行一些系统管理员任务满六个月。如果你在家中的一台或多台计算机上安装了 Linux，则符合此要求并应阅读本书。

1.3.1　但我不满足这些要求

也许你不符合之前提出的任何要求，但无论你是想成为系统管理员还是有兴趣了解系统管理员的 Linux 哲学，都可以继续阅读本书。在这种情况下，我试图提供足够的信息，使你可以执行大多数实验。如果确实遇到问题，可与当地的 Linux 用户组联系。世界上有很多这种用户组，我发现这些用户组的成员往往非常乐于助人。

如果你有兴趣了解有关使用 Linux 命令行和学习系统管理技能的更多信息，我推荐下面三本书。当你进行本书中的实验时，它们将成为很好的参考。

1）Pro Linux System Administration; Matotek, Dennis, Turnbull, James, LIEVERDINK, PETER; Apress; ISBN 978-1-4842-2008-5。

2）Beginning the Linux Command Line; van Vugt, Sander; Apress; ISBN 978-1-4302-6829-1。

3）A Practical Guide to Linux Commands, Editors, and Shell Programming Third Edition; Sobell, Prentice Hall; ISBN 978-0-13-308504-4。

这三本书应该能够让你学习使用 Linux 命令行和系统管理。但最好的方法是尽可能多地亲自动手。

1.3.2　谁不适合读这本书

如果你只是想使用你的网络浏览器、发送电子邮件，并且可能使用 LibréOffice Writer 程序创建一些文档，并不关心 Linux 幕后发生的事情，而且是依赖他人来修复你的计算机的问题，那么本书不适合你。

如果你的唯一目的是要了解高级命令以及如何使用它们——这本身就是一个令人钦佩的目标——本书也不适合你。

1.4　Linux 的真相

Linux 命令行的惊人功能在最初引自 Unix 的以下引言中暗示了。它也适用于 Linux。

Unix 的目的并不是阻止用户做傻事，因为那样也会阻止他们做聪明的事情。

——Doug Gwyn

这句话总结了 Unix 和 Linux 最重要的事实——操作系统必须信任用户。只有通过扩展这种完全的信任度，才能让用户充分利用操作系统所能提供的全部功能。这个事实适用于 Linux，因为它作为 Unix 的直接后继者而传承。

1.5　限制性操作系统

保护用户免受其拥有的能力损害的操作系统是从下面的基本假设开始设计的，即用户不够聪明或知识不够渊博，从而无法信任他们拥有计算机实际可以提供的全部功能。这些操作系统是限制性的，并具有通过设计强制执行这些限制的用户界面——命令行和图形。这些限制性的用户界面迫使普通用户和系统管理员进入一个没有窗户的封闭房间，然后关门并将其锁上。上锁的房间阻止了他们做任何 Gwyn 先生提到的那些聪明的事情。

这种限制性操作系统的命令行界面提供相对较少的命令，对任何人可能采取的可能行为提供事实上的限制。一些用户觉得这很舒服。但有些人（包括我）不会这么认为。

1.6　Linux 是开放和免费的

Linux 从一开始就设计为开放和免费的，因为用户和系统管理员应该在自己的领域内对操作系统的所有方面进行完全访问。结果是我们可以用 Linux 做那些非常聪明的事情。开放和免费还有其他含义，例如免费 Libré 开源软件（FLOSS）和免费啤酒，但该讨论适用于其他书籍。

即使是最有经验的用户在使用 Linux 时也可能做"傻事"。我的经验是，利用开放型操作系统提供的全部功能，可以更轻松地从我自己不那么罕见的愚蠢中恢复。我发现大多数时候，几条命令就可以解决问题，甚至无须重启。有几次，我不得不切换到较低的运行级别来解决问题。只有在很少的情况下，才需要启动到恢复模式来编辑我故意损坏的配置文件，这会导致严重的问题，包括无法启动。需要了解 Linux 的基本理念、结构和技术，以便能够充分释放其能力，尤其是当事情被弄糟时。只需要对系统管理员知识有所了解，就可以充分发挥 Linux 的潜力。

1.7 真正的知识

任何人都可以记住或学习命令和程序，但死记硬背出来的东西不是真正的知识。如果没有掌握 Linux 的哲学以及在 Linux 的优雅结构和实现中体现这一点的相应知识，就不可能应用正确的命令作为工具来解决复杂的问题。我见过一些 Linux 知识渊博的聪明人却无法解决一个相对简单的问题，因为他们不了解表象下面结构的优雅。

作为系统管理员，我在许多工作中的部分责任是协助雇用新员工。我参加了许多技术面试，面试过一些通过了许多微软认证并且有漂亮简历的人。我也参加了许多寻找 Linux 技能人才的面试，但很少有应聘者获得认证。这是因为当时微软认证是最重要的，但 Linux 数据中心尚在早期发展阶段，很少有应聘者获得 Linux 认证。

我们通常在面试的一开始询问用于确定申请人知识限制的问题。然后会提出更有趣的问题，这些问题会测试他们通过问题推理找到解决方案的能力。我注意到一些非常有趣的结果。很少有 Windows 证书所有者可以通过我们提供的方案来进行推理，而很大一部分 Linux 应聘者却都可以做到这一点。

我认为上述结果部分是因为获得 Windows 证书依赖于记忆而不是实际的操作经验，还因为 Windows 是一个封闭系统，这阻碍着系统管理员真正理解它的工作原理。我认为 Linux 应聘者做得更好，因为 Linux 在多个层面上是开放的，其逻辑和原理可用于识别并解决任何问题。任何使用 Linux 一段时间的系统管理员都必须了解 Linux 的体系结构，并且在应用知识、逻辑和原理来解决问题方面拥有相当丰富的经验。

1.8 启示

本书大部分内容都是在 Linux 命令行中进行的，但这些内容与命令本身无关。在本书中，如果你知道如何阐明 Linux 的底层结构之美，就可以用命令作为工具来展示这种美。本书将展示如何使用这些常用命令来探索这种美，从而帮助你实现领悟。

本书中的所有命令，除了少数之外，都是你应该已经熟悉的命令。本书将使你能够使用这些常用命令来探索 Linux 的底层，并自己发现 Linux 的真相。

这会很有趣！

第 2 章 *Chapter 2*

准　备

本书定义了一种哲学，但它也旨在通过实验来阐明此哲学的实践方面。因为系统管理员是亲自动手执行任务的人群，本书提供了许多简单的实验，可以执行这些实验，以便更充分地欣赏和理解这种哲学。大多数实验通常由单行 bash shell 命令或程序组成，但有些实验使用了多行命令。

本章将讲述关于这些实验要求的更多内容。它会描述应用这些实验的 Linux 计算机的最佳配置，还会提供准备 U 盘以用于某些实验的方法。

2.1　实验

作为一名动手操作的系统管理员，我喜欢尝试使用命令行来学习新命令和执行任务的新方法。本书的大多数实验都是我自己在探索中进行的实验，可能会做一些微小的改动以便它们适合在这里使用。

有些原则不适合进行实验。因此，并非本书中的所有原则都通过实验进行说明，但我尽可能多地安排了实验。许多实验都说明了更多的原则，而不仅仅是它们出现时所处的那个原则。

对于系统管理员来说，有必要通过实验来亲身体验这些原则，以便充分想象和欣赏它们所体现的道理。实验的目的就在于提供超越理论的机会，并以实际的方式应用这些原则。虽然为了说明特定的知识点，有些实验有点人为，但是它们仍然有效。

这些启发性的实验并没有隐藏在每一章或全书的末尾，它们都嵌入在正文中，是本书不可或缺的一部分。建议在深入阅读本书时边看书边做实验。

每个实验的命令都将显示在"实验"部分中，有时结果也显示在那里，如下所示。许多实验只需要一个命令，因此只有一个"实验"部分。有些实验可能更复杂，因此会把它们分成多个实验部分。

实验示例

这是一个实验的示例。每个实验都有说明和供你在计算机上输入的代码。

许多实验都会有像本段落这样的散文格式的一系列指令。只需按照说明进行操作即可。

1）一些实验将列出要执行的一系列步骤。

2）第 2 步。

3）等等……

你要为实验输入的代码将如本行所示。

这是实验的结束处。

大多数实验可以使用非 root 用户执行，这比以 root 身份执行更安全。但其中一些实验需要使用 root 用户执行。

这些实验在指定用于培训的计算机或虚拟机上使用时是安全的。但无论它们看起来多么温和，你都不应该将任何一个实验在生产系统上执行。

 警告 不应该使用生产计算机执行这些实验。应该使用指定用于培训的计算机或虚拟机。

有时候我想呈现有趣的代码，你不用把它作为其中某个实验的一部分。对于这种情况，我将把代码和任何支持文本放在代码示例部分中，如下所示。

代码示例

用于说明某一知识点，此代码部分请勿在任何计算机上运行。

```
echo "This is sample code which you should never run."
```

2.2 系统要求

实验需要一台安装了 Linux 的计算机。这台计算机的规格相对不重要，因为即使最差的 Linux 计算机也提供终端仿真器或控制台会话来访问命令行。为获得最佳效果，最低限度是 Intel 或 AMD 硬件，配备至少 2GB 的内存和 i3 处理器或同档次产品。在紧急时，一台使用最新版本的 Raspbian 的 Raspberry Pi 3B 也可以使用。

进行本书中实验的计算机应该有一个最新的主流发行版，如 Fedora、Ubuntu、Mint、RHEL 或 CentOS。无论使用哪种发行版都应安装 GUI 桌面并可供使用。某些实验需要在桌面上打开多个终端仿真会话。

还需要一个 U 盘，可以在其上执行一些涉及在硬盘驱动器上读取和写入数据的更危险的实验。U 盘是包含旋转磁盘和移动磁头的硬盘驱动器的一个合适的替代品，并且其工作方式与硬盘完全相同。

我强烈建议你使用未用于其他任何任务的主机，例如指定用于培训的系统，或运行在 VirtualBox 等免费开源软件上的虚拟机，以安装 Linux 并执行这些实验。这将显著降低损坏生产计算机的可能性。

你应该在用于这些实验的计算机或虚拟机上具有 root 访问权限，否则无法执行某些实验。书中会指明哪些实验需要 root 访问权限。

你应该使用诸如"student"账户之类的账户来尝试大多数实验。这进一步降低了损坏自己文件的危险。事实上，大多数实验都假设你以非特权用户，即 student 身份登录。

 不要在生产系统上执行本书中提供的实验。

2.2.1　如何访问命令行

所有现代主流 Linux 发行版都至少提供三种访问命令行的方法。

如果你使用图形桌面，大多数发行版都配有多个终端模拟器供你选择。我更喜欢 Krusader 和 Tilix，读者可以自行选择终端模拟器。

Linux 还提供了多个虚拟控制台的功能，允许从单个键盘和监视器进行多次登录。虚拟控制台可以在没有 GUI 桌面的系统上使用，也可以在具有 GUI 桌面的系统上使用。

每个虚拟控制台都被分配了与控制台编号对应的功能键。因此 vc1 将被分配给功能键 F1，依此类推。切换到这些会话很容易。在计算机上，你可以按住 Ctrl 和 Alt 键，然后按 F2 切换到 vc2。然后按住 Ctrl 和 Alt 键并按 F1 切换到 vc1 和图形界面。

在 Linux 计算机上访问命令行的最后一种方法是通过远程登录。Secure Shell（SSH）是最常用的远程访问方法。

如果无法用本地访问的计算机来运行这些实验，但可以访问远程计算机，则可以通过 SSH 连接到该计算机以运行实验。某些实验需要多次登录。

在第 7 章中我们将详细介绍终端仿真器和控制台会话。

2.2.2　创建 student 用户

作为 root 用户，你应该在计算机上创建一个新用户，这个用户将使用用户 ID"student"（不含引号）进行这些实验。将密码设置为你可以记住的比较安全的密码。

准备 2-1

输入以下命令以创建 student 用户并指定密码。

```
[root@testvm1 ~]# useradd -c "Student User" student
[root@testvm1 ~]# passwd student
Changing password for user student.
New password: <Enter password>
Retype new password: <Enter password again>
passwd: all authentication tokens updated successfully.
```

2.2.3 准备 U 盘

选择没有其他任何用途的 U 盘执行实验。在其上重新创建分区和文件系统，以便在完成后再次使用它。

我用的是旧的容量 64MB 的旧 U 盘。你可以使用手头上的任何容量的小巧的 U 盘。

准备 2-2

准备 U 盘用于这些实验。

1）在计算机上打开终端会话，然后以 root 用户身份登录。

2）将 U 盘插入 Linux 计算机的 USB 插槽中。

3）使用 dmesg 命令确定内核分配给 U 盘的设备文件。它可能类似于 /dev/sdb。dmesg 输出应至少显示一个分区 /dev/sdb1。驱动器号——在此示例中为 b，在你的 Linux 计算机上可能是另一个字母。

小心 如果在命令中指定了错误的设备，以下步骤可能会导致生产系统上的数据被完全销毁。务必使用非生产系统进行此实验。

4）将驱动器的分区安装在 /mnt 上。

5）将当前工作目录（PWD）更改为 /mnt。

6）删除任何预先存在的文件。

7）输入并运行以下命令以在驱动器上创建包含内容的一些文件。

```
for I in 0 1 2 3 4 5 6 7 8 9 ; do dmesg > file$I.txt;done
```

8）验证驱动器上现在至少有 10 个文件，文件名为 file0.txt 到 file9.txt。

9）将 PWD 更改为 root 的主目录。

10）卸下 U 盘，然后将其从计算机中拔出，直至需要它为止。

现在可以在实验中使用这个 U 盘了。

2.3 实验不起作用怎么办

这些实验都被独立设计，并且不依赖于任何设置（除了 U 盘）或先前执行的实验的结果。某些 Linux 实用程序和工具必须存在，但这些应该都可以在标准的 Fedora Linux 工作站安装或任何其他主流通用发行版中使用。

因此，所有这些实验都应该"正常工作"。当某些任务失败时，按以下步骤查找问题。

1）验证是否正确输入了命令。这是我遇到的最常见的问题。

2）你可能会看到一条错误消息，指出未找到此命令。bash shell 显示错误的命令，在这里，我编造了 badcommand。然后简要介绍问题。对于缺失和拼写错误的命令，都将显示此错误消息。多次检查命令拼写和语法以验证它是否正确。

```
[student@testvm1 ~]$ badcommand
bash: badcommand: command not found...
```

3）使用 man 命令查看手册页（man 页）以验证命令的正确语法和拼写。

4）确保实际安装了所需的命令。如果尚未安装，安装它们。

5）对于要求你以 root 用户身份登录的实验，要确保已执行此操作。这些实验应该只有少数，但以非 root 用户身份执行它们将无法正常工作。

应该没有其他问题会出错——但如果你遇到无法利用这些技巧解决的问题，可通过 LinuxGeek46@both.org 与我联系，我会尽力帮助你解决问题。

第二部分 *Part 2*

基　　础

Linux 命令行有很多功能，用户可以充分利用它做许多事情。当今的图形用户界面（GUI）使得某些人无须使用命令行，对于许多只想使用一些相对简单的工具来浏览网页、使用电子邮件以及阅读或书写文档的人来说，确实如此。大多数 Linux 用户无法想象 GUI 背后隐藏的力量。然而，与其他情况相比，允许更多用户轻松访问计算机功能的 GUI 隐藏了这台计算机为我们提供的大部分功能。

有一类人特别倾向于成为命令行的主要用户：系统管理员，即负责管理系统的人员。系统管理员是命令行的最终用户，因为命令行可以直接访问全部范围的功能。

这并不是说普通的非 root 用户不使用命令行。许多人都会使用命令行，但通常是在 GUI 没有满足他们需求的能力时才这样做。大多数 Linux 发行版都有用于安装程序、管理用户和组及其权限、移动和管理文件、处理邮件、浏览网页、管理进程和 CPU 功能、限制某些用户访问系统资源，以及更多功能的图形工具。但是，如果命令行界面（CLI）的临时用户深入探索下去，他们会发现 Linux 提供了许多文本模式和命令行工具来执行可以在 GUI 中执行的每项任务和不能用 GUI 完成的许多任务，而且通常运行速度更快，功能更多。

作为系统管理员，我的需求包括功能、速度、灵活性和对操作系统的完全控制。满足所有这些需求的唯一方法是不受限制地访问 Linux 命令行，这样可以把所有这些功能和速度都显露出来。我发现自己管理任务时使用 CLI 的频率远远高于使用 GUI。这在很大程度上是因为我更喜欢 CLI，但也有许多 Linux 计算机没有安装任何类型的 GUI，甚至那些具备 GUI 的计算机在试图通过任何远程桌面工具执行远程管理时也非常慢。如果你与远程计算机的 Internet 连接速度非常快，那么这些远程 GUI 工具会很有用，但它们永远不会像老式的终端会话一样快，因为 GUI 数据的网络开销会占用大量带宽。

我并不是说我不使用 GUI 桌面而且它们"糟糕"。事实上，GUI 桌面可以提高我在 CLI 上的工作效率。我通过同时打开多个终端会话来利用 GUI 访问 CLI，从而使我能够同时访问多个 Linux 主机上的多个用户的 CLI。

我在 GUI 桌面上使用图形工具。我正在使用 LibreOffice Writer——一个功能强大的免费开源图形化文字处理程序来写作本书。我很欣赏并使用 CLI 和 GUI 来发挥各自的优势。但是，Linux 的真相是 CLI 为那些愿意使用它的人提供了最强大的功能。

本部分将介绍 Linux 系统管理员哲学的基础原则。这些原则是 Gancarz 著作中记载的 Unix/Linux 哲学原理的发展体现，我们将在这部分中看到更多基础原则。对 Unix 以及 Linux 的基本设计的哲学方法有助于实现这两个操作系统的稳定性、优雅性、简单性和强大的功能。

这不是偶然的。Linus Torvalds 起初把开发 Linux 作为业余爱好来做，但故意以 Unix 为基础来开发它。他接受了免费提供的 GNU 实用程序，然后为 Linux 重新编译它们，并将它们添加到他的操作系统中，当它们组合在一起时，被纯粹主义者称为 GNU/Linux。

任何操作系统的个性和可用性都是由设计者所做出的假设决定的。Linux 也不例外。它的设计从一开始就像 Unix 一样，Unix 开发人员已经决定 Unix 允许用户使用融入它的设计中的每一部分功能。不仅如此，他们还为用户提供了使用该功能所需的工具。毕竟，设计出一个操作系统（或者其他任何事情），然后却限制对它的使用没有意义。GNU/Linux 是 Free Libre 开源软件（FLOSS），在其理念和实现方面与 Unix 非常相似。

　　由于它们对 Linux 个性的重要性和广泛影响，我在本书中花费了大量文字来解释这些基础原则，并通过动手实验来说明它们。我相信，只有对这些原则有了坚实的理解，才能理解功能原则，才能更加完全地实现它们对系统管理员的日常任务的适用性。

数 据 流

Linux 中的所有内容都围绕着数据流（特别是文本流）展开。

我最近使用 Google 搜索 "数据流"，大多数热门内容都涉及处理单个实体（如流媒体视频和音频）中的大量流数据，或由大量个别交易组成的金融机构处理流程。这些都不是我们要在这里讨论的数据流，虽然它们的概念是相同的，并且可以说当前的应用程序正是使用 Linux 的流处理功能作为处理许多数据类型的模型。

在 Unix 和 Linux 世界中，流是指源自某个来源的流文本数据，流可以流动到一个或多个以某种方式对其进行变换的程序，然后它可以存储在文件中或显示在终端会话中。系统管理员的工作与操纵这些数据流的创建和流动密切相关。本章将探讨数据流——它们是什么，如何创建它们，以及它们的一些用法。

3.1 文本流——通用接口

使用标准输入 / 输出（STDIO）进行程序输入和输出是 Linux 工作方式的关键基础之一。STDIO 最初是为 Unix 开发的，从那时起它已经进入大多数其他操作系统，包括 DOS、Windows 和 Linux。

> 这就是 Unix 的哲学：编写程序，让它只做一件事并且做好。编写程序以协同工作。编写程序来处理文本流，因为这是一个通用接口。
>
> ——Doug McIlroy，Unix 哲学基础⊖⊖

⊖ Eric S. Raymond, The Art of Unix Programming（Unix 编程艺术），http://www.catb.org/esr/writings/taoup/html/ch01s06.html。

⊖ Linuxtopia, Basics of the Unix Philosophy（Unix 哲学基础），http://www.linuxtopia.org/online_books/programming_books/art_of_unix_programming/ch01s06.html。

STDIO 由 Ken Thompson ⊖开发，作为在早期版本的 Unix 上实现管道所需的基础结构的一部分。实现 STDIO 的程序使用标准化的文件句柄，而不是存储在磁盘或其他记录介质上的文件来进行输入和输出。STDIO 最好被描述为缓冲的数据流，其主要功能是将数据从一个程序、文件或设备的输出，用流的方式传输到另一个程序、文件或设备的输入。

3.2　STDIO 文件句柄

STDIO 数据流有三种，每种数据流都在那些使用 STDIO 的程序启动时作为文件自动打开。每种 STDIO 数据流都与一个文件句柄相关联，文件句柄只是一组描述文件属性的元数据。文件句柄 0、1 和 2 按照约定及长期实践分别显式定义为 STDIN、STDOUT 和 STDERR。

STDIN，文件句柄 0，是标准输入，通常从键盘输入。STDIN 可以从任何文件重定向，包括设备文件而不是键盘。重定向 STDIN 比 STDOUT 或 STDERR 更不常见，但它可以很容易地完成。

STDOUT，文件句柄 1，是标准输出，默认情况下将数据流发送到显示器。通常将 STDOUT 重定向到文件或将其传送到另一个程序以进行进一步处理。

STDERR 与文件句柄 2 相关联，STDERR 的数据流通常也会发送到显示器。

如果将 STDOUT 重定向到文件，则 STDERR 将继续显示在屏幕上。这确保了当数据流本身没有显示在终端上时，STDERR 仍然显示在终端上，从而确保用户可以看到程序执行导致的任何错误。STDERR 也可以重定向到相同的文件或传递给管道中的下一个转换器程序。

STDIO 实现为 C 库，可以将 stdio.h 包含在程序源代码中，以便它可以被编译进生成的可执行文件中。

3.3　生成数据流

大多数核心实用程序（Core Utility）都使用 STDIO 作为其输出流，而那些生成数据流而不是以某种方式转换数据流的程序，可用于创建我们将用于实验的数据流。数据流可以短至一行甚至一个字符，只要符合需要⊖。

让我们尝试第一个实验并创建一个简短的数据流。

⊖　Wikipedia, Ken Thompson, https://en.wikipedia.org/wiki/Ken_Thompson。

⊖　例如，从特殊设备文件 random、urandom 和 zero 取得的数据流可以永久地继续下去，直到遇到某种形式的外部终止，例如用户输入 Ctrl-C、到达命令的参数限制或系统出故障时才会停止。

实验 3-1

以用户 "student" 的身份登录你用于这些实验的主机。如果你已登录 GUI 桌面会话，启动你喜欢的终端模拟器，如果你已登录到其中一个虚拟控制台或终端模拟器，则表示你已准备就绪。

使用下面显示的命令生成数据流。命令以粗体显示。

```
[student@f26vm ~]$ ls -la
total 28
drwx------   3 student student 4096 Oct 20 01:25 .
drwxr-xr-x. 10 root    root    4096 Sep 21 10:06 ..
-rw-------   1 student student 1218 Oct 20 20:26 .bash_history
-rw-r--r--   1 student student   18 Jun 30 11:57 .bash_logout
-rw-r--r--   1 student student  193 Jun 30 11:57 .bash_profile
-rw-r--r--   1 student student  231 Jun 30 11:57 .bashrc
drwxr-xr-x   4 student student 4096 Jul  5 18:00 .mozilla
```

此命令的输出是一个简短的数据流，它显示在你登录的 STDOUT、控制台或终端会话上。

在第 4 章，我们将这样的 STDOUT 数据流传输到某些转换器程序的 STDIN，以便对流中的数据执行某些操作。目前，我们只是生成数据流。

一些 GNU 核心实用程序专门用于生成数据流。

实验 3-2

yes 命令生成一个连续的数据流，该数据流由重复的数据字符串组成，此数据字符串以参数方式提供。生成的数据流将一直继续下去，直到它被 Ctrl-C 中断为止，Ctrl-C 在屏幕上显示为 ^C。

输入如下所示的命令，让它运行几秒钟。当你看厌了同一串数据不停滚动时，按 Ctrl-C。

```
[student@f26vm ~]$ yes 123465789-abcdefg
123465789-abcdefg
123465789-abcdefg
123465789-abcdefg
123465789-abcdefg
123465789-abcdefg
123465789-abcdefg
123465789-abcdefg
1234^C
```

你可能会问，"这证明了什么？"这只是说明能用很多方法创建可能有用的数据流。例如，在使用 fsck 程序修复硬盘驱动器上的问题的过程中，你可能希望对来自此程序的看似无休止的输入请求自动给出 "y" 响应。该解决方案可以节省大量按下 "y" 键的操作。

要查看 yes 如何生成一串 "y" 字符，可以在没有字符串参数的情况下再次尝试 yes 命令，如实验 3-2 所示，会获得一串 "y" 字符作为输出。

```
[student@f26vm ~]$ yes
y
y
y
y
y
y
y
^C
```

现在，即将介绍的是你绝对不应该尝试的东西。以 root 身份运行时，rm * 命令将删除当前工作目录（pwd）中的每个文件——但它会要求为每个文件输入 "y" 以验证你确实要删除此文件。这意味着更多按键操作。

目前还没有谈过管道，但作为一个系统管理员，或者一个想成为系统管理员的人，你应该已经知道如何使用它们。下面的 CLI 程序将通过管道为每个 rm 命令请求都提供 "y" 响应，并将删除所有文件。

```
yes | rm *
```

 警告　不要运行此命令，因为它将删除当前工作目录中的所有文件。

当然你也可以使用 rm -f *，它也会强行删除 PWD 中的所有文件。-f 表示 "强制" 删除。这也是你绝不会做的事情。

3.4　使用 "yes" 来检验一个理论

使用 yes 命令的另一个选择是使用包含一些任意且非常无关的数据的文件来填充一个目录，以便填满此目录。我已经使用这种技术来测试当特定目录变满时 Linux 主机会发生什么情况。我使用这种技术的特定情况是，我正在测试一个理论，因为客户遇到了问题，无法登录到他们的计算机。

 注意　我在这一系列实验中都假设 U 盘在 /dev/sdb 上，其分区是 /dev/sdb1——就像它在我的虚拟机上一样，务必验证此设备已分配在你的计算机上，因为它可能会有所不同。根据你的具体情况使用正确的设备文件⊖。

⊖　我们将在第 5 章中了解有关设备文件和 /dev 目录的更多信息。

实验 3-4

此实验应该以 root 身份执行。

为了防止填充 root 文件系统，此实验将使用你应该事先准备好的 U 盘。此实验不会影响设备上的现有文件。

准备好 U 盘。

1）现在将 U 盘插入计算机上的一个 USB 插槽中。

2）使用 dmesg 命令查看有关 U 盘的信息并确定其分配的设备文件。它应该是 /dev/sdb 或类似的东西。请务必使用适用于你的设备的正确设备文件。

3）安装 U 盘文件系统分区 /dev/sdb1（在我的系统上，挂载在 /mnt 上）。

4）执行下面以粗体显示的命令。由于页面的宽度有限，这里显示的一些结果已经折行，但你明白我的意思的。

根据 USB 文件系统的大小，填充它的时间可能会有所不同，但应该非常快。

```
[root@testvm1 ~]# yes 123456789-abcdefgh >> /mnt/testfile.txt
yes: standard output: No space left on device
[root@testvm1 ~]# df -h /mnt
Filesystem              Size  Used Avail Use% Mounted on

/dev/sdb1               62M   62M  2.0K 100% /mnt
[root@testvm1 ~]# ls -l /mnt
total 62832
-rwxr-xr-x 1 root root     37001 Nov  7 08:23 file0.txt
-rwxr-xr-x 1 root root     37001 Nov  7 08:23 file1.txt
-rwxr-xr-x 1 root root     37001 Nov  7 08:23 file2.txt
-rwxr-xr-x 1 root root     37001 Nov  7 08:23 file3.txt
-rwxr-xr-x 1 root root     37001 Nov  7 08:23 file4.txt
-rwxr-xr-x 1 root root     37001 Nov  7 08:23 file5.txt
-rwxr-xr-x 1 root root     37001 Nov  7 08:23 file6.txt
-rwxr-xr-x 1 root root     37001 Nov  7 08:23 file7.txt
-rwxr-xr-x 1 root root     37001 Nov  7 08:23 file8.txt
-rwxr-xr-x 1 root root     37001 Nov  7 08:23 file9.txt
-rwxr-xr-x 1 root root  63950848 Dec  7 13:16 testfile.txt
```

你的结果可能会有所不同，但肯定与上述相似。

务必查看引用 /dev/sdb1 设备的 df 输出中的行。这表明使用了此文件系统的 100%空间。

现在从 /mnt 中删除 testfile.txt 并卸载此文件系统。

我在我的一台计算机的 /tmp 目录中使用了实验 3-4 中的简单测试，作为我用来确定客户问题的测试的一部分。在 /tmp 填满之后，用户无法再登录到 GUI 桌面，但他们仍然可以使用控制台登录。这是因为登录到 GUI 桌面会在 /tmp 目录中创建文件，而那里没有剩余空间，因此登录失败。控制台登录不会在 /tmp 中创建新文件，因此登录成功。我的客户没有尝试登录到控制台，因为他们不熟悉 CLI。

在我自己的系统上进行测试验证后，我使用控制台登录客户主机，发现一些大文件占用了 /tmp 目录中的所有空间。我删除了这些文件并帮助客户确定了产生它们的原因，因此我们能够防止再发生这种事情。

3.5 探索 U 盘

为了尽可能安全，使用之前准备的 U 盘进行一些探索。在本实验中，我们将介绍一些文件系统结构。

从简单的 dd 命令开始。官方称为"磁盘转储"（disk dump），许多系统管理员称它为"磁盘毁灭者"（disk destroyer）是有充分理由的。许多人无意中使用 dd 命令破坏了整个硬盘驱动器或分区内容。这就是我们将使用 U 盘执行这些实验的原因。

dd 命令是一个功能强大的工具，它允许我们使用任何文件或设备（如硬盘驱动器、磁盘分区、RAM 内存、虚拟控制台、终端仿真会话、STDIO 等）作为源和目标生成数据流。由于 dd 命令不会修改这些数据流，因此它允许我们访问原始数据，以便我们可以查看和分析它。

由 dd 生成的数据流可以用于许多不同的目的，具体详见以下一系列实验。

实验 3-5

没有必要为此实验挂载 U 盘，事实上，如果你没有挂载设备，这个实验会更令人印象深刻。如果 U 盘当前已挂载，请将其卸载。

以 root 身份登录终端会话。

作为终端会话中的 root 用户，使用 dd 命令查看 U 盘的引导记录，假设它已分配给 /dev/sdb 设备。bs= 参数只是指定块大小，而 count= 参数指定要转储到 STDIO 的块数，of= 参数指定数据流的来源，在本例中为 U 盘。

```
[root@f26vm ~]# dd if=/dev/sdb bs=512 count=1
•>•MSWIN4.1P•} •••)L•ONO NAME      FAT16   •}•3•••{••x•vVU•"•~•N•
•••|•E••F•E••8f$|•r<•F••fFVF•PR•F•V•• •v••^
•H••F•N•ZX••••rG8-t•
V•v>•^tJNt
••F•V••S••[r•?MZu•••BJu••pPRQ••3•v••vB•••v••V$•••••••t<•t       ••••}•
•}••3••^••D•••}•}••r••HH•N        /
•YZXr   @uB^
•••'
Invalid system disk•
Disk I/O error•
Replace the disk,!••U•
```

```
1+0 records in
1+0 records out
512 bytes copied, 0.0116131 s, 44.1 kB/s
```

这将打印引导记录的文本，这是磁盘上的第一个块，任何磁盘都是这样。在这个示例中有关于文件系统和分区表的信息，文件系统信息以二进制格式存储，因此不可读。但是，如果这是一个可引导设备，GRUB 的第一阶段或其他一些引导加载程序将位于此扇区中。我在引导记录本身之后添加了几个换行符，以便区分扇区中数据的结束和 dd 命令本身打印的信息。最后三行包含有关处理的记录数和字节数的数据。

现在在第一个分区的第一个记录上做同样的实验。

实验 3-6

仍应插入和卸载 U 盘，仍应以 root 用户身份登录。

运行以下命令。

```
[root@f26vm ~]# dd if=/dev/sdb1 bs=512 count=1
●<●mkfs.fat●|●●)●GR●NO NAME     FAT16   ●[|●"●t
                              V●●●^●●2●●●●●This is not
a bootable disk.  Please insert a bootable floppy and
press any key to try again ...
U●1+0 records in
1+0 records out
512 bytes copied, 0.0113664 s, 45.0 kB/s
```

此实验显示引导记录与分区的第一个记录之间存在差异。它还显示 dd 命令可用于查看分区中的数据，也可以查看磁盘本身的数据。

我们来看看 U 盘上还有什么。取决于用于这些实验的 U 盘的具体情况，可能会有不同的结果。我会告诉你我做了什么，如果有必要，你可以修改它以达到预期的效果。

我们要做的是使用 dd 命令找到在 U 盘上创建的文件的目录条目，然后找到一些数据。如果对元数据结构有足够的了解，可以直接解读它们，以在驱动器上找到这些数据的位置，不了解则不得不持续地打印数据，直到找到我们想要的内容为止。

因此，我们可以从所知道的事情开始，然后使用一些技巧来处理。我们知道，在 U 盘准备期间创建的数据文件位于设备的第一个分区中。因此，我们不需要搜索引导记录和第一个分区之间的空间，其中包含大量空白。至少这是它应该包含的内容。

从 /dev/sdb1 的开头开始，一次查看几个数据块以找到我们想要的内容。实验 3-7 中的命令与前一个实验中的命令类似，只是指定的要查看的数据块稍微多一些。如果你的终端不足以同时显示所有数据，则可能必须指定更少的块，或者可以通过 less 实用程序用管道传输数据并使用它来对数据分页。无论哪种方式都有效。切记，我们以 root 用户身份执行所有操作，因为非 root 用户没有所需的权限。

实验 3-7

输入与上一个实验相同的命令，但将显示块数增加为 10，以显示更多数据，如下所示。

```
[root@f26vm ~]# dd if=/dev/sdb1 bs=512 count=10
•<•mkfs.fat•|••)•GR•NO NAME      FAT16     •[|•"•t
                                       V•••^••2••••••This is not a
bootable disk.  Please insert a bootable floppy and
press any key to try again ...
U•••••

•• !"#$%&'(••*+,-./0123456789:;••=>?@ABCDEFGHIJKLMN••PQRSTUVWXYZ[\]
^_`a••cdefghijklmnopqrst••vwxyz{|}~••••••••••••••••••••••••••••••••
••••••••••••••••••••••••••••••10+0 records in
10+0 records out
5120 bytes (5.1 kB, 5.0 KiB) copied, 0.019035 s, 269 kB/s
```

这里没有太多不同，但让我们看得更深入一点。

让我们看看 dd 命令的一个新选项，它给了我们更多的灵活性。

实验 3-8

我们仍然希望一次显示大约 10 个数据块，但不想在分区的开头开始，想跳过已经看过的块。

输入以下命令并添加 skip=10 参数，该参数将跳过前 10 个数据块并显示接下来的 10 个数据块。

```
[root@f26vm ~]# dd if=/dev/sdb1 bs=512 count=10 skip=10
10+0 records in
10+0 records out
5120 bytes (5.1 kB, 5.0 KiB) copied, 0.01786 s, 287 kB/s
```

我们在实验 3-8 中看到分区的第二个 10 块是空的。它们包含空值，因为它们是空的（没有内容），所以不打印。我们可以继续在分区的开头跳过越来越多的块，或者在 count 和 skip 参数中使用更大的增量，例如 20 和 20，但是我希望能节省你一些时间。我发现如果跳过 250 块，会显示目录条目。如果你的 U 盘大小不同或格式不同，可能不是这种情况，但它应该是一个好的起点。

实验 3-9

现在输入 dd 命令并跳过 250 个块。

```
[root@f26vm ~]# dd if=/dev/sdb1 bs=512 count=10 skip=250
Afile0•.txt••••••FILE0    TXT •jgKgK•jgK••Afile1•.txt••••••FILE1TXT
•jgKgK•jgK••Afile2•.txt••••••FILE2    TXT •jgKgK•jgK)••Afile3•.txt••••••FILE3
TXT •jgKgK•jgK<••Afile4•.txt••••••FILE4    TXT •jgKgK•jgKO••Afile5•.txt••••••FILE5
TXT •jgKgK•jgKb••Afile6A.txt••••••FILE6    TXT •jgKgK•jgKu••Afile7E.txt••••••FILE7
```

```
TXT •jgKgK•jgK•••Afile8•.txt••••••FILE8    TXT •jgKgK•jgK•••Afile9M.txt••••••FILE9
TXT •jgKgK•jgK•••10+0 records in
10+0 records out
5120 bytes (5.1 kB, 5.0 KiB) copied, 0.0165904 s, 309 kB/s
```

如果在第一次尝试时没有看到类似于上面所示的目录，请尝试更改要跳过的块数并再次运行实验。我们的技术评审员确实找到了目录，但使用了不同的跳过块数。

此命令的输出显示 /dev/sdb1 分区的目录中包含的数据。这表明目录只是分区上的数据，就像任何其他数据一样。

跳过 500 个块会显示其中一个文件的数据，如下面的实验 3-10 所示。

实验 3-10

这次输入 dd 命令并跳过 500 个块，块数设为 5，以便只显示 5 个块。注意，这些结果是折行的，但 dmesg 中的每一行都以时间戳开头。

```
[root@f26vm ~]# dd if=/dev/sdb1 bs=512 count=5 skip=500
msg='unit=systemd-journald comm="systemd" exe="/usr/lib/systemd/systemd"
hostname=? addr=? terminal=? res=success'
[    6.430317] audit: type=1131 audit(1509824958.916:49): pid=1 uid=0
    auid=4294967295 ses=4294967295 msg='unit=systemd-journald comm="systemd"
    exe="/usr/lib/systemd/systemd" hostname=? addr=? terminal=? res=success'
[    6.517686] audit: type=1305 audit(1509824959.007:50): audit_enabled=1
    old=1 auid=4294967295 ses=4294967295 res=1
[    6.665314] audit: type=1130 audit(1509824959.154:51): pid=1 uid=0
    auid=4294967295 ses=4294967295 msg='unit=systemd-journald comm="systemd"
    exe="/usr/lib/systemd/systemd" hostname=? addr=? terminal=? res=success'
[    6.671171] audit: type=1130 audit(1509824959.160:52): pid=1 uid=0
    auid=4294967295 ses=4294967295 msg='unit=kmod-static-nodes
    comm="systemd" exe="/usr/lib/systemd/systemd" hostname=? addr=?
    terminal=? res=success'
[    6.755493] audit: type=1130 audit(1509824959.244:53): pid=1 uid=0
    auid=4294967295 ses=4294967295 msg='unit=systemd-sysctl comm="systemd"
    exe="/usr/lib/systemd/systemd" hostname=? addr=? terminal=? res=success'
[    9.782860] RAPL PMU: hw unit of domain pp0-core 2^-0 Joules
[    9.783651] RAPL PMU: hw unit of domain package 2^-0 Joules
[    9.784427] RAPL PMU: hw unit of domain pp1-gpu 2^-0 Joules
[    9.785611] ppdev: user-space parallel port driver
[    9.948408] Adding 4177916k swap on /dev/mapper/fedora_f26vm-
    swap.  Priority:-1 extents:1 across:4177916k FS
[   10.082485] snd_intel8x0 0000:00:05.0: white list rate for 1028:0177 is 48000
[   10.441113] EXT4-fs (sda1): mounted filesystem with ordered data mode.
    Opts: (null)
[   11.456654] kauditd_printk_skb: 15 callbacks suppressed
[   11.457548] audit: type=1130 audit(1509824963.942:69): pid=1 uid=0
```

```
    auid=4294967295 ses=4294967295 msg='unit=lvm2-pvscan@8:2 comm="systemd"
    exe="/usr/lib/systemd/systemd" hostname=? addr=? terminal=? res=success'
[   11.523286] audit: type=1130 audit(1509824964.012:70): pid=1 uid=0
    auid=4294967295 ses=4294967295 msg='unit=systemd-fsck@dev-mapper-fedora_
    f26vm\x2dhome co5+0 records in
5+0 records out
2560 bytes (2.6 kB, 2.5 KiB) copied, 0.0223881 s, 114 kB/s
```

我不知道数据来自哪个文件。如果真的想知道，是可以弄明白的，但对于本书的目的而言，这不必要。注意，目录和文件本身的位置可能在你的驱动器上有所不同，可能需要搜索一下才能找到它们（它们在我的设备上的位置就是这里）。

一定要花些时间自己探索 U 盘的内容。你可能会对所发现的东西感到惊讶。

3.6　随机流

事实证明，随机性是计算机中一种理想的东西。系统管理员可能希望生成随机数据流的原因有很多。从其他来源（如硬盘驱动器分区等文件或设备）生成的数据流会包含黑客可用于获取私人或机密数据的非随机数据。使用保证随机的数据流提供了更安全的替代方案。

随机数据流有时可用于覆盖完整分区的内容，例如 /dev/sda1，甚至是 /dev/sda 中的整个硬盘驱动器。

虽然删除文件似乎是永久性的，但事实并非如此。有许多取证工具，经过培训的取证专家可以使用这些工具轻松恢复据称已被删除的文件。恢复已被随机数据覆盖的文件要困难得多。我经常需要删除硬盘驱动器上的所有数据，而且要覆盖它，以便它无法恢复。这样做是为了保护那些把旧计算机"赠送"给我使用以便重复使用或回收的客户和朋友。

无论最终发生在计算机上的是什么，我都会向捐赠计算机的人承诺，我将从硬盘驱动器中清除所有数据。我从计算机中取出驱动器，将它们放入我的插入式硬盘驱动器扩展坞，并使用类似于实验 3-11 中的命令来覆盖所有数据，而不是像在这个实验中一样仅仅将随机数据倾泻到 STDOUT 就完事，我将其重定向到需要覆盖的硬盘驱动器的设备文件——但你最好不要这样做。

实验 3-11

输入此命令可将无休止的随机数据流输出到 STDOUT。

[student@testvm1 ~]$ **cat /dev/urandom**

使用 Ctrl-C 中断和停止数据流。

如果你非常偏执，可以使用 shred 命令覆盖单个文件以及分区和完整驱动器。它可以根据需要多次写入设备，让你感觉安全，使用随机数据以及专门排序的数据模式进行多次传递，以防止使用哪怕是最敏感的设备从硬盘驱动器恢复任何数据。与使用随机数据的其他实用程序一样，随机流由 /dev/urandom 设备提供。

随机数据还用作生成随机密码及随机数据和数字的程序的输入种子，以用于科学和统计计算。第 4 章将更详细地介绍随机性和其他有趣的数据源。

3.7　小结

在本章中，你了解到 STDIO 只不过是数据流。这些数据几乎可以是任何东西，包括列出目录中的文件命令的输出，或来自特殊设备（如 /dev/urandom）的无限数据流，甚至包含来自硬盘驱动器或分区的所有原始数据的流。你学习了一些不同且有趣的方法来生成不同类型的数据流，以及使用 dd 命令来探索硬盘驱动器的内容。

Linux 计算机上的任何设备都可以像数据流一样对待。你可以使用 dd 和 cat 等常规工具将数据从设备转储到可以使用其他常规 Linux 工具处理的 STDIO 数据流中。

到目前为止，除了查看它们之外，我们还没有对这些数据流做过任何事情。但是等等——还有更多！请继续阅读。

第 4 章　Chapter 4

转换数据流

本章介绍如何使用管道通过 STDIO 将数据流从一个实用程序连接到另一个实用程序。你将了解到这些程序的功能是以某种方式转换数据。你还将了解如何使用重定向方法将数据重定向到文件。

我将术语"转换"与这些程序结合使用，因为每个程序的主要任务都是按照系统管理员的预期以特定方式转换来自 STDIN 的输入数据，并将转换后的数据发送到 STDOUT 以供另一个转换器程序使用或重定向到文件。

标准术语"过滤器"（filter）意指可去除我不同意的一些内容。根据定义，过滤器是一种可以去除某些物体的装置或工具，例如空气过滤器可以去除空气中的污染物，这样汽车的内燃机就不会遭受这些微粒的磨损。在我的高中和大学化学课上，滤纸用于去除液体中的微粒。我家 HVAC（暖通空调）系统中的空气过滤器可以去除我不想呼吸到的微粒。

虽然过滤器有时会从流中过滤掉不需要的数据，但我更喜欢术语"转换器"（transformer），因为这些实用程序可以做得更多，可以将数据添加到流中，以某种惊人的方式修改数据，对数据进行排序，重新排列每行中的数据，根据数据流的内容执行操作，等等。

4.1　数据流作为原材料

数据流是核心实用程序和许多其他 CLI 工具执行其工作的原材料。顾名思义，数据流是通过 STDIO 从一个文件、设备或程序传递到另一个文件、设备或程序的数据的流。

可以通过使用管道将转换器插入流中来操纵数据流。系统管理员使用各种转换器程序对流中的数据执行某些操作，从而以某种方式改变其内容。然后，可以在管道的末尾使用重定向将数据流定向到文件。如前所述，此文件可以是硬盘驱动器上的实际数据文件，或者诸如驱动器分区、打印机、终端、伪终端之类的设备文件，或连接到计算机的任何其他设备[⊖]。

使用这些小而强大的转换器程序来操纵这些数据流，是使得 Linux 命令行界面功能如此强大的核心原因。许多核心实用程序都是转换器程序并使用 STDIO。

4.2　管道梦

管道对于我们在命令行上完成令人惊奇的事情的能力至关重要，它们是由 Douglas McIlroy [⊜]在 Unix 早期发明的。普林斯顿大学的网站上有一部 McIlroy 的访谈[⊜]片段，其中讨论了管道的创建和 Unix 哲学的起源。

注意在实验 4-1 中显示的简单命令行程序中使用了管道，实验列出每个登录用户，无论他们有多少登录活动，都显示一次。

实验 4-1

打开一个终端会话并以 student 用户身份登录，以 root 身份登录第二个终端会话。

在一行中输入下面显示的命令。

```
[student@testvm1 ~]$ w | tail -n +3 | awk '{print $1}' | sort | uniq
root
student
```

你还可以使用 sort -u 而不是 uniq 转换器来确保只打印每个登录 ID 的一个实例。可输入以下命令尝试。

```
[student@testvm1 ~]$ w | tail -n +3 | awk '{print $1}' | sort -u
root
student
```

这些命令的结果都产生两行数据，表明用户 root 和 student 都已登录。它不显示每个用户登录的次数。

实验 4-1 中的两个命令管道产生相同的结果。在此实验中至少还有一种更改命令管道的方法，同时仍然生成相同的结果。你能找到吗？可以有很多方法来完成相同的任务。没有对或错——只是不同。在我看来，使用第二种形式既简单又优雅。我们将在第 17 章和第 18 章中介绍这些属性。

管道由竖线（|）表示，是语法粘合剂、操作符，将这些命令行实用程序连接在一起。

⊖ 在 Linux 系统中，所有硬件设备都被视为文件。有关这方面的更多信息，可参阅第 5 章。
⊜ Wikipedia，Douglas McIlroy 简历，http://www.cs.dartmouth.edu/~doug/biography。
⊜ 普林斯顿大学，Douglas McIlroy 访谈，https://www.princeton.edu/~hos/frs122/precis/mcilroy.htm。

管道允许一个命令的标准输出"通过管道传输"，即从一个命令的标准输出流式传输到下一个命令的标准输入。

```
/ Pipes were invented by Doug \
\ McIlroy. Thanks, Doug.      /
 -----------------------------
      \   ^__^
       \  (oo)_____
          (__)\       )\/\
              ||----w |
              ||     ||
```

用管道连接的一串程序称为管线（pipeline），使用 STDIO 的程序正式名称为过滤器，但我更喜欢转换器这个术语。

设想如果无法将数据流从一个命令传递到下一个命令，程序将如何工作。第一个命令将对数据执行任务，然后此命令的输出必须保存在文件中。下一个命令必须从中间文件读取数据流并执行其对数据流的修改，将其自己的输出发送到新的临时数据文件。第三个命令必须从第二个临时数据文件中获取数据并执行自己对数据流的操作，然后将结果数据流存储在另一个临时文件中。在每个步骤中，必须以某种方式将数据文件名从一个命令传送到下一个命令。

我甚至不忍去想这些步骤，因为它太复杂了。记住，简单是宝贵的！

4.3 建立管线

在做一些新的事情，解决一个新问题时，我通常不只是从头开始输入一个完整的 bash 命令管线，如实验 4-1 一样。我通常从管线中的一个或两个命令开始，然后通过添加更多命令来进一步处理数据流。这使我在管线中的每个命令之后能查看数据流的状态，并在需要时进行校正。

在实验 4-2 中，你应该输入每行显示的命令并如下所示运行它以查看结果。这将让你能看到如何分阶段构建复杂的管线。

实验 4-2

输入如下每行命令。使用管道把每个新的转换器程序添加到数据流，观察数据流中的变化。对于第一遍，使用 uniq 工具。此实验的最终结果与实验 4-1 的结果相同。

```
[student@f26vm ~]$ w

[student@f26vm ~]$ w | tail -n +3
```

```
[student@f26vm ~]$ w | tail -n +3 | awk '{print $1}'

[student@f26vm ~]$ w | tail -n +3 | awk '{print $1}' | sort

[student@f26vm ~]$ w | tail -n +3 | awk '{print $1}' | sort | uniq
```

现在使用最后一个命令的替代形式。

```
[student@f26vm ~]$ w | tail -n +3 | awk '{print $1}' | sort -n
```

本实验的结果说明了管线中每个转换器程序执行后产生的数据流的变化。

利用许多个使用 STDIO 的不同程序来转换数据流可以构建出非常复杂的管线。

4.4　重定向

重定向是将程序的 STDOUT 数据流重定向到文件而不是默认目标显示器的一种功能。"大于"（>）符号，又名"gt"，是重定向的语法符号。实验 4-3 显示了如何将 df -h 命令的输出数据流重定向到文件 diskusage.txt。

实验 4-3

重定向某个命令的 STDIO 可用于创建包含该命令结果的文件。

```
[student@f26vm ~]$ df -h > diskusage.txt
```

除非出现错误，否则此命令不会向终端输出。这是因为 STDOUT 数据流被重定向到文件，STDERR 仍然被定向到 STDOUT 设备，即显示器。你可以使用如下命令查看刚刚创建的文件的内容。

```
[student@f26vm ~]$ cat diskusage.txt
Filesystem                     Size  Used Avail Use% Mounted on
devtmpfs                       2.0G     0  2.0G   0% /dev
tmpfs                          2.0G     0  2.0G   0% /dev/shm
tmpfs                          2.0G  988K  2.0G   1% /run
tmpfs                          2.0G     0  2.0G   0% /sys/fs/cgroup
/dev/mapper/fedora_f26vm-root   49G   11G   36G  24% /
tmpfs                          2.0G     0  2.0G   0% /tmp
/dev/sda1                      976M  158M  752M  18% /boot
/dev/mapper/fedora_f26vm-home   25G   45M   24G   1% /home
tmpfs                          396M     0  396M   0% /run/user/991
tmpfs                          396M     0  396M   0% /run/user/1001
```

使用">"符号进行重定向时，如果指定的文件尚不存在，则会创建此文件；如果存在，则其内容将被命令中的数据流覆盖。可以使用双大于符号">>"，将新数据流附加到文件中现有内容的后面，如实验 4-4 所示。

实验 4-4

此命令将新数据流附加到现有文件的末尾。

```
[student@f26vm ~]$ df -h >> diskusage.txt
```

可以使用 cat 和 / 或 less 来查看 diskusage.txt 文件，以验证新数据是否添加到文件末尾。

"<"（小于）符号将数据重定向到程序的 STDIN。你可能希望使用此方法将文件中的数据输入到不以文件名作为参数，但使用 STDIN 的命令的 STDIN。虽然输入源可以重定向到 STDIN，例如用作 grep 输入的文件，但通常这是不必要的，因为 grep 也使用文件名作为参数来指定输入源。大多数其他命令也将文件名作为其输入源的参数。

使用重定向到 STDIN 的一个示例是使用 od 命令，如实验 4-5 所示。-N 50 选项可防止输出没完没了。如果不使用 -N 选项来限制输出数据流，则可以使用 Ctrl-C 终止输出数据流。

实验 4-5

此实验说明了使用重定向作为 STDIN 的输入。

```
[student@f26vm ~]$ od -c -N 50 < /dev/urandom
0000000 331 203   _ 307   ]   { 335 337   6 257 347       $   J   Z   U
0000020 245  \0   `  \b   8 307 261 207   K   :   }   S   \ 276 344   ;
0000040 336 256 221 317 314 241 352   ` 253 333 367 003 374 264 335   4
0000060   U  \n 347   (   h 263 354 251   u   H   ] 315 376   W 205  \0
0000100 323 263 024   % 355 003 214 354 343   \   a 254   #   `   {   _
0000120   b 201 222   2 265   [ 372 215 334 253 273 250   L   c 241 233
<snip>
```

这个实验的输出已经缩小了字体大小，因此适合在一行显示而不折行。这样理解结果的本质要容易得多。

重定向可以是管线的源头或终点。因为重定向很少需要作为输入，所以它通常用作管线的终点。

重定向 STDERR

STDERR 用于将数据输出在 STDERR 设备上，这通常与 STDOUT 相同的终端会话，以确保显示错误消息并且可以由系统管理员查看，而不是通过管道并且可能丢失。即使 STDOUT 被重定向或通过管道传输到管线的下一级，STDERR 通常也会将数据显示在终端上。

实验 4-6 说明了 STDERR 数据流的默认行为，然后继续显示如何创建替代行为。

实验 4-6

通过在主目录中创建一些测试文件来开始这个实验。在一行中输入以下命令。

```
[student@testvm1 ~]$ for I in 0 1 2 3 4 5 6 7 8 9;do echo "This is file $I" >
file$I.txt;done
```

现在使用 cat 命令连接其中三个文件的内容。在这一点上，我们仍然预期没有任何错误，只是设置阶段。

```
[student@testvm1 ~]$ cat file0.txt file4.txt file7.txt > test1.txt
[student@testvm1 ~]$ cat test1.txt
This is file 0
This is file 4
This is file 7
```

到目前为止，一切都正常运转。现在通过指定不存在的文件来更改命令以生成简单错误。我们不指定 file4.txt，而指定 filex.txt，后者实际上不存在。

```
[student@testvm1 ~]$ cat file0.txt filex.txt file7.txt > test1.txt
cat: filex.txt: No such file or directory
[student@testvm1 ~]$ cat test1.txt
This is file 0
This is file 7
```

cat 命令生成的错误消息出现在终端上，而数据仍然重定向到 test1.txt。我们也可以将 STDERR 数据重定向到此文件。

```
[student@testvm1 ~]$ cat file0.txt filex.txt file7.txt &> test1.txt
[student@testvm1 ~]$ cat test1.txt
This is file 0
cat: filex.txt: No such file or directory
This is file 7
```

在上面的命令中，STDOUT 和 STDERR 都被重定向到文件 test1.txt。现在假设希望 STDOUT 继续发送到终端，而不关心错误消息。为此，我们将 STDERR 重定向到 /dev/null [⊖]。首先确保 test1.txt 为空，这样它就不会存储数据来混淆结果。

```
[student@testvm1 ~]$ echo "" > test1.txt
[student@testvm1 ~]$ cat test1.txt

[student@testvm1 ~]$ cat file0.txt filex.txt file7.txt 2> /dev/null
This is file 0
This is file 7
[student@testvm1 ~]$ cat test1.txt

[student@testvm1 ~]$
```

我们还可以将 STDERR 重定向到 test1.txt 文件，同时仍然将 STDOUT 发送到终端。

⊖　我们将在第 5 章中了解更多有关设备特殊文件，例如 /dev/null。

```
[student@testvm1 ~]$ cat file0.txt filex.txt file7.txt 2> test1.txt
This is file 0
This is file 7
[student@testvm1 ~]$ cat test1.txt
cat: filex.txt: No such file or directory
[student@testvm1 ~]$
```

我们也可能发现将 STDOUT 重定向到一个文件并将 STDERR 重定向到另一个文件很有用。看起来像下面的命令。

```
[student@testvm1 ~]$ cat file0.txt filex.txt file7.txt 1> good.txt 2> error.txt
[student@testvm1 ~]$ cat good.txt
This is file 0
This is file 7
[student@testvm1 ~]$ cat error.txt
cat: filex.txt: No such file or directory
[student@testvm1 ~]$
```

重定向提供的灵活性使我们能够以非常优雅的方式执行一些令人惊叹的操作。例如,我有一些脚本会产生大量输出,这使得很难确定是否发生了错误。通过将 STDOUT 重定向到一个日志文件并将 STDERR 重定向到另一个日志文件,我可以轻松确定是否存在错误,而无须在接近 1 兆字节的数据中搜索。

4.5　管线的挑战

我为 Opensource.com ⊖写了很多篇文章,几年前我向读者提出了一个将管道作为解决方案的必要组成部分的挑战赛。这是我经常使用的一个简单问题和解决方案。

4.5.1　问题

我有许多计算机都配置为将管理电子邮件发送到我自己的电子邮件账户。我在我的电子邮件服务器上配置了 procmail,将大部分管理电子邮件移动到一个文件夹中,以便轻松找到它们。在过去的几年里,我在此文件夹中收集了超过 50 000 封电子邮件。这些电子邮件包括来自 rkhunter(Rootkit hunter)、logwatch、cron 作业和 Fail2Ban 等的输出。

我感兴趣的消息来自 Fail2Ban,它是免费开源软件,动态禁止试图恶意访问我的主机(主要是 Internet 上的防火墙)的 IP 地址。Fail2Ban 通过向 IPTables 添加规则来实现此目的。每当某个 IP 地址多次尝试在 SSH 登录时失败而被禁止时,Fail2Ban 都会发送一封电子邮件。

挑战的目标是创建一个命令行程序,以计算尝试使用 SSH 访问我的主机的每个 IP 地址

⊖　http://opensource.com。

的电子邮件数。参赛者将下载从我的电子邮件客户端导出的 CSV 数据的 admin.index 文件，其中包含从电子邮件中提取的超过 50 000 个主题行。所有主题行都包含在参赛者可用的数据中，因此部分任务是仅提取与禁止的 SSH 连接相关的主题行。参与者可以使用的一小部分数据如图 4-1 所示。注意在图中有些行折行了。

规则规定命令行程序应该只有一行，并且必须使用管道将数据流从一个命令引导到下一个命令。为了获得额外的奖励，结果可能需要包括每个 IP 地址的国家名称。

```
"[Fail2Ban] SSH: banned 186.101.2.130 from wally2.","Fail2Ban
<fail2ban@example.com>","root@wally2.example.org",06/11/2015 14:59, ,
<fail2ban@example.com>","root@wally2.example.org",06/12/2015 0:10, ,
"[Fail2Ban] SSH: banned 91.200.12.21 from smwally","Fail2Ban
<fail2ban@church-ral.org>","root@smwally.church-ral.org",06/12/2015 0:31, ,
"Cron <root@david> time /usr/local/bin/rsbu -vubd1","(Cron Daemon)
<root@david1.example.org>","david@example.org",06/12/2015 1:01, ,
"Cron <root@office1> /usr/local/bin/dbu -bu","root@office1.church-ral.org
(Cron Daemon)","david@example.org",06/12/2015 1:07, ,
"Logwatch for wally1.example.org
(Linux)","logwatch@wally1.example.org","root@wally1.example.org",06/12/2015 3:11, ,
"rkhunter Daily Run on david.example.org","root
<root@david1.example.org>","root@david1.example.org",06/12/2015 3:12, ,
"rkhunter Daily Run on office1.church-ral.org","root <root@office1.church-
ral.org>","root@office1.church-ral.org",06/12/2015 3:12, ,
"Logwatch for alice1.example.org
(Linux)","logwatch@alice1.example.org","root@alice1.example.org",06/12/2015 3:48, ,
"[Fail2Ban] SSH: banned 212.118.132.162 from smwal","Fail2Ban
<fail2ban@church-ral.org>","root@smwally.church-ral.org",06/12/2015 5:04, ,
"[Fail2Ban] SSH: banned 82.187.240.70 from smwally","Fail2Ban
<fail2ban@church-ral.org>","root@smwally.church-ral.org",06/12/2015 5:12, ,
"[Fail2Ban] SSH: banned 132.248.173.10 from smwall","Fail2Ban
<fail2ban@church-ral.org>","root@smwally.church-ral.org",06/12/2015 5:22, ,
```

图 4-1　挑战赛中使用的 CSV 数据样本

4.5.2　解决方案

我们收到了来自世界各地许多国家的 Opensource.com 读者的参赛作品。有些人提交了多种解决方案，但比赛规则规定只考虑参赛者的第一个解决方案。所以一些好的参赛作品不得不被取消资格，因为它们是同一个人的第二次或第三次的参赛作品。

我自己有非常简单的解决方案，如图 4-2 所示。然而，即使我有资格，也不会成为优胜者。事实上，许多参赛作品提供了比我更好的解决方案。

```
grep -i banned admin.index | grep SSH | awk '{print $4}' | sort
-n | uniq -c | sort -n
```

图 4-2　我的解决方案

我的解决方案提供了一个 IP 地址的列表，按它在 admin.index 文件中包含的源数据条目中出现次数的多少升序排序。我的解决方案中最后的 sort 并不是赢得比赛的必要条件，但我喜欢这样做，以便看到发出最多攻击的地方。

我的解决方案产生了 5 377 行输出，因此大约有这么多个 IP 地址。但是，我的解决方案没有考虑没有 IP 地址的一些异常条目。考虑到这个挑战赛中的命令行程序的目标，我决定不指定应该生成的行数，因为这样可能限制太多并且会对条目施加不必要的约束。我认为这个决定是个好主意，因为我们收到的许多条目会产生不同的行数。因此，获胜的解决方案不需要生成与我的解决方案相同行数的数据行。

1. 第一个提交的解决方案

美国新泽西州汉密尔顿的 Michael DiDomenico 提交了比赛的第一个有效的参赛作品。我特别喜欢 Michael 使用 sort 命令来确保输出按 IP 地址顺序排序。

Michael 的参赛作品如图 4-3 所示，产生了 5 295 行输出，这与我自己的结果没有太大差别。这也是很多其他参赛作品产生的输出行数。

```
grep "SSH: banned" admin.index | sed 's/","/ /g'| cut -f4 -d" " | grep "^[0-9]"
| sort -k1,1n -k2,2 -k3,3n -k4,4n -t. | uniq -c
```

图 4-3　Michael DiDomenico 提交的参赛作品

2. 最短的解决方案

有资格获奖的最短解决方案由马德里的 España 的 Víctor Ochoa Rodríguez 提交。图 4-4 中他的 65 个字符的解决方案非常优雅，使用 egrep 仅选择包含 SSH 的行和 IP 地址，同时仅打印每一行与表达式匹配的部分。我从这个条目中了解了 -o 选项，感谢 Víctor 教给了我一些新知识。

```
egrep -o '".F.*H.*\.[0-9]+' admin.index|cut -d" "-f4|sort|uniq -c
```

图 4-4　Víctor Ochoa Rodríguez 提交的最短的解决方案

图 4-5 显示了另一个实际上比 Víctor 更短的参赛作品。Teresa e Junior 提交了一个长度为 58 个字符的参赛作品。她没有获奖（这个答案也是正确的，可能不是第一次提交），但她的解决方案至少应该在这一类别得到非正式的认可。

```
grep SSH admin.index|grep -Po '(\d+\.){3}\d+'|sort|uniq -c
```

图 4-5　Teresa e Junior 提交的最短的参赛作品

3. 最具创意解决方案

前两个类别可以根据纯粹客观的标准来判断，因此我希望这个类别能够提供额外的机会来识别那些提出更多创造性答案的人。这一类别的结果纯粹是基于我的主观意见，在我看来这个类别中有一个平局。

爱尔兰科克公司的 Przemo Firszt 提交的参赛作品参见图 4-6，因使用 tee 和 xargs 命令而非常有趣和具有创造性。这个作品也是独一无二的，因为除了使用管道之外，它还使用 tee 命令将中间数据存储在文件中，该命令也将数据传递给 STDOUT，最终输出被重定向到另一个文件而不是允许转到 STDOUT。它甚至在最后删除临时文件而清理环境。

```
grep SSH admin.index | awk '{print $4}' | grep -E '[0-9]{1,3}\.[0-9]{1,3}\.[0-
9]{1,3}\.[0-9]{1,3}' | sed 's/\".*//' | tee ips | xargs -I % sh -c "echo -ne
'%\t' ; grep -o % ips | wc -w" | sort | uniq > results ; rm ips
```

图 4-6 Przemo Firszt 提交的使用 tee 和 xargs 的创意参赛作品

该解决方案产生 7 403 行输出。这似乎是因为许多 IP 地址包含多行。所以虽然这不是一个完美的解决方案，但只需要很少的修改就可以为每个 IP 地址只生成一行输出。

美国德克萨斯州弗里斯科的 Tim Chase 是这一类别的另一名获胜者。Tim 的参赛作品（如图 4-7 所示）在使用 curl 命令从服务器下载文件方面是独一无二的，它使用 awk 命令在文件中选择所需的行并仅从每一行中选择 IP 地址。Tim 的解决方案是唯一一包含用于执行文件下载的代码的解决方案。它产生 5 295 行输出。

```
curl -s http://www.millennium-technology.com/downloads/admin.index|awk -F,
'$1~/SSH: banned/{print $1}'|grep -o '[0-9]\+\.[0-9]\+\.[0-9]\+\.[0-
9]\+'|sort|uniq -c
```

图 4-7 Tim Chase 在使用 curl 下载文件方面充满创意的解决方案

4. 额外奖励解决方案

许多参赛作品旨在满足额外奖励解决方案的要求，它们提供了每个 IP 地址的国家 / 地区名称。我找到了两个特别有趣的参赛作品。这两个参赛作品都使用 GeoIP 包提供本地数据库以获取国家 / 地区信息。其他几个参赛作品使用了 whois 命令，但另外一方面，whois 使用远程数据库，并且当从单个 IP 地址过快地访问时，会受到阻塞。GeoIP 软件包可在标准的 Fedora 存储库和 CentOS 的 EPEL 存储库中找到。

来自阿根廷的 Gustavo Yzaguirre 提交的参赛作品参见图 4-6，我喜欢它，因为它首先给出了一个带有计数的 IP 地址的简单列表，然后列出了这些国家。它产生 16 419 行输出，其中许多是重复的。Gustavo 说没有优化这点的原因是这不是比赛的要求。

```
awk '/SSH: banned/ && $4 ~ /^[0-9]/ {print $4}' admin.index | sed 's/[^0-9.]*//g'
| sort | uniq -c | awk '{printf $1 " " $2 " "; system("geoiplookup "$2)};' | sort
-gr | sed 's/ GeoIP Country Edition: / /g'
```

图 4-8 Gustavo Yzaguirre 的参赛作品，列出了每个 IP 地址的国家 / 地区名称

塞尔维亚贝尔格莱德的 Dejan Bogdanovic 也提出了一个非常有趣的额外奖励解决方案，

参见图 4-9。Dejan 设计的条目按降序列出了 IP 地址、频率以及国家信息，参赛作品产生了 5 764 行输出。

```
cat admin.index | egrep -o '([0-9]*\.){3}[0-9]*' | sort -n | uniq -c | sort -nr |
awk '{ORS=" "} {print $1} {print $2} {system("geoiplookup " $2 "| cut -d: -f 2 |
xargs")}'
```

图 4-9 Dejan Bogdanovic 提交的参赛作品

4.5.3 关于解决方案的思考

我很惊讶 Opensource.com 的读者能够针对这个问题给出这么多不同的解决方案。在某种程度上，我认为这是因为许多参赛者在一定程度上自由地解释了期望的结果，在许多情况下比原始规则的要求增加了更多信息。

所有解决方案都有很多创新。没有两个解决方案是完全相似的，这凸显了每个人以不同方式解决问题的事实。虽然一些解决方案似乎从同一个角度出发，但每个解决方案都有自己的个性和高明之处，这只能说明，参赛的系统管理员是多元化、聪明、知识渊博、非常有创意的。

这个比赛颇具启发性。比赛规则相当于项目的规格说明书。每个系统管理员，甚至是那些未在竞赛中取得优胜的系统管理员，都采用了符合规格说明书和精心设计的解决方案，它们满足需求并且极具创造力。每种解决方案都说明了转换器程序的用法，并使用 STDIO 作为转换数据流的方式，它们最终都为系统管理员提供了有意义的信息。

这场比赛也很精彩地说明了"没什么应当"。没有做任何事情都"应当"遵循的统一方法。结果才是重要的。

4.6 小结

使用管道和重定向是系统管理员的 Linux 哲学中重要一环。管道将 STDIO 数据流从一个程序或文件传输到另一个程序或文件。本章介绍了如何使用管道数据流，通过一个或多个转换器程序，对这些流中的数据进行强大而灵活的处理。

在实验中展示的管线程序，以及在这里展示的所有参赛作品，都很简短，每个都做得很好。它们也都是转换器，也就是说，它们采用标准输入，以某种方式处理，然后将输出发送到标准输出。将这些程序实现为转换器，将处理后的数据流从自己的标准输出发送到其他程序的标准输入，是把管道实现为 Linux 工具的补充和必要条件。

Chapter 5　第 5 章

一切都是文件

使 Linux 特别灵活和强大的最重要的概念之一是：一切都是文件。也就是说，一切东西都可以成为数据流的来源、数据流的目标，或者在很多情况下同时是数据流的来源和目标。本章将探索"一切都是文件"的真正含义，并学会将其用于系统管理员的工作中。

　　"一切都是文件"的重点是……你可以使用通用工具来处理不同的事情。

——Linus Torvalds 在一封电子邮件中写道

5.1　什么是文件

这是一个棘手的问题。以下哪个是文件？

- ❑ 目录
- ❑ Shell 脚本
- ❑ 运行终端仿真器
- ❑ LibreOffice 文档
- ❑ 串口
- ❑ 内核数据结构
- ❑ 内核调整参数
- ❑ 硬盘 - /dev/sda
- ❑ /dev/null
- ❑ 分区 - /dev/sda1
- ❑ 逻辑卷（LVM）- /dev/mapper/volume1-tmp

❑ 打印机
❑ 插座

对 Unix 和 Linux 而言，它们都是文件，这是计算历史上最令人惊叹的概念之一。这使许多管理任务可以用一些非常简单但功能强大的方法来执行，否则这些任务可能非常困难或不可能完成。

Linux 几乎能处理所有文件。这个概念使得我们可以复制整个硬盘驱动器，包括引导记录，因为整个硬盘驱动器是一个文件，就像各个分区一样。

"一切都是文件"是可能的，因为所有设备都是由 Linux 实现的，这些设备称为设备文件。设备文件不是设备驱动程序，而是暴露给用户的设备的入口。

5.2　设备文件

设备文件在技术上称为设备专用文件[⊖]。设备文件用于向操作系统和用户提供它们所代表的设备的接口，在开放式操作系统中，向用户提供这种接口更为重要。所有 Linux 设备文件都位于 /dev 目录中，它们是根（/）文件系统的组成部分，因为在引导过程的早期阶段——在安装其他文件系统之前，它们必须可供操作系统使用。

设备文件创建

udev 守护程序旨在简化大量不需要的设备造成的 /dev 目录的混乱。了解 udev 如何工作，是处理设备（尤其是热插拔设备）以及管理它们的关键。

/dev/ 目录一直是所有 Unix 和 Linux 操作系统中设备文件的位置。过去，设备文件在创建操作系统时创建。这意味着可能在系统上使用的所有设备都需要提前创建。实际上，需要创建数万个设备文件来处理所有可能性，这样的话，确定哪个设备文件实际与特定物理设备相关，或者是否缺少某个设备文件就变得非常困难。

5.3　udev 简化

udev 旨在通过在 /dev 中创建条目来简化此问题，这些条目仅适用于在引导时实际存在的设备或主机上实际存在概率很高的设备。这大大减少了所需的设备文件总数。

此外，udev 在插入系统时为设备分配名称，例如 USB 存储和打印机，以及其他非 USB 类型的设备。实际上，即使在启动时，udev 也会将所有设备视为即插即用（plug and play 或 plug'n'pray）。这使得无论是在引导时还是在以后热插拔时，对设备的处理始终一致。

让我们用一个实验来看看它是如何工作的。

⊖　维基百科，设备文件，https://en.wikipedia.org/wiki/Device_file。

此实验应以 root 用身份进行。

插入之前准备的 U 盘。如果使用的是 VM，则可能还必须使该设备可用于 VM。

输入如下命令。

```
[root@testvm1 dev]# cd /dev ; ls -l sd*
brw-rw---- 1 root disk 8,  0 Nov 22 03:50 sda
brw-rw---- 1 root disk 8,  1 Nov 22 03:50 sda1
brw-rw---- 1 root disk 8,  2 Nov 22 03:50 sda2
brw-rw---- 1 root disk 8, 16 Nov 28 14:02 sdb
brw-rw---- 1 root disk 8, 17 Nov 28 14:02 sdb1
```

查看 U 盘上的日期和时间，在我的主机上，它们分别是 /dev/sdb 和 /dev/sdb1。U 盘和该驱动器上分区的设备文件的创建日期和时间应该是此设备插入 USB 端口时的日期和时间，并且与在引导时创建的其他设备上的时间戳不同。你看到的具体结果将与我的不同。

作为系统管理员，我们没有必要做任何其他事情来创建设备文件。Linux 内核负责一切。只有在创建设备文件 /dev/sdb1 后才能安装分区以访问其内容。

udev 的创建者之一 Greg Kroah-Hartman 写了一篇论文[⊖]，提供了一些关于 udev 细节以及它应该如何工作的见解。自文章编写以来，udev 已经成熟，并且一些内容已经发生变化，例如 udev 规则位置和结构。无论如何，这篇论文提供了对 udev 和当前设备命名策略的深入而重要的见解。

命名规则

在现代版本的 Fedora 和 CentOS 中，udev 将其默认命名规则存储在 /usr/lib/udev/rules.d 目录中的文件中，并将其本地规则和配置文件存储在 /etc/udev/rules.d 目录中。每个文件都包含一组特定设备类型的规则。CentOS 6 及更早版本将全局规则存储在 /lib/udev/rules.d/ 中。你的发行版的 udev 规则文件的位置可能与此不同。

在早期版本的 udev 中，创建了许多本地规则集，包括一个用于网络接口卡（NIC）命名的集合。由于每个 NIC 都是由内核发现并由 udev 首次重命名，因此在规则集中添加了一个规则用于网络设备类型。最初这样做是为了确保名称从 "ethX" 更改为更一致的名称之前的一致性。

普通的非技术用户更容易掌握使用 udev 进行持久性即插即用命名。从长远来看，这是一件好事，然而，它存在迁移问题，许多系统管理员对这些变化不满意，并且直到现在仍

⊖　Greg Kroah-Hartman，Linux Journal，Kernel Korner - udev - Persistent Naming in User Space（用户空间中的持久命名），http://www.linuxjournal.com/article/7316。

然不满意。

随着时间的推移，规则发生了变化，网络接口卡至少有三种明显不同的命名约定。命名差异引起了很大的混乱，许多配置文件和脚本因这些更改不得不重写多次。

例如，网络接口卡的名称最初为 eth0，后来更改为 em1 或 p1p2，最后更改为 eno1。我在我的技术网站上写了一篇文章⊖，详细介绍了这些命名方案及其背后的原因。

现在 udev 有多个一致的默认规则来确定设备名称，特别是对于网络接口卡，不再需要在本地配置文件中存储每个设备的特定规则来保持这种一致性了。

5.4 设备数据流

让我们看一下典型命令的数据流，以观察设备专用文件的工作方式。图 5-1 说明了简单命令的简化数据流。从 GUI 终端仿真器（如 Konsole 或 xterm）发出 cat /etc/resolv.conf 命令会导致从磁盘读取 resolv.conf 文件，同时磁盘设备驱动程序处理设备特定功能，例如将文件定位在硬盘驱动器上并进行读取。数据通过设备文件传递，然后从这个命令传递到伪终端 6 的设备文件和设备驱动程序，最后在终端会话中显示出来。

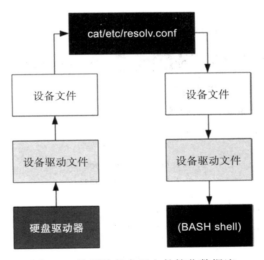

图 5-1 使用设备专用文件简化数据流

当然 cat 命令的输出可以通过以下方式重定向到文件 cat /etc/resolv.conf > /etc/resolv.bak，以便创建文件的备份。在这种情况下，图 5-1 左侧的数据流将保持不变，而右侧的数据流将通过 /dev/sda2 设备文件，硬盘驱动器设备驱动程序，然后在 /etc 目录中作为新文件 resolv.bak 返回到硬盘驱动器。

⊖ David Both, Network Interface Card (NIC) name assignments, http://www.linux-databook. info/?page_id=4243。

这些设备专用文件使得使用标准流（STDIO）和重定向非常容易访问 Linux 或 Unix 计算机上的任何设备。它们为每个设备提供一致且易于访问的界面。只需将数据流定向到设备文件即可将数据发送到该设备。

关于这些设备文件，需要记住的最重要的一件事是：它们不是设备驱动程序。对它们最准确的描述是通往设备驱动程序的门户或入口。数据从应用程序或操作系统传递到设备文件，然后设备文件将其传递给设备驱动程序，然后设备驱动程序将其发送到物理设备。

通过使用与设备驱动程序分开的这些设备文件，用户和程序可以与主机上的每个设备具有一致的接口。正如 Linus 所说，这就是通用工具可用于操作不同事物的方式。

设备驱动程序还负责处理每个物理设备的独特要求。但这超出了本书的范围。

5.5　设备文件分类

设备文件至少可以用两种方式来分类。第一个也是最常用的是根据通常与设备相关的数据流类型来分类。例如，tty 和串行设备被认为是基于字符的，因为数据流一次传输和处理一个字符或字节。诸如硬盘驱动器之类的块类型设备以块的形式传输数据，块大小通常是 256 字节的倍数。

我们来看看 /dev/ 目录及其中的一些设备。

实验 5-2

此实验应以 student 用户身份进行。

打开终端会话并显示 /dev/ 目录的长列表。

```
[student@f26vm ~]$ ls -l /dev | less
<snip>
brw-rw----   1 root disk       8,   0 Nov  7 07:06 sda
brw-rw----   1 root disk       8,   1 Nov  7 07:06 sda1
brw-rw----   1 root disk       8,  16 Nov  7 07:06 sdb
brw-rw----   1 root disk       8,  17 Nov  7 07:06 sdb1
brw-rw----   1 root disk       8,  18 Nov  7 07:06 sdb2
<snip>
crw--w----   1 root tty        4,   0 Nov  7 07:06 tty0
crw--w----   1 root tty        4,   1 Nov  7 07:06 tty1
crw--w----   1 root tty        4,  10 Nov  7 07:06 tty10
crw--w----   1 root tty        4,  11 Nov  7 07:06 tty11
<snip>
```

此命令的结果太长，无法在此完整显示，但你可以看到设备文件列表及其主要和次要编号。

ls -l 命令的大量输出通过 less 转换器实用程序传送，以允许翻阅结果，使用向上翻页、向下翻页和向上、向下箭头键移动。键入 q 退出并退出 less 的显示。

实验 5-1 中显示的设备文件的修剪列表只是在我的 Fedora 工作站上的 /dev/ 目录中的一部分。它们代表了磁盘和 tty 类型的设备。注意输出中每行的最左边的字符。带有"b"的是块类型设备，以"c"开头的是字符设备。

识别设备文件的更详细和明确的方法是使用设备主要和次要编号。磁盘设备的主要编号为 8，将它们指定为 SCSI 块设备。注意，所有 PATA 和 SATA 硬盘驱动器都由 SCSI 子系统管理，因为许多年前旧的 ATA 子系统由于其代码质量差而被视为无法维护。结果，先前被称为"hd[a-z]"的硬盘现在被称为"sd[a-z]"。

你可以在实验 5-2 显示的小样本中推断出磁盘驱动器次要编号的模式。从 0,16,32 到 240 的次要编号是整个磁盘的编号。所以主要 / 次要编号 8/16 表示整个磁盘 /dev/sdb，8/17 表示第一个分区 /dev/sdb1 的设备文件。编号 8/34 将是 /dev/sdc2。

实验 5-2 的列表中的 tty 设备文件编号更简单一些，从 tty0 到 tty63。我发现 tty 设备的数量有点不协调，因为新的 udev 系统的重点是只为那些实际存在的设备创建设备文件，我不确定为什么这样做。但是，你也可以从实验 5-2 中的列表中看到，所有这些设备文件都是在 11 月 7 日 07:06 创建的，也就是主机启动时。主机上的设备文件也应该与上次启动时间具有相同的时间戳。

Kernel.org 上的 Linux Allocated Devices [⊖] 文件是设备类型和主要和次要编号分配的官方注册表。它可以帮助你了解所有当前定义的设备的主要 / 次要编号。

5.6　有趣的设备文件

下面将进行一些有趣的实验，说明 Linux 设备文件的强大功能和灵活性。

大多数 Linux 发行版都有多个虚拟控制台（1 到 7），可用于使用 shell 接口登录本地控制台会话。可以使用控制台 1 的 Ctrl-Alt-F1 键、控制台 2 的 Ctrl-Alt-F2 键等组合键访问它们。

实验 5-3

在本实验中，我们将展示可用于设备之间发送数据的简单命令，在本例中是不同的控制台和终端设备。此实验应以 student 用户身份进行。

按 Ctrl-Alt-F2 键切换到控制台 2. 在某些发行版中，登录信息包括与此控制台关联的 tty（电传打字）设备，但许多发行版没有。因为在控制台 2 中，所以它应该是 tty2。如果你使用的是 VM 的本地实例，则可能需要使用不同的组合键。

以 student 身份登录到控制台 2，然后使用 who is i 命令——使用空格分隔——来确定连接到此控制台的是哪个 tty 设备。

⊖　https://www.kernel.org/doc/html/v4.11/admin-guide/devices.html。

```
[student@f26vm ~]$ who am i
student   tty2        2017-10-05 13:12
```

此命令还显示控制台上的用户登录的日期和时间。

在继续进行这个实验之前看一下 /dev 中 tty2 和 tty3 设备的列表。我们通过使用集合 [23] 来做到这一点，以便只列出这两个设备。

```
[student@f26vm ~]$ ls -l /dev/tty[23]
crw--w---- 1 root tty 4, 2 Oct  5 08:50 /dev/tty2
crw--w---- 1 root tty 4, 3 Oct  5 08:50 /dev/tty3
```

在启动时定义了大量的 tty 设备，但在这个实验中我们并不关心其中的大多数设备，而只关注 tty2 和 tty3 设备。作为设备文件，它们没有什么特别之处，它们只是字符型设备，注意结果第一列中的 "c"。我们将使用这两个 tty 设备进行此实验。tty2 设备连接到虚拟控制台 2，tty3 设备连接到虚拟控制台 3。

按 Ctrl-Alt-F3 键切换到控制台 3，然后以 student 用户身份再次登录。再次使用 who is i 命令验证你是否确实在控制台 3 上，然后输入 echo 命令。

```
[student@f26vm ~]$ who am i
student   tty3        2017-10-05 13:18
[student@f26vm ~]$ echo "Hello world" > /dev/tty2
```

按 Ctrl-Alt-F2 键返回控制台 2，字符串 "hello world"（不带引号）应显示在控制台 2 上。

此实验也可以在 GUI 桌面上使用终端仿真器执行。桌面上的终端会话使用 /dev 树中的伪终端设备，例如 /dev/pts/1，其中 pts 代表 "伪终端会话"。

使用 Konsole、tilix、Xterm 或你喜欢的其他图形终端仿真器在 GUI 桌面上至少打开两个终端会话。如果愿意可以多开几个。使用 who am i 命令确定它们连接到哪些伪终端设备文件，然后选择一对终端仿真器来处理此实验。使用一个终端仿真器输入 echo 命令向另一个终端仿真器发送消息。

```
[student@f26vm ~]$ who am i
student   pts/9       2017-10-19 13:21 (192.168.0.1)
[student@f26vm ~]$ w
13:23:06 up 14 days, 4:32, 9 users, load average: 0.03, 0.08, 0.09
USER      TTY     LOGIN@   IDLE   JCPU   PCPU WHAT
student   pts/1   05Oct17  4:48m  0.04s  0.04s -bash
student   pts/2   06Oct17  2:16   2.08s  2.01s screen
student   pts/3   07Oct17  12days 0.04s  0.00s less
student   pts/4   07Oct17  2:16   0.10s  0.10s /bin/bash
root      pts/5   08:35    4:08m  0.05s  0.05s /bin/bash
root      pts/6   08:35    4:47m  1:19   1:19  htop
root      pts/7   08:35    4:40m  0.05s  0.05s /bin/bash
root      pts/8   08:50    4:32m  0.03s  0.03s /bin/bash
student   pts/9   13:21    0.00s  0.04s  0.00s w
[student@f26vm ~]$ echo "Hello world" > /dev/pts/4
```

在测试主机上，我将文本"hello world"从 /dev/pts/9 发送到 /dev/pts/4。你的终端设备将与我在测试 VM 上使用的终端设备不同。请确保针对你的环境使用正确的设备进行此实验。

另一个有趣的实验是使用 cat 命令将文件直接打印到打印机。

实验 5-4

此实验应以 student 用户身份进行。

首先确定哪台设备是你的打印机。如果是 USB 打印机，现在几乎所有打印机都是这种，查看 /dev/usb 目录中的 lp0，它通常是默认打印机。你也可以在此目录中找到其他打印机设备文件。

我使用 libreOffice Writer 创建一个简短的文档，然后将其导出为 PDF 文件 test.pdf。任何 Linux 文字处理器都可以，只要它可以导出为 PDF 格式。

我们假设你的打印机设备是 /dev/usb/lp0，并且可以直接打印 PDF 文件。务必使用 PDF 文件并将命令中的名称 test.pdf 更改为你自己文件的名称。

```
[student@f26vm ~]$ cat test.pdf > /dev/usb/lp0
```

此命令应在打印机上打印 PDF 文件 test.pdf。

/dev 目录包含一些非常有趣的设备文件，这些文件是通往硬件的门户，有的硬件通常不会像硬盘驱动器或显示器那样被视为设备，例如，系统内存（RAM）通常不被人们视为"设备"，而 /dev/mem 是设备专用文件，通过它可以实现对内存的直接访问。

实验 5-5

此实验必须以 root 用户身份进行。因为只是在阅读内存的内容，所以这个实验没什么危险。

注意，一些测试人员报告说此实验不起作用。我在几个物理和虚拟主机上没有发现任何问题。此实验可能会产生权限错误，而不是所需的输出。

如果 root 终端会话尚不可用，打开终端仿真器会话并以 root 用户身份登录。下一个命令会将第一个 200K 的 RAM 转储到 STDOUT。

```
[root@f26vm ~]# dd if=/dev/mem bs=2048 count=100
```

显示的内容可能看起来不如 200K 那么多，可能难以理解的。为了使它更易于理解——至少以专家能解释的合适格式显示数据，下面通过 od 实用程序输出上一个命令的输出。

```
[root@f26vm ~]# dd if=/dev/mem bs=2048 count=100 | od -c
```

root 对读取内存的访问权限比非 root 用户多，但大多数内存都不会被任何用户（包括 root 用户）写入。

与仅使用 cat 命令转储所有内存相比，dd 命令提供了更多的控制功能。dd 命令提供了指定从 /dev/mem 读取多少数据的功能，还允许指定从内存中读取数据的位置。虽然使用 cat 命令读取了一些内存，但内核最终会用图 5-2 中的错误来响应。

你也可以以非 root 用户身份登录，并尝试使用此命令。你将收到一条错误消息，因为你尝试访问的内存不属于你的用户。这是 Linux 的内存保护功能，可以防止其他用户读取或写入不属于他们的内存。

```
ff•<f•••f<•1fffl••bhxhb••bhxh`•<f•••f>•••••••x00000x••x•flxlf••```bf••
••••••••••••81••18•ff|``•x•••x•ff|1f•x••p•x•0000x•••••••••••x0••••••
•••1881••••x00x••2f•x`````x•`0xx81••00x|•v•``|ff•x•••x|••vx•••x81`•```•v
••|••`1vff•0p000x••x•`flxl•p00000x•••••••x•ff|`•v••|•vf`•|•x•0|0
04•••v•••x0•••l•181••••|••0d•00•00•0000•v•81••••u•f`•r•fa`•••sa•XM•
fPR•@••f•lf@f=•rf3••pf•l•@
•t••@u•••$•••••Q•ZfX•XMXMOracle VM VirtualBox
BIOSXM•••••••• _SM_ }• _DMI_Y•
%XM•[••06/23/99•cat: /dev/mem: Operation not permitted
```

图 5-2　当 cat 命令尝试将受保护的内存转储到 STDOUT 时，最后一行显示的错误

这些内存错误意味着内核通过保护属于其他进程的内存来完成其工作，这种工作方式正是它应该做到的。所以，虽然可以使用 /dev/mem 显示存储在 RAM 存储器中的数据，但大多数存储空间都受到保护，对其访问将导致错误。只有内核内存管理器分配给运行 dd 命令的 bash shell 的虚拟内存才能被访问而不会导致错误。不能窥探不属于你的内存，除非你发现有漏洞可利用。

许多类型的恶意软件依赖于权限提升，以允许它们读取通常无法访问的内存内容。这允许恶意软件查找和窃取个人数据，例如账号、用户 ID 和存储的密码。幸运的是，Linux 可以防止非 root 用户访问内存。它还可以防止权限升级。

但即使是 Linux，其安全性也不完美。安装安全修补程序以防止允许权限提升的漏洞非常重要。有些安全隐患出自人为因素，例如人们必须写下密码的倾向，但这是另一本书的内容。[○]

现在内存也被视为文件，可以使用内存设备文件对其进行处理。

5.7　随机数、零等设备

/dev 中还有一些其他非常有趣的设备文件。设备专用文件 null、zero、random 和 urandom 不与任何物理设备关联。这些设备文件提供零、空值和随机数的数据源。

空设备 /dev/null 可以用作从 shell 命令或程序重定向输出的目标，以便它们不会显示在

○　Apress 在 https://www.apress.com/us/security 上有许多关于安全性的好书。

终端上。

我经常在我的 bash 脚本中使用 /dev/null 来防止用户看到可能让他们感到困惑的输出。输入以下命令将输出重定向到空设备。终端上不会显示任何内容。数据刚刚被扔进了天空中的大桶里。

```
[student@f26vm ~]$ echo "Hello world" > /dev/null
```

将 /dev/null 视为"null"字符的数据源。

```
[student@testvm1 ~]$ cat /dev/null
[student@testvm1 ~]$ dd if=/dev/null
0+0 records in
0+0 records out
0 bytes copied, 5.2305e-05 s, 0.0 kB/s
```

/dev/null 确实没有可见的输出，因为 null 设备只返回一个文件结尾（EOF）字符。注意，字节数为零。null 设备作为重定向不需要的输出的位置更有用，以便从数据流中删除它。

/dev/random 和 /dev/urandom 设备都可用作数据流源。正如它们的名字所暗示的，它们都产生随机输出——不仅仅是数字，而是任何和所有字节的组合。/dev/urandom 设备产生确定性⊖随机输出并且非常快。

使用此命令查看 /dev/urandom 的典型输出。可以使用 Ctrl-C 键来中断。

```
[student@f26vm ~]$ cat /dev/urandom
,3••VwM
N•g•/•l•ऽ•!••'𖼔'•:••|R••[•t••Z••F.:H•7•,••
••z/••|•7q•Sp•"•(l_c••π••-•••••••ś•Y•••D^5•i8••"%•••&η|C9!y•••f•5bPp;••C
••x••1•••U••3~•••
<snip>
```

这里只显示了此命令输出的一部分数据流，但这应该可以了解应该在系统上看到的内容。

也可以通过 od 命令输出实验 5-6 的输出，这样对于这个实验来说更具人性化。这对于大多数实际的应用程序来说毫无意义，因为它毕竟是随机数据。

⊖　确定性意味着输出由已知算法确定，并使用种子串作为起始点。每个输出单位取决于先前的输出和算法，因此如果知道种子和算法，则可以再现整个数据流。如果原始种子是已知的，则黑客可能重现输出（尽管很难）。

od 的手册页显示它可以用来直接从文件中获取数据并指定要读取的数据量。

在本例中，我使用 -N 128 将输出限制为 128 字节。

```
[student@f26vm ~]$ od /dev/urandom -N 128
0000000 043514 022412 112660 052071 161447 057027 114243 061412
0000020 154627 105675 154470 110352 135013 127206 103057 136555
0000040 033417 011054 014334 040457 157056 165542 027255 121710
0000060 125334 065600 165447 165245 020756 101514 042377 132156
0000100 116024 027770 000537 014743 170561 011122 173454 102163
0000120 074301 104771 123476 054643 105211 151753 166617 154313
0000140 103720 147660 012644 037363 077661 076453 104161 033220
0000160 056501 001771 113557 075046 102700 043405 132046 045263
0000200
```

dd 命令也可用于指定从 [u]random 设备中获取限定数量的数据，但不能直接格式化数据。

/dev/random 设备文件产生非确定性[⊖]随机输出，但它产生输出更慢。此输出不是由仅依赖于先前生成的数字的算法确定的，而是响应于按键和鼠标移动而生成的算法。这种方法使得复制特定系列的随机数变得更加困难。使用 cat 命令查看 /dev/random 设备文件中的一些输出。尝试移动鼠标以查看它如何影响输出。

从 /dev/random 和 /dev/urandom 生成的随机数据，无论从这些设备读取的方式如何，通常都会重定向到某些存储介质上的文件或另一个程序的 STDIN。系统管理员、开发人员或最终用户很少需要查看随机数据。但它确实为这个实验做了很好的演示。

顾名思义，/dev/zero 设备文件会生成一个无限的零字符串作为输出。注意这些是八进制零而不是 ASCII 字符零（0）。

使用 dd 命令查看 /dev/zero 设备文件中的某些输出。注意此命令的字节数不为零。

```
[student@f26vm ~]$ dd if=/dev/zero  bs=512 count=500 | od -c
0000000  \0  \0  \0  \0  \0  \0  \0  \0  \0  \0  \0  \0  \0  \0  \0  \0
*
500+0 records in
500+0 records out
256000 bytes (256 kB, 250 KiB) copied, 0.00126996 s, 202 MB/s
0764000
```

⊖　非确定性结果不依赖于随机数据流中的先前数据。因此，它们比确定性随机数的随机性更真实。

5.8　备份主引导记录

　　例如，考虑一个简单的任务，即备份硬盘驱动器的主引导记录（MBR）。有时我需要恢复或重新创建 MBR，特别是分区表。从头开始重新创建非常困难，而从保存的文件中恢复很容易。所以让我们来备份硬盘的引导记录。

　　注意，本节中的所有实验都必须以 root 身份执行。

实验 5-10

　　我们将创建主引导记录（MBR）的备份，但不会尝试恢复它。

　　必须以 root 身份运行 dd 命令，因为出于安全考虑，非 root 用户无权访问 /dev 目录中的硬盘驱动器设备文件。bs 值代表块大小。count 是要从源文件中读取的块数。

```
[root@f26vm ~]# dd if=/dev/sda of=/tmp/myMBR.bak bs=512 count=1
```

　　此命令在 /tmp 目录中创建一个文件 myMBr.bak。此文件大小为 512 字节，包含 MBR 的内容，包括引导代码和分区表。

　　现在看看刚刚创建的文件的内容。

```
[root@testvm1 ~]# cat /tmp/myMBR.bak
●c●●●●●●●●●|●●●●!●●8u
Z●●●●●●}●f●●d●@f●D●●●●●●●@●●●●●f●f●`|fL●●uNf●\|f1●f●4●●1●f●t;}7●●●O●●●●Z●●p
●●1●●r●●`●●●1●●●●●●a●&Z|●●}●●●}●4●●}●.●●●GRUB GeomHard DiskRead Error
●●●●<u●●}●●●● !●●( ●)●●●● ●●U●[root@testvm1 ~]#
```

　　由于引导扇区末尾没有行尾字符，因此命令提示符与引导记录末尾在同一行。

　　如果 MBR 损坏，则需要启动到救援磁盘并使用代码示例 5-1 中的命令执行上述操作的反向操作。注意，没有必要像第一个命令那样指定块大小和块计数，因为 dd 命令只是将备份文件复制到硬盘驱动器的第一个扇区，并在到达源文件末尾时停止。

代码示例 5-1

　　以下代码将备份主引导记录还原到硬盘驱动器上的第一个扇区。

```
[root@testvm1 ~]#  dd if=/tmp/myMBR.bak of=/dev/sda
```

　　请勿运行此代码，因为如果输入不正确，可能会损坏系统。

　　现在已经执行了硬盘引导记录的备份并验证了该备份的内容，让我们转移到更安全的环境来毁坏引导记录然后恢复它。

实验 5-11

　　这是一个相当长的实验，必须以 root 身份执行。为 U 盘备份 MBR，损坏设备上的

MBR，尝试读取设备，然后恢复 MBR。不要挂载 U 盘。

确保将 U 盘插入计算机并验证设备文件名。在我的情况下，它仍然是 /dev/sdb。

首先，使用 fdisk 查看分区表，为以后的比较提供基础，然后备份 U 盘的 MBR 并验证备份文件的内容。与之前的类似实验一样，警告消息是 MBR 内容的一部分。

```
[root@testvm1 ~]# fdisk -l /dev/sdb
Disk /dev/sdb: 62.5 MiB, 65536000 bytes, 128000 sectors
Units: sectors of 1 * 512 = 512 bytes
Sector size (logical/physical): 512 bytes / 512 bytes
I/O size (minimum/optimal): 512 bytes / 512 bytes
Disklabel type: dos
Disk identifier: 0x73696420

Device     Boot Start    End Sectors  Size Id Type
/dev/sdb1        2048 127999  125952 61.5M  c W95 FAT32 (LBA)

[root@f26vm ~]# dd if=/dev/sdb of=/tmp/myMBR.bak bs=512 count=1
1+0 records in
1+0 records out
512 bytes copied, 0.012374 s, 41.4 kB/s
[root@f26vm ~]# cat /tmp/myMBR.bak
●>●MSWIN4.1P●} ●●●)L●ONO NAME     FAT16   ●}●3●●●{●x●vVU●"●~●N●
●●●|●E●●F●E●●8f$|●r<●F●●fFVF●PR●F●V●● ●v●●^
●H●●F●N●ZX●●●●rG8-t● V●v>●^tJNt
●●F●V●●S●●[r●?MZu●●●BJu●●pPRQ●●3●●v●●vB●●●v●●V$●●●●●●●●t<●t
   ●●●●●}●●}●●3●●^●●D●●●}●}●●r●●HH●●N ●●YZXr    @uB^
            ●●●'
Invalid system disk●
Disk I/O error●
Replace the disk,!●●U●
```

所以现在可以看到有趣的部分，用一个 512 字节随机数据块覆盖 U 盘的 MBR，然后查看 MBR 的新内容以验证更改。注意，警告消息不再存在，因为它们已被覆盖。

```
[root@f26vm ~]# dd if=/dev/urandom of=/dev/sdb bs=512 count=1
1+0 records in
1+0 records out
512 bytes copied, 0.0195473 s, 26.2 kB/s
[root@f26vm ~]# dd if=/dev/sdb bs=512 count=1
6●●●●%●w●●pI!8k●●●●●$●●Q●● ˉ●●●●g0●●\●●AT●●KQ●●●●● ●●"5●oW-●●●;●●
●●●˪r3●●●oiP●d●q●●●●a●●%●●●●N●●#●●&F●_●●●y●●?●\●●●)●●K●●?●fa●●+.●●●●F●'
F●●~●H●●●XbS●●●BA●V●^●●z[S●jy●●●●●=aPs●●N_[˩●●●●b●●#%●;/●●●,4●}9
0●●7●●●˪F85●●L●g●●\●R4●●●●q●●Kn|M●●cy●●c●●m●\●●●●yi{_o^●i●j
K●nry2MMSeA●●●●p●^E●n●v●u2●/●A●Zb●●●1●●Ì●K5●3●x●K●ia●K?●Iw●●●●^●1f●●●
{3●p&E●●●M●●rbǵ●●●●●●●●● p●●K●1+0 records in
1+0 records out
512 bytes copied, 0.0137811 s, 37.2 kB/s
```

恢复 MBR 之前，让我们尝试更多的东西来测试这种状况。首先使用 fdisk 来验证 U 盘不再有分区表，这意味着 MBR 已被覆盖。

```
[root@f26vm ~]# fdisk -l /dev/sdb
Disk /dev/sdb: 62.5 MiB, 65536000 bytes, 128000 sectors
Units: sectors of 1 * 512 = 512 bytes
Sector size (logical/physical): 512 bytes / 512 bytes
I/O size (minimum/optimal): 512 bytes / 512 bytes
```

尝试装入原始分区将失败。错误消息表明此特殊设备不存在。这表明大多数特殊设备文件是根据需要创建和删除的。

```
[root@f26vm ~]# mount /dev/sdb1 /mnt
mount: /mnt: special device /dev/sdb1 does not exist.
```

是时候恢复先前备份的引导记录了。因为使用 dd 命令小心地用随机数据只覆盖包含驱动器分区表的 MBR，所以其他所有数据都保持不变。恢复 MBR 将使其再次可用。恢复 MBR，查看设备上的 MBR，然后挂载分区并列出内容。

```
[root@f26vm ~]# dd if=/tmp/myMBR.bak of=/dev/sdb
1+0 records in
1+0 records out
512 bytes copied, 0.0738375 s, 6.9 kB/s

[root@testvm1 ~]# fdisk -l /dev/sdb
Disk /dev/sdb: 62.5 MiB, 65536000 bytes, 128000 sectors
Units: sectors of 1 * 512 = 512 bytes
Sector size (logical/physical): 512 bytes / 512 bytes
I/O size (minimum/optimal): 512 bytes / 512 bytes
Disklabel type: dos
Disk identifier: 0x73696420

Device     Boot Start   End Sectors  Size Id Type
/dev/sdb1        2048 127999  125952 61.5M  c W95 FAT32 (LBA)

[root@f26vm ~]# mount /dev/sdb1 /mnt
[root@f26vm ~]# ls -l /mnt
total 380
-rwxr-xr-x 1 root root 37001 Nov  7 08:23 file0.txt
-rwxr-xr-x 1 root root 37001 Nov  7 08:23 file1.txt
-rwxr-xr-x 1 root root 37001 Nov  7 08:23 file2.txt
-rwxr-xr-x 1 root root 37001 Nov  7 08:23 file3.txt
-rwxr-xr-x 1 root root 37001 Nov  7 08:23 file4.txt
-rwxr-xr-x 1 root root 37001 Nov  7 08:23 file5.txt
-rwxr-xr-x 1 root root 37001 Nov  7 08:23 file6.txt
-rwxr-xr-x 1 root root 37001 Nov  7 08:23 file7.txt
-rwxr-xr-x 1 root root 37001 Nov  7 08:23 file8.txt
-rwxr-xr-x 1 root root 37001 Nov  7 08:23 file9.txt
```

这一系列实验旨在说明所有设备都是文件的事实，因此可以通过一些非常有趣的方式来使用一些非常常见但功能强大的 CLI 工具。

没有必要使用 sb= 和 count= 参数指定要复制的数据量，因为 dd 命令仅复制可用数据量，在本例中为单个 512 字节扇区。

实验已经完成，卸载 U 盘。

5.9　一切都是文件的应用

"一切都是文件"的应用非常广，远远大于本章列出的内容。前面的实验中列举了一些例子。下面列出一些应用，包含上述例子以及更多的情况。

- ❑ 克隆硬盘。
- ❑ 备份分区。
- ❑ 备份主引导记录（MBR）。
- ❑ 将 ISO 映像安装到 U 盘上。
- ❑ 与其他终端上的用户通信。
- ❑ 将文件打印到打印机。
- ❑ 更改 /proc 伪文件系统中某些文件的内容以修改正在运行的内核的配置参数。
- ❑ 使用随机数据或零来覆盖文件、分区或整个硬盘驱动器。
- ❑ 将命令中不需要的输出重定向到空设备，使它永远消失。
- ❑ 等等。

有很多应用的可能性，任何一份清单都无法覆盖全面。相信读者已经或者将会想出许多更具创造性的方法来使用这一原则。

5.10　小结

文件系统部分的全部内容都讲完了。Linux 计算机上的所有内容都可以作为文件系统空间中的文件进行访问。这里的重点是能够使用常用工具操作不同的事物，常用的工具，如标准的 GNU/Linux 实用程序和处理文件的命令也可以在设备上运行，因为在 Linux 中，设备就是文件。

第 6 章 | Chapter 6

使用 Linux FHS

Linux 文件系统分层标准（Filesystem Hierarchical Standard，FHS）定义了 Linux 目录树的结构。它命名一组标准目录并指定它们的用途。

此标准已经实施，以确保所有 Linux 发行版在其目录用法中保持一致。这种一致性使得系统管理员编写和维护 shell 和编译程序更容易，因为程序、程序的配置文件及其数据（如果有的话）都应该位于标准目录中。本章介绍如何在目录树中的标准和推荐位置存储程序和数据，以及这样做的优点。你将学习如何参考 Linux FHS 文档并将这些知识用于解决问题。

6.1 定义

在深入研究这个主题之前，先对"文件系统"这个词进行一些定义。你可能会听到人们在提到文件系统时会有多种不同且令人困惑的解释。这个词本身可以有多种含义，你可能不得不从讨论或文档的上下文中辨别出正确的含义。

我尝试根据我观察到的情况，定义"文件系统"这个词的各种含义。为了符合标准的"官方"含义，我根据其各种用法来对"文件系统"加以定义。

"文件系统"的含义包括：

1）整个 Linux 目录结构，它从顶部（/）根目录开始。

2）特定类型的数据存储格式，例如 EXT3、EXT4、BTRFS、XFS 等。Linux 支持近 100 种类型的文件系统，包括一些非常古老的文件系统以及一些最新的文件系统。每种文件系统类型都使用自己的元数据结构来定义数据的存储和访问方式。

3）使用特定类型的文件系统格式进行格式化的分区或逻辑卷，它们可以挂载在 Linux 文件系统上的指定挂载点（目录）上。

本章的某些地方会在所有这些定义的语境中使用术语"文件系统"。

6.2　标准

系统管理员的职责包括修复问题和编写 CLI 程序，以便执行许多任务。了解各种类型的数据需要存储在 Linux 系统中的哪个位置对于解决问题以及防止问题发生非常有用。

最新的文件系统分层标准（3.0）⊖在由 Linux 基金会维护的文档中定义⊖。可以从其网站以多种格式取得该文档，FHS 的历史版本也可以取得。

表 6-1 提供了标准、众所周知和已定义的顶级 Linux 目录及其用途的简要列表。这些目录按字母顺序列出。阅读整个文档可以了解这些顶级子目录的许多子目录所扮演的角色。

注意表 6-1 中的第 2 列，即中间列。此列为"是"的所有目录必须是根（/）文件系统的组成部分。这些目录都不能位于不同的分区或逻辑卷上，它们必须都位于与根文件系统相同的分区或逻辑卷中，因为它们是根文件系统的组成部分。这些目录必须作为根文件系统的单个单元在引导过程开始时挂载。

第 2 列为"否"的目录可以在单独的分区或逻辑卷上创建，它们不必与根文件系统分离，但可以与之分离。这些文件系统在与根文件系统分开时，将根据 /etc/fstab 文件中包含的信息在启动序列中挂载。将这些目录作为单独的文件系统挂载有一些非常好的理由，本章后面会讨论这些内容。

表 6-1　Linux 文件系统分层标准的顶级部分

目录	根（/）的组成部分	说明
/（根文件系统）	是	根文件系统是文件系统的顶级目录。它必须包含在挂载其他文件系统之前引导 Linux 系统所需的所有文件。系统启动后，将把所有其他文件系统按照标准的、定义明确的挂载点作为根文件系统的子目录挂载
/bin	是	/bin 目录包含用户可执行文件
/boot	否	包含引导 Linux 计算机所需的静态引导加载程序、内核可执行文件和配置文件
/dev	是	这个目录包含连接到系统的每个硬件设备的设备文件。这些不是设备驱动程序，而是代表计算机上每个设备的文件，以便于访问这些设备
/etc	是	包含主机的各种系统配置文件
/home	否	用户文件的主存储目录。每个用户通常在 /home 中有一个子目录。一些组织可能会选择其他位置作为用户的主目录。某些服务或服务器应用程序也可以使用不同的位置作为主目录。例如，Apache Web 服务器使用 /var/www。可以查看 /etc/passwd 文件以查看这些用户的主目录位置。使用中央文件服务器安装的系统也可能将这些远程主目录放在除 /home 之外的挂载点上
/lib	是	包含引导系统所需的共享库文件

⊖　http://refspecs.linuxfoundation.org/fhs.shtml。
⊖　Linux 基金会维护定义许多 Linux 标准的文档，它还赞助了 Linus Torvalds 的工作。

（续）

目录	根（/）的组成部分	说明
/media	否	安装外部可移动媒体设备，例如可能连接到主机的 U 盘
/mnt	否	管理员修复或处理文件系统时可以使用的常规文件系统（如不可移动介质）的临时挂载点
/opt	否	可以在此处找到供应商提供的应用程序等可选文件
/proc	虚拟	此虚拟文件系统用于公开对内部内核信息和可编辑调整参数的访问
/root	是	这不是根（/）文件系统，是 root 用户的主目录
/sbin	是	系统二进制文件。这些是用于系统管理的可执行文件
/selinux	虚拟	此伪文件系统仅在启用 SELinux 时使用。激活后，此文件系统包含关键的 SELinux 工具和文件
/sys	虚拟	此虚拟文件系统包含有关 USB 和 PCI 总线以及每个附加设备的信息
/tmp	否	临时目录。由操作系统和许多程序用于存储临时文件。用户也可以临时存储文件。注意，此处存储的文件可能随时被删除，不会另行通知
/usr	否	这些是可共享的只读文件，包括可执行的二进制文件和库、man[ual] 文件其他类型的文档
/usr/local	否	这些通常是 shell 程序或编译程序及其支持的配置文件，是在局部编写的，并由系统管理员或主机的其他用户使用
/var	否	可变数据文件存储在此处，包括日志文件、MySQL 和其他数据库文件、Web 服务器数据文件、电子邮件收件箱等内容

　　/media 和 /mnt 目录是临时文件系统维护的挂载点，或者是包含文件系统的 U 盘等外部设备的挂载点。

　　关于表 6-1 的"顶级"说法实际上有一个例外，那就是 /usr/local 目录。本章后续更详细地讨论此目录。

6.3　使用定义明确的文件系统结构

　　遵循文件系统分层标准可以让系统管理员的工作变得更容易。我不打算讨论标准中定义的每个目录的功能，而是讨论 FHS 的几个特定功能是如何影响我的工作方式的。

　　Linux FHS 的目的是提供一个定义良好的结构，用于存储文件，无论是可执行文件、数据文件还是配置文件。文件系统分层标准（3.0）中定义的结构以及之前引用的结构为 Linux 中的文件位置提供了指导原则，这些指导原则可以追溯到 Unix 早期的历史背景，并基于新的、已更新的和更改的标准和惯例。

　　事实是文件系统的用法确实发生了变化。文件系统分层标准也随着时代而变化。更进一步，并非所有发行版和软件供应商都以相同的方式解释 FHS，而一些软件供应商可能对这项标准一无所知。

　　无论事实如何，作为系统管理员，我们有责任以我们所控制的所有方式遵守现行标准。我们不能总是控制供应商的用法，但如果有问题，我们应该将这些问题报告给适当的供应商。

编写代码时，我们自己也应该遵守这些标准，即使写一个微不足道的 CLI 小程序。

6.4 Linux 统一目录结构

Linux 文件系统目录结构由可挂载文件系统（即本章开头"文件系统"含义列表中第 3 条）的分层结构组成。这样可以更轻松、更一致地访问分层结构中的所有目录。它还提供了一些非常有用的副作用。

在某些非 Linux PC 操作系统中，如果有多个物理硬盘驱动器或多个分区，则会为每个磁盘或分区分配一个驱动器号。有必要知道文件或程序所在的硬盘驱动器，例如 C: 或 D:。然后将驱动器号作为命令发出，例如更改为 D: 驱动器就输入 D:，然后使用 cd 命令切换到正确的目录以找到所需的文件。每个硬盘驱动器都有自己独立的完整目录树。

Linux 文件系统将所有物理硬盘驱动器、分区和逻辑卷都统一到一个目录结构中。这一切都从顶部——根（/）目录开始。所有其他目录及其子目录都位于单个 Linux 根目录下。这意味着只有一个目录树可用于搜索文件和程序。

这可以正常工作，因为可以在 /（根）文件系统的不同物理硬盘驱动器、不同分区或不同逻辑卷上创建文件系统，例如 /home、/tmp、/var、/opt 或 /usr，然后作为根文件系统目录树的一部分挂载在一个挂载点上。挂载点只是空目录，没有任何特殊之处。甚至可移动驱动器（如 U 盘、外部 USB 或 ESATA 硬盘驱动器）也将安装到根文件系统上，并成为此目录树的组成部分。

显而易见，从某 Linux 发行版的一个版本升级到另一个版本或从一个发行版更改为另一个发行版，是采用分离的文件系统一个很好的理由。一般而言，除了 Fedora 中 dnf-upgrade 之类的任何升级实用程序之外，在升级期间偶尔重新格式化包含操作系统的根和其他分区以明确删除随时间累积的任何残余是明智的。如果 /home 是根文件系统的一部分，它也将被重新格式化，然后必须从备份中恢复它。通过将 /home 作为分离的文件系统，安装程序就会知道它是分离的文件系统，从而可以跳过文件系统格式化的步骤。这也适用于存储数据库、电子邮件收件箱、网站和其他可变用户和系统数据的 /var，以及旨在存储商业应用程序的 /opt 文件系统。因此，没有任何数据丢失，应用程序不应该要求重新安装，除非供应商非常愚蠢。

将 Linux 目录树的某些部分维护为分离的文件系统还有其他原因。例如，很久以前，当我还没有意识到将所有必需的 Linux 目录作为 /（根）文件系统的一部分的潜在问题时，我在主目录中填充了大量的大文件。由于 /home 目录和 /tmp 目录都不是分离的文件系统，而是根文件系统的子目录，因此整个根文件系统都已填满。操作系统没有空间来创建临时文件或扩展现有数据文件。起初应用程序开始抱怨没有空间保存文件，然后操作系统本身的行为开始变得非常奇怪。引导到单用户模式，并清除主目录中的违规文件让系统再次正常工作，然后我使用非常标准的多文件系统设置重新安装 Linux，这样还能够防止再次发生整个系统崩溃的情况。

我曾经遇到 Linux 主机仍在继续运行，但阻止用户使用 GUI 桌面登录的情况。我能够使用其中一个虚拟控制台在本地使用命令行界面（CLI）登录，并使用 SSH 远程登录。问题是 /tmp 文件系统已经填满，并且在登录时无法创建 GUI 桌面所需的一些临时文件。由于 CLI 登录不需要在 /tmp 中创建文件，因此缺少空间并不会阻止我使用 CLI 登录。在这种情况下，/tmp 目录是一个单独的文件系统，并且 /tmp 逻辑卷所在的卷组中有足够的空间。我只是将 /tmp 逻辑卷扩展到一个符合我对该主机所需的临时文件空间量做出新估算的大小，就解决了问题。此解决方案不需要重新启动，只要扩大 /tmp 文件系统，用户就可以登录桌面。

6.5　特殊文件系统

Linux 在运行时有一些特殊的文件系统，其中有两个对系统管理员特别有意义，它们是 /proc 和 /sys。这些是在 Linux 主机运行时仅存在于 RAM 中的虚拟文件系统，它们不存在于任何物理磁盘上。因为它们只存在于 RAM 中，这些文件系统不像存储在硬盘驱动器上的文件系统那样持久。它们在计算机关闭时消失，并在每次 Linux 启动时重新创建。

在 Linux 主机中，每个特殊文件系统都具有独特的作用。/proc 文件系统很可能是你作为系统管理员将会非常熟悉的文件系统，因此我们将稍微探讨一下它。

6.5.1　/proc 文件系统

/proc 文件系统由 FHS 定义为 Linux 存储有关系统、内核和主机上运行的所有进程的信息的位置。它的目的是用作内核公开有关自身信息的位置，以便用户访问有关系统的数据。它还旨在提供对内核配置参数的查看，并在必要时修改其中的许多参数。

当用作进入操作系统状态及其系统和硬件视图的窗口时，它使你可以轻松获得作为系统管理员可能想要了解的所有信息。

实验 6-1

此实验要获得最佳结果，必须以 root 身份执行。

首先看一下正在运行的 Linux 主机的 /proc 文件系统的顶级内容。在主机上，你可能会看到不同颜色的编码，以区分文件和目录。

首先，查看数字条目。这些目录的名称是 PID 或进程 ID 号。每个 PID 目录都包含有关它所代表的运行进程的信息。

```
[root@testvm1 proc]# cd /proc ; ls
1      26533  666  828      cpuinfo        modules
```

10	26561	669	83		crypto	mounts
11	27	680	84		devices	mtrr
12	29356	681	85		diskstats	net
13	30	685	86		dma	pagetypeinfo
14	30234	686	87		driver	partitions
15	31	692	9		execdomains	sched_debug
16	333	694	90		fb	schedstat
17	361	695	91		filesystems	scsi
18	4	697	927		fs	self
19	401	7	928		interrupts	slabinfo
2	402	707	929		iomem	softirqs
20	412	708	934		ioports	stat
21	413	740	937		irq	swaps
22	433	741	940		kallsyms	sys
23	434	749	941		kcore	sysrq-trigger
24	517	756	942		keys	sysvipc
25	543	764	947		key-users	thread-self
26	6	765	948		kmsg	timer_list
26465	615	766	966		kpagecgroup	tty
26511	616	771	990		kpagecount	uptime
26514	636	778	acpi		kpageflags	version
26521	637	780	asound		latency_stats	vmallocinfo
26522	639	783	buddyinfo		loadavg	vmstat
26524	641	8	bus		locks	zoneinfo
26526	647	80	cgroups		mdstat	
26527	661	81	cmdline		meminfo	
26532	664	82	consoles		misc	

/proc 目录中的每个文件都包含有关内核某些部分的信息。我们来看看文件 cpuinfo 和 meminfo。

cpuinfo 文件大多是静态的。它包含所有已安装的 CPU 的规格。

```
[root@testvm1 proc]# cat cpuinfo
processor       : 0
vendor_id       : GenuineIntel
cpu family      : 6
model           : 58
model name      : Intel(R) Core(TM) i7-3770 CPU @ 3.40GHz
stepping        : 9
microcode       : 0x19
cpu MHz         : 3392.345
cache size      : 8192 KB
physical id     : 0
siblings        : 1
core id         : 0
cpu cores       : 1
apicid          : 0
```

```
initial apicid  : 0
fpu             : yes
fpu_exception   : yes
cpuid level     : 13
wp              : yes
flags           : fpu vme de pse tsc msr pae mce cx8 apic sep mtrr pge mca
                  cmov pat pse36 clflush mmx fxsr sse sse2 syscall nx rdtscp
                  lm constant_tsc rep_good nopl xtopology nonstop_tsc cpuid
                  pni pclmulqdq monitor ssse3 cx16 sse4_1 sse4_2 popcnt aes
                  xsave avx rdrand lahf_lm
bugs            :
bogomips        : 6784.69
clflush size    : 64
cache_alignment : 64
address sizes   : 36 bits physical, 48 bits virtual power management:
```

来自 cpuinfo 文件的数据包括处理器 ID 和型号、其当前速度（MHz）以及可用于确定 CPU 功能的标志。如果运行命令 ls -la cpuinfo，你将看到文件上的时间戳不断变化，表示文件正在更新。

现在让我们来看看内存。首先 cat meminfo 文件，然后使用 free 命令进行比较。

```
[root@testvm1 proc]# cat meminfo
MemTotal:        4044740 kB
MemFree:         2936368 kB
MemAvailable:    3484704 kB
Buffers:          108740 kB
Cached:           615616 kB
SwapCached:            0 kB
Active:           676432 kB
Inactive:         310016 kB
Active(anon):     266916 kB
Inactive(anon):      316 kB
Active(file):     409516 kB
Inactive(file):   309700 kB
Unevictable:        8100 kB
Mlocked:            8100 kB
SwapTotal:       4182012 kB
SwapFree:        4182012 kB
Dirty:                 0 kB
Writeback:             0 kB
AnonPages:        270212 kB
Mapped:           148088 kB
Shmem:               988 kB
Slab:              80128 kB
SReclaimable:      64500 kB
SUnreclaim:        15628 kB
```

```
KernelStack:         2272 kB
PageTables:         11300 kB
NFS_Unstable:           0 kB
Bounce:                 0 kB
WritebackTmp:           0 kB
CommitLimit:      6204380 kB
Committed_AS:      753260 kB
VmallocTotal:   34359738367 kB
VmallocUsed:            0 kB
VmallocChunk:           0 kB
HardwareCorrupted:      0 kB
AnonHugePages:          0 kB
ShmemHugePages:         0 kB
ShmemPmdMapped:         0 kB
CmaTotal:               0 kB
CmaFree:                0 kB
HugePages_Total:        0
HugePages_Free:         0
HugePages_Rsvd:         0
HugePages_Surp:         0
Hugepagesize:        2048 kB
DirectMap4k:        73664 kB
DirectMap2M:      4120576 kB
[root@testvm1 proc]# free
              total        used        free      shared  buff/cache   available
Mem:        4044740      304492     2935748         988      804500     3484100
Swap:       4182012           0     4182012
```

/proc/meminfo 文件中有很多信息。这些数据有一部分被 free 命令等程序使用。/proc/
meminfo 中可以查看完整的内存使用情况。与许多其他核心实用程序一样，free 命令从 /proc
文件系统获取其数据。

因为 /proc 中的数据几乎是 Linux 内核和计算机硬件状态的瞬时图像，所以数据可能会
快速变化。需要连续多次查看中断文件。

我建议你花一点时间来比较 /proc/meminfo 文件中的数据和使用 free 和 top 等命令获得的信
息。你认为这些实用工具和其他许多工具在哪里获取信息？就在 /proc 文件系统中，就在这里。

让我们更深入地了解 PID 1。与所有进程目录一样，它包含具有该 ID 进程的信息。下
面来看看其中的一些信息。

实验 6-2

进入 /proc/1 目录并查看它的内容，然后使用 cat 命令查看 cmdline 文件的内容。

```
[root@testvm1 proc]# cd 1 ; cat cmdline
/usr/lib/systemd/systemd--switched-root--system--deserialize24
```

可以从 cmdline 的内容中看到 systemd 是所有程序的母程序。在所有旧版本和当前版本的 Linux 上，PID 1 都是 init 程序。花一些时间来探索这个进程的一些其他文件和目录的内容。

还需要一些时间来探索一些其他的 PID 目录。

/proc 文件系统中提供了大量信息，可以很好地解决问题。实际上，动态更改正在运行的内核并且无须重新启动是一个功能强大的手段，它允许你对 Linux 内核进行即时更改以解决问题、启用功能或调整性能。我们来看一个例子。

Linux 非常灵活，可以做很多有趣的事情。其中一件很酷的事情是，任何具有多个网络接口卡（NIC）的 Linux 主机都可以充当路由器。所需要的只是一点点知识，一个简单的命令，以及对 iptables 防火墙进行一些更改。

路由是由内核管理的任务。因此，打开（或关闭）它需要更改内核配置参数。幸运的是，不需要重新编译内核，这是在 /proc 文件系统中公开内核配置的好处之一。我们将打开 IP 转发，它提供内核的基本路由功能。

实验 6-3

这个命令行小程序使 /proc/sys/net/ipv4 目录成为 PWD，打印 ip_forward 文件的当前状态，此文件应为零（0），将其设为"1"，然后输出它的新状态，应该是 1。现在打开路由。务必在一行中输入命令。

```
[root@testvm1 ipv4]# cd /proc/sys/net/ipv4 ; cat ip_forward ;
echo 1 > ip_forward ; cat ip_forward
0
1
```

恭喜！你刚刚更改了正在运行的内核的配置。

为了完成 Linux 主机的配置以充当路由器的功能，需要对 iptables 防火墙或可能使用的任何防火墙软件以及路由表进行其他更改。这些更改将定义路由的细节，例如哪些数据包在哪里路由。虽然超出了本书的范围，但可以参考我写的一篇文章⊖，其中详细介绍了如何配置路由表。我还写了一篇文章⊖，简要介绍了将 Linux 主机变成路由器所需的所有步骤，包括在重启后使 IP 转发持久化。

可以按照自己的好奇心探索 /proc 文件系统的不同领域。

⊟警告　我有意选择我熟悉的内核参数进行修改，这不会对 Linux 主机造成任何伤害。当浏览 /proc 文件系统时，不应进行任何进一步的更改。

⊖　David Both, An introduction to Linux network routing（Linux 网络路由简介），https://opensource.com/business/16/8/introduction-linux-network-routing。

⊖　David Both, Making your Linux Box Into a Router（将你的 Linux Box 变成路由器），http://www.linux-databook.info/?page_id=697。

6.5.2 /sys 文件系统

/sys 目录是另一个虚拟文件系统，Linux 用它来维护内核和系统管理员使用的特定数据。/sys 目录为计算机硬件中的每种总线类型分层维护硬件列表。

让我们快速浏览一下 /sys 文件系统，来看看它的基本结构。

实验 6-4

在本实验中，简要介绍 /sys 目录的内容，然后查看其子目录之一 /sys/block。

```
[root@testvm1 sys]# cd /sys ; ls
block  bus  class  dev  devices  firmware  fs  hypervisor  kernel
module  power
[root@testvm1 sys]# ls block
dm-0  dm-1  sda  sr0
```

/sys/block 中有不同类型的磁盘（块）设备，sda 设备就是其中之一。这通常是第一个设备，在本例中，它是这个 VM 中唯一的硬盘驱动器。让我们快速浏览一下 sda 目录的一些内容。

```
[root@testvm1 sys]# ls block/sda
alignment_offset    events_async        queue       slaves
bdi                 events_poll_msecs   range       stat
capability          ext_range           removable   subsystem
dev                 holders             ro          trace
device              inflight            sda1        uevent
discard_alignment   integrity           sda2
events              power               size
[root@testvm1 sys]# cat block/sda/dev
8:0
[root@testvm1 sys]# ls block/sda/device
block                                ncq_prio_enable
bsg                                  power
delete                               queue_depth
device_blocked                       queue_ramp_up_period
device_busy                          queue_type
dh_state                             rescan
driver                               rev
eh_timeout                           scsi_device
evt_capacity_change_reported         scsi_disk
evt_inquiry_change_reported          scsi_generic
evt_lun_change_reported              scsi_level
evt_media_change                     state
evt_mode_parameter_change_reported   subsystem
evt_soft_threshold_reached           sw_activity
generic                              timeout
```

```
inquiry                          type
iocounterbits                    uevent
iodone_cnt                       unload_heads
ioerr_cnt                        vendor
iorequest_cnt                    vpd_pg80
modalias                         vpd_pg83
model                            wwid
[root@testvm1 sys]# cat block/sda/device/model
VBOX HARDDISK
```

为了从最后一个命令得到更实际的信息，我也在自己的物理硬盘驱动器上执行此操作，而不是我用于这些实验的 VM，输出结果如下。

```
[root@david proc]# cat /sys/block/sda/device/model
ST320DM000-1BD14
```

这些信息更像在自己的硬件主机而不是 VM 上看到的信息。现在使用 smartctl 命令来显示相同的信息以及更多信息。为了得到更真实的数据，我使用了我的物理主机。我还把输出结果进行了大量裁剪。

```
[root@david proc]# smartctl -x /dev/sda
smartctl 6.5 2016-05-07 r4318 [x86_64-linux-4.13.16-302.fc27.x86_64]
(local build)
Copyright (C) 2002-16, Bruce Allen, Christian Franke, www.smartmontools.org

=== START OF INFORMATION SECTION ===
Model Family:     Seagate Barracuda 7200.14 (AF)
Device Model:     ST320DM000-1BD14C
Serial Number:    Z3TT43ZK
LU WWN Device Id: 5 000c50 065371517
Firmware Version: KC48
User Capacity:    320,072,933,376 bytes [320 GB]
Sector Sizes:     512 bytes logical, 4096 bytes physical
Rotation Rate:    7200 rpm
Device is:        In smartctl database [for details use: -P show]
ATA Version is:   ATA8-ACS T13/1699-D revision 4
SATA Version is:  SATA 3.0, 6.0 Gb/s (current: 6.0 Gb/s)
Local Time is:    Wed Dec 13 13:31:36 2017 EST
SMART support is: Available - device has SMART capability.
SMART support is: Enabled
AAM level is:     208 (intermediate), recommended: 208
APM feature is:   Unavailable
Rd look-ahead is: Enabled
Write cache is:   Enabled
ATA Security is:  Disabled, frozen [SEC2]
Wt Cache Reorder: Enabled

=== START OF READ SMART DATA SECTION ===
SMART overall-health self-assessment test result: PASSED
```

```
General SMART Values:
<snip>
```

如果没有切断最后一个命令的结果，它还会显示故障指示器的温度历史记录等信息，这有助于确定硬盘驱动器问题的根源。

smartctl 实用程序从 /sys 文件系统获取它使用的数据，就像其他实用程序从 /proc 文件系统获取它们的数据一样。

如你所见，此目录中的数据包含有关设备的大量信息。

/sys 文件系统包含有关 PCI 和 USB 系统总线硬件以及任何连接设备的数据。例如，内核可以使用此信息来确定要使用的设备驱动程序。

实验 6-5

下面看一下有关计算机上 USB 总线的信息。我将跳转到 /sys 文件系统中设备的位置，自己可以做一点探索，找到你感兴趣的内容。

```
[root@testvm1 ~]# ls /sys/bus/usb/devices/usb2
2-0:1.0               bMaxPacketSize0       driver                quirks
authorized            bMaxPower             ep_00                 removable
authorized_default    bNumConfigurations    idProduct             remove
avoid_reset_quirk     bNumInterfaces        idVendor              serial
bcdDevice             busnum                interface_authorized  speed
                                            _default
bConfigurationValue   configuration         ltm_capable           subsystem
bDeviceClass          descriptors           manufacturer          uevent
bDeviceProtocol       dev                   maxchild              urbnum
bDeviceSubClass       devnum                power                 version
bmAttributes          devpath               product
```

上面的结果显示了一些提供特定设备相关数据的文件和目录。但是利用核心实用程序是一种更简单的方法，因此不必自己进行所有的探索。

```
[root@david ~]# lsusb
Bus 002 Device 005: ID 1058:070a Western Digital Technologies, Inc. My
Passport Essential (WDBAAA), My Passport for Mac (WDBAAB), My Passport
Essential SE (WDBABM), My Passport SE for Mac (WDBABW
Bus 002 Device 004: ID 05e3:0745 Genesys Logic, Inc. Logilink CR0012
Bus 002 Device 003: ID 1a40:0201 Terminus Technology Inc. FE 2.1 7-port Hub
Bus 002 Device 002: ID 8087:0024 Intel Corp. Integrated Rate Matching Hub
Bus 002 Device 001: ID 1d6b:0002 Linux Foundation 2.0 root hub
Bus 006 Device 005: ID 0bc2:ab1e Seagate RSS LLC Backup Plus Portable Drive
Bus 006 Device 003: ID 2109:0812 VIA Labs, Inc. VL812 Hub
Bus 006 Device 002: ID 2109:0812 VIA Labs, Inc. VL812 Hub
Bus 006 Device 001: ID 1d6b:0003 Linux Foundation 3.0 root hub
Bus 005 Device 007: ID 2109:2812 VIA Labs, Inc. VL812 Hub
```

```
Bus 005 Device 004: ID 2109:2812 VIA Labs, Inc. VL812 Hub
Bus 005 Device 006: ID 04f9:0042 Brother Industries, Ltd HL-2270DW Laser
Printer
Bus 005 Device 005: ID 04f9:02b0 Brother Industries, Ltd MFC-9340CDW
Bus 005 Device 003: ID 050d:0234 Belkin Components F5U234 USB 2.0 4-Port Hub
Bus 005 Device 002: ID 2109:3431 VIA Labs, Inc. Hub
Bus 005 Device 001: ID 1d6b:0002 Linux Foundation 2.0 root hub
Bus 001 Device 005: ID 046d:c52b Logitech, Inc. Unifying Receiver
Bus 001 Device 006: ID 17f6:0822 Unicomp, Inc
Bus 001 Device 003: ID 051d:0002 American Power Conversion Uninterruptible
Power Supply
Bus 001 Device 002: ID 8087:0024 Intel Corp. Integrated Rate Matching Hub
Bus 001 Device 001: ID 1d6b:0002 Linux Foundation 2.0 root hub
Bus 004 Device 001: ID 1d6b:0003 Linux Foundation 3.0 root hub
Bus 003 Device 010: ID 0424:4063 Standard Microsystems Corp.
Bus 003 Device 009: ID 0424:2640 Standard Microsystems Corp. USB 2.0 Hub
Bus 003 Device 008: ID 0424:2514 Standard Microsystems Corp. USB 2.0 Hub
Bus 003 Device 001: ID 1d6b:0002 Linux Foundation 2.0 root hub
```

我再次在自己的物理主机上运行最后一个命令，因为它产生了更有趣的结果。

lspci 命令与 lsusb 执行相同的功能，但它针对于 PCI 总线。请自己继续尝试 lspci 命令。

我有时会发现它对于找到特定的硬件设备很有帮助，特别是新增的硬件设备。与 /proc 目录一样，有一些核心实用程序，如 lsusb 和 lspci，使我们可以轻松查看有关连接到主机的设备的信息。

6.5.3　SELinux

selinux 伪文件系统类似于其他伪文件系统，如 /proc。它可以位于 /selinux 或 /sys/fs/selinux。只有在启用 SELinux 时才会创建并显示此文件系统。

如果存在 /selinux 文件系统，它包含与内核密切相关的文件，其与内核关联的方式与 /proc 中的文件相同。启用 SELinux 时，此文件系统提供了运行内核的安全功能的窗口。

Fedora 和其他与 Red Hat 相关的发行版，默认情况下在目标模式中启用 SELinux。有的发行版可能已关闭 SELinux，或者它可能已被许多系统管理员关闭。下一个实验有助于探索 SELinux 文件系统，但我们需要首先进入已知状态。

实验 6-6

注意只能在指定用于培训目的的主机或 VM 上执行此实验。在任何情况下都不要在生产主机上执行此实验。

如果你的主机启用了 SELinux，我们将在继续之前禁用它。首先看看它是否被禁用。

```
[root@testvm1 ~]# sestatus
SELinux status:                 enabled
SELinuxfs mount:                /sys/fs/selinux
SELinux root directory:         /etc/selinux
Loaded policy name:             targeted
Current mode:                   enforcing
Mode from config file:          enforcing
Policy MLS status:              enabled
Policy deny_unknown status:     allowed
Memory protection checking:     actual (secure)
Max kernel policy version:      31
```

在我的 Fedora 主机上以目标模式启用 SELinux。如果你的主机上出现这种情况，请记下为 SELinuxfs 挂载点指定的位置。还要记录当前模式，此模式应该是 enforcing（强制执行）或 permissive（允许）。

禁用 seLinux。使用你喜欢的编辑器打开 /etc/sysconfig/selinux 文件。将 SELINUX= 行更改为 disabled（禁用）。修改完成后，此文件应如下所示。

```
# This file controls the state of SELinux on the system.
# SELINUX= can take one of these three values:
#     enforcing - SELinux security policy is enforced.
#     permissive - SELinux prints warnings instead of enforcing.
#     disabled - No SELinux policy is loaded.
SELINUX=disabled
# SELINUXTYPE= can take one of these three values:
#     targeted - Targeted processes are protected,
#     minimum - Modification of targeted policy. Only selected processes are
        protected.
#     mls - Multi Level Security protection.
SELINUXTYPE=targeted
```

现在重新启动主机。重启需要一些时间，因为 SELinux 必须从其保护的文件系统中的文件中删除其标签。删除这些标签后，主机将重新启动。

主机重新启动后，以 root 用户身份登录。你可以在其中一个虚拟控制台中执行此操作，因为此部分实验不需要 GUI。

每个人都应该执行本实验的其余部分，无论是启用还是禁用了 SELinux。尝试在上面提到的位置查找 selinux 文件系统。它不应该存在。

```
[root@testvm1 ~]# ls -l /sys/fs/selinux
ls: cannot access '/sys/fs/selinux': No such file or directory
```

现在重新启用 SELinux，使用编辑器将 SELINUX 那一行改回 enforcing（强制执行）或 permissive（允许），无论在第一次更改它之前它的值如何。然后重启系统并等待它完成第二次重启。

以 root 用户身份登录到虚拟控制台，或以你喜欢的方式登录到桌面。如果登录到桌面，请以 root 身份打开终端仿真器窗口。现在尝试查看 selinux 目录。

```
[root@testvm1 ~]# ls -l /sys/fs/selinux/
total 0
-rw-rw-rw-.  1 root root      0 Feb  3  2018 access
dr-xr-xr-x.  2 root root      0 Feb  3  2018 avc
dr-xr-xr-x.  2 root root      0 Feb  3  2018 booleans
-rw-r--r--.  1 root root      0 Feb  3  2018 checkreqprot
dr-xr-xr-x. 99 root root      0 Feb  3  2018 class
--w-------.  1 root root      0 Feb  3  2018 commit_pending_bools
-rw-rw-rw-.  1 root root      0 Feb  3  2018 context
-rw-rw-rw-.  1 root root      0 Feb  3  2018 create
-r--r--r--.  1 root root      0 Feb  3  2018 deny_unknown
--w-------.  1 root root      0 Feb  3  2018 disable
-rw-r--r--.  1 root root      0 Feb  3  2018 enforce
dr-xr-xr-x.  2 root root      0 Feb  3  2018 initial_contexts
-rw-------.  1 root root      0 Feb  3  2018 load
-rw-rw-rw-.  1 root root      0 Feb  3  2018 member
-r--r--r--.  1 root root      0 Feb  3  2018 mls
crw-rw-rw-.  1 root root 1, 3 Feb  3  2018 null
-r--r--r--.  1 root root      0 Feb  3  2018 policy
dr-xr-xr-x.  2 root root      0 Feb  3  2018 policy_capabilities
-r--r--r--.  1 root root      0 Feb  3  2018 policyvers
-r--r--r--.  1 root root      0 Feb  3  2018 reject_unknown
-rw-rw-rw-.  1 root root      0 Feb  3  2018 relabel
-r--r--r--.  1 root root      0 Feb  3  2018 status
-rw-rw-rw-.  1 root root      0 Feb  3  2018 user
--w--w--w-.  1 root root      0 Feb  3  2018 validatetrans
```

如果没有看到 selinux 目录的内容，验证位置正确，然后重试。

6.6　解决问题

坚持使用 Linux FHS 的最好理由之一是尽可能简化任务。使用 Linux FHS 可以提高一致性和简单性，使解决问题更容易。知道在 Linux 文件系统目录结构中的哪些地方找哪些东西，这让我在很多时候不再没完没了地乱撞。

我发现我使用的发行版提供的大多数核心实用程序、Linux 服务和服务器在使用 /etc 目录及其子目录的配置文件时是一致的。这意味着应该很容易找到某个发行版提供的运行异常的程序或服务的配置文件。

我通常在 /etc 中使用许多 ASCII 文本文件来配置 SendMail、Apache、DHCP、NFS、NTP、DNS 等。我总是知道在哪里可以找到我需要为这些服务修改的文件，它们都是开放的和可访问的，因为它们是 ASCII 文本，这使得它们对计算机和人类都是可读的。

> 注意　BIND DNS 似乎与上述标准不一致，因为它的 zone、reverse 和根提示文件 named.ca
> 都位于 /var/named 中。这不是不一致，因为它们不是配置文件，而是数据库文件，
> 正如表 6-1 中所示，这是 /var 的功能之一。此外，这些"变量"文件可以由外部服
> 务器修改，例如当主[⊖]名称服务器更新辅助名称服务器的数据库时。将这些外部服
> 务器保留在我们的计算机上的主配置目录 /etc 之外是一个非常好的主意。
> BIND 数据库文件的位置与 FHS 一致。但是我确实需要一段时间来弄明白这一点以
> 及为什么会这样，更不用说对 FHS 的广泛研究了。有时候好奇心可以带我走很长的
> 路，但我总是从那些以后有用的旅程中学到很多东西。

6.6.1　不正确地使用文件系统

当我在 Research Triangle Park 的一家大型科技公司担任实验室管理员时，出现了一个涉及错误使用文件系统的情况。一位开发人员在错误的位置 /var 安装了一个应用程序。

应用程序崩溃是因为 /var 文件系统已满，并且存储在此文件系统上的 /var/log 中的日志文件无法附加新消息，这些消息表明因为 /var 中缺少空间，/var 文件系统已满，但是系统保持启动并运行，因为关键的 /（根）和 /tmp 文件系统没有填满。通过删除有问题的应用程序并在它应该安装到的 /opt 文件系统中重新安装它，解决了这个问题。我也与进行原始安装的开发人员进行了一次小型讨论。

6.6.2　电子邮件收件箱

我有很多次需要修复电子邮件收件箱的问题。我发现某些垃圾邮件不符合正确的电子邮件标准，并且至少有一些电子邮件客户端在查看和管理这些垃圾邮件以及电子邮件收件箱文件中的一些垃圾邮件时遇到问题。

你知道电子邮件收件箱在电子邮件服务器上的位置吗？它位于 /var/spool/mail 中，每个收件箱文件中都有电子邮件用户 ID 的名称。通过一点运气和一些研究，我能够通过删除违规垃圾邮件来修复收件箱。

即使我从不需要对特定服务的配置文件进行更改，我也知道它们几乎总能在 /etc 目录中找到。这大大减少了我需要搜索的工作量。

6.6.3　坚持标准

那么作为系统管理员我们如何遵守 Linux FHS 呢？实际上非常简单，表 6-1 中有一些提示。/usr/local 目录是本地创建的可执行文件及其配置文件的存储位置。

⊖　我不喜欢主服务器和辅助服务器（primary 和 secondary servers）的官方名称，因此不会使用它们。我认为用初级和次级（primary 和 secondary）这组术语在任何情况下都更具描述性。

通过本地程序，FHS 意味着作为系统管理员创建的程序使我们的工作或其他用户的工作更容易。这包括我们编写的所有功能强大且功能多样的 shell 程序。

程序应位于 /usr/local/bin 中，并在 /usr/local/etc 中放置配置文件（如果有）。还有一个 /var/local 目录，本地程序可以在其中存储自己的数据库文件。

多年来我编写了相当多的 shell 程序，至少花了五年的时间才明白在主机上安装自己的软件的合适位置。在某些情况下，我甚至忘记了安装它们的位置。在其他情况下，我在 /etc 而不是 /usr/local/etc 中安装了配置文件，并且在升级期间我的文件被覆盖了。第一次发生这种情况需要花费几个小时来跟踪它。

在编写 shell 程序时遵循这些标准，我更容易记住安装它们的位置。其他系统管理员也更容易找到这些程序，只要搜索安装这些程序及其文件的目录即可。

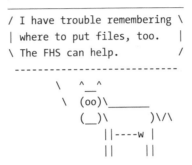

```
/ I have trouble remembering \
| where to put files, too.   |
\ The FHS can help.          /
 ---------------------------
          \   ^__^
           \  (oo)_____
              (__)\       )\/\
                  ||----w |
                  ||     ||
```

6.6.4　这个文件在哪里

我曾经习惯地简单安装 Bash 程序，就将文件复制到我正在处理的主机上的适当位置。有时我忘记了它们应该在哪里。随着程序数量的增加，安装越来越多的省时工具所造成的任务，需要花费更多的时间来完成。

我在安装新计算机时找到了一种方便安装 shell 程序，以及在需要传播时进行升级的好方法。我创建了一个包含程序及其所有配置和其他辅助文件的 RPM，以及放置每个文件的位置的说明。RPM 还包含一个小的 Bash 脚本，该脚本在安装后运行，以便执行某些配置任务、安装最新的更新，并安装我一直希望在 Linux 主机上安装的，但通常安装程序不会安装的一些应用程序和实用程序。

从某种意义上说，创建此 RPM 是懒惰系统管理员的一种行为，可以自动安装大量程序、字体、配置文件等。有一次，我花了三四个小时手动完成了很多任务（在终端通过单独命令）。创建 RPM 后，现在只需要几分钟就能运行 dnf 来安装 RPM。然后输入命令来运行我编写的大型 Bash 程序，只需要一分钟就能执行我之前手动执行的所有其他安装、修改等操作。shell 程序可能需要 20 分钟到一个小时左右才能完成，但我不再需要监视每个命令，因此我可以手动运行下一个命令。我不需要将鼠标悬停在计算机上，当自动化的程序为我工作时，我可以去做其他更有成效的事情。

6.7 小结

本章探讨了 Linux 文件系统。你已经了解到分层目录结构已有标准应用于该结构中目录的使用。遵循 Linux 基金会维护的 Linux 文件系统分层标准中概述的标准使用约定，为系统管理员提供了一些重要的好处。当包含数据的目录树的各部分被创建为独立的文件系统并单独安装时，尤其如此。

Linux 文件系统不仅仅是存储程序和数据的地方。在这里，可以找到有关操作系统、运行程序甚至硬件的数据和统计信息并充分利用它们。Linux FHS 定义了可以找到此类信息的目录，因此我们知道，在需要时它将始终存在。

了解 Linux 文件系统中包含的内容及其位置，可能是执行确定问题的任务时不可或缺的工具。

第三部分 *Part 3*

功　　能

在第 3 部分中，我们的领悟不仅仅是简单地敲击键盘上的命令，我们开始以更高级的方式应用基础知识。为了更好地利用命令行，我们开始扩展命令行程序并创建经过测试、可移植和可维护的 shell 程序，这些程序可以保存并可以重复使用，甚至可以共享。我们成为"懒惰管理员"并开始自动化一切。我们使用 Linux 文件系统分层结构以公开格式存储数据。

本书第三部分是为了让我们的工作更轻松。我们使用命令行的功能并应用一些新的原则，来利用在第 2 部分中学到的东西尽可能自动化并创建适合我们的程序。

系统管理员的自动化与编译程序无关，因为这些编译程序需要花费太多时间和精力来创建、测试、发布和维护。系统管理员的编程是关于 shell 程序的，例如 BASH 编程，它是快速、开放和可移植的。

业内有些人会认为 shell 编程比用编译语言编写程序付出的努力要少。这是不正确的，虽然我在有的地方使用术语"脚本"和"编写脚本"，但编写 shell 脚本与使用 C 语言是同等的编程。shell 编程的优点是多方面的，我们将在本部分详细讨论它们。

让我们同意"脚本"和"程序"这两个词是可以互换的。因此，当我说"程序"时，你可以将其视为 shell 脚本，尤其是 BASH 脚本，因为 BASH 几乎是每个 Linux 发行版中的默认 shell。

第 7 章　*Chapter 7*

拥抱 CLI

原力（《星球大战》系列作品中的能力）是使用 Linux，是使用命令行界面（Command-Line Interface CLI）。Linux CLI 的巨大优势在于完全没有限制。本章中我们开始探索命令行，以便阐明它随时可用的力量。

访问命令行有很多选项，例如虚拟控制台，许多不同的终端仿真程序以及其他可以提高灵活性和生产力的相关软件。本章将介绍所有这些可能的方式，以及命令行如何执行看似不可能完成的任务的一些具体示例——或者只是满足顶头上司的要求。

进一步讨论命令行之前，需要做一些准备工作。

准备工作

并非所有发行版都安装了本章中需要用到的几个软件包，现在需要安装它们。如果已经安装了一个或多个这些软件包，将显示一条消息指示该软件包已经安装，但其余软件包仍将正确安装。我们还将安装一些其他软件包以满足正在安装的软件包的先决条件。

我的包管理器是 dnf，但你应该使用你的发行版提供的包管理器。以 root 身份执行此操作。

```
[root@testvm1 ~]# dnf -y install konsole tilix screen ksh tcsh zsh
```

在我的测试中，VM Konsole 和 screen 已经安装，但是命令安装了 ksh、csh、zsh、tilix 和其他三个软件包以满足依赖性。

7.1　定义命令行

命令行是一种在用户和操作系统之间提供文本模式接口的工具。命令行允许用户在计算机中键入命令以进行处理和查看结果。

Linux 命令行界面使用诸如 bash（Bourne again shell）、csh（C shell）和 ksh（Korn shell）之类的 shell 实现，这里仅列出其中的三个。任何 shell 的功能都是将用户键入的命令传递给执行命令的操作系统，并将结果返回给 shell。

命令行是通过某种类型的终端接口访问的。在现代 Linux 计算机中有三种主要类型的终端接口，但术语可能令人困惑。书中定义了这些术语和一些与命令行相关的其他术语——在某些细节上。

7.2 CLI 术语

有几个与命令行相关的术语经常互换使用。当我第一次开始使用 Unix 和 Linux 时，这种不加区别的用法让我感到很困惑。我认为系统管理员理解控制台、虚拟控制台、终端、终端仿真器、终端会话和 shell 之间的区别非常重要。

当然，只要你明白，你就可以使用任何适合你的术语。在本书的各处，我将努力尽可能准确地使用这些术语，因为现实是这些术语的含义存在显著差异，有时这种差异很重要。

7.2.1 命令提示符

命令提示符是一个如下这样的字符串，带有一个闪烁的光标，等待（提示）你输入命令。

```
[student@testvm1 ~]$ ■
```

现代 Linux 安装中的典型命令提示符包含用户名、主机名和当前工作目录（PWD），也称为"当前"目录，全部用方括号括起来。波浪号（~）字符表示主目录。

7.2.2 命令行

命令行是终端上的行，其中包含命令提示和输入的任何命令。

7.2.3 命令行界面

命令行界面是 Linux 操作系统的文本模式用户界面，允许用户键入命令并将结果视为文本输出。

7.2.4 终端

终端是一种旧式的硬件，它提供了与大型机或 Unix 计算机主机交互的方法。终端不是计算机，只连接到大型机和 Unix 系统。硬件类型的终端通常通过长的串行电缆连接到主机。诸如图 7-1 中所示的 DEC VT100 之类的终端通常被称为"哑终端"，以将它们与 PC 或其他小型计算机区分开来，这些计算机在连接到大型机或 Unix 主机时可以充当终端。哑终端具有足够的逻辑来显示来自主机的数据并将键击传送回主机。全部处理和计算都在终端所连接的主机上执行。

图 7-1　DEC VT100 哑终端。此文件已在创作共享归属 2.0 通用许可证下获得许可。作者：Jason Scott

更老的终端，例如机械电传打字机（TTY）的普遍使用早于 CRT 显示器。它们使用新闻纸质量的纸卷来记录输入的命令和结果。我参加的第一个计算机编程大学课程使用这些 TTY 设备，这些设备通过电话线以每秒 300 比特的速度连接到几百英里外的 GE（通用电气）分时计算机。

与命令行有关的大部分术语都源于这两种类型的哑终端中的历史用法。例如，术语 TTY 仍然是常用的，但我很多年都没看到一个真正的 TTY 设备。再看一下 Linux 或 Unix 计算机的 /dev 目录。你会发现大量的 TTY 设备文件。

注意　在第 5 章介绍了设备文件。

终端设计的唯一目的是允许用户通过键入命令并在纸卷或屏幕上查看结果来与他们所连接的计算机进行交互。术语"终端"倾向于暗示硬件设备与计算机分离，同时用于与之通信和交互（图 7-2）。

7.2.5　控制台

控制台是一个特殊的终端，因为它是连接到主机的主终端。它是系统操作员在其中输入命令并执行不允许在与主机连接的其他终端上执行的任务的终端。控制台也是主机在出现问题时显示系统级错误消息的唯一终端。

可以有许多终端连接到大型机和 Unix 主机，但只有一个是或可以充当控制台。在大多数大型机和 Unix 主机上，控制台通过专门为控制台指定的专用连接进行连接。

图 7-2　Unix 开发人员 Ken Thompson 和 Dennis Ritchie。Thompson 坐在用于与 Unix
计算机连接的电传终端上。Peter Hamer - 由 Magnus Manske 上传

与 Unix 一样，Linux 具有运行级别，一些运行级别（如运行级别 1、单用户模式和恢复模式）仅用于维护。在这些运行级别中，只有控制台可以使系统管理员与系统交互并执行维护。

> **注意**　KVM 代表键盘、视频和鼠标（Keyboard、Video、Mouse），这是大多数人用来与计算机交互的三种设备。

在 PC 上，物理控制台通常是键盘、显示器，有时是直接连接到计算机的鼠标（KVM）。这些是在 BIOS 引导序列期间用于与 BIOS 交互的物理设备，可以用它在 Linux 引导过程的早期阶段与 GRUB 交互并选择不同的内核来引导或修改引导命令以引导到不同的运行级别。

由于 KVM 设备与计算机紧密地物理连接，系统管理员必须在引导过程中物理地存在于此控制台，以便与计算机进行交互。系统管理员在引导过程中无法进行远程访问，远程访问只有在 SSHD 服务启动并运行时才可用。

7.2.6　虚拟控制台

运行 Linux 的现代个人计算机和服务器通常没有可用作控制台的哑终端。Linux 通常提供多个虚拟控制台的功能，允许从单个键盘和监视器进行多次登录。Red Hat Linux、CentOS 和 Fedora Linux 通常提供六到七个用于文本模式登录的虚拟控制台。如果使用图形界面，第一个虚拟控制台 vc1 将成为 X Window System（X）启动后的第一个图形（GUI）会话，vc7 成为第二个 GUI 会话。见图 7-3。

每个虚拟控制台都被分配了与控制台编号对应的功能键。vc1 被分配给功能键 F1，依此类推。切换到这些会话很容易。在计算机上，按住 Ctrl-Alt 键并按 F2 切换到 vc2。按住 Ctrl-Alt 键并按 F1 切换到 vc1，通常是图形桌面界面。如果没有 GUI 在运行，vc1 将只是另一个文本控制台。

```
Fedora 27 (Twenty Seven)
Kernel 4.13.12-300.fc27.x86_64 on an x86_64 (tty2)

testvm1 login: _
```

图 7-3　虚拟控制台 2 的登录提示

虚拟控制台提供了使用单个物理系统控制台、键盘、视频显示器和鼠标（KVM）访问多个控制台的方法。这使管理员可以更灵活地执行系统维护和解决问题。还有一些其他方法可以提供额外的灵活性，但如果可以物理访问系统或直接连接的 KVM 设备或某些逻辑 KVM 扩展（如 Integrated Lights Out 或 iLO），则虚拟控制台始终可用。某些环境中可能无法使用屏幕命令等其他方法，并且在大多数服务器上可能无法使用 GUI。

7.2.7　终端仿真器

终端仿真器是模拟诸如 VT100 的硬件终端的软件程序。大多数当前的终端仿真器可以模拟几种不同类型的硬件终端（见图 7-4）。大多数终端仿真器都是可在任何 Linux 图形桌面环境（如 KDE、Cinnamon、LXDE、GNOME 等）上运行的图形程序。Linux Console[⊖]是 Linux 虚拟控制台的终端模拟器。

图 7-4　Konsole 终端仿真器窗口，打开两个选项卡

⊖　维基百科，Konsole，https://en.wikipedia.org/wiki/Linux_console。

第一个终端仿真器是 Xterm [一]，最初是在 1984 年由 Thomas Dickey [二]开发的。Xterm 仍然保留，并作为许多现代 Linux 发行版的一部分打包。

其他终端仿真器包括 Konsole [三]、Tilix [四]、（见图 7-5）、rxvt [五]、gnome-terminal [六]、Terminator [七]等。这些终端仿真器中的每个都具有一组吸引特定用户群的有趣功能。有些能够在一个窗口中打开多个标签或终端。另一些只提供执行其功能所需的最少功能集，通常在需要小尺寸和高效率时使用。

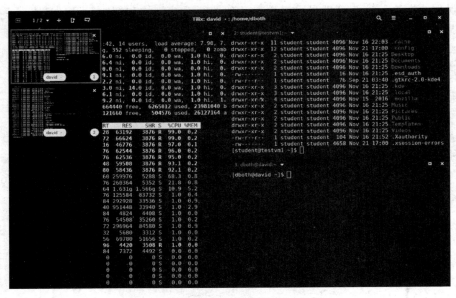

图 7-5　打开多个会话的 Tilix 实例

我最喜欢的终端模拟器是 Konsole 和 Tilix，因为它们能够在一个窗口中进行许多终端模拟器会话。Konsole 使用可以在其间切换的多个选项卡来完成此操作。

Tilix 提供了在窗口会话中平铺多个仿真器会话以及提供多个会话的功能。图 7-5 显示了 Tilix 的实例，左侧边栏中显示了两个会话。可见会话虽然部分由侧边栏覆盖，但有三个终端正在运行。侧边栏允许在会话之间切换。

其他终端仿真器软件也提供这些功能，但不像 Konsole 和 Tilix 那样灵活无缝。

[一]　维基百科，Xterm，https://en.wikipedia.org/wiki/Xterm。

[二]　维基百科，Thomas Dickey，https://en.wikipedia.org/wiki/Thomas_Dickey。

[三]　维基百科，Konsole，https://en.wikipedia.org/wiki/Konsole。

[四]　Fedora 杂志，Tilix，https://fedoramagazine.org/try-tilix-new-terminal-emulator-fedora/。

[五]　维基百科，Rxvt，https://en.wikipedia.org/wiki/Rxvt。

[六]　维基百科，Gnome-terminal，https://en.wikipedia.org/wiki/Gnome-terminal。

[七]　维基百科，终结者，https://en.wikipedia.org/wiki/Terminator_（telminal_emulator）。

7.2.8 伪终端

伪终端是 Linux 设备文件，终端仿真器逻辑连接到此文件以与操作系统连接。伪终端的设备文件位于 /dev/pts 目录中，仅在启动新的终端仿真器会话时创建。这可以是新的终端仿真器窗口或其中一个终端仿真器（例如 Konsole）的现有窗口中的新选项卡或面板，其支持单个窗口中的多个会话。

/dev/pts 中的设备文件只是打开的每个仿真器会话的编号。例如，第一个仿真器是 /dev/pts/1。

7.2.9 会话

会话是另一个可以应用于不同事物的术语，但它保留了基本相同的含义。

最基本的应用是一个到终端的会话。这是连接到单个用户登录和 shell 的单个终端仿真器。因此，在最基本的意义上，会话是登录到本地或远程主机的单个窗口或虚拟控制台，其中运行有命令行 shell。

Tilix 终端仿真器使用术语会话来表示其中打开一个或多个终端的窗口窗格。在这种情况下，窗格是会话，而每个子窗口是终端。可以在图 7-5 中看到这一点。

7.2.10 shell

shell 是操作系统的命令解释器。可用于 Linux 的每一个 shell 都将用户或系统管理员键入的命令解释为操作系统可用的形式。当结果返回到 shell 程序时，它会在终端上显示它们。

大多数 Linux 发行版的默认 shell 是 bash shell。bash 代表 Bourne Again Shell，因为 bash shell 基于较旧的 Bourne shell，它是由 Steven Bourne 在 1977 年编写的。还有许多其他 shell 可用。我在这里列出的四个是我经常遇到的[⊖]。

❑ csh - 喜欢 C 语言语法的程序员的 C shell。
❑ ksh - Korn shell，由 David Korn 编写，受 Unix 用户欢迎。
❑ tcsh - 具有更易用功能的 csh 版本。
❑ zsh - 结合了其他流行 shell 的许多功能。

所有 shell 都有一些内置命令，用于补充或替换核心实用程序提供的命令。打开 bash 的手册页，找到 "SHELL BUILTIN COMMANDS" 部分，查看 shell 本身提供的命令列表。

我使用过 C shell、Korn shell 和 Z shell。我尝试了许多其他 shell，仍然最喜欢 bash shell。每个 shell 都有自己的个性和语法。使用最适合你的那个，但这可能要求你至少尝试几种 shell。

你可以轻松更改 shell。

⊖ 维基百科，命令 shell 比较，https://en.wikipedia.org/wiki/ Comparison_of_command_shells。

大多数 Linux 发行版都使用 bash shell 作为默认的 shell，假定它是你的默认 shell。本章我们安装了另外三个 shell，即 ksh、tcsh 和 zsh。

以用户 student 的身份进行此实验。首先，查看你的命令提示符，它应如下所示：

[student@testvm1 ~]$

这是非 root 用户的标准 bash 提示符。现在将其更改为 ksh shell。只需输入 shell 的名称即可。

[student@testvm1 ~]$ **ksh**
$

可以从提示符的不同看出这是一个不同的 shell。运行一些简单的命令，如 ls 和 free，只是为了看到命令的工作方式没有区别。这是因为除了内置命令之外，大多数命令都与 shell 分开。

尝试向上滚动以像 bash 这样获得命令的历史记录，发现行不通。

```
$ zsh
This is the Z Shell configuration function for new users,
zsh-newuser-install.
You are seeing this message because you have no zsh startup files
(the files .zshenv, .zprofile, .zshrc, .zlogin in the directory
~). This function can help you with a few settings that should
make your use of the shell easier.

You can:

(q)  Quit and do nothing. The function will be run again next time.

(0)  Exit, creating the file ~/.zshrc containing just a comment.
     That will prevent this function being run again.

(1)  Continue to the main menu.

--- Type one of the keys in parentheses ---
```

如果选择继续，你将经过一系列菜单，这些菜单将帮助你配置 Z shell 以满足你的需求——在此阶段你最好了解它们。我选择"Q"来继续，提示符看起来与 bash 提示符略有不同。

[student@testvm1]~%

在 Z shell 中运行一些简单的命令，然后键入 exit 两次以返回到原始的 bash shell。

```
[student@testvm1]~% w
 14:30:25 up 3 days, 6:12, 3 users, load average: 0.00, 0.00, 0.02
USER     TTY      LOGIN@   IDLE   JCPU   PCPU WHAT
student  pts/0    Tue08    0.00s  0.07s  0.00s w
root     pts/1    Wed06    18:48  0.26s  0.26s -bash
```

```
student   pts/2      08:14    6:16m  0.03s  0.03s -bash
[student@testvm1]~% exit
$ exit
[student@testvm1 ~]$
```

如果你已经在 bash shell 中，再启动 bash shell，你认为会发生什么？

```
[student@testvm1 ~]$ bash
[student@testvm1 ~]$ ls
Desktop Documents Downloads Music Pictures Public Templates Videos
[student@testvm1 ~]$ exit
exit
[student@testvm1 ~]$
```

你刚进入另一个 bash shell，这就是所发生的。

这说明了表面上可能出现的情况的实质。首先，每个 shell 都是一个层。启动新 shell 不会终止前一个 shell。当你从 bash 开始 tcsh 时，bash shell 仍然存在，当你退出 tcsh 时，你被送回搁置的 bash shell。

事实证明，这正是从 shell 运行任何命令或进程时发生的情况。该命令在自己的会话中运行，而父 shell（进程）一直等待，直到该子命令返回并且将控制权返回给它，然后才能够继续处理其他命令。

因此，如果你有一个运行其他命令的脚本（这是编写脚本的目的），该脚本将运行每个命令，等待它完成，然后继续运行下一个命令。

可以通过在命令的末尾附加一个（&）符号来修改上述行为，该命令将被调用的命令放在后台，并允许用户继续与 shell 交互，或者让脚本继续处理更多命令。只有在不需要进一步人工交互或输出到 STDOUT 时，才会希望使用命令来执行此操作。如果稍后将运行的其他命令需要前面命令的结果，但可能在前面命令的后台任务完成之前就执行，你也不会希望在后台运行前面的命令。

可以使用 chsh 命令更改 shell，以便每次登录并启动新的终端会话时它都保持不变。

7.2.11　SSH

SSH 实际上并不是一个 shell。ssh 命令在作为客户端的自身与运行 SSHD 服务器的另一台主机之间启动一个安全通信链接。服务器端使用的实际命令 shell 是服务器端为此账户设置的默认 shell，例如 bash shell。

7.2.12　screen

你可能首先将 "screen" 视为显示 Linux 桌面的设备。这是一种意思。

对于像我们这样的极客，screen 是一个程序，一个屏幕管理器，它可以增强命令行的功能。screen 实用程序允许在单个终端会话中启动多个 shell，并提供在正在运行的 shell 之间跳转的方法。

有时候我们有一个运行程序的远程会话并且通信链接失败了。当发生这种情况时，正在运行的程序也被终止，我们不得不从头开始重新启动它，令人非常沮丧。

screen 程序可以防止这种情况。即使由于网络连接失败而断开与远程主机的连接，屏幕会话也将继续运行。它还允许从终端会话断开**屏幕会话**，而稍后从相同或不同的计算机重新连接。（screen 相当于 Windows 的远程桌面）所有在 screen 终端会话中运行的 CLI 程序都将继续在远程主机上运行。这意味着一旦重新建立通信，就可以重新登录远程主机，并使用远程主机命令行中的 **screen -r** 命令将屏幕会话重新连接到终端。

可以在屏幕上启动一堆终端会话，使用 **Ctrl-a + d** 断开与屏幕的连接，然后注销。然后可以去另一个地方登录主机，SSH 到运行 screen 的主机并登录，并使用 **screen -r** 命令重新连接到屏幕会话，所有终端会话及其各自的程序仍将运行。

screen 命令在某些环境中非常有用，在这些环境中，对硬件控制台的物理访问不能提供对虚拟控制台的访问，但我们需要多个 shell 的灵活性。你可能会发现使用 screen 程序很方便，在某些情况下，为了快速有效地工作，有必要这样做。

实验 7-2

在本实验中，我们将探讨 screen 程序的使用。以 student 用户身份在终端会话中执行此实验。

在开始之前，先学习如何向 screen 程序本身发送命令，以便执行诸如打开新终端和在运行中的终端会话之间切换的操作。

在这个实验中，提供了诸如"按 **Ctrl-a + c**"之类的指令来打开一个新的终端。这意味着你应该在按下"a"键的同时按住 Ctrl 键，此时可以释放 Ctrl 和"a"键，因为你已经提醒 screen 程序下一次击键是针对它的，现在按"c"键。

对于序列 **Ctrl-a +"**（双引号），显示该屏幕会话中所有打开的终端的列表，执行 **Ctrl-a**，释放这些键，然后按 **shift +"**。

我发现这个过程的唯一例外是 **Ctrl-a + a** 序列，它在最后两个终端会话之间切换。你必须继续按住 Ctrl 键并连续两次按"a"键，然后才能释放 Ctrl 键。

1）输入 **screen** 命令将清除屏幕显示的内容，并使你处于命令提示符下。你现在位于屏幕显示管理器中，它打开单个终端会话并显示在窗口中。

2）键入任何命令（如 **ls**）以在命令提示符旁边的终端会话中显示某些内容。

3）按 **Ctrl-a + c** 在屏幕会话中打开一个新 shell。

4）在这个新终端中输入不同的命令，例如 **df -h**。

5）键入 **Ctrl-a + a** 以在终端之间切换。

6）输入 **Ctrl-a + c** 打开第三个终端。

7）键入 **Ctrl-a +"** 列出打开的终端。使用向上 / 向右箭头键选择除最后一个之外的任何一个，然后按 Enter 键切换到该终端。

8）要关闭一个终端，键入 exit 并按 Enter 键。

9）键入 Ctrl-a + ″命令以验证终端是否已消失。注意，你已选择关闭的号码的终端不再存在，其他终端尚未重新编号。

10）使用 Ctrl-a + c 重新打开一个新的终端。

11）键入 Ctrl-a + ″以验证是否已创建新终端。注意，它已在先前关闭的终端位置打开。

12）要断开屏幕会话和所有打开的终端，按 Ctrl-a + d。注意，这会使所有终端及其中的程序保持完整且继续运行。

13）在命令行中输入命令 screen -list 以列出所有当前屏幕会话。如果有多个屏幕会话，这可以确保你重新连接到正确的屏幕会话。

14）使用 screen -r 命令重新连接到活动的屏幕会话。如果打开了多个活动的屏幕会话，则会显示它们的列表，你可以选择要连接的会话，必须输入要连接的屏幕会话的名称。

我建议你不要在现有的屏幕会话中打开新的屏幕会话。在终端之间切换可能很困难，因为 screen 程序并不总是了解要向哪个嵌入会话发送命令。

我一直使用 screen 程序。它是一个功能强大的工具，为我在命令行上工作提供了极大的灵活性。

7.3 GUI 和 CLI

你可能喜欢并使用一种图形用户界面，即几乎所有 Linux 发行版都可用的桌面程序，你甚至可以在它们之间切换，因为你发现一个特定的桌面（如 KDE）更适用于某些任务，另一个（如 GNOME）更适合其他任务。但是你还会发现管理 Linux 计算机所需的大多数图形工具都只是实际执行这些功能的底层 CLI 命令的包装。

图形界面无法拥有 CLI 的强大功能，因为 GUI 本质上仅限于程序员决定你应该访问的那些功能。这就是 Windows 和其他限制性操作系统的工作方式。它们只允许你访问它们认为你应具备的功能和权力。这可能是因为它们认为你确实希望屏蔽你的计算机的全部功能，或者可能是因为它们认为你没有能力处理这种级别的强大功能。

不能因为 GUI 在某些方面受到限制，就意味着优秀的系统管理员无法利用它来简化工作。我发现我可以更灵活地利用 GUI 来执行命令行任务。通过允许在桌面上运行多个终端窗口，或使用专门为 GUI 环境设计的高级终端仿真程序，如 Tilix 和 Konsole，我可以提高我的工作效率。在桌面上打开多个终端后，我可以同时登录多台计算机，也可以多次登录任何一台计算机，使用我自己的用户 ID 打开多个终端会话，以 root 身份使用更多终端会话。

对我来说，GUI 可以通过多种方式随时提供多个终端会话，这就是 GUI 的全部意义。GUI 还可以让我访问 LibreOffice 等程序（我正在使用它编写本书）、图形电子邮件和 Web 浏览应用程序，等等。但系统管理员的真正威力在于命令行。

Linux 使用 GNU 核心实用程序，它由 Richard M. Stallman ⊖、aka RMS 和许多其他贡献者编写，作为任何免费版本的 Unix 或类 Unix 操作系统所需的免费开源实用程序。GNU 核心实用程序是任何 GNU 操作系统（如 GNU/Linux）的基本文件、shell 和文本的操作实用程序，任何系统管理员都可以指望它们出现在每个 Linux 版本上。此外，每个 Linux 发行版都有一组扩展的实用程序，可提供更多功能。

你可以输入命令 info coreutils 来查看 GNU 核心实用程序列表，并选择单个命令以获取更多信息。你还可以使用 man <command> 查看每个命令的手册页以及其他所有数百个 Linux 命令，这些命令也是每个发行版的标准命令。

7.3.1　非限制性接口

Linux CLI 是一种非限制性接口，因为它对使用方式没有限制。

根据定义，GUI 是一种限制非常严格的界面。你只能以规定的方式执行允许的任务，所有这些都由程序员选择好了。你不能超越编写代码的程序员的想象力，或者更有可能是上司对程序员的限制。

在我看来，图形界面的最大缺点是抑制任何自动化的可能性。没有 GUI 提供任何真正自动化任务的能力。相反，只有重复的鼠标点击才能在略有不同的数据上多次执行相同或类似的操作。

另一方面，CLI 在执行任务时具有很大的灵活性。原因是每个 Linux 命令不仅仅是 GNU 核心实用程序，而且绝大多数 Linux 命令都是使用 Linux 哲学的原则编写的，例如 "一切都是文件"、"总是使用 STDIO"、"每个程序应该做好一件事"、"避免强制用户界面"，等等。本书后面将讨论这些原则。

系统管理员的底线是，当开发人员遵循原则时，可以充分利用命令行的强大功能。

7.3.2　邮件列表

此示例强调了 CLI 自动执行常见任务的能力和灵活性。

在我的职业生涯中，我已经管理了几个邮件列表服务器，并仍然管理着它们。人们向我发送电子邮件地址列表以添加到这些列表中。在一个案例中，我收到了一个包含姓名和电子邮件地址列表的 Word 文档，这些列表将被添加到我的一个邮件列表中。

列表本身并不是很长，但它的格式非常不一致。该列表的缩写版本（更改了姓名和域名）如图 7-6 所示。原始列表有需要被删除的东西，如额外的行、方括号和圆括号等字符、

⊖　维基百科，Richard M. Stallman，https://en.wikipedia.org/wiki/Richard_Stallman。

一些空行。将这些电子邮件添加到邮件列表所需的格式是 first last <email@example.com>。

```
Team 1 Apr 3
Leader  Virginia Jones  vjones88@example.com
Frank Brown  FBrown398@example.com
Cindy Williams  cinwill@example.com
Marge smith  msmith21@example.com
 [Fred Mack]  edd@example.com

Team 2 March 14
leader  Alice Wonder  Wonder1@example.com
John broth  bros34@example.com
Ray Clarkson  Ray.Clarks@example.com
Kim West  kimwest@example.com
[JoAnne Blank]  jblank@example.com

Team 3 Apr 1
Leader  Steve Jones  sjones23876@example.com
Bullwinkel Moose bmoose@example.com
Rocket Squirrel RJSquirrel@example.com
Julie Lisbon  julielisbon234@example.com
[Mary Lastware) mary@example.com
```

图 7-6　要添加到邮件列表服务器的电子邮件地址的原始文档的部分列表

很明显，我需要处理数据，以便将其变成可接受的格式输入到列表中。可以使用文本编辑器或文字处理器（如 LibreOffice Writer）对此小文件进行必要的更改。但是，人们经常向我发送这样的文件，因此使用文字处理器进行这些更改变成了一件苦差事。尽管 Writer 具有良好的搜索和替换功能，但每个字符或字符串必须单独替换，并且没有办法保存以前的搜索。Writer 确实有一个非常强大的宏功能，但我不熟悉它的两种语言，LibreOffice Basic 或 Python。但我确实会 bash shell 编程。

我做了对系统管理员而言自然而然的事情——我自动化了此任务。我做的第一件事是将地址数据复制到名为 addresses.txt 的文本文件中，这样我就可以使用命令行工具来处理它。经过几分钟的工作，我开发了图 7-7 中的 bash 命令行程序，此程序产生了所需的输出，输出为文件 addresses2.txt。该命令需要在终端上的一行中输入，自动折行是可以接受的，但在完全输入命令之前不要按 Enter 键。

```
cat addresses.txt | grep -v Team | grep -v "^\s$" | sed -e "s/[Ll]eader//"
-e "s/\[//g" -e "s/\]//g" -e "s/)//g" | awk '{print $1" "$2" <"$3">"}' >
addresses2.txt
```

图 7-7　此 bash 命令行程序清理图 7-6 中的电子邮件地址数据，并且如果保存为可执行
　　　　shell 脚本，它可以多次重复使用

我将 bash 程序保存在一个可执行文件中，现在我可以在收到新列表时运行此程序。其中一些列表相当短，如图 7-6 所示，但其他列表很长，有时包含多达几百个地址和许多不包含要添加到列表中的地址的"废物"行。

　　我的解决方案不唯一。bash 中有不同的方法可以生成相同的输出，还可以使用其他语言，如 Python 和 Perl。当然，总有 Libre Office Writer 宏可用。但我总是可以依靠作为任何 Linux 发行版的一部分的 bash。我可以在任何 Linux 计算机上使用 bash 程序执行这些任务，即使那台机器没有 GUI 桌面也没有安装 LibreOffice。

7.4　解决方案原则

　　使用 bash shell 来编写解决像这样的问题的程序有助于确保此解决方案符合其他哲学原则。例如，bash shell 程序可以移植到其他 Linux 和 Unix 环境中。这里列出了这个特定解决方案所满足的原则。

- ❑ 拥抱 CLI
- ❑ 当一个懒惰的系统管理员
- ❑ 使用 STDIO 和数据流
- ❑ 自动化一切
- ❑ 始终使用 shell 程序
- ❑ 将数据存储在纯文本文件中
- ❑ 使程序可移植
- ❑ 努力追求优雅
- ❑ 找到简单
- ❑ 沉默是金
- ❑ 测试一切

7.5　用大数据阻止他们

> 　　程序的价值与其输出的重量成正比。
>
> ——计算机程序设计法则

　　很多年前，我在程序员办公室的海报上看到了这句话。对于那些年纪太小而无法记住那些"美好时光"的人来说，它指的是一个计算机的几乎所有输出都是扇形宽折叠纸打印报告的形式。有些程序会从 IBM 1403 打印机[⊖]中打印出大量"x15"扇形折叠连续纸张[⊖]。你在公司分层结构中的排名可以通过办公室中有多少堆计算机打印纸以及它们的高度来确定。

　　尽管那些日子基本上都离我们而去了，但大量的数据仍然可以成为某种东西的标志。对我而言，这是一种用来反击连续请求基本无意义的数据的方法。

⊖　维基百科，连续表格纸，https://en.wikipedia.org/wiki/Continuous_stationery。

⊖　维基百科，IBM 1403 打印机，https://en.wikipedia.org/wiki/IBM_1403。

这是使用命令行的另一个有趣示例。1999 年我在北卡罗来纳州工作时，其中一个上司要求我为安全人员创建一份清单。他们希望了解我的"非标准"PC 上的每一个软件及其功能。那时我使用的是 Red Hat Linux 6 而不是"标准"Windows。

我的困境是弄不清楚他们想要的确切内容是什么。他们只是想要一个像 Red Hat Linux 6.1、OpenOffice、Mozilla 这样的列表吗？或者他们想要更多的信息。无论我怎么要求他们澄清，他们只是说想要一份非标准的"一切"清单。基于对安全人员的了解，我认为越多越好。

他们想要我的 Linux 计算机上的每一个软件以及它做了什么的列表，我接受了他们的要求。我编写了一个 bash 程序，确定计算机上安装的每个 RPM 软件包，按字母顺序排序，然后使用 RPM 数据库获取软件的基本描述。我为实现这一点而编写的小程序如实验 7-3 所示。在你自己的计算机上运行它以查看结果。

一定要使用如图所示的反向标记（`rpm -qa | sort`），否则此实验将无效。将代码包含在反向标记（`）中是一种在运行语句中的其余代码之前执行该代码的方法。因此，首先执行包含在反向标记中的代码，然后将其用作 for 命令的输入列表。这个标记的作用与数学问题中的括号完全相同，例如 X = a * 3 + 2 * (6-3)。括号更改了计算表达式的顺序。

实验 7-3

以 root 身份执行此实验。

```
[root@testvm1 ~]# for I in `rpm -qa | sort`;do echo $I; rpm -qi $I | grep
Summary;done
```

这个简单的命令行程序为计算机上安装的每个 RPM 包生成两行数据。事实证明，在我安装软件相当适中的 testvm1 虚拟机上有 4630 行。

我可以再次使用本程序末尾的 mailx 命令通过电子邮件将数据直接发送给提出要求的上司。

> **注意** 我完成这个 bash 程序的副本已经超过 15 年了。在写这一章的过程中，我花了大约 5 分钟重新创建它。

最终的结果是数十页的数据，这正是他们所要求的。我知道大部分内容对他们毫无意义，但这无关紧要，因为我给了他们想要的东西。事实证明，这远远超出了他们的预期，而且大部分都是含糊不清的描述——除非你对 Linux 的内涵非常熟悉。我认为他们只是期待一页的电子邮件、浏览器和办公软件列表等东西。

尽管我过去常常向上司提供他们所要求的东西，但是这个实验确实说明命令行可以以一些惊人而强大的方式使用。让我们再次列出我们的"非标准"软件，但这次再添加一个命令。

以 root 身份执行此实验。

```
[root@testvm1 ~]# for I in `rpm -qa | sort`;do echo $I; rpm -qi $I | grep
Summary;done | text2pdf -o /tmp/non-std-software.pdf
```

在管道中的最后一个命令，text2pdf 将 ASCII 文本数据流直接转换为 pdf 文件。

7.6 CLI 的威力

我希望你可以从这些简单的示例中看到使用命令行时系统管理员可用的一小部分功能。

在本章中，你已经发现 Linux 提供了大量方法来访问命令行并以系统管理员的身份执行工作。你可以使用虚拟控制台和许多不同的终端仿真程序。你可以将这些与 screen 程序结合使用，进一步增强命令行的灵活性。

本章中的示例本身就是提供信息的，但 CLI 的真正威力来自于使用 CLI "自动化所有内容"这一事实。这正是哲学的另一个原则。经验丰富的系统管理员都知道，如果某件事需要做一次，则会需要再次做它，通常需要做许多次。因此，为了方便以后，我将这些简单的 bash 代码行放在文本文件中，并使文件可执行。每当我被要求再次提供相同的信息时，我所要做的就是运行适当的 bash 脚本。

当一名懒惰的系统管理员

尽管我们的父母、老师、老板、善意的权威人士以及我在 Google 搜索中找到的数百条相关的引用文章都教导我们要努力工作,但是按时完成工作与努力工作并不是一回事。一个并不一定意味着另一个。

我既是一个懒惰的系统管理员,也是一个非常高效的系统管理员。这两个看似矛盾的陈述并非相互排斥,相反,它们以非常积极的方式相互补充。效率是实现这一目标的唯一途径。

本章将讲述努力完成正确的任务以优化工作效率。部分内容涉及自动化,此处将进行简要讨论,第 9 章中会详细讨论。本章的大部分内容都是介绍使用已经内置于 Linux 中的快捷方式的各种方法。

8.1 准备工作

需要为本章中的一个实验安装 logwatch 包。

注意 务必使用正确的软件包管理器进行分发。我使用 Fedora 的 dnf。

```
[root@testvm1 ~]# dnf -y install logwatch
```
如果已安装 logwatch,则上述命令将显示一条消息。

8.2 真正的生产力

每日整天敲击键盘上的按键来执行作业所需的任务可能是任何系统管理员效率最低的

状态。系统管理员在思考时最有成效 ——思考如何解决现有问题以及如何避免未来的问题，考虑如何监控 Linux 计算机，以找到预测和预示未来问题的线索，思考如何让自己的工作更有效率，思考如何自动执行所有需要执行的任务，无论是每天都要执行还是一年执行一次。

系统管理员工作的这个沉思的方面并不为那些不是系统管理员的人所熟知或理解——包括许多管理系统管理员的上司。系统管理员都以不同的方式完成他们的沉思。我认识的一些系统管理员发现自己在海滩散步、骑自行车、参加马拉松或攀岩运动时会冒出最佳想法。其他人认为安静地坐着或听音乐时最好。还有一些人觉得在阅读小说、学习不相关的学科，甚至学习更多 Linux 知识时最好。关键在于我们都以不同的方式激发我们的创造力，而且许多创造力激发与在键盘上敲击按键无关。系统管理员真正的生产力可能是周围的人完全看不到的。

许多上司完全不知道如何衡量系统管理员的生产力——或者其他任何人的生产力，他们就喜欢听到按键被噼里啪啦敲击的声音。很多键盘噪音都是他们听到的音乐。这是衡量系统管理员生产力的最差办法。

一些上司甚至在其员工的计算机上安装击键和鼠标移动监控软件，作为衡量他们的工作效率的指标。在谷歌上查找可查看到执行此类击键计数的大量程序。击键次数和鼠标点击次数越多，系统管理员一定越富有成效，对吧？大错特错！也许这对于"统计专家"来说是令人兴奋的东西，但它是衡量系统管理员或其他任何人的生产力的可怕方法。

8.3 预防性维护

我想到了一个有趣的经历。这是我在 IBM 担任客户工程师（CE）时发生的。我被分配去修理破损的单位记录设备⊖，如钥匙扣、卡片分拣机、整理器和其他使用（现在已过时）打孔卡的设备。

作为一个新人，我被分配了一些最陈旧、最不可靠的机械设备。我接替的人已经离开了一段时间，这些设备大多数都恰好足以解决眼前的问题，但不足以阻止下一个即将产生的问题。IBM 要求为这些设备做的预防性维护（检修）已经被忽略了好几个月而且机器已经磨损了。

减少长期工作量的唯一方法是执行所需的检修，这会降低每台设备上的报修频率。所以我修复了每台破损的机器后，又花了几分钟来执行当时要求的所有检修。这包括清洁、润滑和更换尚未失效但很快就会失效的磨损部件。通过执行检修，我减少了这些设备的故障报修次数，并在以后减轻了自己的工作量，还替 IBM 节省了可能通过执行检修而预防的问题的成本。

⊖ Wikipedia，单位记录设备（穿孔卡片设备），https://en.wikipedia.org/wiki/Unit_record_equipment。

很多人会说我的工作是修理计算机设备。IBM 的经理们明白这只是冰山一角，他们和我都知道我的工作是提高客户满意度。虽然这通常意味着修复损坏的硬件，但这也意味着减少硬件损坏的次数。这对客户有利，因为他们的机器工作时效率更高。这对我也有好处，因为我从客户那里接到的电话少得多。由于下班时间的紧急召唤减少，我也得睡得更多。我是懒惰的 CE。通过预先做额外的工作，从长远来看，我要做的工作一定更少。

同样的原则已经成为系统管理员 Linux 哲学的功能原则之一。作为系统管理员，我们最好花时间完成那些可以最大限度地减少未来工作量的任务。

现在让我们来看看一些偷懒的方法。记住，这些策略只是可用于减少工作量，提高工作效率以及付出尽可能少的努力完成所有工作的众多策略中的一小部分。我所知道的每个系统管理员都有自己的策略。这些只是我的一些策略。

8.4　最小化打字量

成为一名懒惰的系统管理员的办法之一是采用减少打字的策略。打字需要时间，节省时间很重要。

我是一个糟糕的打字员。我在男孩不用学打字的时候上了高中，那时打字是为担任秘书的女性准备的。当我最终利用一个真正的键盘而不是打孔卡开始使用计算机时，我设法自学了打字，打字速度一般，但是我打字时必须做出很多更正。在向 CLI 程序输入命令时出错是件坏事。因此，减少需要完成的输入量非常重要。

8.4.1　别名

使用别名可以减少必要的输入量。别名是一种将长命令替换为较短命令的方法，因为它具有较少的字符，因此更容易键入。别名是减少键入量的常用方法，因为通过将经常使用的长选项包含在别名中，就不用再输入它们了。

实验 8-1

以 student 用户身份输入 alias 命令以查看当前的别名列表。

```
[student@testvm1 ~]$ alias
alias egrep='egrep --color=auto'
alias fgrep='fgrep --color=auto'
alias glances='glances -t1'
alias grep='grep --color=auto'
alias l.='ls -d .* --color=auto'
alias ll='ls -l --color=auto'
alias ls='ls --color=auto'
alias lsn='ls --color=no'
alias mc='. /usr/libexec/mc/mc-wrapper.sh'
```

```
alias vi='vim'
alias vim='vim -c "colorscheme desert" '
alias which='(alias; declare -f) | /usr/bin/which --tty-only --read-alias --
read-functions --show-tilde --show-dot'
alias xzegrep='xzegrep --color=auto'
alias xzfgrep='xzfgrep --color=auto'
alias xzgrep='xzgrep --color=auto'
alias zegrep='zegrep --color=auto'
alias zfgrep='zfgrep --color=auto'
alias zgrep='zgrep --color=auto'
```

你的结果应该与我的相似，但我添加了一些我自己的别名。一个用于 glances（扫视）实用程序，它不是大多数发行版的一部分。另一个是让 vim 使用"desert"（沙漠）配色方案。

实验 8-1 中显示的别名主要用于设置默认行为，例如颜色和一些标准选项。我特别喜欢 ll 别名，因为我喜欢目录内容的长列表，我只需输入 ll 即可，而不是输入 ls -l。我经常使用 ll 命令，每次使用时都会节省输入三个字符。对于像我这样的慢打字员，这节省了很多时间。

强烈建议你不要使用别名将 Linux 命令设置为你在其他操作系统中使用的命令名[⊖]，用这种方式你永远都学不会 Linux。

在实验 8-1 中，vim 编辑器的别名设置了一个颜色方案，一个不是默认的颜色方案。我碰巧比默认颜色更喜欢沙漠颜色方案，所以将 vim 命令设置成更长的命令的别名，那个命令指定了我最喜欢的颜色方案，这是一种通过减少输入来获得我想要的东西的方法。

使用 alias 命令将自己的新别名添加到 ~/.bashrc 文件中，可以使它们在重新引导和注销 / 登录之间保持不变。要使别名可供主机上的所有用户使用，要将它们添加到 /etc/bashrc 文件中。两种情况下的语法都与命令行中的语法相同。

8.4.2　其他打字捷径

其他减少键入量的方法包括使用程序的短名称。大多数核心实用程序的名称都非常短，许多只有两到三个字符。这原本就减少了打字量。我创建的 Bash shell 程序使用短名称，这样它们既简单又易于记忆和输入。

8.5　文件命名

我使用自己的约定来命名文件。一般来说，短名称是好的，但在列表中很容易看到的有意义的名称甚至比它更好。

⊖　比如把 ls -l 的别名设为 dir，实际上 linux 已经有这个命令了。——译者注

我对具有相似名称但在不同日期创建的文件的命名策略采用 YYYYMMDD-filename.pdf 格式。我从 Internet 下载了许多财务文件，它们的名称如 statement.pdf，当我将其下载到目录中时，我用自己的格式重命名它们，以便在目录中更容易辨别，例如 20170617-visa-statement.pdf。首先以 YYYYMMDD 或 YYYY-MM-DD 格式放置日期会使它们在目录列表中自动按正确日期顺序排序，这样可以轻松找到特定文件。

这种类型的命名确实需要输入一些额外的字符，但它可以节省大量寻找特定文件的时间。

8.6　Bash 效率

Bash 是用于 Linux 的众多 shell 之一。像所有的 shell 一样，Bash 有很多方法可以帮助你提高效率。前面我们已经看到了可以在 .bashrc 文件中配置的别名。

下面我们看一下 Bash shell 提供的一些有趣的命令行功能。

8.6.1　自动补全功能

Bash 提供了完成部分类型的程序和主机名、文件名和目录名的功能。键入命令或文件名的一部分作为某命令的参数，并按 Tab 键。如果主机、文件、目录或程序存在，且名称的其余部分是唯一的，则 Bash 将完成名称的输入。由于 Tab 键用于启动自动补全功能，因此此功能有时也称为 "Tab 补全"。

Tab 补全是可编程的，它可以配置为满足许多不同的需求。但是，除非你具有 Linux、核心实用程序和其他 CLI 应用程序提供的标准配置无法满足的特定需求，否则永远不要更改默认值。

> 📖注意　Bash 手册页有一个详细的、几乎无法理解的 "可编程的自动补全" 的解释。《Beginning the Linux Command Line》（Linux 命令行入门）这本书中有一个简短易读的描述⊖，Wikipedia⊖中有更多的信息、例子和动画 GIF 来帮助你理解这个功能。

实验 8-2 提供了对命令自动补全的简短介绍。

实验 8-2

以 student 用户身份执行此实验。你的主目录应该有一个用于此实验的名为 Documents 的子目录。大多数 Linux 发行版为每个用户都创建一个 Documents 子目录。

使用自动补全进入 ~/Documents 目录。确保主目录是 PWD。在终端中输入以下命令。

⊖　Van Vugt。Sander。Beginning the Linux Command Line（Linux 命令行入门）(Apress, 2015), 22。

⊖　维基百科，命令行补全，https://en.wikipedia.org/wiki/ Command-line_completion。

```
[student@testvm1 ~]$ cd D<Tab>
```

<Tab> 表示按 Tab 键一次。没有任何反应，因为有三个目录都以"D"开头。你可以通过快速连续按 Tab 键两次来查看，其中列出了与你已键入的内容相匹配的所有目录。

```
[student@testvm1 ~]$ cd D<tab><Tab>
Desktop/   Documents/ Downloads/
[student@testvm1 ~]$ cd D
```

现在在命令中添加"o"并再次按 Tab 键两次。

```
[student@testvm1 ~]$ cd Do<tab><Tab>
Documents/ Downloads/
[student@testvm1 ~]$ cd Do
```

你应该看到以"Do"开头的两个目录的列表。现在将"c"添加到命令并按 Tab 键一次。

```
[student@testvm1 ~]$ cd Doc<Tab>
[student@testvm1 ~]$ cd Documents/
```

如果键入 cd Doc<Tab>，则在命令中自动补全目录名称的其余部分。让我们快速看一下命令的自动补全情况。在这个例子中，命令（即 cd）相对较短，但大多数时候命令较长。假设我们要确定主机的当前正常运行时间。

```
[student@testvm1 ~]$ up<Tab><Tab>
update-alternatives    updatedb              update-mime-database      upower
update-ca-trust        update-desktop-database update-pciids            uptime
update-crypto-policies update-gtk-immodules   update-smart-drivedb
[student@testvm1 ~]$ up
```

我们可以看到以"up"开头的几个命令，我们还可以看到再输入一个字母"t"就足以补全 uptime 命令，命令的其余部分将是唯一的。

```
[student@testvm1 ~]$ upt<Tab>ime
 07:55:05 up 1 day, 10:01,  7 users,  load average: 0.00, 0.00, 0.00
```

只有当所需的剩余文本字符串明确唯一时，补全工具才能补全命令、目录或文件名。

Tab 补全适用于命令、某些子命令、文件名和目录名。我发现自动补全对于补全目录和文件名（通常更长）以及一些较长的命令和一些子命令非常有用。

大多数 Linux 命令已经很短了，所以使用自动补全工具实际上比直接输入命令效率低。简短的 Linux 命令名称与当懒惰的系统管理员完全一致。因此，这取决于你是否发现在短命令上使用自动补全更有效或更一致。一旦你了解哪些命令对于 Tab 补全值得以及你需要输入多少字符，就可以在那些使用自动补全有用的命令上使用此功能。

8.6.2 命令行调用和编辑

命令行调用和编辑是减少打字总量的另一种方法。这两个功能（命令行调用和命令行编辑）协同工作以提高工作效率。我经常使用这些功能，无法想象使用没有它们，shell 会是什么样子。如果没有 Bash 历史记录功能，这些功能将无法实现，下面介绍历史记录。

8.6.3　历史记录

命令行调取使用 Bash 历史记录功能来维护以前输入的 shell 命令的列表。此功能允许使用命令 history 来调取以前的命令以供重用。在按 Enter 键之前，可以编辑调取的命令。让我们从查看主机的历史记录开始，这样就能看到它的执行情况。

实验 8-3

以 student 用户身份执行此实验。输入 history 命令并查看结果。

```
[student@testvm1 ~]$ history
    1  poweroff
    2  w
    3  who
    4  cd /proc
    5  ls -l
    6  ls
    7  cd 1 ; ls
    8  cd
    9  ls
   10  exit
   11  ls -la
   12  exit
   13  man screen
   14  ls -la
   15  badcommand
   16  clear
   17  ls -l /usr/local/bin
   18  clear
   19  screenfetch
   20  zsh
   21  ksh
   22  bash
   23  man chgsh
   24  man chsh
   25  screen
   26  history
[student@testvm1 ~]$
```

你的结果将与我的不同，但你至少应该看到你为之前的实验输入的一些命令。

Bash 命令历史记录保存在 ~/.bash_history 文件中。其他 shell 将其历史记录保存在不同的文件中。例如，Korn shell 将其历史记录存储在 .sh_history 中。在退出 shell 之前，缓冲区中的历史记录不会写入 .bash_history 文件，至少对于 Bash 是这样的。

　　每个打开的终端都有自己的历史记录，因此你可能无法在列表中看到所需的命令。如果无法看到所需的命令，请尝试打开另一个终端会话。screen 程序也对在其下打开的每个终端在内存中保留自己的历史缓冲区。shell 历史记录保持指定的行数，Fedora 默认值为1000。

8.6.4　使用历史记录

　　现在让我们来看看如何使用历史记录。有两种方法可以访问历史记录的内容以便重用它们，即使用行号或者使用回滚。实验 8-4 探讨了这两种方法。

实验 8-4

　　首先清除现有历史记录，然后运行几个命令将一些新数据添加到历史记录文件中并再次查看它。通过清除历史记录文件，你应该具有与此实验相同的条目和结果。

```
[student@testvm1 ~]$ history -c
[student@testvm1 ~]$ history
    1  history
[student@testvm1 ~]$ echo "This is a way to create a new file using the echo
command and redirection. It can also be used to append text to a file" >>
newfile1.txt
```

注意，我特意将此命令设置得有点长。现在来看结果。只需键入文件名的第一部分，然后按 Tab 键即可完成。

```
[student@testvm1 ~]$ cat new<Tab>file1.txt
This is a way to create a new file using the echo command and redirection. It
can also be used to append text to a file
```

现在按向上箭头键（↑）一次。你应该看到刚输入的命令。再次按向上箭头键以查看上一个命令。你现在应该看到 echo 命令。按 Enter 键重复此命令，然后使用向上箭头键查看结果以返回 cat 命令。

```
↑
[student@testvm1 ~]$ cat newfile1.txt   Do not press Enter here!
↑
[student@testvm1 ~]$ echo "This is a way to create a new file using the echo
command and redirection. It can also be used to append text to a file" >>
newfile1.txt                Do press Enter here!
↑↑
[student@testvm1 ~]$ cat newfile1.txt
This is a way to create a new file using the echo command and redirection. It
can also be used to append text to a file
This is a way to create a new file using the echo command and redirection. It
can also be used to append text to a file
[student@testvm1 ~]$
```

现在文件中有两行文字。现在看看历史记录。

```
[student@testvm1 ~]$ history
    1  history
    2  echo "This is a way to create a new file using the echo command
       and redirection. It can also be used to append text to a file" >>
       newfile1.txt
    3  cat newfile1.txt
    4  echo "This is a way to create a new file using the echo command
       and redirection. It can also be used to append text to a file" >>
       newfile1.txt
    5  cat newfile1.txt
    6  history
[student@testvm1 ~]$
```

你的历史记录应该和我的历史记录相同。如果不是，可以按以下步骤调整命令编号。

除了使用箭头键滚动 Bash 历史记录之外，还可以简单地使用我们想要重用的条目的编号。下面使用历史文件第 4 行上的命令将另一行添加到现有文件中。

```
[student@testvm1 ~]$ !4
echo "This is a way to create a new file using the echo command and
redirection. It can also be used to append text to a file" >> newfile1.txt
[student@testvm1 ~]$
```

> **注意** 行号前面是感叹号（!），它重新运行历史记录第 4 行的命令。按 Enter 键后，Bash 还会显示正在执行的命令。但是，按下 Enter 键后，无法将其取消。

> **注意** 确保在历史记录缓冲区已满后使用正确的行号。默认值为 1 000 行，并且在达到该条目数之前，行号是固定的。达到上限之后，每次运行新命令时，历史命令的行号都会改变。

现在进行一些非常简单的命令行编辑。使用向上箭头键，向后滚动到以下命令，但不要按 Enter 键。

```
[student@testvm1 ~]$ echo "This is a way to create a new file using the echo
command and redirection. It can also be used to append text to a file" >>
newfile1.txt
```

按向左箭头键（←），直到光标位于文件名中的句点上。然后按退格键删除"1"。键入"2"以创建新文件名"newfile2.txt"并按 Enter 键。

列出以"new"开头的文件，查看上一个命令的结果。

```
[student@testvm1 ~]$ ls -l new*
-rw-rw-r-- 1 student student 360 Dec 21 13:18 newfile1.txt
-rw-rw-r-- 1 student student 120 Dec 21 17:18 newfile2.txt
```

命令行的历史记录和调取，是系统管理员非常有用且省时的工具。我喜欢 Bash shell 的原因之一是它具有我尝试过的所有 shell 的最有用的历史记录和召回功能。Bash 是大多数 Linux 发行版的默认 shell，因此它也可能是你安装的 shell。

默认情况下，Bash shell 可以访问 GNU emacs 模式以编辑命令行。标准 emacs 命令可用于在命令内容上移动和执行编辑。我更喜欢 vi 模式，因为我更熟悉那些编辑按键。

要在 Bash 命令行上设置 vi 模式以进行编辑，需将以下行添加到 /etc/bashrc 配置文件。

set -o vi

通过将 set -o vi 添加到 /etc/bashrc 配置文件中，它就成为系统范围的设置，对包括 root 用户在内的所有用户都有效。当前打开的 shell 不受影响，但在此更改后打开的所有 shell 都将设置 vi 模式进行编辑。还可以在命令行中输入该命令，以便在该特定 Bash shell 实例中设置 vi 模式。

按 Esc 键可以在命令行上输入 vi 命令模式，就像在 vi 中一样。然后就可以使用标准 vi 命令来移动和编辑命令。

实验 8-5

以 student 用户身份执行此实验。首先，如果尚未打开终端会话，则应该打开终端会话。然后查看 $SHELLOPTS 环境变量以验证当前是否设置了 emacs 选项。然后设置 vi 编辑模式并验证它是否已设置。

```
[student@testvm1 ~]$ echo $SHELLOPTS
braceexpand:emacs:hashall:histexpand:history:interactive-comments:monitor
[student@testvm1 ~]$ set -o vi
[student@testvm1 ~]$ echo $SHELLOPTS
braceexpand:hashall:histexpand:history:interactive-comments:monitor:vi
[student@testvm1 ~]$
```

SHELLOPTS 环境变量包含当前对此 shell 实例有效的所有选项。现在让我们在 vi 模式下做点什么。

1. 向后滚动到在实验 8-4 中使用的长 echo 命令。

2. 按 Esc 键一次进入 vi 命令模式。

3. 键入 23b 返回 23 个单词。

4. 键入 d18w 删除 18 个单词。

5. 按向左箭头键一次，将光标放在"file."一词末尾的空格中。

6. 按 r 进入单字符替换模式。

7. 按 . 键替换空格。

8. 按 ^（使用 shift 键）移动到行的开头。这里没什么可做的，只是让你看到光标移动到行的开头。

9. 按 $ 将光标移动到行尾。

10. 这是我偶然发现的东西。按 Esc 然后 :w<Enter> 以保存历史记录中的行。保存而不执行此行，命令提示符现在为空。

11. 现在向后滚动到最后一个命令，该命令看起来像下面的一行。不要按 Enter 键。

```
[student@testvm1 ~]$ echo "This is a way to create a new file."
>> newfile2.txt
```

12. 使用向左箭头键将光标移回 "2"。

13. 按 r 进入替换模式，然后按 3 将 "2" 替换为 "3"。命令行现在应该如下所示。

```
[student@testvm1 ~]$ echo "This is a way to create a new file."
>> newfile3.txt
```

14. 现在按 Enter 键。

验证新文件的存在和它的内容。

如果你已熟悉 vi，则实验 8-5 中的编辑命令都已经很熟悉了。在线 Bash 参考手册⊖中有关于 Bash 命令行编辑以及如何设置和使用 emacs 与 vi 编辑模式的一章。

由于 emacs 编辑是默认设置，因此只需按 Esc 键即可使用命令行编辑模式。

我不会假装对 emacs 编辑有足够的了解，能够为你创建一个涵盖 emacs 模式命令行编辑的实验。我确实在网上找到了一个很好的信息来源，Peter Krumins 的博客，里面有关于 Bash 历史⊜、Bash emacs 编辑⊜和 Bash vi 编辑⊛的更多信息和可下载的备忘单。

许多专用工具还为其命令行界面提供了 Tab 补全功能。这些工具的名称及其识别的条目在 /etc/bash_completion.d 目录中维护。

8.7　日志是你的朋友

日志文件可用来帮助确定问题的根源和性能问题。它们包含大量可用于追踪许多类型问题的数据。我在排除故障时遇到的最常见错误是不会尽早地访问日志文件。

几乎所有日志文件都位于 /var/log 中，可以直接访问，也可以使用简单命令访问。每种类型的日志文件的最新版本的名称都没有包含日期作为其一部分，而较旧的日志文件名称具有区分它们的日期。一般来说，默认情况下，每种日志都会将日志文件维护一个月，其中每个文件最多包含一周的数据⊛。如果某文件中的数据量超过预先配置的阈值，则此文件

⊖ gnu.org，Bash 参考手册 - 命令行编辑，https://www.gnu.org/software/bash/manual/html_node/Command-Line-Editing.html。

⊜ Peter Krumins 的博客，Bash history，http://www.catonmat.net/blog/the-definitive-guide-to-bash-command-line-history/。

⊜ Peter Krumins 的博客，Bash emacs editing，http://www.catonmat.net/blog/bash-emacs-editing-mode-cheat-sheet/。

⊛ Peter Krumins 的博客，Bash vi editing，http://www.catonmat.net/blog/bash-vi-editing-mode-cheat-sheet/。

⊛ 即一共保持 5 个日志文件，其中一个文件是当前用来记录的，下周用 5 个中最旧的文件接替它。——译者注

可以在达到该阈值时被轮替，而不需要等过完七天后再被轮替。

logrotate 工具可以用来管理日志轮换和删除。

8.7.1　SAR

长期以来我最喜欢的工具是系统活动报告（System Activity Report）或 SAR。SAR 是开始寻找有关 Linux 计算机性能信息的绝佳场所。

SAR 有一个守护进程，它在后台运行并收集数据。收集的数据每 10 分钟存储在 /var/log/sa 目录中。这些日志采用二进制格式，无法直接读取。sar 命令用于查看这些记录。

SAR 的优势之一是它可以报告长达 30 天的历史数据。这使我们能够及时回顾，看看是否可以找到一个或多个资源上的负载非常高的模式或特定时期。大多数发行版提供的其他性能监视工具都不提供此类历史数据。top、iostat、vmstat 等命令都只提供它们监控的数据的即时读数。

> 注意　某些发行版未安装或启用 SAR。最近发布的 Fedora 会安装并启用 SAR，但是旧的甚至不安装它。

实验准备 8-6

以 root 身份执行此准备部分以安装 SAR（如果尚未安装）。我们需要安装的软件包是 sysstat。将 dnf 或 yum 用于基于 rpm 的分发，或使用包管理器进行特定分发。

```
[root@testvm1 ~]# dnf -y install sysstat
```

如果必须安装 sysstat 软件包，则可能还需要启用并启动它。

```
[root@testvm1 log]# systemctl enable sysstat
Created symlink /etc/systemd/system/multi-user.target.wants/sysstat.service
→ /usr/lib/systemd/system/sysstat.service.
Created symlink /etc/systemd/system/sysstat.service.wants/sysstat-collect.
timer → /usr/lib/systemd/system/sysstat-collect.timer.
Created symlink /etc/systemd/system/sysstat.service.wants/sysstat-summary.
timer → /usr/lib/systemd/system/sysstat-summary.timer.
[root@testvm1 log]# systemctl start sysstat
```

现在 SAR 已安装，并且已启动系统数据收集过程。

除非在下一个 10 分钟的时间增量之后，例如在整点、10 分钟、20 分钟后，依此类推，否则不会有任何数据汇总。如果不得不安装 sysstat 软件包，我建议你等待一个小时左右积累一些数据。你可以检查 /var/log/sa 的内容以验证是否正在收集数据。还可以检查消息文件以查找与 sysstat 相关的条目。

现在你已经安装了 sysstat 软件包并等待收集数据，我们继续进行实验。

最简单的形式是，sar 命令从午夜开始以 10 分钟的摘要增量显示 CPU 统计信息。此任务可以通过 student 用户执行。

```
[student@testvm1 ~]# sar | head -25
Linux 4.14.5-300.fc27.x86_64 (testvm1)    12/23/2017  _x86_64_       (1 CPU)
12:00:02 AM   CPU    %user    %nice    %system   %iowait   %steal    %idle
12:10:21 AM   all    1.09     0.02     0.70      1.72      0.00      96.48
12:20:21 AM   all    1.07     0.00     0.51      0.03      0.00      98.39
12:30:21 AM   all    1.03     0.00     0.51      0.02      0.00      98.44
12:40:21 AM   all    1.12     0.00     0.54      0.02      0.00      98.32
12:50:21 AM   all    0.99     0.00     0.52      0.01      0.00      98.48
01:00:21 AM   all    1.00     0.00     0.48      0.02      0.00      98.49
01:10:21 AM   all    0.90     0.00     0.51      0.11      0.00      98.48
01:20:21 AM   all    0.92     0.01     0.54      0.19      0.00      98.33
01:30:21 AM   all    0.98     0.00     0.54      0.09      0.00      98.39
01:40:21 AM   all    1.00     0.00     0.50      0.23      0.00      98.26
01:50:21 AM   all    0.92     0.00     0.46      0.02      0.00      98.60
02:00:21 AM   all    0.90     0.00     0.47      0.05      0.00      98.58
02:10:21 AM   all    0.97     0.00     0.44      0.23      0.00      98.36
02:20:21 AM   all    0.92     0.04     0.51      0.05      0.00      98.48
02:30:21 AM   all    0.91     0.00     0.49      0.11      0.00      98.49
02:40:21 AM   all    0.88     0.00     0.46      0.11      0.00      98.56
02:50:21 AM   all    0.98     0.00     0.48      0.02      0.00      98.53
03:00:21 AM   all    0.93     0.00     0.47      0.02      0.00      98.58
03:10:21 AM   all    0.94     0.00     0.47      0.08      0.00      98.51
03:20:21 AM   all    0.91     0.02     0.45      0.07      0.00      98.55
03:30:21 AM   all    1.39     2.19     7.21      5.89      0.00      83.32
03:40:21 AM   all    0.94     0.06     0.71      0.07      0.00      98.22
```

我已经使用 head 实用程序截断此实验输出的 25 行之后的内容。输出中的每一行显示每个 10 分钟期间收集的所有数据的平均值。因此，在截至 03:10:21 的区间，CPU 的空闲时间率为 98.51%。

现在使用 -A 选项运行 sar 命令以显示 SAR 收集的所有数据类型。通过 less 实用程序运行它，这样你就可以翻阅数据，因为这对我来说太长了，所以无法在书中重现。

```
[student@testvm1 ~]$ sar -A | less
```

默认情况下，sar 命令显示今天收集的数据，直到当前时间。过去一个月内的数据可以在 /var/log/sa 目录的文件中找到。这些文件名为 saXX，其中 XX 是该月的日期。使用以下命令查看过去某一天的数据。务必使用你自己的 sa 目录中存在的文件的名称。

```
[root@testvm1 sa]# sar -A -f sa07 | less
```

上面的命令显示当月第 7 天的所有数据，并将其传递给 less 命令。

试图解释 SAR 生成的大量数据可能令人畏惧，但我发现它在定位各种类型的问题时非常有用。

许多发行版仍将 sysstat 脚本放在 /etc/cron.d 中，以指定的 10 分钟间隔运行数据聚合程序 sa1。在当前版本的 Fedora 中，数据聚合由 systemd 管理，并且几个控制文件位于 /usr/lib/systemd/system 目录中。

建议你花一些时间定期查看 SAR 结果。这样你将了解系统正常运行时应该是什么样的，从而更容易发现问题。

SAR 手册页包含大量有关所收集数据以及如何显示特定类型数据（如磁盘、CPU、网络等）的信息。尽管如此，SAR 报告中的许多标题最初都难以破译。很多谷歌搜索几乎没有出现解码 SAR 报告栏标题的密钥方面的结果，但我确实找到了一个在任何地方都有最佳描述的网站⊖。我在自己的 Linux 参考集中找到的最好的书是《Unix 和 Linux 系统管理手册》⊜，其中包含许多对 SAR 及其使用的引用。其他大多数涵盖 SAR 的书籍都紧紧围绕 CPU 统计数据，但 SAR 提供的数据远不止于此，本书至少涵盖了部分内容。

8.7.2　邮件日志

我运行自己的个人邮件服务器并经常使用日志来解决问题。对于电子邮件，问题往往与未发送邮件或阻止垃圾邮件和其他不需要的电子邮件有关。

我在 /var/log/maillog 文件中找到了日志条目，它显示电子邮件是否已发送，有时还有足够的信息显示它未被发送的原因。如果运行邮件服务器，你应该对 maillog 文件非常熟悉。

8.7.3　消息

/var/log/ 消息日志文件包含各种类型的内核和其他系统级消息。这是我经常用来确定问题的另一个文件。来自内核、systemd 和许多正在运行的服务的条目都记录在这里。每个日志条目都以日期和时间开头，以便确定事件序列并查找于特定时间在日志文件中创建的条目。

它非常重要，我们来快速浏览一下消息文件。

实验 8-7

以 root 用户身份执行此实验。使 /var/log 成为 PWD。使用 less 命令查看消息日志文件。

⊖　Computer Hope 网站，https://www.computerhope.com/unix/usar.htm。
⊜　Nemeth，Evi [et al.]，The Unix and Linux System Administration Handbook（Unix 和 Linux 系统管理手册），Pearson，Education，Inc.，ISBN 978-0-13-148005-6。此书也可在亚马逊网站上以 Kindle 格式获得。

```
[root@testvm1 log]# less messages
```

由于显示的数据量很大，这里没有包含测试 VM 的任何输出。浏览消息文件的内容，
了解你通常会遇到的消息类型。使用 Ctrl-C 终止 less 命令。

消息日志文件中包含许多有趣且有用的信息。
- ❑ SAR 数据收集
- ❑ DHCP 客户端请求网络配置
- ❑ 生成的 DHCP 配置信息
- ❑ 在启动和关闭期间由 systemd 记录的数据
- ❑ 插入 USB 存储设备时的内核数据
- ❑ USB 集线器信息
- ❑ 其他更多信息

消息文件通常是我在处理非性能问题时首先要查看的。它对于性能问题也很有用，但
我从 SAR 开始分析性能问题。

8.7.4　dmesg

dmesg 不是文件，它是一个命令。曾经有一个名为 dmesg 的日志文件，其中包含内
核在引导期间生成的所有消息以及启动期间生成的大多数消息。当引导过程结束，init 或
systemd 接管主机的控制时，启动过程开始。

dmesg 命令显示内核生成的所有消息，包括有关在引导过程中发现的硬件的大量数据。
在查找启动问题和硬件问题时，我总是从这个命令开始。

 注
意　dmesg 输出中的大部分硬件数据都可以在 /proc 文件系统中找到。

下面看一下 dmesg 命令的一些输出。

实验 8-8

此实验可以以 root 用户或 student 用户身份执行。

```
[root@testvm1 log]# dmesg | less
[    0.000000] Linux version 4.14.5-300.fc27.x86_64 (mockbuild@bkernel01.
phx2.fedoraproject.org) (gcc version 7.2.1 20170915 (Red Hat 7.2.1-2) (GCC))
#1 SMP Mon Dec 11 16:00:36 UTC 2017
[    0.000000] Command line: BOOT_IMAGE=/vmlinuz-4.14.5-300.fc27.x86_64
root=/dev/mapper/fedora_testvm1-root ro rd.lvm.lv=fedora_testvm1/root rd.lvm.
lv=fedora_testvm1/swap
[    0.000000] x86/fpu: Supporting XSAVE feature 0x001: 'x87 floating point
registers'
[    0.000000] x86/fpu: Supporting XSAVE feature 0x002: 'SSE registers'
```

```
[    0.000000] x86/fpu: Supporting XSAVE feature 0x004: 'AVX registers'
[    0.000000] x86/fpu: xstate_offset[2]:  576, xstate_sizes[2]:  256
[    0.000000] x86/fpu: Enabled xstate features 0x7, context size is 832
bytes, using 'standard' format.
[    0.000000] e820: BIOS-provided physical RAM map:
[    0.000000] BIOS-e820: [mem 0x0000000000000000-0x000000000009fbff] usable
[    0.000000] BIOS-e820: [mem 0x000000000009fc00-0x000000000009ffff]
reserved
[    0.000000] BIOS-e820: [mem 0x00000000000f0000-0x00000000000fffff]
reserved
[    0.000000] BIOS-e820: [mem 0x0000000000100000-0x00000000dffeffff] usable
[    0.000000] BIOS-e820: [mem 0x00000000dfff0000-0x00000000dfffffff] ACPI
data
[    0.000000] BIOS-e820: [mem 0x00000000fec00000-0x00000000fec00fff]
reserved
[    0.000000] BIOS-e820: [mem 0x00000000fee00000-0x00000000fee00fff]
reserved
[    0.000000] BIOS-e820: [mem 0x00000000fffc0000-0x00000000ffffffff]
reserved
[    0.000000] BIOS-e820: [mem 0x0000000100000000-0x000000011fffffff] usable
```

样本数据中的大多数行都折行了，这使得它更难以阅读。每行数据都以一个精确到一微秒的时间戳开始。时间戳表示自内核启动以来的时间。

上下浏览数据以熟悉此处可以找到的许多不同类型的数据。

dmesg 命令显示的数据位于 RAM 而不是硬盘驱动器上。无论主机中有多少 RAM 内存，分配给 dmesg 缓冲区的空间都是有限的。当它填满时，最陈旧的数据会在添加新数据时被丢弃。

8.7.5　安全

/var/log/secure 日志文件包含与安全相关的条目。这包括有关成功和不成功登录系统的信息。下面看看可能在此文件中看到的一些条目。

实验 8-9

此实验必须以 root 身份执行。使用 less 命令查看安全日志文件的内容。

```
[root@testvm1 log]# less secure
Dec 24 13:44:25 testvm1 sshd[1001]: pam_systemd(sshd:session): Failed to
release session: Interrupted system call
Dec 24 13:44:25 testvm1 sshd[1001]: pam_unix(sshd:session): session closed
for user student
Dec 24 13:44:25 testvm1 systemd[929]: pam_unix(systemd-user:session): session
closed for user sddm
Dec 24 13:44:25 testvm1 sshd[937]: pam_systemd(sshd:session): Failed to
```

release session: Interrupted system call
Dec 24 13:44:25 testvm1 sshd[937]: pam_unix(sshd:session): session closed for
user root
Dec 24 13:44:25 testvm1 sshd[770]: Received signal 15; terminating.
Dec 24 13:44:25 testvm1 systemd[940]: pam_unix(systemd-user:session): session
closed for user root
Dec 24 13:44:25 testvm1 systemd[1004]: pam_unix(systemd-user:session):
session closed for user student
Dec 24 13:45:03 testvm1 polkitd[756]: Loading rules from directory /etc/
polkit-1/rules.d
Dec 24 13:45:03 testvm1 polkitd[756]: Loading rules from directory /usr/
share/polkit-1/rules.d
Dec 24 13:45:04 testvm1 polkitd[756]: Finished loading, compiling and
executing 9 rules
Dec 24 13:45:04 testvm1 polkitd[756]: Acquired the name org.freedesktop.
PolicyKit1 on the system bus
Dec 24 13:45:04 testvm1 sshd[785]: Server listening on 0.0.0.0 port 22.
Dec 24 13:45:04 testvm1 sshd[785]: Server listening on :: port 22.
Dec 24 13:45:09 testvm1 sddm-helper[938]: PAM unable to dlopen(/usr/lib64/
security/pam_elogind.so): /usr/lib64/security/pam_elogind.so: cannot open
shared object file: No such file or directory
Dec 24 13:45:09 testvm1 sddm-helper[938]: PAM adding faulty module:
/usr/lib64/security/pam_elogind.so
Dec 24 13:45:09 testvm1 sddm-helper[938]: pam_unix(sddm-greeter:session):
session opened for user sddm by (uid=0)
Dec 24 13:45:09 testvm1 systemd[939]: pam_unix(systemd-user:session): session
opened for user sddm by (uid=0)
Dec 24 13:46:18 testvm1 sshd[961]: Accepted publickey for root from
192.168.0.1 port 46764 ssh2: RSA SHA256:4UDdGg3FP5sITB8ydfCb5JDg2QCIrsW4cfoN
gFxhC5A
Dec 24 13:46:18 testvm1 systemd[963]: pam_unix(systemd-user:session): session
opened for user root by (uid=0)
Dec 24 13:46:18 testvm1 sshd[961]: pam_unix(sshd:session): session opened for
user root by (uid=0)
Dec 24 15:37:02 testvm1 sshd[1155]: Accepted password for student from
192.168.0.1 port 56530 ssh2
Dec 24 15:37:02 testvm1 systemd[1157]: pam_unix(systemd-user:session):
session opened for user student by (uid=0)
Dec 24 15:37:03 testvm1 sshd[1155]: pam_unix(sshd:session): session opened
for user student by (uid=0)
######################### <snip> #########################
Dec 26 13:02:39 testvm1 sshd[31135]: Invalid user hacker from 192.168.0.1
port 46046
Dec 26 13:04:21 testvm1 sshd[31135]: pam_unix(sshd:auth): check pass; user
unknown
Dec 26 13:04:21 testvm1 sshd[31135]: pam_unix(sshd:auth): authentication

```
failure; logname= uid=0 euid=0 tty=ssh ruser= rhost=192.168.0.1
Dec 26 13:04:24 testvm1 sshd[31135]: Failed password for invalid user hacker
from 192.168.0.1 port 46046 ssh2
Dec 26 13:04:27 testvm1 sshd[31135]: pam_unix(sshd:auth): check pass; user
unknown
Dec 26 13:04:29 testvm1 sshd[31135]: Failed password for invalid user hacker
from 192.168.0.1 port 46046 ssh2
Dec 26 13:04:30 testvm1 sshd[31135]: pam_unix(sshd:auth): check pass; user
unknown
Dec 26 13:04:32 testvm1 sshd[31135]: Failed password for invalid user hacker
from 192.168.0.1 port 46046 ssh2
Dec 26 13:04:32 testvm1 sshd[31135]: Connection closed by invalid user hacker
192.168.0.1 port 46046 [preauth]
Dec 26 13:04:32 testvm1 sshd[31135]: PAM 2 more authentication failures;
logname= uid=0 euid=0 tty=ssh ruser= rhost=192.168.0.1
```

/var/log/secure 中的大多数数据都与用户登录和注销的记录以及密码或公钥是否用于身份验证的信息有关。

此日志还包含失败的密码尝试，如这个文件中我修剪掉（<snip>）的一些数据下面的数据所示。

安全日志文件对于我的主要用途是识别来自黑客的闯入尝试。但我使用自动化工具（logwatch 工具）做这项工作。

8.7.6 跟踪日志文件

即使使用像 grep 这样的工具来帮助隔离所需的行，搜索日志文件也是一项耗时且烦琐的任务。很多时候，在进行故障排除时，连续查看文本格式日志文件的内容，特别是在最新的条目到达时查看它们会很有帮助。使用 cat 或 grep 查看日志文件会显示输入命令时的内容。

我喜欢使用 tail 命令查看文件的结尾，但是重新运行 tail 命令查看新行时，问题确定过程可能会非常耗时且具有破坏性。使用 tail -f 可以使 tail 命令"跟踪"文件并在新的数据行被添加时立即同步显示它们。

实验 8-10

执行大多数实验应该使用活动很少或没有活动的非生产主机。但是这个实验需要一些活动，以便可以在新日志条目被添加时观察它们。

以 root 身份执行此实验。此实验需要两个具有 root 登录的终端会话。在单独的窗口中运行这些终端会话并对它们进行排列，以便可以同时查看它们。在一个 root 终端会话中，使 /var/log 成为 PWD，然后跟踪 messages 文件。

```
[root@testvm1 ~]# cd /var/log
[root@testvm1 log]# tail -f messages
Dec 24 09:30:21 testvm1 audit[1]: SERVICE_STOP pid=1 uid=0 auid=4294967295
ses=4294967295 msg='unit=sysstat-collect comm="systemd" exe="/usr/lib/
systemd/systemd" hostname=? addr=? terminal=? res=success'
<snip>
Dec 24 09:37:58 testvm1 systemd[1]: Starting dnf makecache...
Dec 24 09:37:59 testvm1 dnf[29405]: Metadata cache refreshed recently.
Dec 24 09:37:59 testvm1 systemd[1]: Started dnf makecache.
Dec 24 09:40:21 testvm1 audit[1]: SERVICE_STOP pid=1 uid=0 auid=4294967295
ses=4294967295 msg='unit=sysstat-collect comm="systemd" exe="/usr/lib/
systemd/systemd" hostname=? addr=? terminal=? res=success'
```

tail 显示日志文件的最后 10 行，然后在那里等待附加更多数据。为简洁起见，我删除了一些行。

有几种方法可以显示一些日志条目，最简单的方法是使用 logger 命令。在第二个窗口中，以 root 身份输入此命令把新日志条目记录到 messages 文件中。

```
[root@testvm1 ~]# logger "This is test message 1."
```

以下行应该出现在另一个终端的消息日志文件末尾。

```
Dec 24 13:51:46 testvm1 root[1048]: This is test message 1.
```

也可以使用 STDIO。

```
[root@testvm1 ~]# echo "This is test message 2." | logger
```

结果相同 —— 这条消息显示在消息日志文件中。

```
Dec 24 13:56:41 testvm1 root[1057]: This is test message 2.
```

使用 Ctrl-C 键终止跟踪日志文件。

8.7.7　systemd 日志

SystemV 启动脚本的较新替代品 systemd 具有自己的一组日志，其中许多日志正在替换 /var/log 目录中的传统 ASCII 文本文件。journald 守护程序收集和管理 systemd 管理的服务的消息。系统管理员使用 journalctl 命令查看和操作 systemd 日志。

使用 systemd 管理日志的目的是为 Linux 主机中的所有日志生成实体提供集中控制的地方。

下面探讨一些使用 journalctl 的基础知识。

实验 8-11

此实验必须以 root 身份运行。首先看一下不带选项的输出。默认情况下，结果通过 less 实用程序传送。

```
[root@testvm1 ~]# journalctl
-- Logs begin at Sat 2017-04-29 18:10:23 EDT, end at Wed 2017-12-27 11:30:07
EST. --
Apr 29 18:10:23 testvm1 systemd-journald[160]: Runtime journal (/run/log/
journal/) is 8.0M, max 197.6M,
Apr 29 18:10:23 testvm1 kernel: Linux version 4.8.6-300.fc25.x86_64
(mockbuild@bkernel02.phx2.fedorapro
Apr 29 18:10:23 testvm1 kernel: Command line: BOOT_IMAGE=/vmlinuz-4.8.6-300.
fc25.x86_64 root=/dev/mappe
Apr 29 18:10:23 testvm1 kernel: x86/fpu: Supporting XSAVE feature 0x001: 'x87
floating point registers'
Apr 29 18:10:23 testvm1 kernel: x86/fpu: Supporting XSAVE feature 0x002: 'SSE
registers'
Apr 29 18:10:23 testvm1 kernel: x86/fpu: Supporting XSAVE feature 0x004: 'AVX
registers'
```

这里只显示了 journalctl 命令的一小部分输出。这几乎与 dmesg 命令提供的信息相同。主要区别在于 dmesg 的时间戳是自启动以来的秒数，而 journalctl 的时间戳是标准的日期和时间格式。

读者可以花一些时间浏览结果并探索那里的日志条目类型。我在研究这个实验时学到的一个功能是能够定义搜索日志条目的特定时间范围。示例如下。

```
[root@testvm1 ~]# journalctl --since 2017-12-20 --until 2017-12-24
```

还可以指定一天中的时间，并使用诸如 "yesterday"（昨天）之类的模糊时间和用户名来进一步定义结果。

```
[root@testvm1 ~]# journalctl --since yesterday -u NetworkManager
-- Logs begin at Sat 2017-04-29 18:10:23 EDT, end at Wed 2017-12-27 11:50:07
EST. --
Dec 26 00:09:23 testvm1 dhclient[856]: DHCPREQUEST on enp0s3 to 192.168.0.51
port 67 (xid=0xaa5aef49)
Dec 26 00:09:23 testvm1 dhclient[856]: DHCPACK from 192.168.0.51
(xid=0xaa5aef49)
Dec 26 00:09:23 testvm1 NetworkManager[731]: <info>  [1514264963.5813] dhcp4
(enp0s3):    address 192.168.0.101
Dec 26 00:09:23 testvm1 NetworkManager[731]: <info>  [1514264963.5819] dhcp4
(enp0s3):    plen 24 (255.255.255.0)
Dec 26 00:09:23 testvm1 NetworkManager[731]: <info>  [1514264963.5821] dhcp4
(enp0s3):    gateway 192.168.0.254
Dec 26 00:09:23 testvm1 NetworkManager[731]: <info>  [1514264963.5823] dhcp4
(enp0s3):    lease time 21600
Dec 26 00:09:23 testvm1 NetworkManager[731]: <info>  [1514264963.5825] dhcp4
(enp0s3):    nameserver '192.168.0.51'
Dec 26 00:09:23 testvm1 NetworkManager[731]: <info>  [1514264963.5826] dhcp4
(enp0s3):    nameserver '8.8.8.8'
```

```
Dec 26 00:09:23 testvm1 NetworkManager[731]: <info>  [1514264963.5828] dhcp4
(enp0s3):    nameserver '8.8.4.4'
Dec 26 00:09:23 testvm1 NetworkManager[731]: <info>  [1514264963.5830] dhcp4
(enp0s3):    domain name 'both.org'
Dec 26 00:09:23 testvm1 NetworkManager[731]: <info>  [1514264963.5831] dhcp4
(enp0s3): state changed bound -> bound
Dec 26 00:09:23 testvm1 dhclient[856]: bound to 192.168.0.101 -- renewal in
9790 seconds.
Dec 26 02:52:33 testvm1 dhclient[856]: DHCPREQUEST on enp0s3 to 192.168.0.51
port 67 (xid=0xaa5aef49)
Dec 26 02:52:33 testvm1 dhclient[856]: DHCPACK from 192.168.0.51
(xid=0xaa5aef49)
Dec 26 02:52:33 testvm1 NetworkManager[731]: <info>  [1514274753.4249] dhcp4
(enp0s3):    address 192.168.0.101
Dec 26 02:52:33 testvm1 NetworkManager[731]: <info>  [1514274753.4253] dhcp4
(enp0s3):    plen 24 (255.255.255.0)
Dec 26 02:52:33 testvm1 NetworkManager[731]: <info>  [1514274753.4255] dhcp4
(enp0s3):    gateway 192.168.0.254
Dec 26 02:52:33 testvm1 NetworkManager[731]: <info>  [1514274753.4256] dhcp4
(enp0s3):    lease time 21600
Dec 26 02:52:33 testvm1 NetworkManager[731]: <info>  [1514274753.4258] dhcp4
(enp0s3):    nameserver '192.168.0.51'
Dec 26 02:52:33 testvm1 NetworkManager[731]: <info>  [1514274753.4260] dhcp4
(enp0s3):    nameserver '8.8.8.8'
Dec 26 02:52:33 testvm1 NetworkManager[731]: <info>  [1514274753.4262] dhcp4
(enp0s3):    nameserver '8.8.4.4'
Dec 26 02:52:33 testvm1 NetworkManager[731]: <info>  [1514274753.4263] dhcp4
(enp0s3):    domain name 'both.org'
```

可以列出系统以前的引导，并且只查看当前引导或以前某次引导的日志条目。

```
[root@testvm1 ~]# journalctl --list-boots
-24 f5c1c24249df4d589ca8acb07d2edcf8 Sat 2017-04-29 18:10:23 EDT—Sun 2017-04-30
07:21:53 EDT
-23 ca4f8a71782246b292920e92bbdf968e Sun 2017-04-30 07:22:13 EDT—Sun 2017-04-30
08:41:23 EDT
-22 ca8203a3d32046e9a96e301b4c4b270a Sun 2017-04-30 08:41:38 EDT—Sun 2017-04-30
09:21:47 EDT
-21 1e5d609d89a543708a12f91b3e94350f Tue 2017-05-02 04:32:32 EDT—Tue 2017-05-02
08:51:42 EDT
-20 74b2554da751454f9f75c541d9390fc0 Sun 2017-05-07 05:35:44 EDT—Sun 2017-05-07
09:43:27 EDT
-19 4a6d9f2f34aa49a7bfba31368ce489e5 Fri 2017-05-12 06:11:48 EDT—Fri 2017-05-12
10:14:34 EDT
-18 bf8d02a57d0f4e9b849405ede1ffc80b Sat 2017-05-13 05:42:07 EDT—Sat 2017-05-13
12:20:36 EDT
-17 2463e2f48dd04bbfa03b72df90367990 Wed 2017-11-15 07:41:42 EST—Wed 2017-11-15
12:43:14 EST
```

```
  -16 7882d4c7ff5c43a7b9404bb5aded31f1 Wed 2017-11-15 07:43:28 EST—Wed 2017-11-15
15:39:07 EST
  -15 b19061d077634733b3ef5d54a8034665 Wed 2017-11-15 15:39:25 EST—Wed 2017-11-15
16:44:25 EST
  -14 3c3c73161a0540d6b02ac14a3fe96fd2 Wed 2017-11-15 16:44:43 EST—Wed 2017-11-15
18:24:38 EST
  -13 5807bb2932794fd18bb5bf74345e6586 Thu 2017-11-16 09:06:49 EST—Thu 2017-11-16
21:46:54 EST
  -12 1df2c5a7500844a18c692a00ad834a5e Thu 2017-11-16 21:51:47 EST—Tue 2017-11-21
17:00:22 EST
  -11 fe65766e48484d6bb45e450a1e46d257 Wed 2017-11-22 03:50:03 EST—Fri 2017-12-01
06:50:03 EST
  -10 d84cf9eb31dc4d0886e1e474e21f7e45 Sat 2017-12-02 11:45:45 EST—Mon 2017-12-04
17:01:53 EST
   -9 d8234499519e4f4689acc326035b5b77 Thu 2017-12-07 07:52:08 EST—Mon 2017-12-11
06:40:44 EST
   -8 ec50e23f7ffb49b0af06fb0a415931c2 Tue 2017-12-12 03:17:36 EST—Fri 2017-12-15
21:42:09 EST
   -7 de72447d9eea4bbe9bdf29df4e4ae79c Sun 2017-12-17 11:13:43 EST—Sun 2017-12-17
21:30:54 EST
   -6 a8781fdba6cc417dbde3c35ed1a11cc0 Sun 2017-12-17 21:31:11 EST—Tue 2017-12-19
21:57:23 EST
   -5 6ed3997fc5bf4a99bbab3cc0d3a35d80 Wed 2017-12-20 16:54:01 EST—Fri 2017-12-22
10:48:30 EST
   -4 c96aa6518d6d40df902fb85f0b5a9d5b Fri 2017-12-22 10:48:39 EST—Sun 2017-12-24
13:44:28 EST
   -3 ad6217b027f34b3db6215e9d9eeb9d0b Sun 2017-12-24 13:44:44 EST—Mon 2017-12-25
15:26:28 EST
   -2 aca68c1bae4741de8d38de9a9d28a72e Mon 2017-12-25 15:26:44 EST—Mon 2017-12-25
15:29:39 EST
   -1 23169c91452645418a22c553cc387f99 Mon 2017-12-25 15:29:54 EST—Mon 2017-12-25
15:31:40 EST
    0 3335b2cb0d124ee0a93d2ac64537aa54 Mon 2017-12-25 15:31:55 EST—Wed 2017-12-27
11:50:07 EST
```

[root@testvm1 ~]# **journalctl -b ec50e23f7ffb49b0af06fb0a415931c2**

此命令将列出的引导标识符来自引导列表中的（倒数）第 8 行。务必使用自己系统中的标识符来执行最后一个命令。

由于这个命令的输出很长，此处没有显示。读者务必花一些时间查看最后一个命令的输出。

正如实验 8-11 中所示，systemd 日志记录工具收集从引导过程开始到关闭结束时的数据。所有类型的日志都位于 journal 数据库中。你可以使用 less 实用程序的搜索工具来查找特定条目，也可以使用 journalctl 本身提供的选项。

如果你有兴趣了解有关管理 systemd 日志的更多信息，可以从 journalctl 的手册开始学习。Digital Ocean 对 journalctl 进行了很好的讨论[⊖]。

8.7.8　logwatch

在处理问题时，使用 grep 和 tail 等工具查看日志文件中的少数几行很方便。但是如果需要搜索大量的日志文件时，即使使用这些工具也很乏味。

Logwatch 是一种工具，它可以分析系统日志文件并检测系统管理员应该查看的异常条目。它会在每晚午夜左右生成一份报告。每日报告由 /etc/cron.daily 中的文件触发。

Logwatch 的默认配置是将其在日志文件中找到的报告通过电子邮件发送到 root。有多种方法可以确保将电子邮件发送给本地主机上的 root 用户以外的某人或某个位置。一种办法是在 /etc/logwatch 目录的配置文件中调用 set the mailto 地址。

也可以从命令行运行 Logwatch，并将数据发送到 STDOUT。

实验 8-12

此实验必须以 root 身份执行。实验目标是从命令行运行 Logwatch 并查看结果。

```
[root@david ~]# logwatch | less
#################### Logwatch 7.4.3 (04/27/16) ####################
        Processing Initiated: Wed Dec 27 09:43:13 2017
        Date Range Processed: yesterday
                            ( 2017-Dec-26 )
                            Period is day.
        Detail Level of Output: 10
        Type of Output/Format: stdout / text
        Logfiles for Host: david
##################################################################
-------------------- Disk Space Begin -----------------------

Filesystem                  Size  Used Avail Use% Mounted on
devtmpfs                     32G     0   32G   0% /dev
/dev/mapper/david1-root     9.1G  444M  8.2G   6% /
/dev/mapper/david1-usr       46G   14G   31G  31% /usr
/dev/sdc1                   1.9G  400M  1.4G  24% /boot
/dev/mapper/vg_david2-stuff 128G  107G   16G  88% /stuff
/dev/mapper/david1-var       19G  5.4G   12G  32% /var
/dev/mapper/david1-tmp       29G   12G   15G  44% /tmp
/dev/mapper/vg_david2-home   50G   27G   20G  58% /home
/dev/mapper/vg_david2-Pictures 74G 18G  53G  25% /home/dboth/Pictures
```

⊖　Digital Ocean, How To Use Journalctl to View and Manipulate Systemd Logs（如何使用 Journalctl 查看和操作系统日志），https://www.digitalocean.com/community/tutorials/how-to-use-journalctl-to-view-and-manipulate-systemd-logs。

```
/dev/mapper/vg_david2-Virtual    581G  402G  153G  73% /Virtual
/dev/mapper/vg_Backups-Backups   3.6T  2.9T  597G  83% /media/Backups
/dev/sdd1                        3.6T  1.6T  1.9T  45% /media/4T-Backup

-------------------- Disk Space End ------------------------

-------------------- Fortune Begin ------------------------
 If we do not change our direction we are likely to end up where we are
headed.
-------------------- Fortune End ------------------------
-------------------- lm_sensors output Begin ------------------------
coretemp-isa-0000
Adapter: ISA adapter
Package id 0:  +50.0 C  (high = +95.0 C, crit = +105.0 C)
Core 0:        +46.0 C  (high = +95.0 C, crit = +105.0 C)
Core 1:        +49.0 C  (high = +95.0 C, crit = +105.0 C)
Core 2:        +45.0 C  (high = +95.0 C, crit = +105.0 C)
Core 3:        +50.0 C  (high = +95.0 C, crit = +105.0 C)
Core 4:        +48.0 C  (high = +95.0 C, crit = +105.0 C)
Core 5:        +46.0 C  (high = +95.0 C, crit = +105.0 C)
Core 6:        +44.0 C  (high = +95.0 C, crit = +105.0 C)
Core 7:        +46.0 C  (high = +95.0 C, crit = +105.0 C)
Core 8:        +50.0 C  (high = +95.0 C, crit = +105.0 C)
Core 9:        +49.0 C  (high = +95.0 C, crit = +105.0 C)
Core 10:       +50.0 C  (high = +95.0 C, crit = +105.0 C)
Core 11:       +45.0 C  (high = +95.0 C, crit = +105.0 C)
Core 12:       +47.0 C  (high = +95.0 C, crit = +105.0 C)
Core 13:       +45.0 C  (high = +95.0 C, crit = +105.0 C)
Core 14:       +45.0 C  (high = +95.0 C, crit = +105.0 C)
Core 15:       +47.0 C  (high = +95.0 C, crit = +105.0 C)

radeon-pci-6500
Adapter: PCI adapter
temp1:         +39.0 C  (crit = +120.0 C, hyst = +90.0 C)

asus-isa-0000
Adapter: ISA adapter
cpu_fan:        0 RPM
-------------------- lm_sensors output End ------------------------
```

翻阅 Logwatch 生成的数据，并确保查找 Kernel（内核）、Cron、Disk Space（磁盘空间）和 systemd 部分。如果你拥有运行此实验的物理主机并且安装了 lm_sensors 软件包，可能还会看到一个部分，其中显示了硬件各个部分的温度，包括每个 CPU 的温度。

Logwatch 在我的工作站上生成了超过 1 400 行，这里只显示一部分。

Logwatch 输出中显示的各部分取决于你在 Linux 计算机上安装的软件包。因此，如果你正在查看的不是初级工作站甚至服务器，而是一个基本安装的 Logwatch 输出，你将看到更少的条目。

　　自 2014 年以来，Logwatch 确实能够在 journald 数据库中搜索日志条目[⊖]。与 systemd 日志记录工具的这种兼容性可确保不会忽略日志条目的主要来源。

8.8　成功地当一名懒惰的系统管理员

　　本章讨论的并不是真正意义上的懒惰。成功的懒惰系统管理员并不懒惰——只是高效。正如我在 IBM 担任 CE 一样，通过预测问题来预防问题并做必要的工作以确保它们不会发生或者可以有效地解决它们，从长远来看会带来好处。

　　这里讨论的策略并不是唯一可以用来提高自身效率的策略。相信每个人都有自己聪明工作的方法。

　　有一种方法可以大大地利用我的技能和知识，前面已多次提及，但还没有详细讨论过。在第 9 章，我们将探讨"自动化一切"的原则以及它的真正含义。

　　⊖　SourceForge，Logwatch repository（存储库），https://sourceforge.net/p/logwatch/patches/34/。

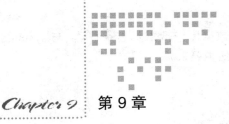

自动化一切

计算机的功能是什么？正确的答案是，"自动化简单的任务，从而让人类专注于计算机还无法完成的任务。"对于与运行和管理计算机关系最密切的系统管理员，我们应该使用可以帮助我们更有效工作的工具来获得最大利益。

本章将探索使用自动化来使系统管理员的工作变得更轻松。

9.1　为什么我使用脚本

在第8章中，我指出，"一个系统管理员在思考时最有成效 ——思考如何解决现有问题以及如何避免未来的问题，考虑如何监控 Linux 计算机，以找到预测和预示未来问题的线索，思考如何让自己的工作更有效率，思考如何自动执行所有需要执行的任务，无论是每天都要执行还是一年执行一次。"

在创建 shell 程序时，系统管理员是近乎最有成效的，这些程序可以对他们设想的，同时看起来非生产性的解决方案进行自动化。我们拥有的自动化程度越高，就越有可能在发生问题时解决实际问题，并考虑如何实现比现有程度更高的自动化。

编写 shell 程序是一种节约时间的绝佳策略，因为它可以根据需要多次重新运行。

shell 脚本还可以根据需要进行更新，以补偿从一个 Linux 版本到下一个版本的更改。更改的其他因素包括新硬件和软件的安装，脚本可以通过更改添加新功能，删除不再需要的功能，并修复脚本中并不罕见的错误。这些变化只是任何类型代码的维护周期中的一部分。

在终端会话中通过键盘输入和执行 shell 命令来执行的每个任务都可以并且应该是自动化的。系统管理员应该把要求我们做或者有需要的每件事都自动化。预先进行自动化还可以节省第一次执行的时间。

一个 bash 脚本可以包含从几个到数千个的任意个命令。实际上，我编写过只有一个或两个命令的 bash 脚本。我还编写过超过 2 700 行的脚本，其中一半以上是注释。

9.2　我是如何达到的

我是如何达到"自动化一切"的目标的？

你有没有经历过在命令行上执行漫长而复杂的任务，心想"很高兴完成了——我再也不用为它操心了。"的情况？我经历过 ——而且这种情况非常频繁。

我最终发现，几乎所有我需要在计算机上做的事情，无论是我的还是属于我的雇主或我的咨询客户的，都需要在将来的某个时间再次执行。

当然，我一直以为我会记得我是如何完成有关任务的。但是下一次我需要这样做时，我发现我忘记了。对于我过去常常做的一些任务，我开始在纸上写下一些所需的步骤。然后我想，"我真笨！"，我将这些涂鸦转移到计算机上的简单记事本类型应用程序中。突然有一天，我又想了想，"我真笨！"，如果我要将这些数据存储在我的计算机上，我不妨创建一个 shell 脚本并将其存储在标准位置，这样我就可以输入 shell 程序的名称，它会完成我以前手动做的所有任务。

我自动化一切的主要个人原因是任何必须执行一次的任务肯定需要再次执行。通过将执行任务所需的命令汇集到一个文件中当作 shell 程序，以后就可以很容易地运行完全相同的命令集。

自动化也意味着再次执行时不必记住或重新创建上次执行任务的细节。回忆如何做一些事情需要时间，输入所有命令也需要时间。对于需要输入大量长命令的任务，这会耗费大量的时间。通过创建 shell 脚本来自动执行任务可以减少执行日常任务所需的输入。

shell 程序也可以成为新系统管理员的重要助手，使他们能够在高级系统管理员度假或生病时保持工作。因为 shell 程序本身就是可以查看和更改的，它们可以成为经验不足的系统管理员学习如何执行所负责任务的详细信息的重要工具。

9.3　编写重复性任务脚本

工作中我经常要安装 Linux，有时一天安装几次。这导致需要进行快速、可重复的安装。

例如，我有一组最喜欢的配置，它们适用于各种东西，例如 Midnight Commander(mc)，一个带文本模式用户界面的强大文件管理器，以及其他可配置工具。我还有一些喜欢的字体，大多数默认安装都不包括它们。我可以使用 DNF 手动安装每个字体，每次安装时都可以手工对 Midnight Commander 进行配置更改，但这需要花费很多时间并且非常乏味和无聊。

当手动完成所有操作时，我忘了其他事情，所以我开始记录要做的事情列表，但这仍然非常耗时。因此，多年来我开发了一个流程，确保能够快速可靠地完成安装，并且不会忘记安装或配置任何东西。

我的旧流程是先做一个非常基本的安装。我会按照想要的方式配置磁盘分区和逻辑卷。我没有查看可用软件包或组的完整列表，并尝试记住我想要安装哪些软件包，以便在计算机上获得我想要的正确工具。在安装程序提供的选项中选择我想要的选项是非常麻烦的，还要花费大量时间。

9.3.1 让它更容易

我开发了一个起初相当简单的 bash 脚本，我运行它来完成我想要的其他 RPM 包的配置和安装。执行基本安装后，我以 root 身份登录终端会话并运行脚本。

随着时间的推移，这个简单的脚本演变为包括命令行选项，允许我根据它们是桌面计算机、服务器、客户系统还是教室系统来定制标准安装以满足不同的需求。当找到一些有用的工具时，我将它们添加到要安装的软件包列表中。

我创建了需要安装的各种配置文件，并确定最好的方法是创建一个包含这些文件的 RPM 包。其中一些文件是我多年来创建的，用于执行各种其他重复性任务的脚本，以及安装后脚本。

RPM 包本身就是一种自动化形式，它让我不必记住要安装哪些文件以及安装在哪里。RPM 软件包现在安装了大约十二个我自己创建的文件，并确保从各种 Fedora 和 CentOS 存储库安装某些必备的 RPM 软件包。大约 10 年来，我一直在改进安装后的脚本，它的代码行数超过 1 500 行，注释行数超过 1 100 行，总共超过 2 600 行。

即使使用 RPM 和安装后的脚本，仍然需要一个多小时才能完成所有工作，使安装的每台计算机符合我的标准。我当然不会怀念手工输入这些指令并等待每个指令完成，然后再输入下一个的日子。我现在需要做的就是安装 RPM，然后输入一个命令来安装所有其他软件包并进行配置。

9.3.2 从理想到必要

一切都很顺利，尽管我可以手动完成所有工作，但使用自动化脚本要容易得多。当 Fedora 21 出现时，我多年来创建的自动化脚本变得必不可少。

对于那些不熟悉 Fedora 21 的人来说，安装程序在该版本中发生了巨大变化。安装程序不是单个 ISO 映像，而是有三个单独的安装 ISO 映像：桌面版、服务器版和云版。

我已经使用桌面版和服务器版 ISO 进行了安装，我非常不喜欢它们。我认为新安装对绝大多数 Fedora 用户来说都是非常有限的。没有简单的安装映像。桌面 ISO 是 live 映像。除了 live 映像 ISO 中的那些包之外，在安装期间没有用于安装任何包的选项。如果我想安装 KDE（或任何其他）桌面而不是 GNOME（我确实是这样做的），必须在初始安装后下载

KDE spin 或安装 KDE。我无法从主要安装，即 live 映像中做到这一点。

我甚至无法选择安装 LibreOffice。安装过程中无法做到这一点。我必须在初始安装后安装它和许多其他东西。在我看来，这对许多想成为 Linux 的用户来说是一个巨大的绊脚石，特别是新手。而且我总是在执行新的 Fedora 安装后立即安装更新，因为总会有更新。

幸运的是，我的安装后 RPM 和安装后脚本让我可以毫不费力地完成所有工作。而且，我不得不对脚本进行一些调整——正如我在每个新版本中所做的那样，以适应版本之间的一些变化。

我遵循系统管理员 Linux 哲学的倾向为我带来了极好的回报。因为我花时间去"自动化一切"，所以尽管 Fedora Linux 处理安装的方式发生了重大变化，我个人只受到了很少的干扰。

下面是我通过自动化安装获得的好处。

❏ 节省每次安装的时间。

❏ 安装是一致的。

❏ 始终安装更新。

❏ 发行版安装的主版本更改时，只有最小的干扰或没有干扰。

❏ 易于创建相同的安装。

还有其他方法可以实现 Linux 安装和配置的自动化，也有许多可以应用于该任务的工具，如 Kickstart、Puppet、Satellite Server 等。我频繁使用过 Kickstart。关于它的用法可参阅我与 Linux 杂志的同事写的文章"Complete Kickstart"（Kickstart 大全）——我在自己的网站上保留了一份副本⊖。

在我目前的环境中，我的脚本非常适合，满足了我的需求，这就是 Linux 的游戏名称。

9.4　更新

我经常做的另一项任务是在我所有的计算机上安装更新。这项任务只需要几个决策，并且可以轻松实现自动化。"但这很简单，为什么要自动执行只需要一两个命令的任务？"事实证明，更新并非如此简单。让我们仔细考虑一下这个问题。

首先，我必须确定是否有任何更新可用。然后我需要确定是否正在更新需要重新启动的软件包，例如内核或 glibc。此时我可以安装更新。在重新启动之前（假设需要重新启动一次），我运行 mandb 实用程序来更新手册页，否则新的被替换的手册页将无法访问，旧的已删除的手册页将在那里，即使它们不存在了。图 9-1 显示了进行某次更新后，更新 man 数据库的部分结果。如果内核已更新，我需要重建 grub 引导加载程序配置文件，以便它对于每个已安装的内核包含恢复选项，如果最后需要重新启动，我都会这样做。

⊖　David Both, Linux DataBook, Complete Kickstart, http://www.linux-databook.info/?page_id=9。

```
Checking for stray cats under /var/cache/man/local...
134 man subdirectories contained newer manual pages.
8908 manual pages were added.
0 stray cats were added.
0 old database entries were purged
```

图 9-1 执行升级后运行 mandb 的部分结果

这是一组非常重要的个人任务和命令，需要做出一些决定。手动执行这些任务需要注意并进行干预，在先前的命令完成时输入新命令。由于需要在等待进入下一个命令时进行照料，这将花费大量的时间来监视每台计算机的过程。在主机上输入错误的命令时，只是偶尔会被提醒，这样容易犯错。

```
 _____
/ You do create a set of    \
\ requirements, right?       /
 ---------------------------
        \   ^__^
         \  (oo)_____
            (__)\       )\/\
                ||----w |
                ||     ||
```

使用我在上面创建的需求陈述，因为实际内容就是那个段落，所以很容易自动化这个任务来消除所有问题。我写了一个我称之为 doUpdates 的小型脚本。它的长度超过 400 行，提供了帮助、详细模式、打印当前版本号以及仅在内核或 glibc 更新时重启的选项。

这个程序中一半以上的行都是注释，所以我下次需要它来修复 bug 或添加更多功能时，就能回忆起这个程序是如何工作的。许多基本功能都是从模板文件中复制的，模板文件维护了我在每个编写的脚本中使用的所有标准组件。因为新脚本的框架始终存在，所以很容易启动新脚本。

图 9-2 是 doUpdates bash 脚本的清单。为了方便阅读，字体稍微调小。脚本清单较长，望读者耐心阅读。

```
#!/bin/bash
################################################################################
#                              doUpdates                                       #
#                                                                              #
# This is a simple program to perform updates on a Linux computer. If a new    #
# kernel is installed, it will build a new grub.cfg to create the recovery     #
# mode kernel boot options, and then reboot the computer.                      #
#                                                                              #
# Change History                                                               #
```

图 9-2 doUpdates bash 脚本清单

```
# 04/12/2017  David Both      Original code. Suitable only for testing.    #
# 04/13/2017  David Both      Tested code. V1.0.0.                         #
# 04/13/2017  David Both      Added messages for rebooting or not at end.  #
#                             Added check for new glibc for doing reboot.  #
# 04/14/2017  David Both      Completion message includes hostname.        #
# 04/28/2017  David Both      Add GPL2 statement.                          #
# 05/12/2017  David Both      Added the code I forgot that rebuilds the grub.cfg #
#                             file. Duh.                                   #
# 06/30/2017  David Both      Test for glibc separately then change the logic so #
#                             we only rebuild grub.conf when replacing the #
#                             kernel.                                      #
# 08/08/2017  David Both      Add -r option so that reboots only occur if -r is #
#                             used and the kernel or glibc is updated.     #
# 08/11/2017  David Both      Redo logic for reboots just a bit. Add message to #
#                             manually reboot if kernel or glibc updated but the #
#                             -r option was not selected.                  #
#                             Add -c option to check and report on whether #
#                             updates are needed and whether reboot is needed.  #
##############################################################################
##############################################################################
# Copyright (C) 2007, 2018 David Both                                      #
# LinuxGeek46@both.org                                                     #
# This program is free software; you can redistribute it and/or modify     #
# it under the terms of the GNU General Public License as published by      #
# the Free Software Foundation; either version 2 of the License, or         #
# (at your option) any later version.                                       #
#                                                                          #
# This program is distributed in the hope that it will be useful,          #
# but WITHOUT ANY WARRANTY; without even the implied warranty of           #
# MERCHANTABILITY or FITNESS FOR A PARTICULAR PURPOSE.  See the            #
# GNU General Public License for more details.                             #
#                                                                          #
# You should have received a copy of the GNU General Public License         #
# along with this program; if not, write to the Free Software               #
# Foundation, Inc., 59 Temple Place, Suite 330, Boston, MA  02111-1307  USA #
##############################################################################
##############################################################################
# Help                                                                     #
##############################################################################
Help()
{
   # Display Help
   echo "doUpdates - Performs all updates, builds new GRUB2, and"
   echo "reboots if a new kernel or glibc was installed."
   echo
   echo "Syntax: doUpdates --[g|h|c|V|rv]"
   echo "options:"
   echo "g       Print the GPL license notification."
   echo "c       Check to see if updates are available and whether reboot would be
needed."
   echo "        Does not actually do the update or reboot."
```

图 9-2 （续）

```
      echo "h      Print this Help."
      echo "r      Reboot if the kernel or glibc or both have been updated."
      echo "v      Verbose mode."
      echo "V      Print software version and exit."
      echo
}

################################################################################
# Print the GPL license header                                                #
################################################################################
gpl()
{
echo
echo
"################################################################################"
echo "#  Copyright (C) 2007, 2016  David Both
#"
echo "#  LinuxGeek46@both.org                                              #"
echo "#                                                                    #"
echo "#  This program is free software; you can redistribute it and/or modify  #"
echo "#  it under the terms of the GNU General Public License as published by  #"
echo "#  the Free Software Foundation; either version 2 of the License, or  #"
echo "#  (at your option) any later version.                               #"
echo "#                                                                    #"
echo "#  This program is distributed in the hope that it will be useful,   #"
echo "#  but WITHOUT ANY WARRANTY; without even the implied warranty of    #"
echo "#  MERCHANTABILITY or FITNESS FOR A PARTICULAR PURPOSE.  See the     #"
echo "#  GNU General Public License for more details.                      #"
echo "#                                                                    #"
echo "#  You should have received a copy of the GNU General Public License  #"
echo "#  along with this program; if not, write to the Free Software       #"
echo "#  Foundation, Inc., 59 Temple Place, Suite 330, Boston, MA  02111-1307 USA  #"
echo "################################################################################"
echo
}

################################################################################
# Quit nicely with messages as appropriate                                    #
################################################################################
Quit()
{
   if [ $verbose = 1 ]
      then
      if [ $error = 0 ]
         then
         echo "Program terminated normally"
      else
         echo "Program terminated with error ID $ErrorMsg";
      fi
   fi
   exit $error
}
```

图 9-2 （续）

```
#############################################################################
# Display verbose messages in a common format                              #
#############################################################################
PrintMsg()
{
    if  [ $verbose = 1 ] && [ -n "$Msg" ]
    then
        echo "######### $Msg #########"
        # Set the message to null
        Msg=""
    fi
}


#############################################################################
# Define the $PkgMgr variable based on distro and release                   #
#############################################################################
SelectPkgMgr()
{
    # get the Distribution, release and architecture.
    GetDistroArch
    if [ $NAME = "Fedora" ] && [ $RELEASE -ge 20 ]
    then
        PkgMgr="dnf"
    elif [ $NAME = "Fedora" ] && [ $RELEASE -lt 20 ]
    then
        PkgMgr="yum"
    elif [ $NAME = "CentOS" ]
    then
        PkgMgr="yum"
    else
        Msg="Unknown distrubution and release. Unable to define Package Manager."
        PrintMsg
        error=7
        Quit $error
    fi
    Msg="Using $PkgMgr Package Manager"
    PrintMsg
} # End SelectPkgMgr


#############################################################################
# Get Distribution and architecture 64/32 bit                              #
#############################################################################
GetDistroArch()
{
    #-----------------------------------------------------------------------
    # Get the host physical architecture
    HostArch=`echo $HOSTTYPE | tr [:lower:] [:upper:]`
    Msg="The host physical architecture is $HostArch"
    PrintMsg
```

图 9-2 （续）

```
#-------------------------------------------------------------------------
# Get some information from the *-release file. We care about this to give
# us Fedora or CentOS version number and because some group names change between
# release levels.
#-------------------------------------------------------------------------
# First get the distro info out of the file in a way that produces consistent
results
# Due to the different ways distros keep info in the release files we have to do
this
# a bit harder than we would otherwise.
# Switch to /etc for now
cd /etc
# Start by looking for Fedora
if grep -i "NAME=Fedora" os-release > /dev/null
then
    # This is Fedora
    NAME="Fedora"
    # Define the Distribution
    Distro=`grep PRETTY_NAME  os-release | awk -F= '{print $2}' | sed -e "s/\"//g"`
    # Get the full release number
    FULL_RELEASE=`grep VERSION_ID os-release | awk -F= '{print $2}'`
    # The Release version is the same as the full release number, i.e., no minor
versions for Fedora
    RELEASE=$FULL_RELEASE
    #-------------------------------------------------------------------------
    # Verify Fedora release $MinFedoraRelease= or above. This is due to the lack
    # of Fedora and Fusion repositories prior to that release.
    #-------------------------------------------------------------------------
    if [ $RELEASE -lt $MinFedoraRelease ]
    then
        Msg="Release $RELEASE of Fedora is not supported. Only releases
$MinFedoraRelease and above are supported."
        PrintMsg
        error=2
        Quit $error
    fi
elif grep -i CentOS centos-release > /dev/null
then
    # This is CentOS
    NAME="CentOS"
    Distro=`cat centos-release`
    # Get the full release number
    FULL_RELEASE=`echo $Distro | sed -e "s/[a-zA-Z() ]//g"`
    # Get the CentOS major version number
    RELEASE=`echo $FULL_RELEASE | awk -F. '{print $1}'`

    #-------------------------------------------------------------------------
    # Verify CentOS release $MinCentOSRelease= or above. This is due to the lack
    # of testing for this program prior to that release.
    #-------------------------------------------------------------------------
    if [ $RELEASE -lt $MinCentOSRelease ]
```

图 9-2 （续）

```
        then
            Msg="Release $RELEASE of CentOS is not supported. Only releases
$MinCentOSRelease and above are supported."
            PrintMsg
            error=4
            Quit $error
        fi
    else
        Msg="Unsupported OS: $NAME"
        PrintMsg
        error=2
        Quit $error
    fi

    Msg="Distribution = $Distro"
    PrintMsg
    Msg="Name = $NAME  Release = $RELEASE Full Release = $FULL_RELEASE"
    PrintMsg
    # Now lets find whether Distro is 32 or 64 bit
    if uname -r | grep -i x86_64 > /dev/null
    then
        # Just the bits
        Arch="64"
    else
        # Just the bits
        Arch="32"
    fi
    if [ $verbose = 1 ]
    then
        Msg="This is a $Arch bit version of the Linux Kernel."
        PrintMsg
    fi
} # end GetDistroArch

################################################################################
################################################################################
# Main program                                                                 #
################################################################################
################################################################################
# Set initial variables
badoption=0
check=0
doReboot=0
error=0
MinCentOSRelease="6"
MinFedoraRelease="22"
NeedsReboot=0
newKernel=0
newglibc=0
PkgMgr="dnf"
RC=0
```

图 9-2 （续）

```
UpdatesAvailable=0
verbose=0
version=01.02.03

#--------------------------------------------------------------------------
# Check for root

if [ `id -u` != 0 ]
then
   echo ""
   echo "You must be root user to run this program"
   echo ""
   Quit 1
fi

##################################################################################
# Process the input options                                                     #
##################################################################################
# Get the options
while getopts ":gchrvV" option; do
   case $option in
      g) # display GPL
         gpl
         Quit;;
      v) # Set verbose mode
         verbose=1;;
      V) # Print version information
         echo "Version = $version"
         Quit;;
      c) # Check option
         verbose=1
         check=1;;
      r) # Reboot option
         doReboot=1;;
      h) # display Help
         Help
         Quit;;
     \?) # incorrect option
         badoption=1;;
   esac
done

if [ $badoption = 1 ]
then
   echo "ERROR: Invalid option"
   Help
   verbose=1
   error=1
   ErrorMsg="10T"
   Quit $error
fi
```

图 9-2 （续）

```
# What package manager should we be using?
SelectPkgMgr

# Are updates available? Just quit with message if not
# RC from dnf check-update = 100 if available and 0 if none available.
$PkgMgr check-update > /dev/null
UpdatesAvailable=$?
if [ $UpdatesAvailable = 0 ]
then
   Msg="Updates are NOT available for host $HOSTNAME at this time."
   # Turn on verbose so message will print
   verbose=1
   PrintMsg
   Quit
else
   Msg="Updates ARE available for host $HOSTNAME."
   # Turn on verbose so message will print
   PrintMsg
fi

# Does the update include a new kernel
if $PkgMgr check-update | grep ^kernel > /dev/null
then
    newKernel=1
    NeedsReboot=1
fi
# Or is there a new glibc
if $PkgMgr check-update | grep ^glibc > /dev/null
then
    newglibc=1
    NeedsReboot=1
fi

# Are we checking or doing?
if [ $check = 1 ]
then
   # Checking: Report results and quit
   if [ $NeedsReboot = 1 ]
   then
      Msg="A reboot will be required after these updates are installed."
      PrintMsg
   else
      Msg="A reboot will NOT be required after these updates are installed."
      PrintMsg
   fi
   Quit
else
   # Do the update
   $PkgMgr -y update
   # Preserve the return code
```

图 9-2 （续）

```
    RC=$?
    # Message and quit if error =3 occurred
    if [ $RC -eq 1 ]
    then
       Msg="An error ocuurred during the update but it was handled by $PkgMgr."
       PrintMsg
    elif [ $RC -eq 3 ]
    then
       Msg="WARNING!!! An uncorrectable error ocuurred during the update."
       PrintMsg
       Quit
    fi
fi

# Update man database
mandb

# If new kernel rebuild grub.cfg and reboot
if [ $newKernel = 1 ]
then
   # Generate the new grub.cfg file
   Msg="Rebuilding the grub.cfg file on $HOSTNAME."
   PrintMsg
   grub2-mkconfig > /boot/grub2/grub.cfg
fi

if [ $doReboot = 1 ] && [ $NeedsReboot = 1 ]
then
   # reboot the computer because the kernel or glibc have been updated
   # AND the reboot option was specified.
   Msg="Rebooting $HOSTNAME."
   PrintMsg
   reboot
   # no need to quit in this fork
elif [ $doReboot = 0 ] && [ $NeedsReboot = 1 ]
then
   Msg="This system, $HOSTNAME, needs rebooted but you did not choose the -r option
to reboot it."
   PrintMsg
   Msg="You should reboot $HOSTNAME manually at the earliest opportunity."
else
   Msg="NOT rebooting $HOSTNAME."
fi

PrintMsg
Quit

###############################################################################
# End of program
###############################################################################
```

图 9-2 （续）

　　根据 Linux FHS，doUpdates 脚本应位于 /usr/local/bin 中。它可以使用命令 doUpdates
-r 运行，只有在满足其中一个条件或两个条件都满足时才会重新启动主机。

这里不会解构整个 doUpdates 程序，但需要注意以下几点。首先注意注释的数量，注释可以帮助我记住每个程序部分做的事情。用来在 Linux/unix 系统指定解释程序的行（#!/bin/bash）之后的程序的第一行包含程序的名称、其功能的简短描述、维护或更改历史记录。第一部分基于我在 IBM 工作时学到和遵循的一些实践。其他注释描述了各个程序和主要部分，并提供了每个部分的简短描述。最后，嵌入在代码中的较短注释描述了较短代码的功能或目标，例如流控制结构。

脚本的开头有很多过程。这是 bash 需要它们保存的地方。这些过程来自我的模板脚本，我尽可能在新脚本中使用它们，以节省重写它们的工作量。

过程和变量名称都是有意义的，有些使用大写字母表示一个或两个字符。这样更容易阅读，并帮助程序员（我）和任何未来的维护者（也是我）理解程序和变量的功能。这似乎与哲学的其他原则相反，但是从长远来看，使代码更具可读性可以节省更多时间。我从过去几次使用自己和他人的代码的经验中认识到了这一点。

我做咨询工作的一个机构，让我修复一些脚本中的错误。我看了一下这些脚本，并且知道修复实际的 bug 需要做很多工作，因为我首先必须修复脚本的可读性。我开始在脚本中添加注释，因为原来没有注释。然后开始重命名变量和过程，以便更容易理解这些变量的目的以及它们所拥有的数据的性质。只有在进行了这些更改之后，我才能开始了解他们遇到的错误的性质。

第 18 章中会看到有关这个机构的更多信息。他们确实在这些脚本中遇到了很多问题。

可以在 Apress 网站上下载 doUpdates 脚本，网址如下所示。

https://github.com/Apress/linux-philo-sysadmins/tree/master/Ch09

9.5　其他自动化水平

我已将这个绝佳实用的脚本复制到所有计算机上的 /usr/local/bin 目录。我现在要做的就是在合适的时间在每个 Linux 主机上运行它来进行更新。我可以通过使用 SSH 登录每个主机并运行程序来完成此操作。

ssh 命令是一个安全的终端模拟器，允许用户登录远程计算机以访问远程 shell 会话并运行命令。所以我可以登录到远程计算机并在远程计算机上运行 doUpdates 命令。结果显示在我的本地主机上的 ssh 终端仿真器窗口中。命令的标准输出（STDOUT）显示在终端窗口中。

这部分是最平常不过的，每个人都这样做。但下一步更有趣。我可以不必维护连接到远程计算机上的终端会话，而只要简单地在本地计算机上使用命令（如图 9-3 中的命令）来运行在远程计算机上的相同命令，并使结果显示在本地主机上。这个操作假设 SSH 公共 / 私有密钥对[⊖]（PPKP）正在使用中，并且每次向远程主机发出命令时都不必输入密码。

⊖　How to Forge，https://www.howtoforge.com/linux-basics-how-to-install-ssh-keys-on-the-shell。

```
ssh hostname doUpdates -r
```

图 9-3　此命令使用用于身份验证的公共 / 私有密钥对运行远程主机上的 doUpdates 程序

现在我在本地主机上运行一个命令，它通过 SSH 隧道把命令发送到远程主机。

这意味着如果我可以对一台计算机做些什么，那么我也可以对几台或几百台计算机做同样的事情。图 9-4 中的 bash 命令行程序说明了我现在拥有的功能。

```
for I in host1 host2 host3 ; do ssh $I doUpdates -r ; done
```

图 9-4　此 bash 命令行程序在三个远程主机上运行 doUpdates 程序

下一步是为这个 CLI 程序创建一个简短的 bash 脚本，因此不必每次要在主机上安装更新时重新键入它。脚本不一定是花哨的，它可以像图 9-5 中的脚本那样简单。

```
#!/bin/bash
for I in host1 host2 host3 ; do ssh $I doUpdates -r ; done
```

图 9-5　此 bash 脚本包含在三个远程主机上运行 doUpdates 程序的命令行程序

根据具体情况，此脚本可以命名为"updates"或其他内容，取决于你喜欢如何命名脚本和你认为它的最终功能是什么。我把这个脚本称为"doit"。现在只需输入一个命令，就可以在 for 语句列表中的主机上运行智能更新程序。脚本应位于 /usr/local/bin 目录中，以便可以从命令行轻松地运行它。

小型脚本"doit"看起来可能是更通用的应用程序的基础。我们可以添加更多代码来使它能够获取参数或选项，例如在列表中的所有主机上运行的命令名称。这样就能够在主机列表上运行想要的任何命令，安装更新可以通过命令 doit doUpdates –r，还可以用 doit myprogram 在每台主机上运行"myprogram"。

下一步可能是从程序本身中取出主机列表，并将它们放在位于 /usr/local/etc/ 中的 doit. conf 文件中——再次符合 Linux FHS。对于简单的 doit 脚本，该命令如图 9-6 所示。注意后面的反向符号（`）从 cat 命令的结果创建 for 结构使用的列表。

```
#!/bin/bash
for I in `cat /usr/local/etc/doit.conf` ; do ssh $I doUpdates ; done
```

图 9-6　现在添加了一个简单的外部列表，其中包含脚本将要运行指定命令的主机名

通过将主机列表与脚本分开，可以允许非 root 用户修改主机列表，同时保护程序本身不被修改。向 doit 程序添加 -f 选项也很容易，这样用户就可以指定包含运行指定程序的主机列表的文件名。

最后，我们可能希望将其设置为 cron 作业，这样就可以按照我们想要的任何时间表来运行它，而不必记住这些时间。设置 cron 作业在本章中是值得的，接下来介绍它。

9.6　使用 cron 进行定时自动化操作

许多任务需要在非工作时间执行，即希望在没有人使用计算机时执行，或者更重要的是，在特定时间定期执行。我不愿在黑暗中起床来开始备份或重大更新，所以我使用 cron 服务来重复安排任务，例如每天、每周或每月。我们来看看 cron 服务以及如何使用它。

我使用 cron 服务来安排明显的事情，比如每天凌晨 2 点发生的定期备份。我也会做一些不太明显的事情。我所有的计算机都有自己的系统时间，即使用 NTP（网络时间协议）设置的操作系统时间。NTP 设置系统时间，但没有设置可能漂移并变得不准确的硬件时间。我通过 cron 使用系统时间设置硬件时间。我还有一个 bash 程序，每天早上都运行它在每台计算机上创建一个新的"当天消息"（MOTD），其中包含磁盘使用情况等信息，这些信息应该是最新的，以便它对我们有用。许多系统进程也使用 cron 来安排任务。Logwatch、logrotate 和 rkhunter 等服务每天都使用 cron 服务来运行程序。

crond 守护程序是启用 cron 功能的后台服务。

cron 服务检查 /var/spool/cron 和 /etc/cron.d 目录中的文件以及 /etc/anacrontab 文件。这些文件的内容定义了以不同间隔运行的 cron 作业。各个用户 cron 文件位于 /var/spool/cron 中，系统服务和应用程序通常在 /etc/cron.d 目录中添加 cron 作业文件。/etc/anacrontab 是一个特殊情况，将进一步介绍。

9.6.1　crontab

每个用户（包括 root 用户）都可以拥有一个 cron 文件。默认情况下不存在这个文件，但使用 crontab -e 命令（如图 9-7 所示）编辑 cron 文件会在 /var/spool/cron 目录中创建它们。强烈建议不要使用标准编辑器，如 vi、vim、emacs、nano 或任何其他可用的编辑器。使用 crontab 命令不仅允许编辑命令，还可以在保存并退出编辑器时重新启动 crond 守护程序。crontab 命令使用 vi 作为其底层编辑器，因为即使是最基本的安装，vi 也始终存在。

第一次编辑时，所有 cron 文件都是空的，因此必须从头开始创建它。我将图 9-7 中的作业定义示例添加到我自己的 cron 文件中，作为快速参考。你可以随意复制它以供自己使用。

在图 9-7 中，前三行设置了默认环境。需要将环境设置为给定用户所需的环境，因为 cron 不提供任何类型的环境。SHELL 变量指定在执行命令时使用的 shell。在这种情况下，它指定 bash shell。MAILTO 变量设置接收 cron 作业结果的电子邮件地址。这些电子邮件可以提供备份、更新或其他任何东西的状态，包括从命令行手动运行程序时看到的程序输出。这三行中的最后一行为此环境设置了 PATH。但是，无论此处设置的路径如何，我总是希望为每个可执行文件都添加完全限定的路径。

```
# crontab -e
SHELL=/bin/bash
MAILTO=root@example.com
PATH=/bin:/sbin:/usr/bin:/usr/sbin:/usr/local/bin:/usr/local/sbin

# For details see man 4 crontabs
# Example of job definition:
# .---------------- minute (0 - 59)
# |  .------------- hour (0 - 23)
# |  |  .---------- day of month (1 - 31)
# |  |  |  .------- month (1 - 12) OR jan,feb,mar,apr ...
# |  |  |  |  .---- day of week (0-6)(Sunday=0 or 7)(sun,mon,tue,wed,thu,fri,sat)
# |  |  |  |  |
# *  *  *  *  * user-name  command to be executed

# backup using the rsbu program to the internal HDD then the external USB HDD
01 01 * * * /usr/local/bin/rsbu -vbd1 ; /usr/local/bin/rsbu -vbd2
# Set the hardware clock to keep it in sync with the more accurate system clock
03 05 * * * /sbin/hwclock --systohc
# Perform monthly updates on the first of the month
25 04 1 * * /usr/local/bin/doit
```

图 9-7　crontab 命令用于查看或编辑 cron 文件

有几个注释行详细说明了定义 cron 作业所需的语法。它们大多是不言自明的，我将使用图 9-7 中的条目作为示例，然后再添加一些条目，展示 crontab 文件一些更高级的功能。

图 9-8 中所示的命令行运行另一个 bash shell 脚本 rsbu，以执行我所有系统的备份。这项工作是在每天凌晨 1 点后的 1 分钟开始的。时间规范中位置 3、4 和 5 的星号（*）就像那些时间段的文件通配符，它们匹配每月、每月和每周的每一天。这行命令运行我的备份两次，一次备份到内部专用备份硬盘驱动器上，另一次备份到可以放到保险箱的外部 U 盘上。

```
01 01 * * * /usr/local/bin/rsbu -vbd1 ; /usr/local/bin/rsbu -vbd2
```

图 9-8　/etc/crontab 中的这一行运行一个脚本，该脚本为我的系统执行每日备份

图 9-9 中所示的命令行使用系统时钟作为准确时间源，设置计算机上的硬件时钟。此行设置为在每天上午 5 点零 3 分钟后运行。

```
03 05 * * * /sbin/hwclock --systohc
```

图 9-9　这一行使用系统时间作为源来设置硬件时钟

如图 9-10 所示的最后一个 cron 作业，它用于在每个月的第一天凌晨 04:25 执行更新。这假设我们使用图 9-5 中非常简单的 doit 程序。cron 服务没有"某月的最后一天"的选项，

因此使用下个月的第一天。

```
25 04 1 * * /usr/local/bin/doit
```

图 9-10　用于运行 doit 命令的 cron 作业，该命令又运行 doUpdates

现在我们网络中的所有主机每个月都会更新，而没有任何干预。这是懒惰系统管理员的终极目标。

9.6.2　cron.d

cron 服务还提供了一些其他选项，也可以使用它们来定期运行 doit 程序。目录 /etc/cron.d 用于由各种用户运行的系统级作业。当没有用户运行程序时，某些应用程序会安装 cron 文件，这些程序需要一个位置来定位 cron 文件，以便将它们放在 /etc/cron.d 中。root 也可以将其他 cron 文件放在此目录中，包括非 root 用户的 cron 文件。许多 Linux 系统管理员更喜欢将 cron.d 目录用于 cron 文件，而不是使用旧的 crontab 系统管理 /var/spool/cron 中的 cron 文件。

位于 /etc/cron.d 中的 cron 文件具有与常规 cron 文件相同的格式。前面介绍的常规 cron 文件的所有信息和位于 cron.d 目录中的每个文件都是相同的。

位于 cron.d 目录中的文件以字母数字升序顺序运行。这就是 0hourly 文件在其名称的开头有一个零的原因，以便它首先运行。

管理 cron 作业的 crontab 系统的缺点之一是某些用户使用标准编辑器来改变文件。此方法不会通知 crond 守护程序更改，因此在重新启动 crond 之前不会激活更改的 cron 文件。对于位于 /etc/cron.d 中的 cron 文件，情况并非如此，因为 crond 每分钟都会检查文件修改时间。如果对文件进行了更改，则由 crond 将其重新加载到内存中。这是一种更加积极的方法，可确保对 cron 文件的更改可以立即得到识别。

为 /etc/cron.d 目录创建一个简单的 cron 作业，每分钟运行一次，这样很快就能得到结果。

实验 9-1

以 root 身份执行此实验。只有 root 才能将文件添加到 cron.d。

将 /etc/cron.d 设成 PWD 并列出已经存在的文件。在一个简单的培训系统或 vm 中应该有三个文件。

```
[root@david ~]# cd /etc/cron.d ; ls -l
total 12
-rw-r--r-- 1 root root 128 Aug  2 15:32 0hourly
-rw-r--r-- 1 root root  74 Mar 25  2017 atop
-rw-r--r-- 1 root root 108 Aug  3 21:02 raid-check
```

现在使用你喜欢的编辑器在 cron.d 中创建一个名为 myfree 的新文件，其中包含以下内容。

```
# Run the free command every minute. The accumulated
# data is stored in /tmp/free.log where it can be viewed.
* * * * * root /usr/bin/free >> /tmp/free.log
```

保存新文件。它不应该是可执行的。无须对其权限进行任何更改。在另一个 root 终端会话中，将 /tmp 设成 PWD 并列出文件。如果没有看到 free.log 文件，等一分钟左右，然后再试一次。当 free.log 文件出现时，使用 tail 命令来跟踪文件的内容。它看起来应该与我的结果相似。

```
[root@testvm1 tmp]# tail -f free.log
              total        used        free      shared  buff/cache   available
Mem:        4042112      271168     2757044        1032     1013900     3484604
Swap:       8388604           0     8388604
              total        used        free      shared  buff/cache   available
Mem:        4042112      261008     2767212        1032     1013892     3494860
Swap:       8388604           0     8388604
              total        used        free      shared  buff/cache   available
Mem:        4042112      260856     2767336        1032     1013920     3495012
Swap:       8388604           0     8388604
              total        used        free      shared  buff/cache   available
Mem:        4042112      260708     2767452        1032     1013952     3495148
Swap:       8388604           0     8388604
              total        used        free      shared  buff/cache   available
Mem:        4042112      260664     2767468        1032     1013980     3495176
Swap:       8388604           0     8388604
              total        used        free      shared  buff/cache   available
Mem:        4042112      260772     2767280        1032     1014060     3495040
Swap:       8388604           0     8388604
```

几个周期后，删除 /etc/cron.d/myfree 文件或将其移动到另一个位置。这将停止执行此作业。也可以使用 Ctrl-C 退出 tail 命令。

有一个重要的服务 anacron 依赖于位于 /etc/cron.d 中的 0hourly cron 文件，我们应该了解一下它。还有一些其他服务也有类似的依赖，但是这个服务为运行计划任务提供了一些有趣的选项。

9.6.3　anacron

crond 服务假定主机一直运行。这意味着如果计算机关闭一段时间并且计划在那段时间安排 cron 作业，它们将被忽略，直到下次计划时才会运行。如果没有运行的 cron 作业很关键，这有可能会导致问题。因此，当预计计算机不会一直运行时，可以定期运行作业。anacron 程序与常规 cron 作业执行相同的功能，在计算机关闭或无法在一个或多个周期内运行作业时会跳过一部分作业，anacron 程序增加了运行该部分作业的功能。这对于关闭或进入睡眠模式的便携式计算机和其他计算机非常有用。

计算机打开并启动后不久，anacron 会检查配置的作业是否错过了上次计划的运行。如果有的话，这些工作会立即运行，但不管错过了多少个周期都只运行一次。例如，如果因为系统在你度假时被关闭，某个每周运行的作业有三周都未运行，它会在你打开计算机后很快运行，但它会运行一次而不是三次。

anacron 程序为运行定期计划的任务提供了一些简单的选项。只需在 /etc/cron.[hourly|daily|weekly|monthly] 目录中安装你的脚本，具体取决于它们运行的频率。

这是如何运作的？这个序列比它首次出现时更简单。

1）crond 服务运行 /etc/cron.d/0hourly 中指定的 cron 作业，如图 9-11 所示。

```
# Run the hourly jobs
SHELL=/bin/bash
PATH=/sbin:/bin:/usr/sbin:/usr/bin
MAILTO=root
01 * * * * root run-parts /etc/cron.hourly
```

图 9-11　/etc/cron.d/0hourly 的内容导致位于 /etc/cron.hourly 的 shell 脚本运行

2）/etc/cron.d/0hourly 中指定的 cron 作业每小时运行一次 run-parts 程序。run-parts 程序运行位于 /etc/cron.hourly 目录中的所有脚本。

3）/etc/cron.hourly 目录包含使用 /etdc/anacrontab 配置文件运行 anacron 程序的 0anacron 脚本，如图 9-12 所示。

```
# /etc/anacrontab: configuration file for anacron
# See anacron(8) and anacrontab(5) for details.

SHELL=/bin/sh
PATH=/sbin:/bin:/usr/sbin:/usr/bin
MAILTO=root
# the maximal random delay added to the base delay of the jobs
RANDOM_DELAY=45
# the jobs will be started during the following hours only
START_HOURS_RANGE=3-22

#period in days   delay in minutes   job-identifier   command
1       5         cron.daily         nice run-parts /etc/cron.daily
7       25        cron.weekly        nice run-parts /etc/cron.weekly
@monthly 45       cron.monthly       nice run-parts /etc/cron.monthly
```

图 9-12　/etc/anacrontab 文件的内容在适当的时间运行 cron.[daily|weekly|monthly] 目录中的可执行文件

4）anacron 程序每天运行一次 /etc/cron.daily 中的程序。它每周运行一次 /etc/cron.weekly 的作业，每月运行一次 /etc/cron.monthly 中的作业。注意每行中指定的延迟时间，这有助于防止这些作业与自身以及其他 cron 作业重叠。

我没有在 cron.X 目录中放置完整的 bash 程序，而是将它们安装在 /usr/local/bin 目录中，这使我可以从命令行轻松运行它们。然后我在相应的 cron 目录中添加一个符号链接，例如 /etc/cron.daily。

anacron 程序不是为在特定时间运行程序而设计的。相反，它旨在以特定时间开始的时间间隔运行程序，例如在每天凌晨 3 点（参见图 9-12 中的 START_HOURS_RANGE），在每个星期日，以及在每个月份的第一天。如果错过任何一个或多个周期，anacron 将尽快运行一次错过的作业。

9.6.4 关于作业安排的提示

我在各种系统的 crontab 文件中设置的一些时间似乎相当随机，在某种程度上它们是这样的。尝试安排 cron 作业可能具有挑战性，尤其是随着作业数量的增加，更是如此。我通常只在自己的每台计算机上安排几项任务，相比工作上的一些生产和实验室环境要容易安排一些。

作为系统管理员，我管理的一个系统通常有大约十几个 cron 作业需要每晚运行，另外还有三四个必须在周末或本月的第一天运行。这是一个挑战，因为如果有太多的作业同时运行，特别是备份和编译作业，系统将耗尽 RAM 然后几乎填满交换文件，这会导致系统颠簸和性能下降，以致任何事情都无法完成。我们添加了更多内存，并且能够更好地安排任务。调整任务列表包括删除其中一个写得很差且使用大量内存的作业。

9.6.5 关于 cron 的想法

我使用大多数这些方法来安排在我计算机上运行的任务。所有这些任务都需要以 root 权限运行。我只见过几次用户真正需要任何类型的 cron 作业，其中一次是开发人员在开发实验室开始每日编译。

限制非 root 用户对 cron 功能的访问非常重要。但是，在某些情况下，用户可能需要将任务设置为在预先指定的时间运行，而 cron 可以允许用户在必要时执行此操作。系统管理员意识到许多用户不了解如何使用 cron 正确配置这些任务，并且用户常常在配置中出错。这些错误可能是无害的，但它们可能会给自己和其他用户带来麻烦。通过设置使用户与系统管理员交互的过程策略，这些单独的 cron 作业不太可能干扰其他用户和其他系统功能。

可以对能够分配给单个用户或组的总资源设置限制，此处不做讨论。

9.6.6 cron 资源

cron、crontab、anacron、anacrontab 和 run-parts 的手册页都有关于 cron 系统如何工作的出色的信息和描述。

9.7 其他可能自动化的任务

我已经自动化了需要在我负责的 Linux 计算机上执行的许多其他任务。下面的简短列表肯定不够全面，仅作参考。

- ❑ 备份。
- ❑ 升级（dnf-upgrade）。
- ❑ 将本地 shell 脚本的更新分发到一系列主机。
- ❑ 查找和删除非常陈旧的文件。
- ❑ 创建当天的每日消息（/etc/motd）。
- ❑ 检查病毒、rootkit ⊖和其他恶意软件。
- ❑ 更改 / 添加 / 删除邮件列表订户电子邮件地址。
- ❑ 定期检查主机的健康状况，如温度、磁盘使用率、RAM 使用率、CPU 使用率等。
- ❑ 其他重复的事项。

一些替代想法

以下是我在互联网上发现的一些不寻常的自动化想法，这些想法突破了自动化和适当性这两个目标的界限。原始信息来自 GitHub 存储库，许多程序都有厌恶女性和不适合上班时间浏览的不雅名称。

在我发现的参考资料中，这些程序的创建者总是会自动完成每个执行需要超过 90 秒的任务。从几个我最喜欢的开始介绍。

首先是一个 shell 脚本，它与连接到内部网络的"智能"办公室咖啡机一起使用。当程序员运行脚本时，它会等待 17 秒，然后连接到机器并告诉它开始冲泡一杯咖啡，等待 24 秒后将咖啡倒入杯中。显然这是程序员走到咖啡机前的时间。

接下来是这样一个脚本，它使懒惰的系统管理员能够睡懒觉，而不用担心团队知道他会缺勤。如果他没有在早上的特定时间登录他的开发服务器，那么脚本会发送一封电子邮件给上司表明他将在家工作。此程序从一个借口的数组中选择随机一个，并在发送电子邮件之前将其添加到邮件中。此程序由 cron 作业触发。

当然，这个家伙在他工作到很晚的时候会做些什么呢？如果他仍然在晚上的特定时间登录，这个脚本会发送一封电子邮件，其中包含一个给他妻子的随机的借口。

这些脚本与他的编程工作没有直接关系。然而，它们会让他更有成效，因为他不必每天花时间处理这些事情。

这些想法表明几乎任何东西都可以自动化。也许这些"替代"的想法将为你提供一些节省时间的自动化想法。

⊖ rootkit 是一种特殊的恶意软件，它的功能是在安装目标上隐藏自身及指定的文件、进程和网络链接等信息。——译者注

9.8　深化哲学

　　系统管理员自动化自己的工作是这项工作的重要组成部分。因此，系统管理员 Linux 哲学的许多原则都与使用 shell 脚本和临时命令行编程来支持自动化的任务和工具相关。

　　计算机旨在自动执行各种日常的任务，为什么不应该将其应用于系统管理员的工作？懒惰的系统管理员使用工作计算机的功能来让工作更轻松。把可能自动化的一切工作都自动化，意味着可以通过创建自动化来省出时间用于响应其他人的某些真实或感知的紧急情况，尤其是上司的。它还可以为我们提供时间来把更多工作自动化。

　　反思在本章中所做的工作，可以看到自动化不仅是创建一个程序来执行每项任务。它可以使这些程序具有灵活性，以便能以多种方式使用它们，例如：从其他脚本调用和被当作 cron 作业调用的能力。

　　我的程序几乎总是使用选项来提供灵活性。本章中使用的 doit 程序可以很容易扩展得更加通用，同时仍然保持相当简单。如果它的目标是在一系列主机上运行指定的程序，它仍然可以做得很好。

　　我的 shell 脚本不仅有数百或数千行的。在大多数情况下，它们作为单个临时命令行程序启动。我用临时程序创建一个 shell 脚本。然后将另一个命令行程序添加到这个简短的脚本中，然后添加另一个。随着简短的脚本变得更长，我又添加了注释、选项和帮助功能。

　　然后，有时候，使脚本更通用让它可以处理更多案例是有意义的。通过这种方式，doit 脚本能够变得"全能"而不仅仅是执行更新的单用途程序。

始终使用 shell 脚本

在编写程序自动化（一切）时，要始终使用 shell 脚本。由于 shell 脚本以 ASCII 文本格式存储，因此人们可以通过计算机轻松查看和修改它们。你可以检查 shell 程序并确切了解它的作用以及语法或逻辑中是否存在任何明显错误。这是开放（源代码）有意义的有力例证。

我知道有些开发人员倾向于认为编写 shell 脚本不是真正的编程。对 shell 脚本和编写它们的人的边缘化似乎是基于这样的想法，即真正的编程语言必须是从源代码编译以生成可执行代码的语言。我可以从经验中告诉你，这个想法是完全错误的。

我使用过多种语言，包括 BASIC、C、C++、Pascal、Perl、Tcl/Expect、REXX，以及它的一些变体，包括 Object REXX，包括 Korn 和 Bash 在内的很多 shell 语言，甚至是一些汇编语言。有史以来设计的每种计算机语言都有一个目的——让人类告诉计算机该做什么。编写程序时，无论选择何种语言，你都可以给计算机发出指令使其按特定顺序执行特定任务。

10.1　定义

shell 脚本或程序是包含至少一个 shell 命令的可执行文件。它们通常具有多个命令，而一些 shell 脚本具有数千行代码。当这些命令一起使用时，它们是执行具有特定定义结果的期望任务所必需的命令。

尽管可以使用当前 shell 运行包含带有 shell 命令的单行的可执行文件，但最好添加一个以 "#!" 开始的行来定义运行程序的 shell。我们把这两种方式都尝试一下。

此实验应以 student 用户身份执行。在主目录中创建一个最小型的脚本，使其可执行，然后运行它。

首先使用 vim 在主目录中打开一个新文件。

```
[student@testvm1 ~]$ vim test1
```

在文件开头添加一行并保存文件。不要退出 vim，因为我们将对 test1 脚本进行更多更改。

```
echo "Hello world!"
```

在另一个终端会话中，对新程序执行详细（long）列表。

```
[student@testvm1 ~]$ ls -l test1
-rw-rw-r-- 1 student student 20 Dec 31 15:27 test1
```

文件权限显示它不可执行。下面使其对用户和组可执行并再次列出它。

```
[student@testvm1 ~]$ chmod ug+x test1
[student@testvm1 ~]$ ls -l test1
-rwxrwxr-- 1 student student 20 Dec 31 15:38 test1
```

现在运行此程序。在文件名前使用 ./ 来指定程序文件位于当前目录中。主目录不是系统查找路径的一部分，因此必须指定可执行文件的路径。

```
[student@testvm1 ~]$ ./test1
Hello world!
```

现在在 echo 命令之前添加 "#!" 行。这规定无论在哪个 shell 下运行，此程序都将始终在 bash shell 下运行。

现在程序分为两行，看起来像这样。

```
#!/bin/bash
echo "Hello world!"
```

再次运行此程序。结果不应该改变。退出 vim。

对于像这样的简单 shell 脚本，是否添加 "#!" 行并不重要。我用这个脚本进行实验的所有 shell 都产生了相同的结果。但是有一些内置的 shell 命令可能不存在于其他 shell 中，或者某些命令可能以不同的方式实现，并且不同的结果可能会影响程序运行时的结果。

无论如何，包含 "#!" 行总是好的做法。

10.2　系统管理员语境

语境很重要，"始终使用 shell 脚本"这个原则应该在系统管理员工作的语境中考虑。

系统管理员的工作与开发人员和测试人员的工作有很大区别。除了解决硬件和软件问题外，还包括：管理所关注的系统的日常运营，监控这些系统的潜在问题并尽一切可能在这些问题影响用户之前预防它们，安装更新并对操作系统执行完整的版本级别升级，解决用户造成的问题。系统管理员开发代码来完成所有这些事情和其他更多事情，然后测试那个代码，最后在生产环境中支持该代码。

许多系统管理员还管理和维护系统所连接的网络。告诉网络人员问题所在的位置以及如何解决问题，因为我们首先找到并诊断这些问题。

系统管理员执行开发运营（devops）工作的时间远远长于此术语流行的时间。实际上，系统管理员作业更像是开发测试运营网络（dev-test-ops-net）而不仅是 devops。我们的知识和日常任务清单涵盖了所有这些专业领域。

在这种语境下，创建 shell 脚本的需求是复杂的、相互关联的，并且很多时候都是矛盾的。下面看一下系统管理员编写 shell 脚本时必须考虑的一些典型因素。

10.2.1　需求

需求冗余意味着创建 shell 脚本的需求是从请求脚本的最终用户获取一组需求。即使我们碰巧既是开发人员又是用户，也应该在开始编写代码之前创建一组需求。

即使是程序的两三个目标的简短列表也足以满足一组需求。我能接受的最低限度的需求是输入数据的描述和样本、任何公式、逻辑或其他所需的处理，以及所需输出或功能结果的描述。当然，越多越好，但以这些东西为出发点，就可以开始工作了。

随着项目的继续，这些需求将变得更加明确。最初未考虑的事情将会出现，假设将会改变。

10.2.2　开发速度

通常必须快速编写程序以满足环境或上司规定的时间限制。大多数脚本都是为了解决某问题、清理某问题的后果，或者远在某个需要编译的程序被编写和测试之前提供必须运行的程序。

快速编写程序需要 shell 编程，因为它可以快速响应客户的需求，无论是我们自己的需求还是其他人的需求。如果代码中存在逻辑或错误问题，则可以立即纠正和重新测试它们。如果原始需求集存在缺陷或不完整，则可以非常快速地更改 shell 脚本以满足新需求。因此，总的来说，可以说系统管理员工作中对开发速度的需求超越了使程序尽可能快地运行或尽可能少地使用 RAM 等系统资源的需求。

下面看一下图 10-1 中的 BASH 命令行程序。它旨在列出当前登录到系统的每个用户的 ID。我们之前看过这个程序，但是这次让我们从不同的角度来看待它。

```
echo `who | awk '{print $1}' | sort | uniq` | sed "s/ /, /g"
```

图 10-1　回顾 CLI 程序以列出已登录的用户

由于用户可能多次登录，因此该单行程序仅显示每个 ID 一次，并用逗号分隔。如果用 C 语言来编写这个程序，需要编写大量的单一用途代码。表 10-1 显示了上述 BASH 程序中使用的每个 CLI 命令中的代码行数。几年前我发现它们时，这些数字是准确的。即使它们从那时起发生了变化，变化也不会太大。

表 10-1　CLI 的威力来自这些单独的程序

命令	源代码行数
echo	177
who	755
awk	3412
sort	2614
uniq	302
sed	2093
总计	9353

可以看到上面的 BASH 脚本使用的程序一共包含 9 000 多行 C 代码。所有这些程序包含的功能远远超过在脚本中实际使用的功能。然而，我们将这些已经编写过的程序结合起来并使用需要的部分功能。

编写和测试生成的 BASH 脚本所花费的时间远远少于需要编译的程序执行相同操作所需的时间。

10.2.3　性能速度

现在脚本的性能在执行速度方面的重要性比从前要低得多。今天的 CPU 速度非常快，大多数计算机都有多个处理器。我自己的大多数计算机都有 4 个超线程核心，运行频率为 3GHz 或更高。我的主工作站有一个 Intel Core i9 CPU，它有 16 个核心和 32 个线程。在处理各种项目时，包括从事本书的研究时，我倾向于同时打开大量虚拟机。

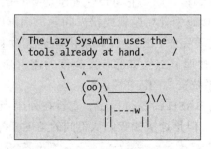

一般来说，唯一要问的问题是工作是否能及时完成。如果能，那就不用担心了。如果不能，那么用编译语言编写和测试相同程序所需的时间很可能更长。编译的程序运行时节

省的时间少于使用 shell 程序时在开发中节省的时间。记住，我们正在考虑系统管理员工作的语境。

考虑图 10-1 中的示例程序和表 10-1 中的 C 代码量。事实上，示例 CLI 程序仍在使用已经编写并经过广泛测试的大量 C 代码。作为懒惰的系统管理员，有很多 C 代码已经以 Linux 核心实用程序和其他命令行实用程序的形式提供给我们了。我们应该始终使用已存在的程序。

这并不意味着在极少数情况下不可能会被要求做某些性能调整。我发现需要提高 shell 脚本的性能。我发现的问题通常更多的是处理大量数据而不是程序的功能逻辑。

10.2.4　变量

几乎所有东西都要使用变量而不是硬编码值。即使你认为只使用一次某特定值（例如目录名称或文件名），也要创建一个变量并把它用在原本放置硬编码名称的地方。

很多时候我在脚本中的多处地方都需要一个特定的值，所以如果它作为变量访问，我就已经准备好了。键入变量名称比键入完整目录名称花费的时间更少，特别是如果它是一个长名称。如果这个值发生变化，也更容易更改脚本。将变量的值固定在一个位置更改比在多个位置替换要容易得多。

我的脚本中总是只有一个单独位置来设置变量的初始值。将初始变量设置保存在同一位置有助于轻松查找。

10.2.5　测试

在最基本的代码结构完成时，在开发期间的所有阶段，在代码完成时以及进行任何所需的更改时，都可以完成 shell 脚本的交互式测试。

应该从需求陈述中创建测试计划。测试计划应该包含要测试的需求列表，例如"输入 X 时，输出应为 Y"和"输入错误时应显示错误消息 X"。

拥有测试计划使我能够在把每个新功能添加到程序中时测试它们。当程序开发从头到尾进行时，它有助于确保测试与功能的一致。

在第 11 章中，我们将详细探讨测试，但目前，测试的重要性也不容忽视。必须从一开始就进行测试。

10.2.6　开放和开源

就其本质而言，shell 脚本是开放的，因为我们可以阅读它们。它们以 ASCII 文本格式编写，永远不会编译或更改为二进制格式或其他人类无法读取的格式。例如，bash shell 读取 shell 程序的内容并动态解释它们。它们作为 ASCII 文本文件存在也意味着可以轻松修改 shell 脚本并立即运行，而无须等待重新编译。

这种对代码的开放访问也意味着可以探索 shell 脚本以帮助理解它们的功能逻辑。这在编写我们自己的脚本时非常有用，因为我们可以轻松地将这些现有代码包含在我们自己的脚本中，而不是自己编写代码来执行相同的任务。

当然，这种代码共享取决于原始代码的开源许可。我总是在代码本身中包含一个明确的许可证声明，在该声明中我共享我编写的代码，通常是 GPL V2。很多时候，我甚至在程序中有一个选项来显示 GPL 许可声明。

让我编写的所有代码开源并获得适当许可只是我所关心的另一个基本需求。

10.3　把 shell 脚本作为原型

我已经看过很多关于 Unix 哲学的文章和书籍，他们讨论了将 shell 脚本作为大型复杂程序原型设计的工具。我认为这对应用程序开发人员而不是系统管理员可能有一些价值。这种方法可以实现快速原型设计和早期测试，以确保程序完全符合客户的需求。

作为系统管理员，我发现 shell 脚本既非常适合原型，也适合完成的程序。我的意思是，为什么要花费额外的时间将已经运作良好的东西翻译成另一种语言呢？嘿，我们试图在这里偷懒！

10.4　处理

我们都有自己的流程，即工作方式，它使我们能够按自己的方式跨项目完成工作。每个人的流程各不相同。有时根据我们的起点的特点，有不止一个过程。下面介绍几种适合我的方法。

10.4.1　快捷而不完善

我的大多数编程项目都是从执行特定任务的快捷而不完善的命令行程序开始的。图 9-2 中的 doUpdates 程序就是一个很好的例子。毕竟，安装更新不只是一个简单的 yum 或 dnf 命令。

很长一段时间，我都会登录到每个主机，运行 dnf -y update 命令，然后在内核更新后手动重启计算机。执行下一步命令的时候，我事先确定内核正在更新。我使用复合命令 dnf -y update && reboot，如果更新成功，则重启计算机。但我仍然要在命令行上键入命令。

随着家庭网络中计算机数量的增长，我意识到还要更新 man 数据库、做出决定，并且，如果有内核更新，还需更新 GRUB 配置文件并运行 reboot 命令。那时我写了一个没有多余装饰的简单脚本来执行这些任务。

但是那个脚本需要自己做一些决定和接受我的一些指令。我不想让脚本在每次运行时都任意重启主机。所以我添加了一个选项，改为只有在内核或 glibc 更新时才重启。我添加了 case 命令来解释选项。我还添加了一个包含当前版本程序的变量和一个显示版本的选项。稍后我添加了一个"verbose"（详细）选项，以便在程序遇到问题时可以获得更多调试信息。

随着选项的增加，我补充了一个帮助工具，然后添加了一个选项来显示 GPL 声明。

很多工作都是现成的，因为我已将这些功能包含在我的其他程序和用于新程序的模板中。从模板中复制我需要的功能，将它们粘贴到 doUpdates 程序中，并修改它们以满足此特定程序的需要，这是一件简单的事情。

许多大型程序都是从那些日常的命令行程序发展而来的，逐渐成为我们日常工作生活中不可或缺的一部分。有时候，在你意识到手上有完整的工作脚本之前，这个过程并不明显。

10.4.2　规划和远见

系统管理员编写的一些程序实际上是事先计划好的。我再次从提出一系列需求开始，这次我尝试花费更多时间来制定它们，而不是编写快捷而不完善的程序。

为了开始编程，我制作了一个脚本模板的副本并对其进行了适当的命名。该模板包含开始任何项目所需的所有标准过程和基本结构。此模板包括骨架帮助工具，使用适当的返回代码（RC）结束程序的过程，以及允许使用选项的 case 语句。

我用这个模板做的第一件事是编写帮助工具。然后我测试它是否正常工作并且符合我的要求。首先编写帮助工具也启动了文档编写的过程。它帮助我定义脚本的功能以及一些特点。

此时，我想添加定义特定功能的注释，并在脚本中创建执行序列。如果需要编写一个新过程，我会为该过程创建一个小骨架，其中包含对其功能的简短描述的注释。通过首先添加这些注释，我已经将我之前创建的一组需求嵌入到代码的结构中。这样可以很容易地遵循它们并确保将所有需求都转换为代码。

然后我开始为每个注释部分添加代码，测试每个新部分以确保它符合注释中语句的要求。

然后我再添加一点内容并测试，如此这般。每次测试时，我都会测试所有内容，甚至是之前测试过的功能和代码段，因为新代码也可能会破坏现有代码。我遵循这个过程开展工作，直到 shell 脚本完成。

1. 模板

我已经多次提到我有一个模板，我喜欢用它创建程序。下面看一下该模板并进行实验。可以从 https://github.com/Apress/linux-philo-sysadmins/tree/master/Ch10 下载 script.template. sh 模板文件。

2. 代码

现在你已经下载了模板，如图 10-2，我将指出它的一些主要功能。然后将进行一项实验，看看它是如何工作的。**注意**图 10-2 中的字体大小有所缩小，以减少换行的数量并提高其可读性。

所有脚本都应该以"#!"开头，这个脚本也不例外。我添加了几个注释部分。

第一个注释部分是程序名称和描述以及更改历史记录。这是我在 IBM 工作时学到的一种格式，它提供了记录程序长期开发及其采取的任何修复的方法。这是编写程序文档的重要开始。

第二个注释部分是版权和许可声明。我使用 GPL2，这似乎是 GPL2 许可的程序的标准声明。如果你选择使用不同的开源许可证，我建议在代码中添加这样的显式声明，以消除任何可能的许可证混淆。我最近读了一篇有趣的文章，"源代码是许可证[⊖]"，这篇文章有助于解释这背后的原因。

过程（子程序）部分在这两个注释部分之后开始，这是 Bash 中放置过程的必需位置，它们必须出现在程序主体之前。作为我自己需要记录所有内容的一部分，我在每个过程之前放置注释，其中包含对其意图的简短描述。我还在过程里面写了注释提供进一步的阐述。你可以在此处添加自己的过程。

我不会剖析这些过程的功能。结合注释以及你阅读代码的能力，它们应该都是可以理解的。在图 10-2 结束时，我将讨论此模板的其他一些方面。

```bash
#!/bin/bash
################################################################################
#                          script.template.sh                                 #
#                                                                              #
# Use this template as the beginning of a new program. Place a short           #
# description of the script here.                                              #
#                                                                              #
# Change History                                                               #
# 04/12/2017  David Both    Original code. This is a template for creating     #
#                           new Bash shell scripts.                            #
#                           Add new history entries as needed.                 #
#                                                                              #
################################################################################
################################################################################
#                                                                              #
# Copyright (C) 2007, 2016 David Both                                          #
# LinuxGeek46@both.org                                                         #
#                                                                              #
# This program is free software; you can redistribute it and/or modify         #
# it under the terms of the GNU General Public License as published by         #
# the Free Software Foundation; either version 2 of the License, or            #
# (at your option) any later version.                                          #
#                                                                              #
# This program is distributed in the hope that it will be useful,              #
# but WITHOUT ANY WARRANTY; without even the implied warranty of               #
# MERCHANTABILITY or FITNESS FOR A PARTICULAR PURPOSE.  See the                #
# GNU General Public License for more details.                                 #
#                                                                              #
# You should have received a copy of the GNU General Public License            #
# along with this program; if not, write to the Free Software                  #
# Foundation, Inc., 59 Temple Place, Suite 330, Boston, MA  02111-1307  USA    #
#                                                                              #
################################################################################
################################################################################
# Help                                                                         #
################################################################################
Help()
{
   # Display Help
   echo "Add description of the script functions here."
   echo
```

图 10-2　使用 script.template.sh 模板文件作为新程序的起点

⊖　Scott K Peterson, The source code is the license（源代码是许可证），Opensource.com, https://opensource.com/article/17/12/source-code-license。

```
      echo "Syntax: template <option list here>"
      echo "options:"
      echo "g      Print the GPL license notification."
      echo "h      Print this Help."
      echo "v      Verbose mode."
      echo "V      Print software version and exit."
      echo
}

###############################################################################
# Print the GPL license header                                                #
###############################################################################
gpl()
{
   echo
   echo "###############################################################################"
   echo "# Copyright (C) 2007, 2016  David Both                                        #"
   echo "# Millennium Technology Consulting LLC                                        #"
   echo "# http://www.millennium-technology.com                                       #"
   echo "#                                                                             #"
   echo "# This program is free software; you can redistribute it and/or modify        #"
   echo "# it under the terms of the GNU General Public License as published by        #"
   echo "# the Free Software Foundation; either version 2 of the License, or           #"
   echo "# (at your option) any later version.                                         #"
   echo "#                                                                             #"
   echo "# This program is distributed in the hope that it will be useful,             #"
   echo "# but WITHOUT ANY WARRANTY; without even the implied warranty of              #"
   echo "# MERCHANTABILITY or FITNESS FOR A PARTICULAR PURPOSE.  See the               #"
   echo "# GNU General Public License for more details.                                #"
   echo "#                                                                             #"
   echo "# You should have received a copy of the GNU General Public License           #"
   echo "# along with this program; if not, write to the Free Software                 #"
   echo "# Foundation, Inc., 59 Temple Place, Suite 330, Boston, MA  02111-1307  USA   #"
   echo "###############################################################################"
   echo
}

###############################################################################
# Quit nicely with messages as appropriate                                    #
###############################################################################
Quit()
{
   if [ $verbose = 1 ]
      then
      if [ $error = 0 ]
         then
         echo "Program terminated normally"
      else
         echo "Program terminated with error ID $ErrorMsg";
      fi
   fi
   exit $error
}

###############################################################################
# Display verbose messages in a common format                                 #
###############################################################################
PrintMsg()
```

图 10-2 （续）

```
{
   if  [ $verbose = 1 ] && [ -n "$Msg" ]
   then
      echo "########## $Msg ##########"
      # Set the message to null
      Msg=""
   fi
}

################################################################################
################################################################################
# Main program                                                                 #
################################################################################
################################################################################
# Set initial variables
badoption=0
error=0
RC=0
verbose=0
version=01.02.03

#-----------------------------------------------------------------------
# Check for root. Delete if necessary.

if [ `id -u` != 0 ]
then
   echo ""
   echo "You must be root user to run this program"
   echo ""
   Quit 1
fi

################################################################################
# Process the input options. Add options as needed.                            #
################################################################################
# Get the options
while getopts ":gchrvV" option; do
   case $option in
      g) # display GPL
         gpl
         Quit;;
      v) # Set verbose mode
         verbose=1;;
      V) # Set verbose mode
         echo "Version = $version"
         Quit;;
      h) # display Help
         Help
         Quit;;
     \?) # incorrect option
         badoption=1;;
   esac
done

if [ $badoption = 1 ]
then
   echo "ERROR: Invalid option"
   Help
```

图 10-2 （续）

```
    verbose=1
    error=1
    ErrorMsg="10T"
    Quit $error
fi

################################################################
################################################################
# The main body of your program goes here.
################################################################
################################################################


Quit

################################################################
# End of program
################################################################
```

图 10-2　(续)

　　程序的主体部分在过程部分结束后开始。我通常以设置程序中使用的所有变量的初始值开始本节。这可以确保我使用的所有变量都已设置为某个默认初始值。它还提供了程序中使用的所有变量的列表。

　　接下来我检查此程序是否正在由 root 用户运行，如果不是，则显示一条消息并退出。如果你的程序可以由非 root 用户运行，则可以删除此部分。

　　然后我编写 getops 和 case 语句检查命令行以确定是否输入了任何选项。对于每个选项，case 语句都会设置指定的变量或调用 Help() 和 Quit() 等过程。如果输入了无效选项，则最后一个 case 小节会设置一个变量以指示发生了这种情况，而下一段代码抛出错误消息并退出。

　　最后，程序的主体是大部分代码。此程序可执行，因为它没有错误。但由于没有功能代码，只能显示帮助和 GPL 许可声明，并生成使用无效选项的错误。在向程序添加一些功能代码之前，它根本不会执行任何其他操作。

　　让我们用实验 10-2 来探索这个模板代码。

实验 10-2

　　以 student 用户身份执行此实验。如果你还没有这样做，将文件 script.template.sh 从 https://github.com/Apress/linux-philo-sysadmins/tree/master/Ch10 下载到 student 用户的主目录中。将这个文件的权限设置为用户和组的可执行文件，并将所有权设置为 student.student。

　　在以用户 student 登录的终端会话中，确保 PWD 是你的主目录。在继续之前，为此模板创建一个名为 test1.sh 的工作副本。

```
[student@testvm1 ~]$ cp script.template.sh test1.sh
```

下面显示帮助信息。

```
[student@testvm1 ~]$ cd
[student@testvm1 ~]$ ./test1.sh -h
```

You must be root user to run this program

这段代码说明必须是 root 用户才能运行此程序。你可以使用你喜欢的编辑器排除这些
代码行。代码部分现在看起来像这样。务必保存你所做的更改。

```
#---------------------------------------------------------------------------
# Check for root. Delete if necessary.

# if [ `id -u` != 0 ]
# then
#    echo ""
#    echo "You must be root user to run this program"
#    echo ""
#    Quit 1
# fi
```

现在使用 -h 选项再次运行脚本以查看帮助。

```
[student@testvm1 ~]$ ./test1.sh -h
Add description of the script functions here.

Syntax: template <option list here>
options:
g     Print the GPL license notification.
h     Print this Help.
v     Verbose mode.
V     Print software version and exit.
```

似乎脚本的名称不正确。编辑 test1.sh 脚本将第一个注释部分顶部的名称和帮助过程中
的名称更改为脚本的新名称。在处理帮助过程时，添加选项列表。帮助中的"语法"行应
如下所示。

```
echo "Syntax: test1.sh   -ghvV"
```

保存更改并使用 -h 选项再次运行脚本。

```
[student@testvm1 ~]$ ./test1.sh -h
Add description of the script functions here.

Syntax: test1.sh   -ghvV
options:
g     Print the GPL license notification.
h     Print this Help.
v     Verbose mode.
V     Print software version and exit.
```

下面看看给程序一个它无法识别的选项时会发生什么。

```
[student@testvm1 ~]$ ./test1.sh -a
ERROR: Invalid option
Add description of the script functions here.

Syntax: test1.sh   -ghvV
```

```
options:
g      Print the GPL license notification.
h      Print this Help.
v      Verbose mode.
V      Print software version and exit.

Program terminated with error ID 10T
```

这很好，它显示帮助并以错误消息终止。大多数人都不会理解错误消息 ID 的幽默——我不会在任何生产脚本中留下这样的错误消息 ID。

我们让小型测试脚本执行一些有用的工作。在大量注释之后添加以下代码行，表示代码主体的开头，但是要放在 Quit 函数调用之前。

```
free
```

是的，这就是全部，只是一个 free 命令。它看起来如下所示。

```
###############################################################################
###############################################################################
###############################################################################
###############################################################################
# The main body of your program goes here.
###############################################################################
###############################################################################
###############################################################################
###############################################################################

free

Quit

###############################################################################
# End of program
###############################################################################
```

保存脚本并再次运行它，不加任何选项。

```
[student@testvm1 ~]$ ./test1.sh
            total      used      free    shared  buff/cache   available
Mem:      4046060    248256   3384972       988      412832     3566296
Swap:     4182012         0   4182012
[student@testvm1 ~]$
```

现在已经从一个相当简单的模板创建了一个正常工作的脚本，也已执行一些简单的测试来验证脚本是否按预期执行。

我喜欢的一个选项是“test”（测试）模式，程序运行并描述它将执行的操作或将一些调试数据打印到 STDOUT，以便我可以看到它是如何工作的。我们将该选项添加到模板中。

getopts 语句（获取选项）允许为 bash 脚本指定选项输入。然后，我们使用 case 语句对所有选项进行分类、设置值、执行小型任务或调用更长的过程。while 语句循环，直到处理完所有选项，除非其中一个选项采用以某种方式退出循环的路径。

首先，添加一个新变量 Test，并将初始值设置为 0（零）。在模板的变量初始化部分中添加以下代码行。

```
Test=0
```

现在将新的选项字符（t）添加到 getopts 语句中。

```
while getopts ":gchrtvV" option; do
```

现在在 case 语句中添加一个新小节。完成的选项处理代码如下所示。

```
while getopts ":gchrtvV" option; do
    case $option in
        g) # display GPL
            gpl
            Quit;;
        t) # Set test mode
            test=1;;
        v) # Set verbose mode
            verbose=1;;
        V) # Set verbose mode
            echo "Version = $version"
            Quit;;
        h) # display Help
            Help
            Quit;;
        \?) # incorrect option
            badoption=1;;
    esac
done
```

根据在 case 语句节中编写代码的方式，它们出现的顺序会影响结果。

在 Help() 过程中添加以下行。任何对你有意义的地方都很好，但我喜欢按字母顺序放置选项。

```
echo "t    Set test mode. The program runs but does not perform any actions."
```

在更改历史记录中添加以下行。

```
# 01/30/2018   David Both    Add an option for setting test mode.          #
```

现在需要进行测试。首先要确保没有破坏任何东西，然后可以添加代码通过规避 free 语句来"测试"。这里只展示了一些可能的测试模式，但你应该测试每个可能的选项和选项组合，以确保没有破坏任何东西。

```
[root@david development]# ./script.template.sh
              total        used        free      shared   buff/cache
available
Mem:       65626576     8896704    48397920      159924     8331952     55963460
Swap:      15626236           0    15626236
[root@david development]# ./script.template.sh -x
ERROR: Invalid option
Add description of the script functions here.

Syntax: template <option list here>
options:
g     Print the GPL license notification.
h     Print this Help.
t     Set test mode. The program runs but does not perform any actions.
v     Verbose mode.
V     Print software version and exit.

Program terminated with error ID 10T
[root@david development]# ./script.template.sh -t
              total        used        free      shared  buff/cache    available
Mem:       65626576     8895716    48399104      159924     8331756     55964424
Swap:      15626236           0    15626236
[root@david development]# ./script.template.sh -h
Add description of the script functions here.

Syntax: template <option list here>
options:
g     Print the GPL license notification.
h     Print this Help.
t     Set test mode. The program runs but does not perform any actions.
v     Verbose mode.
V     Print software version and exit.
```

现在添加一些代码，以防止在设置测试模式时执行 free 语句。

```
# Execute the code only if this is not test mode
if [ $test ]
then
   Msg="Test mode. No action taken."
   PrintMsg
else
   free
fi
```

再测试一下。

```
[root@david development]# ./script.template.sh -t
[root@david development]# ./script.template.sh
              total        used        free      shared  buff/cache    available
Mem:       65626576     8904512    48395196      159924     8326868     55955156
```

```
Swap:   15626236         0   15626236
[root@david development]#
```

这里只展示了几个结果，但存在问题，当处于测试模式时，不会打印消息。查看 printMsg() 过程，你会看到仅在设置了详细模式时才打印消息。

有很多方法可以解决这个问题。一种是从 printMsg() 过程中删除对详细模式的要求。另一种方法是在 if 语句的测试路径中设置详细模式。你可以在 -t case 节中设置详细模式。另一种选择是在运行程序时使用 -v 选项。后一种结果如下所示。

```
[root@david development]# ./script.template.sh -tv
########## Test mode. No action taken. ##########
Program terminated normally
```

在测试模式下，你会选择哪种方式来显示测试消息？我的偏好是在 case 节中设置详细模式，如下所示。

```
t) # Set test mode
   verbose=1
   test=1;;
```

继续完成你选择的任何更改，以确保在测试模式下显示消息，然后进行广泛测试，直到一切正常。

这是一个模板，是具有特定用途的脚本的起点。可以安全地忽略或删除不必要的代码，例如在实验 10-3 中添加的代码。

我们将在第 11 章中使用此脚本模板作为更有用的脚本的基础。

读者可以随意使用此模板并对其进行更改以满足自己的要求。此模板是 GPL2 条款下的开源软件，可以共享并修改它。懒惰的管理员总是使用免费提供的代码来防止必须编写已经完成所需操作的代码，这是重复工作。希望它对你有帮助。

10.5　小结

编译完成的程序是必要的，它满足了非常重要的需求。但对于系统管理员来说，总会有更好的方法。我们应该始终使用 shell 脚本来满足工作的自动化需求。

shell 脚本是开放的，它们的内容和目的是可知的。它们可以很容易地修改，以满足不同的要求。就个人而言，我在系统管理员角色中找不到任何无法用 shell 脚本完成的操作。

在极少数情况下，如果你发现 shell 脚本无法执行某些操作，不要使用编译语言编写整个程序。尽可能多地写为 shell 脚本。如果（并且仅当）没有可能的方法通过在管道中使用某个 shell 命令或一系列 shell 命令来完成剩余的那一点点功能，就编写一个小程序来做好一件事——在其他任何地方都找不到的那一点点功能。

第 11 章 *Chapter 11*

尽早测试，经常测试

你知道，我几乎忘了把这一章包含在本书内。很容易忘记撰写关于测试我编写的程序的内容，这与忽视测试程序本身一样容易。

这是为什么？

我希望我有一个明确的答案。在某些方面，做测试就像写文档。一旦程序看起来有效，我们就只想继续做那些促使我们首先编写程序的任务。

> 总有下一个 bug（臭虫）。
>
> ——Lubarsky 的控制论昆虫学定律

Lubarsky（无论他是谁）是正确的。我们永远无法把代码中的所有错误全都找到。对于每一个我发现的错误，似乎总会出现另一个错误，而且它通常都在一个非常不合时宜的时间出现。

在第 10 章中，我们开始讨论测试和用于测试的流程。本章将更详细地介绍测试。你将了解测试如何影响系统管理员执行的许多任务的最终结果。你还将了解到测试是哲学不可或缺的一部分。

但是，测试不只是关于程序的。这还和验证我们应该已经解决的问题有关——无论这些问题是由硬件、软件引起还是由用户可以找到的无穷的破坏方式引起的。这些问题可能与我们编写的应用程序或实用程序软件、系统软件、其他应用程序和硬件有关。同样重要的是，测试也与确保代码易于使用，界面对用户有意义有关。

11.1 流程

我之前担任思科基于 Linux 设备的测试人员。我开发了测试计划，编写了 Tcl/Expect 代码来实现测试计划，并帮助追踪故障的根本原因。我很享受这份工作并从中学到了很多东西。

我在第 10 章中简要介绍了测试，这里介绍有关我的流程的更多细节。在编写和测试 shell 脚本时遵循明确定义的流程可以提供一致和高质量的结果。我的流程如下。

1）创建测试计划，至少是一个简单的测试计划。

2）在开发之初就开始测试。

3）代码完成后执行最终测试。

4）转向生产并进行更多测试。

11.1.1 创建测试计划

测试是一项艰苦的工作，它需要一个基于需求陈述的精心设计的测试计划。无论情况如何，都要从测试计划开始。即使是非常基本的测试计划也都提供了一些保证，即测试将保持一致并涵盖所需的代码功能。

任何好的计划都包括测试，以验证代码是否完成了应有的一切工作。也就是说，如果输入 X 并单击按钮 Y，则应该得到 Z 作为结果。因此，你将编写一个创建这些条件的测试，然后验证结果是 Z。

最好的计划包括可以确定代码失败程度的测试。1982 年我购买第一台 IBM PC 时，发现了这一点。

PC 于 1981 年 8 月刚刚宣布，为员工购买 PC 的工作直到 1982 年初才开始。那时它没有多少适用的程序，特别是对于孩子们。我想给我的小儿子介绍 PC，但是没有找到合适的东西，所以我用 BASIC 写了一个我认为他喜欢的小程序。

我以我能想到的每一种方式测试了此程序。它做了所有应当完成的事情。然后我把计算机交给我的儿子并走出了房间。当他喊"爸爸！它应该这样做吗？"时，我没有走得太远，实际上是程序出错了。我问他做了什么，他描述了一些非常奇怪的按键组合，我对他说，"你不应该这样做"，并立即意识到这句话对他来说是多么愚蠢。

我的问题是没有测试程序如何对意外输入做出反应。这似乎是各种程序的常见问题。但我永远不会忘记这个特别的教训。因此，我总是尝试包含测试意外输入的代码，然后进行测试以确保程序检测到它并正常地处理失败。

测试计划有许多不同的格式。我参与过的测试工作计划范围很广，从我脑海中的一切，到在一张纸上记下的几行笔记，到需要完整描述每个测试的复杂表单，包括它将测试哪些功能代码、测试将完成什么，以及输入和结果应该是什么等内容。

作为曾经是但现在不是测试人员的系统管理员，我试图采取中间立场。至少有一个简短的书面测试计划将确保测试多次的运行一致性。需要多少细节取决于你的开发和测试程序的正式程度。

测试计划内容

我使用 Google 找到的所有示例测试计划文档都很复杂，适用于具有非常正式的开发和测试过程的大型组织。虽然这些测试计划对于那些在职称中有"测试"字样的人来说是好的，但它们确实不适用于系统管理员以及我们更混乱并对时间要求苛刻的工作条件。系统管理员的工作具有创造性。因此，这里有一些希望包括在你的测试计划中的事项清单。修改它以满足你的需求。

- ❏ 正在测试的软件的名称和简短描述。
- ❏ 要测试的软件功能的描述。
- ❏ 每个测试的起始条件。
- ❏ 每个测试遵循的流程。
- ❏ 每个测试的期望结果的描述。
- ❏ 包括旨在测试负面结果的特定测试。
- ❏ 测试程序如何处理意外输入。
- ❏ 每项测试的通过或失败的清晰描述。
- ❏ 模糊测试，将在下面描述。

这个简短的清单应该为你提供一些创建自己的测试计划的思路。对于大多数系统管理员，这个清单应该保持简单和非正式。

11.1.2　在一开始就开始测试

我总是一旦完成可执行的第一部分，就开始测试 shell 脚本。无论我是编写一个简短的命令行程序还是一个可执行文件的脚本，都是如此。

我通常使用 shell 脚本模板创建新程序，实验 10-2 中已经研究过它。我编写了帮助子程序的代码并对其进行了测试。这通常是此流程的一个微不足道的部分，但它有助于我开始并确保模板中的事情在一开始就正常工作。此时，很容易修复脚本模板部分的问题，或者修改它以满足标准模板不能满足的特定需求。

当模板和帮助子程序工作时，我继续创建程序主体，方法是添加注释以记录满足程序规范所需的编程步骤。现在我开始添加代码以满足注释语句所述的要求。这些代码可能需要添加在模板中初始化变量的部分，它现在变成了我们的 shell 脚本。

测试不仅仅是输入数据和验证结果。这需要一些额外的工作。有时我添加一个命令，只打印我刚编写的代码的中间结果并验证。其他时候，对于更复杂的脚本，我为"测试模式"添加了 -t 选项。在这种情况下，内部测试代码仅在命令行中输入 -t 选项时执行。

11.1.3 最终测试

代码完成后，我将使用已知输入完成对所有特性和功能的完整测试，以生成特定输出。我还测试了一些随机输入，以查看程序是否可以处理意外输入，因为现在它已完工。

最终测试旨在验证程序是否完全正常运行。最终测试的很大一部分是确保在开发周期早期能正常工作的功能数没有被周期后期添加或更改的代码破坏。

如果你在添加新代码时测试了脚本，那么在最终测试期间应该没有任何意外。这个观点是错的！最终测试期间总是会有意想不到的事发生。总是。期待那些意外的事发生，并准备花一些时间修复它们。如果在最终测试期间从未发现任何错误，那么进行最终测试就没有意义了。

11.1.4 生产测试

程序至少要等到投入生产六个月后才会发现最有害的错误。

-Troutman 的编程假设

现在认为生产中的测试是正常的，也是可取的。自己做过测试员，这看起来确实合情合理。有人认为这很危险，但我以为，它不比在专用测试环境中进行广泛而严格的测试更危险。在某些情况下，没得选择，因为没有测试环境，只有生产环境。

在我的一份工作中就是这种情况，我负责维护大量为网站生成动态页面的 Perl CGI 脚本。这个庞大组织的电子邮件管理界面的整个网站都运行在一台非常古老的戴尔台式系统上。那是关键服务器。我有一台甚至更旧的戴尔台式计算机，我将登录服务器进行编程。这两台计算机都运行了早期版本的 Red Hat Linux。

我们必须处理的唯一选择是在一天中间动态地进行许多重要更改，然后在生产中进行测试。

最终我们获得了几台额外的旧台式计算机用作开发和测试环境，但在我们这样做之前，这是一个令人紧张的挑战。运行这个大型电子邮件系统缺乏设备的部分原因是它最初是作为一个部门的小型试点测试开展的。它越来越失控，越来越多的部门在听说它们的时候就要求加入。试点测试从未获得资金支持，并且通常很幸运能够使用其他部门的旧设备和不需要的设备。

系统管理员对于在生产中测试新脚本或修改脚本的需求并不陌生。任何时候将脚本转移到生产环境中，都会成为最终的测试。生产环境本身是测试中最关键的部分。测试人员在测试环境中凭空想象的任何东西都无法完全复制真实的生产环境。

据称，在生产中进行测试的新做法只是承认系统管理员一直以来所知道的事实。最好的测试就是生产——只要它不是唯一的测试就行。

在最终测试之后，程序就可以进入生产阶段。生产始终是对它自己的考验。在隔离的开发和测试环境中编写代码绝不代表真实生产环境中遇到的条件。

无论脚本编写和测试得有多好，生产中总是会出现新的错误。正如 Troutman 的假设所说，在一个程序投入生产后很长一段时间内都不会发现最有害的错误，并且每个人都认为结果总是正确的。最有害的错误不是那些导致程序崩溃的错误，而是那些悄然导致不正确结果的错误。

即使在脚本投入生产后，也要继续检查脚本生成的结果。寻找下一个 bug，你最终会找到它。

11.2　模糊测试

这是另一个让我第一次听到时翻白眼的流行语。它的基本含义很简单——让某些人敲击按键直到发生某些事情并查看程序对它的处理程度。但除此以外真的还有更多的内容。

模糊测试有点像我的儿子在不到一分钟的时间内通过随机输入破坏我的代码。大多数测试计划都使用非常特定的输入来生成特定的结果或输出。无论测试以正面结果还是负面结果作为成功的标志，它仍然受到控制，输入和结果都是指定和预期的，例如特定故障模式的特定错误消息。

模糊测试涉及对测试各个方面的随机性的处理，例如启动条件、非常随机和意外的输入、所选选项的随机组合、内存不足、与其他程序的高级别 CPU 争用、被测程序的多个实例，以及能应用于测试的任何其他随机条件。

我试着从一开始就做一些模糊测试。如果 bash 脚本在其早期阶段无法处理重要的随机性，那么随着添加更多代码，它不可能变得更好。这也是捕获这些问题并在代码相对简单时修复它们的好时机。在每个完成阶段进行一些模糊测试对于在问题被更多代码掩盖之前定位问题也很有用。

代码完成后，我喜欢更广泛地做一些模糊测试。总是做一些模糊测试，我对遇到的一些测试结果感到惊讶。测试有预期的东西很容易，但用户通常不会使用脚本执行预期的操作。

11.3　自动化测试

测试可以自动进行，但系统管理员所做的大部分工作都带有内在的时间压力，这些时间压力导致无法花时间编写代码来测试代码。这些压力是编写的大多数代码都快捷而不完善的原因。所以我们编写代码并快速测试它。

可以使用像 Tcl/Expect 这样的工具为 shell 脚本编写复杂的测试套件。作为系统管理员我没有时间做任何正式的测试。我所做的最自动化的工作是编写一个非常简短的脚本来对一组命令进行遍历，以验证被测脚本的一些关键方面。大多数时候，我在每个步骤和整个程序完成时手动测试。使用 bash 历史记录可以充当一个合理的替代品，并至少提供一些半自动化测试。

作为思科的测试员，我使用 Tcl/Expect 编写了大量测试。我的任务是编写将由之前编写的测试平台调用的模块。我编写的 Tcl/Expect 代码可以作为独立测试运行，但是测试平台提供了一个框架，汇总了各个测试的所有结果并生成一组很好的报告，使我们能够看到在将错误修复应用于代码方面走了多远。

有很多商业测试套件可供使用。许多都非常昂贵，并不是特别适合系统管理员使用，因为学习它们和准备测试都需要付出劳动和时间。

编写 Tcl/Expect 程序非常耗时，但在开发大型代码库时，它非常有用。我最喜欢的 Tcl/Expect 书是 Exploring Expect ⊖，其中包含大量有关 Tcl 的信息。维基百科有一篇很棒的软件测试方面的文章⊜，它带有许多更深入的材料的链接。

11.4　尝试一下

在实验 10-2 中，对 shell 脚本模板的副本进行了一些修改。在此实验的每一步中，都测试了所做更改的结果，所以你已熟悉基本的系统管理员开发流程。本章中的实验将使用此流程来开发和测试程序，此程序将列出有关 Linux 主机的一些有趣信息和统计信息。最后，将有一个相当长的脚本，并将对它进行充分测试。此脚本的典型输出在图 11-1 中显示。

```
####################################################################
# MOTD for Thu Jan  4 03:40:05 EST 2018
# HOST NAME:            testvm1
# Machine Type:         VM running under VirtualBox.
# Host architecture:    X86_64
# Motherboard Mfr:      Oracle Corporation
# Motherboard Model:    VirtualBox
#-----------------------------------------------------------------
# CPU Model:            Intel(R) Core(TM) i9-7960X CPU @ 2.80GHz
# CPU Data:             1 Single Core 64-bit
# HyperThreading:       No
#-----------------------------------------------------------------
# RAM:                  3.858 GB
# SWAP:                 3.987 GB
#-----------------------------------------------------------------
# Install Date:         Wed 15 Nov 2017 03:44:03 PM EST
# Linux Distribution:   Fedora 27 (Twenty Seven) 64-bit
# Kernel Version:       4.14.5-300.fc27.x86_64
#-----------------------------------------------------------------
# Disk Partition Info
# Filesystem                      Size  Used Avail Use% Mounted on
# /dev/mapper/fedora_testvm1-root  35G  9.1G   24G  28% /
# /dev/sda1                       976M  237M  673M  27% /boot
#-----------------------------------------------------------------
# LVM Physical Volume Info
# PV            VG              Fmt    Attr   PSize    PFree
# /dev/sda2     fedora_testvm1  lvm2   a--    <39.00g  0
####################################################################
# Note: This MOTD file gets updated automatically every day.
#       Changes to this file will be automatically overwritten!
####################################################################
```

图 11-1　将在本章的实验中创建的 shell 脚本生成的 MOTD 示例

⊖ Libes, Don, Exploring Expect, O'Reilly, 2010, ISBN 978-1565920903。

⊜ 维基百科，Software testing, https://en.wikipedia.org/wiki/Software_testing。

我将这个脚本作为一个 cron 作业运行，每天生成一个报告，我将其存储为 /etc/motd，这是当天的消息文件。每当有人使用远程终端或某个虚拟控制台登录时，都会显示 MOTD。

开始编码之前，先创建一组需求，然后再创建一个简单的测试计划。

11.4.1 MOTD 脚本的需求

一组简单的需求将帮助我们设计程序，并使它与想要包含的特定功能保持一致。下面这些需求应该工作得很好，同时留有发挥创造力的余地。

❑ 所有输出都转到 STDOUT 和 STDERR，以便可以根据需要重定向。

❑ 提供打印脚本发行版本的选项。

❑ 以赏心悦目的格式打印以下数据。

- 具有包含当前日期的标题
- 主机名
- 机器类型——VM 或物理机
- 主机硬件体系结构 X86_64 或 i386
- 主板供应商和型号
- CPU 型号和超线程状态
- RAM 容量（GB）
- 交换空间容量（GB）
- Linux 的安装日期
- Linux 发行版本
- 内核版本
- 磁盘分区信息
- LVM 物理卷信息

❑ 包含用于描述代码的注释。

❑ 不需要选项来产生所需的输出。

这似乎是一个很长的清单，但与我看到的一些需求相比，它很简短。我从一组类似的需求中创建了原始的 bash 脚本。在第 10 章中创建的脚本模板已经具有可以帮助满足其中一些需求的代码。

人们对这个列表存疑的唯一问题可能是"赏心悦目"这个词。对于将要使用此脚本的人来说，谁知道它令人满意还是不满意呢。所以对于这个实验，赏心悦目就是指我所说的含义。在其他环境中，很有可能需要许多页的需求来定义输出的明确格式。在系统管理员环境中，赏心悦目的通常是指对我们或任何要求编写程序的人有用。

11.4.2 MOTD 脚本测试计划

测试计划简单明了。

❑ 验证帮助（-h）选项是否显示正确的帮助信息。

❑ 验证 GPL（-g）选项是否显示 GPL 许可证声明。

❑ 验证是否生成了需求中指定的所有输出数据。

❑ 验证所有打印输出对于执行测试的系统是否正确。

❑ 通过与其他来源进行比较，验证数字输出的值是否正确。由于任何正在运行的计算机的动态特性，一些数字可能会在每次运行之间以及与其他来源进行比较时发生变化，但它们应该相当接近。

❑ 确保不正确的选项选择会产生适当的错误代码。

❑ 如果可能，在多个系统上进行测试，包括物理硬件和 VM，以验证不同条件下的正确结果。包括 Intel、AMD 和 ARM 硬件。

❑ 如果可能，使用多个 Linux 发行版进行测试。

这个简单的测试计划涵盖了测试脚本时需要知道的一切内容。我们知道需要检查的输出是什么，因为它们是在程序需求中定义的。

在学习环境的背景下，最后两项可能无法实现，但始终需要考虑。不同的环境使用此脚本应该产生不同的结果。在实际开发 / 测试环境之外进行测试有助于确保逻辑和结果对于其他环境是准确的。生产测试可以帮助解决这个问题。

11.4.3 开发脚本

对于系统管理员，开发也意味着测试。由于创建完整脚本所需的工作量较大，我将其分为一系列实验，其中每个实验都将开发并测试一小段代码以满足部分或全部特定需求。

> **注意** 如果你不清楚某些命令是如何工作的，尤其是管道的各个阶段，应该研究它们。首先查看管道中每个命令的手册页，了解它的作用。然后建立管道（一次一个命令阶段）以便看到结果。当我刚开始担任系统管理员时，这对我来说是一种非常有用的看懂复杂代码的方法。我现在仍然依赖这种方法来理解一些代码是如何工作的。

基础

从基础开始——从修改后的模板中复制脚本，在它内部更改脚本名称，添加简短描述，并更改帮助子程序以匹配程序的功能。

实验 11-1

使用新名称 mymotd 制作 test1.sh 的副本。可以以 root 身份或 student 用户身份编辑此新脚本 mymotd，但在测试时必须以 root 身份运行。我建议以非 root 用户身份编辑 shell 脚本。打开两个终端会话，输入 su - 以 root 身份登录其中一个会话。在用户 student 的终端会话中，在喜欢的编辑器中打开 mymotd 脚本。

在编辑脚本时，务必经常保存你的工作。

首先，更改标题注释中的脚本名称，并添加脚本的简短描述。结果如下所示。

```
#!/bin/bash
###############################################################################
#                               mymotd                                       #
#                                                                            #
# This bash shell extracts various interesting bits of information about     #
# the Linux host and the operating system itself. It prints this data to     #
# STDOUT in a nice looking format. The results can also be redirected to     #
# the/etc/motd file to create an informational message of the day.           #
#                                                                            #
# Change History                                                             #
# 01/08/2018  David Both    Original code.                                   #
#                                                                            #
#                                                                            #
###############################################################################
```

务必将更改历史记录中的第一行设置为当前日期和你的姓名。

接下来查看帮助程序。这里需要的只是添加一个简短的描述，一行来描述命令的语法，以及一个可能的选项列表。

```
###############################################################################
# Help                                                                       #
###############################################################################
Help()
{
   # Display Help
   echo "                    mymotd"
   echo "Generate an MOTD that contains information about the system"
   echo " hardware and the installed version of Linux."
   echo
   echo "Syntax:  mymotd [-g|h|v|V]"
   echo "options:"
   echo "g     Print the GPL license notification."
   echo "h     Print this Help."
   echo "v     Verbose mode."
   echo "V     Print software version and exit."
   echo
}
```

来做第一次测试。在以 root 身份登录的终端会话中，将 /home/student 设为 PWD，这是新代码所在的位置。现在运行程序，每次使用三个选项中的一个来运行，-h 用于测试帮助工具，-g 用于测试打印 GPL 声明，-x 用于测试无效选项。

```
[root@testvm1 student]# ./mymotd -h
                mymotd
```

Generate an MOTD that contains information about the system
 hardware and the installed version of Linux.

Syntax: mymotd [-g|h|v|V]
options:
g   Print the GPL license notification.
h   Print this Help.
v   Verbose mode.
V   Print software version and exit.
[root@testvm1 student]# **./mymotd -g**

```
##########################################################################
#  Copyright (C) 2007, 2016  David Both                                  #
#  Millennium Technology Consulting LLC                                  #
#  http://www.millennium-technology.com                                  #
#                                                                        #
#  This program is free software; you can redistribute it and/or modify  #
#  it under the terms of the GNU General Public License as published by  #
#  the Free Software Foundation; either version 2 of the License, or     #
#  (at your option) any later version.                                   #
#                                                                        #
#  This program is distributed in the hope that it will be useful,       #
#  but WITHOUT ANY WARRANTY; without even the implied warranty of        #
#  MERCHANTABILITY or FITNESS FOR A PARTICULAR PURPOSE.  See the         #
#  GNU General Public License for more details.                          #
#                                                                        #
#  You should have received a copy of the GNU General Public License     #
#  along with this program; if not, write to the Free Software           #
#  Foundation, Inc., 59 Temple Place, Suite 330, Boston, MA  02111-1307  USA #
##########################################################################
```

[root@testvm1 student]# **./mymotd -x**
ERROR: Invalid option
                       mymotd
Generate an MOTD that contains information about the system
 hardware and the installed version of Linux.

Syntax: Syntax: mymotd [-g|h|v|V]
options:
g   Print the GPL license notification.
h   Print this Help.
v   Verbose mode.
V   Print software version and exit.

Program terminated with error ID 10T

　　如果想到更多要执行的任何测试，例如模糊测试，立即执行它们。如果看到在测试时
出现任何问题，立即着手修复它们，然后重新测试。

11.4.4　添加健全性检查

在第 10 章中，我们注释掉了用来确保脚本由 root 运行的健全性检查，因此需要恢复它。我们还将添加一个检查以确保脚本在 Linux 主机上运行。作为 bash 脚本，它将与各种 Unix 系统兼容，但是某些 Linux 特定功能会失败。

实验 11-2

首先把 root 检查代码前的注释符号（#）都删除。如下所示。

```
#-------------------------------------------------------------------
# Check for root.

if [ `id -u` != 0 ]
then
    echo ""
    echo "You must be root user to run this program"
    echo ""
    Quit 1
fi
```

现在运行两个快速测试。先以 root 身份运行程序以确保 root 仍可以使用此程序。

```
[root@testvm1 student]# ./mymotd
          total      used      free      shared  buff/cache  available
Mem:    4046060    254392   2947324         984      844344    3532200
Swap:   4182012         0   4182012
```

再以 student 用户身份运行程序，以验证非 root 用户是否收到错误。

```
[student@testvm1 ~]$ ./mymotd

You must be root user to run this program
```

如果发现任何错误，在继续之前立即修复它们。

添加第二个健全性检查以确保此程序在 Linux 系统上运行。此测试使用 uname 命令返回操作系统名称。

在检查 root 用户的代码下面添加以下代码。

```
#-------------------------------------------------------------------
# Check for Linux

if [[ "$(uname -s)" != "Linux" ]]
then
    echo ""
    echo "This script runs on Linux only -- OS detected: $(uname -s)."
    echo ""
    Quit 1
fi
#-------------------------------------------------------------------
```

此测试只能得到一个肯定的结果，即我们在 Linux 上运行，但得不到否定结果，除非在非 Linux 主机上测试它。我们至少做一个正向的测试。只需运行该命令并验证没有收到错误。

11.4.5 版本号

所有程序都应该有一个版本号。此脚本已有一个指定版本号的变量，但它是脚本模板的版本号，而不是正在使用的新程序的版本号。现在设置版本号。由于处在开发过程的早期阶段，因此它不是完整版的级别。

我喜欢使用三个两位数的部件作为版本号，以实现灵活性。从版本号 00.01.00 开始，它表明代码远未准备好。随着脚本接近对外发布，这个数字会上升，第一个完整版的版本号将会是 01.00.00。

实验 11-3

首先在代码的变量部分设置版本号，删除本节中的 RC（返回码）行。现在在变量部分中所拥有的内容如以下代码所示，对本章的其余实验进行处理时，将会添加更多变量。

```
# Set initial variables
badoption=0
error=0
verbose=0
Version=00.01.00
```

现在测试这一小部分新代码，尽管它看起来简单而且无害。

```
[root@testvm1 student]# ./mymotd -V
Version = 00.01.00
```

此时并没有真正完成测试。应该对先前编写的功能进行一些额外的测试，以确保它们没有被这个新代码破坏。

此时基本部分已经完成。我们有一个部分完成的脚本，它显示帮助和 GNU 许可证声明，执行一些完整性检查，并显示版本号。不需要在 case 语句中添加任何选项，因为我们需要的所有内容都已存在。

主体

现在可以添加代码的主体部分来收集想要的数据并显示它。按照想要的顺序收集数据，并在开始运行脚本时将这些数据输出到 STDOUT。这将使早期测试变得容易。

实验 11-4

首先，删除用于为脚本提供一些输出的 free 命令。现在向程序中添加一些代码。在程序的主体中，在调用 Quit 函数之前，添加代码以执行这些功能。这里还添加了一些代码，用于输出收集的数据。这提供了简单的测试，同时也产生了期望的结果。

代码如下所示。

```
###########################################################################
###########################################################################
# The main body of your program goes here.
###########################################################################
###########################################################################
# Get the date
Date=`date`
# Get the hostname
host=`hostname`
###########################################################################
# Start printing the data using printf to make it pretty                 #
###########################################################################
printf "###########################################################\n"
printf "# MOTD for $Date\n"
printf "# HOST NAME: \t\t$host \n"
```

在 printf 语句中，\t 在输出中插入一个跳格符，\n 是换行符。我第一次编写此脚本时，花了一段时间才能正确地格式化整个输出。你可以利用我第一次这样做时所获得的经验。

将以下变量添加到初始化部分。

```
host=""
Date=""
```

运行程序来测试这些结果。

```
[root@testvm1 student]# ./mymotd
###########################################################################
# MOTD for Sat Jan 13 12:14:34 EST 2018
# HOST NAME:            testvm1
```

这对我的虚拟机主机是正确的。因此，在五行有效代码中（不包括注释行），我们编写并测试了脚本的开头。

到目前为止，代码非常适合像这样的开发 / 测试周期。添加代码获取一些数据，并用更多代码来打印该数据。事情将变得更加复杂。

实验 11-5

　　现在添加一些代码来确定主机是物理机还是虚拟机，我们还想了解主板的一些信息。执行此操作的 Linux 命令 dmidecode 并不总是安装到位的，因此需要确保它存在于我们的主机上。完成这项任务的简单方法是尝试安装它。如果它不存在，那么它将被安装。以 root 身份执行此操作。

```
[root@testvm1 ~]# dnf install -y dmidecode
```

　　dmidecode 实用程序，其中 dmi 代表桌面管理界面，可以访问由系统管理 BIOS（SMBIOS）维护的硬件数据表。例如，使用以下命令检索有关主板的数据。"-t"表示"类型"，类型 2 表示主板。dmidecode 手册页列出了所有可用的数据类型。

```
[root@david ~]# dmidecode -t 2
# dmidecode 3.1
Getting SMBIOS data from sysfs.
SMBIOS 3.0.0 present.

Handle 0x0002, DMI type 2, 15 bytes
Base Board Information
        Manufacturer: ASUSTeK COMPUTER INC.
        Product Name: TUF X299 MARK 2
        Version: Rev 1.xx
        Serial Number: 170807951700403
        Asset Tag: Default string
        Features:
                Board is a hosting board
                Board is replaceable
        Location In Chassis: Default string
        Chassis Handle: 0x0003
        Type: Motherboard
        Contained Object Handles: 0
```

　　上面 dmidecode 命令的结果来自我的主工作站而不是测试 VM。

 注
意　　mymotd 脚本是为英特尔处理器和 Fedora Linux 编写的。它可以与其他芯片和发行版一起使用，但某些代码段的结果可能不正确。想使这些部分在你的环境中工作，可以自己进行一些实验。

　　现在我们安装了 dmidecode 工具，可以继续添加内容到程序中。首先，我们想知道主机是 VM 还是物理机。

实验 11-6

　　现在添加一些代码来测试主机是物理机器还是 VM。我们需要的信息是每次引导时启动的 dmesg 日志缓冲区的一部分。我们只需要 grep 适当的文本字符串。在上一个实验的日期和主机名之后接着添加以下代码。

```
#######################################################################
# Is this a VirtualBox, VMWare, or Physical Machine.                  #
#######################################################################
if dmesg | grep -i "VBOX HARDDISK" > /dev/null
then
    MachineType="VM running under VirtualBox."
elif dmesg | grep -i "vmware" > /dev/null
then
    MachineType="VM running under VMWare."
else
    MachineType="physical machine."
fi
printf "# Machine Type: \t$MachineType\n"
```

将 MachineType 变量添加到脚本的变量部分，然后测试这个新代码。

```
[root@testvm1 student]# ./mymotd
#######################################################################
# MOTD for Sun Jan 14 09:49:29 EST 2018
# HOST NAME:            testvm1
# Machine Type:         VM running under VirtualBox.
```

这对我的测试 VM 来说也是正确的。你的结果可能不同。

了解主机的体系结构，即它是 32 位还是 64 位，这通常很有帮助。见实验 11-7。

实验 11-7

添加下面的三行代码以确定主机的体系结构是 32 位还是 64 位。

```
# Get the host physical architecture
HostArch=`echo $HOSTTYPE | tr [:lower:] [:upper:]`
printf "# Host architecture: \t$HostArch\n"
```

将 HostArch 添加到变量部分并进行测试。

```
[root@testvm1 student]# ./mymotd
#######################################################################
# MOTD for Sun Jan 14 10:43:05 EST 2018
# HOST NAME:            testvm1
# Machine Type:         VM running under VirtualBox.
# Host architecture:    X86_64
```

这表明 VM 是 64 位，这是正确的。今天大多数主机都是 64 位，只有少数 32 位主机仍在用，例如我的 ASUS eeePC。然而，一些小型单板计算机（SBC）仍然是 32 位。

即使在 VM 中，主板信息也很有趣，下面在实验 11-8 中获取主板信息。在不将计算机拆开的情况下获取此信息的能力非常有用。

<table>
<tr><td colspan="1" align="center">实验 11-8</td></tr>
</table>

在主机体系结构代码之后添加以下代码，并使用 dmidecode 提取有关主板的信息。

```
##############################################################################
# Get the motherboard information                                            #
##############################################################################
MotherboardMfr=`dmidecode -t 2 | grep Manufacturer | awk -F: '{print $2}' |
sed -e "s/^ //"`
MotherboardModel=`dmidecode -t 2 | grep Name | awk -F: '{print $2}' |
sed -e "s/^ //"`
printf "# Motherboard Mfr: \t$MotherboardMfr\n"
printf "# Motherboard Model: \t$MotherboardModel\n"
printf "#----------------------------------------------------------------\n"
```

注意，上面的列表中获取主板信息的代码行都折行了。务必在一行中输入它们。代码中添加了一行来打印分隔符，以便将其与下一部分数据区分开来。

将两个新变量添加到变量初始化部分。

```
MotherboardMfr=""
MotherboardModel=""
```

测试程序以验证结果。

```
[root@testvm1 student]# ./mymotd
##############################################################################
# MOTD for Sun Jan 14 10:57:05 EST 2018
# HOST NAME:             testvm1
# Machine Type:          VM running under VirtualBox.
# Host architecture:     X86_64
# Motherboard Mfr:       Oracle Corporation
# Motherboard Model:     VirtualBox
#----------------------------------------------------------------------
```

这个结果的第一部分非常适合虚拟机。它看起来不错，易于阅读。

目前已经提取并输出了一些有关主机的一般信息。现在要添加一个部分展示有关 CPU 本身的一些信息。大部分信息都位于 /proc 文件系统中。很多时候它不能作为单独的、格式良好的数据点提供，因此需要使用 Linux 工具来提取想要的内容并对其进行适当的格式化。

<table>
<tr><td colspan="1" align="center">实验 11-9</td></tr>
</table>

通过从 /proc 文件系统获取 CPU 模型信息来开始获取 CPU 信息，代码如下所示，所以将它们添加到程序末尾 Quit 函数调用的上方。

```
##############################################################################
# Get the CPU information                                                    #
##############################################################################
# Starting with the specific hardware model
```

```
CPUModel=`grep "^model name" /proc/cpuinfo | head -n 1 | cut -d : -f 2 |
sed -e "s/^ //"`CPUModel
printf "# CPU Model:\t\t$CPUModel\n"
```

将值赋给 CPUModel 变量的行被折行了，因此要在程序的一行中输入它。将
CPUModel 变量添加到变量部分并进行测试。

```
[root@testvm1 student]# ./mymotd
############################################################################
# MOTD for Sun Jan 14 15:54:24 EST 2018
# HOST NAME:            testvm1
# Machine Type:         VM running under VirtualBox.
# Host architecture:    X86_64
# Motherboard Mfr:      Oracle Corporation
# Motherboard Model:    VirtualBox
#----------------------------------------------------------------------
# CPU Model:            Intel(R) Core(TM) i9-7960X CPU @ 2.80GHz
```

这个代码的最新补充部分可以很好地提供有关系统中安装的 CPU 的信息。

下面查找一些额外的 CPU 信息，例如 CPU 数量和封装信息——每个芯片有多少个内
核，以及它们是否支持超线程。

<hr>实验 11-10</hr>

本实验收集了一些 CPU 数据，然后对 CPU 如何封装以及 CPU 是否支持超线程进行了
一些有根据的确定。

首先，在初始化部分添加一堆新变量。

```
PhysicalChips=0
Siblings=0
HyperThreading="No"
CPUSpeed=""
NumCores=0
Package=0
Arch=""
CPUdata=""
CPUArch=""
```

这里有很多代码，因为它们都是相关的，需要全都完成才能使测试成功。输入时要小
心。特别注意下面列表中折行的行。

```
############################################################################
# Get some CPU details.                                                    #
############################################################################
# Get number of actual physical chips
PhysicalChips=`grep "^physical id" /proc/cpuinfo | sort | uniq | wc | awk
'{print $1}'`
```

```
if [ $PhysicalChips -eq 0 ]
then
    let PhysicalChips=1
fi
# Get the total number of cores
CPUs=`cat /proc/cpuinfo | grep "cpu cores" | head -n 1 | cut -d : -f 2 |
sed -e "s/^ //"`

# Do we have HyperThreading
Siblings=`grep "^siblings" /proc/cpuinfo | head -n 1 | cut -d : -f 2 |
sed -e "s/^ //"`
if [ $Siblings -gt $CPUs ]
then
    # Yes we have HyperThreading
    HyperThreading="Yes"
fi

# Now Cores per CPU
# We are assuming each package has the same number of cores - the next line
is wrapped
NumCores=`grep "^cpu cores" /proc/cpuinfo | sort | uniq | awk -F: '{print $2}' |
sed -e "s/^ //"`
case "$NumCores" in
    1) Package="Single Core";;
    2) Package="Dual Core";;
    4) Package="Quad Core";;
    6) Package="Six Core";;
    8) Package="Eight Core";;
   12) Package="Twelve Core";;
   16) Package="Sixteen Core";;
   18) Package="Eighteen Core";;
   20) Package="Twenty Core";;
   24) Package="Twenty-four Core";;
   26) Package="Twenty-six Core";;
   28) Package="Twenty-eight Core";;
   30) Package="Thirty Core";;
   32) Package="Thirty-two Core";;
    *) Package="Single Core"
       NumCores=1;;
esac

# Get the CPU architecture which can be different from the host architecture
CPUArch=`arch`
# Now lets put some of this together to make printing easy
CPUdata="$PhysicalChips $Package $CPUArch"

# Get the CPU speed - The next line is wrapped
CPUSpeed=`grep "model name" /proc/cpuinfo | sed -e 's/.*\( [0-9]*.[0-9]*[GM]
```

```
Hz\)/\1/' -e 's/^ *//g' | uniq`
# Let's print what we have
printf "# CPU Data:\t\t$CPUdata\n"
printf "# HyperThreading:\t$HyperThreading\n"
printf "#----------------------------------------------------------------\n"
```

输入时务必仔细检查此代码。然后再次测试。

```
[root@david development]# ./mymotd
#########################################################################
# MOTD for Mon Jan 15 15:35:09 EST 2018
# HOST NAME:             david
# Machine Type:          physical machine.
# Host architecture:     X86_64
# Motherboard Mfr:       ASUSTeK COMPUTER INC.
# Motherboard Model:     TUF X299 MARK 2
#---------------------------------------------------------------------
# CPU Model:             Intel(R) Core(TM) i9-7960X CPU @ 2.80GHz
# CPU Data:              1 Sixteen Core x86_64
# HyperThreading:        Yes
#---------------------------------------------------------------------
```

前两部分都完成了。下面详细介绍系统内存的部分。

<hr>

实验 11-11

此实验添加了代码以显示一些内存统计信息。我们再次使用现有的资源。

/proc/meminfo 文件包含所需数据，但它以 KB 为单位，为了清楚起见，我们将以下过程添加到脚本的过程部分，将 KB 转换为 GB。Bash 没有很好的数学功能，所以这段代码使用了 bc calculator 命令，它有自己独特的语法。

```
#########################################################################
# Convert KB to GB                                                      #
#########################################################################
kb2gb()
{
    # Convert KBytes to Giga using 1024
    # first convert the input to MB
    echo "scale=3;$number/1024/1024" | bc
}
```

以下代码应该添加在脚本结尾处的最终 Quit 过程调用之前，从 /proc/meminfo 文件中获取数据，然后将数字转换为 GB。然后打印结果。

```
#########################################################################
# Memory and Swap data                                                  #
#########################################################################
# Get memory size in KB.
```

```
number=`grep MemTotal /proc/meminfo | awk '{print $2}'`
# Convert to GB
mem=`kb2gb`
# Get swap size in KB
number=`grep SwapTotal /proc/meminfo | awk '{print $2}'`
# Convert to GB
swap=`kb2gb`

printf "# RAM:\t\t\t$mem GB\n"
printf "# SWAP:\t\t\t$swap GB\n"
printf "#-------------------------------------------------------------------\n"
```

将下列新变量添加到变量部分。

```
number=0
mem=0
swap=0
```

进行测试。

```
[root@david development]# ./mymotd
###########################################################################
# MOTD for Mon Jan 15 21:56:40 EST 2018
# HOST NAME:           david
# Machine Type:        physical machine.
# Host architecture:   X86_64
# Motherboard Mfr:     ASUSTeK COMPUTER INC.
# Motherboard Model:   TUF X299 MARK 2
#-------------------------------------------------------------------
# CPU Model:           Intel(R) Core(TM) i9-7960X CPU @ 2.80GHz
# CPU Data:            1 Sixteen Core x86_64
# HyperThreading:      Yes
#-------------------------------------------------------------------
# RAM:                 62.586 GB
# SWAP:                14.902 GB
#-------------------------------------------------------------------
```

在 testvm1 主机上的测试结果如下。

```
[root@testvm1 student]# ./mymotd
###########################################################################
# MOTD for Mon Jan 15 21:57:32 EST 2018
# HOST NAME:           testvm1
# Machine Type:        VM running under VirtualBox.
# Host architecture:   X86_64
# Motherboard Mfr:     Oracle Corporation
# Motherboard Model:   VirtualBox
#-------------------------------------------------------------------
# CPU Model:           Intel(R) Core(TM) i9-7960X CPU @ 2.80GHz
# CPU Data:            1 Quad Core x86_64
```

```
# HyperThreading:        No
#-------------------------------------------------------------------
# RAM:                   3.854 GB
# SWAP:                  7.999 GB
#-------------------------------------------------------------------
```

如果有其他主机要测试，则也应该执行这个测试以验证结果是否适用于其他情况。

根据本章开头为它创建的一系列需求，这个脚本还没有完成，剩余部分可自行完成。

如果有兴趣，可以从以下网址下载完整的 bash 脚本代码：https://github.com/Apress/linux-philo-sysadmins/tree/master/Ch11。

读者可以随意对此代码进行任何修改，以满足你自己的需求。

11.5　修复脚本

很多时候需要修复现有的脚本。我最近遇到了一个以前编写的脚本的问题。幸运的是，在造成损害之前，我意识到了这个问题。从 mymotd 脚本中可以看出，我想提供适量的注释帮助我稍后解决问题。如果避免每次修改代码以修复它或添加新功能时都检查它的工作方式，工作就会变得简单许多。

正如我在本章的"生产中的测试"部分中提到的，有时修复脚本需要从基础开始。在上述案例中，我添加了注释，以便使代码更容易阅读并在遇到任何明显的错误时解决它们。由于前面提到的情况，我们唯一的环境是生产环境。每当对代码进行微小的更改时，我都必须对它进行测试以确保更改可以达到预期效果，不会带来新问题。

最近遇到一个没有正常工作的案例。在这个案例中，在 U 盘上创建了一个 MP3 文件，其文件名包含 MMDDYYYY-X 格式的日期，其中 X 是序号。程序将文件的名称更改为包含此日期的内容，此日期直接取自文件名，但重新排列为 YYYYMMDD-X，然后将文件复制到服务器。如果录制设备在一天内创建了两个文件，那么它们都具有相同的日期，但可以由序号加以区分。我的脚本旨在使它们保持顺序，以便按照创建顺序对它们进行排序。

创建文件然后把文件传走，然后在同一天创建另一个文件时出现问题。它与第一个文件具有相同的文件名⊖，并在服务器上覆盖第一个文件。

为了解决这个问题，我决定使用文件的时间戳以 YYYYMMDD-HHMMSS 格式创建自己的时间戳，并取消在新文件名中使用序号。

这个特殊的修复是一个简单的问题，即做出一个小的改变，纠正了我之前没有考虑到的边界条件。测试很简单，只需创建边界条件并运行程序，同时确保在边界条件不存在时它仍能正确运行。我手边有几个样本 MP3 文件进行测试，只需将它们复制到 U 盘即可。

⊖　因为前一个文件已经不存在，按照日期 - 序号编的新文件名还是前一个文件的文件名。——译者注

11.6　小结

测试系统管理员的代码就像编写代码一样——快速而不严谨。我希望最后一点听起来比"快速而松散"好。快速编写代码通常也意味着快速测试代码。这并不意味着可以随意测试 shell 脚本。"尽早测试，经常测试"是使测试成为编程的组成部分的良好口头禅。通过应用此原则，测试 shell 脚本的任务成为习惯，并且首先是编写脚本这一行为的组成部分。

本章中的 mymotd 脚本是重写原始版本一个很好的理由。我在 2007 年编写了该脚本，对 Linux 中硬件体系结构和报告的更好理解帮助我完成了这个版本。我对各种 Linux 工具（无论它们是否是新工具）的了解都得到了提高，并为我提供了更大的灵活性来简化这个新脚本。

注意，变量名称都是在正在执行的任务方面有意义的名称。可以查看变量名称并了解它应包含的数据类型。这也有助于简化测试。

第 12 章 *Chapter 12*

使用常识命名

我几次提到打字不是我的强项，懒惰的系统管理员会尽一切可能减少打字。这个原则扩展了这一点，但除了减少需要输入的字符数量之外，它还涉及脚本的可读性和命名问题，以便使之更容易理解。

最初的 Unix 哲学原则之一（虽然是较小的原则之一）是总是使用小写字母并保持名称简短。虽然这是一个令人钦佩的目标，但在系统管理员的世界中，它不是非常容易实现的目标。在许多方面，我自己的原则似乎完全违背了最初的原则。但是，最初的原则针对的是另外的受众，而这个原则针对的是具有不同需求的系统管理员。

我认为最终目标是创建易读且易于理解的脚本，以使其易于维护。然后使用其他简单的脚本和 cron 作业来自动运行这些脚本。适当地缩短脚本名称也会减少从命令行执行这些脚本时键入的字符数量，但是当从另一个脚本或 cron 作业启动它们时，这几乎是无关紧要的。

12.1　脚本和程序名称

程序名称 dbu 对你来说有什么意义吗？在成为 Linux 极客之前，程序名称 dd 对你有什么意义吗？两者的答案可能都是"没有"。虽然 dd 是一个常见的 GNU 实用程序——"磁盘转储"，但 dbu 是我自己创建的 shell 脚本。这个名字对你来说仍然毫无意义，但对我来说这意味着 David 的备份。它很容易输入，一旦知道它的意义，你就会坚持用这个名字。

如果浏览所有原始 GNU 核心实用程序，你会发现它们的名称都非常短，其中许多是两三个字母。这很棒，但整个 Linux 有成千上万条命令，而只有这么多有意义的短字母组合。任何名称都应当与程序或脚本的目的有一些有意义的联系。

在第 11 章中用于脚本的名称 mymotd 稍微长一点，但它也比使用较短名称的情况更有意义。我们可以使用 davesmotd、dmotd、mmotd、davesMOTD、dMOTD 或任何其他相对有意义的名称。某些名称中的大写字母确实更有助于识别脚本的功能，但它们确实使得在命令行上键入名称变得更加困难。

与 "dbu" 程序一样，仍然有一些使用非常简短的名字的余地。例如，有一个非常好的程序叫做 "mtr"，它是旧 traceroute 程序的交互式替代品。mtr 程序维护一个活动且连续的traceroute，它动态显示每一跳跃丢失的数据包数，并且如果由于某种原因重新路由数据包，则可以显示多个路由。它非常实用且有趣。

mtr 程序最初的名字是因为一个名叫 Matt Kimball 的人编写和维护它。因此，它是 "Matt's traceroute"。在 Matt 停止支持之后，Roger Wolff 接管了这个程序。它的名字仍然叫 mtr，但现在代表 "my traceroute"。

用非常短的名字来命名脚本可能是一个挑战，因为许多现有的短字母组合已经被占用了。在命名脚本时我总是尝试做一些研究，以确保它不会导致计算机上已经安装的可执行文件出现问题。我通常使用 which 命令快速检查，如实验 12-1 所示。

实验 12-1

由于尚未将 mymotd 脚本复制到任何标准可执行路径位置，因此在使用以下命令时不应显示该脚本。

```
[root@david ~]# which mymotd
/usr/bin/which: no mymotd in (/usr/lib64/qt-3.3/bin:/usr/local/sbin:/usr/
local/bin:/usr/sbin:/usr/bin:/root/bin)
```

which 命令显示在尝试查找指定的可执行文件时所搜索的路径。

无论上述命令的完成状态如何，都将 mymotd 脚本复制到 /usr/local/bin，这是 Linux FHS 中存储本地创建的可执行文件的正确位置。然后再次运行 which 命令。

```
[root@testvm1 student]# cp mymotd /usr/local/bin
[root@testvm1 student]# which mymotd
/usr/local/bin/mymotd
```

我们已确定当前不存在可能导致我们选择的文件名出现问题的已安装可执行文件，然后将自己的可执行文件复制到适当的位置。

当你第一次编写新脚本时，并非所有冲突都会出现。检查安装的程序后，我也进行 Google 搜索。我努力查找可能与我的命名冲突的程序的任何信息。较长的名字不太可能发生冲突，但它们实际上并不需要太长。

我曾经遇到过发生问题的情况。我在尝试使用 yum（与其后继者 dnf 一样，它是 rpm 命令的包装器）安装一个新程序时，收到一个错误，指出需要从新 RPM 包安装的一个文件与另一个包中具有相同名称的文件冲突。

与新 RPM 包产生冲突的不是某个脚本，而是另一个 RPM。我能够通过删除已安装的 RPM 来消除冲突，因为不再需要它。

这种冲突应该非常罕见。即使文件具有相同的名称——这在一开始就不太可能，只要它们位于不同的目录中，在安装期间就不会发生冲突。如果它们都是可执行文件并且位于 $PATH 中的不同目录中，那么，运行的是位于 $PATH 中第一个目录的命令。要运行另一个同名的命令，需要使用完全限定的路径名来确保运行正确的程序。

对于像这样的潜在冲突，命名脚本可能有点棘手。使用更长的脚本名称（比如四到八个或十个字符）可以帮助防止命名冲突。也可以在脚本名称中添加一个大写字母突出它，这也有助于名称在一长串列表中清晰可辨。

这里的底线是，名称应该是令人难忘和有意义的——对于你以及其他系统管理员，易于键入，并且易于在列表中找到。这些是我个人的标准。你可能有其他标准，这很好。请记住，其他系统管理员可能有一天需要使用脚本所在的主机。

12.2　变量

我在 1981 年购买第一台 IBM PC 时，我订购了主板[⊖]上有 64KB 内存的最高级的型号，而最便宜的型号只有 16K 内存。这不是一个很大的工作空间。PC 的板载 ROM 中包含 BASIC，这是当时许多学习编程的人的不错选择。

由于空间有限，在 BASIC 中编写程序时节省内存非常重要。我没有做任何让它看起来更直观的东西，例如缩进循环和子程序，因为每个制表符或空格都占用了一个重要内容可能需要的内存字节。我保持尽可能短的变量名。我通常使用单个字母或由字母和数字组成的双字符变量名，如 A7。如果编写相当大的程序，那么注释是不存在的，因为没有空间保存它们。为了节省内存，我做了所有这些工作。但这使程序很难阅读。

12.2.1　命名变量

我倾向于使用足够长的脚本变量名，以指示它们的内容，正如第 11 章的项目中所示。这些变量名称的长度范围从相当短到中等。所有这些都旨在让我自己和未来的脚本维护者轻松阅读和理解代码。

我脚本中的变量名称倾向于反映其内容。因此，你应该能够推断出名为 $CPUArch 的变量可能包含与 CPU 的体系结构有关的信息。你可能不知道确切的数据类型，但是你应该大致了解在查看此变量的内容时会发生什么。你可能希望看到类似"X86_64"或"64"的变量值。至少在我的脚本中，情况就是这样。

⊖　可以通过直接插入系统总线的附加板为 PC 增加更多内存。我后来添加了一个 256KB 的内存适配器，它是我用配件装配的。

要记住的是，只有在编写和维护脚本时才输入变量名称。然后可以根据需要多次运行脚本，并且我永远不需要键入任何一个变量名。

12.2.2 把一切变成变量

这是一种非常常见的最佳做法。即使你需要使用像 Pi 这样的"常量"，或 Euler 常量，或与特定领域相关的常量，也应将它们声明为变量，然后将其用于计算中。当然，bash 本身只进行整数运算，但还有其他类型的变量。

我喜欢在脚本中使用路径和文件名的变量。我还使用变量来输出将要打印的数据，例如在上一章的 mymotd 脚本中。使用 $Date、$host、$MachineType、$MotherboardModel 等变量，就像在前面脚本中所做的那样，可以更容易地阅读和理解其功能。当看到如图 12-1 中的那样的语句时，我立即理解代码应该完成的内容——尽管它在这里已经脱离了上下文。我们期望找到分配给变量的类型值是清楚的。

```
MotherboardModel=`dmidecode -t 2 | grep Name | awk -F: '{print $2}' | sed -e "s/^ //"`
```

图 12-1　从变量名称可以明显地看出变量的所需内容

从变量名中推断出该代码的工作原理并不难。显然，dmidecode 实用程序用于获取有关主板的信息，而"type"2 是主板信息。它还显示包含字符串"Name"的输出行包含要查找的特定信息。其余代码提取包含模型信息的数据字符串并对它进行清理以供脚本使用。

用实验 12-2 来说明。

实验 12-2

在一行中输入以下故意写错的命令行程序。

```
[root@david ~]# MotherboardModel=`dmidecode -t 2 | grep Version | awk -F:
'{print $2}' | sed -e "s/^ //"`;echo $MotherboardModel
Rev 1.xx
```

变量的值显然是错误的，因为数据与变量名称的预期值不匹配。这显然不是主板的型号——它是修订号。

使用以下更正的代码。再次在一行中输入。

```
[root@david ~]# MotherboardModel=`dmidecode -t 2 | grep Name | awk -F:
'{print $2}' | sed -e "s/^ //"`;echo $MotherboardModel
TUF X299 MARK 2
```

即使在运行代码之前不确切知道主板型号是什么，这个结果显然更适合于此变量。

即使变量在赋值后仅使用一次，这样做也是有意义的。在以后的脚本维护中，我添加了更多使用此变量的代码。这节省了在我的脚本中第二次或第三次输入长路径名称的时间。

例如，如果脚本中有客户发票的路径名，~/Documents/business/Customer/invoices，则很容易设置一个变量，例如 $Invoices，并在脚本中使用它而不是完整路径。这样也可以很容易地在脚本中的其他位置引用此变量。避免键入长路径名，还可以防止路径名中可能出现的输入错误，进而减少执行期间出错。

很多时候我从多个变量构建路径名，因为我需要额外的灵活性，这也减少了输入。例如，我的 rsbu 备份程序每天使用一个新目录来执行一组新备份。目录树的结构如下。

```
/-
 |
 \-path to backup media
    |
    \Backups
       |
       |--host1
       |   |--2018-01-01
       |   |      \--data
       |   |--2018-01-02
       |   |      \--data
       |   |--2018-01-03
       |   |      \--data
       |   etc
      --host2
       |   |--2018-01-01
       |   |      \--data
       |   |--2018-01-02
       |   |      \--data
       |   |--2018-01-03
       |   |      \--data
        etc etc
```

每天为每个主机添加一个新的日期子目录。因此，需要创建一系列变量，以便在可以生成此目录结构的代码中使用。实验 12-3 显示了实现此目的的一种方法。

实验 12-3

不需要为此实验创建脚本。输入以下命令开始设置。一旦在命令行中定义，这些变量将保留为环境的一部分，直到使用 unset 命令取消设置或将其设置为 null 为止。

```
[student@testvm1 ~]$ BasePath="/media/Backup-Drive/Backups"
[student@testvm1 ~]$ BackupDate=`date +%Y-%m-%d`
[student@testvm1 ~]$ YesterdaysDate=`date -d "now-1days" "+%Y-%m-%d"`
```

验证刚设置的变量的值。

```
[student@testvm1 ~]$ echo $BasePath;echo $BackupDate;echo
$YesterdaysDate;echo $HOSTNAME
/media/Backup-Drive/Backups
2018-01-22
2018-01-21
testvm1
```

注意，$HOSTNAME 变量是一个 BASH 内置变量，因此不需要设置它。现在设置此主机的主备份路径。我使用此程序备份多个主机，因此我将每个主机的备份保存在一个单独的目录中。它对远程主机不起作用，但在这个实验中使用它是一个很好的快捷方式。

```
[student@testvm1 ~]$ BackupPath="$BasePath/$HOSTNAME/"
[student@testvm1 ~]$ echo $BackupPath
/media/Backup-Drive/Backups/testvm1/
```

为了完成当前备份路径而剩下的就是添加今天的日期。

```
[student@testvm1 ~]$ TodaysBackupPath="$BackupPath$BackupDate"
[student@testvm1 ~]$ echo $TodaysBackupPath
/media/Backup-Drive/Backups/testvm1/2018-01-22
```

由于我使用 rsync 及其一些最有趣的功能[⊖]，还需要为昨天的备份生成路径。

```
[student@testvm1 ~]$ YesterdaysBackupPath="$BackupPath$YesterdaysDate"
[student@testvm1 ~]$ echo $YesterdaysBackupPath
/media/Backup-Drive/Backups/testvm1/2018-01-21
```

我已经为昨天的备份生成了路径，这样 rsync 就可以简单地创建从昨天的备份文件到今天的目录的硬链接，并且只对已经更改的文件执行备份。

我使用这一系列变量包含脚本各个部分所需的路径元素，以便为多个主机生成多个路径。对 $BasePath 变量的修改也可用于挂载我用于备份的外部硬盘驱动器。

即使变量名称相当长，它们也很容易在脚本中输入。这些名称使你可以轻松地理解每个变量的功能以及它们是如何融入整体的。这些名字无疑可以进一步缩短并且仍然可以理解，但我喜欢现在这种方式。

当然有一些边缘情况，这个代码没有直接解决，但我的脚本中有更复杂的代码来处理它。我不想用边缘情况来掩盖基本功能，例如在没有先前备份的情况下发生的情况，以及如何处理先前备份存在但不是从昨天开始的可能性。实验 12-3 中定义的许多变量也用于帮助处理这些边缘情况。

12.3　子程序

Bash 是一种支持使用子程序的命令行语言。脚本中的子程序需要名称，就像变量一样。

⊖　这是关于使用 rsync 进行备份的文章的链接：https://opensource.com/article/17/1/rsync-backup-linux。

在第 11 章中创建的脚本包含一些命名的子程序，通过名字深入了解它们的功能。

例如，Help() 子程序显然是打印帮助信息，GPL() 子程序打印 GPL 许可证声明，kb2gb() 将千字节（KB）转换为千兆字节（GB）。

12.4　主机

主机——网络上的计算机——需要命名。大多数机构都有一些命名主机的约定。我所知道的大多数系统管理员都建立了某种约定，即使他们的机构没有强制执行一种约定。

我工作的一个地方使用主要的希腊和罗马众神来命名他们的 Linux 服务器，而他们的 Unix 和 Linux 工作站采用较小的神和神话人物的名字。其他地方使用来自星际迷航或星球大战的名字作为他们的主机名。

大多数系统管理员都有家庭网络，都有一些自己使用的命名约定。无论是基于游戏、神话中的神和人物、孩子和孙子孙女、鸟类、宠物、船只、电影、国家、矿物、亚原子粒子、化学物质、科学家的名字，还是其他什么。我的技术评论员 Ben Cotton 使用了他追踪风暴[⊖]的地方的城镇名称。

我在我的家庭网络中使用埃塞克斯级航空母舰的名字，作为对我父亲的致敬，因为在第二次世界大战期间，他在太平洋的一艘航空母舰，Bunker Hill 号上服役。对于像这样的双单词名称，我只是将这些单词组合起来创建 "bunkerhill"。按照约定，主机名始终为小写。一个小测试将揭示互联网 DNS 系统在执行查找时忽略大小写，但我确实喜欢对这样的事物采取这个约定。

12.5　机构命名

许多机构都有明确定义的命名约定，而其他一些机构则将这些具体工作留给系统管理员去完成。

我工作过的几个机构都有命名主机、其他网络节点、程序和脚本的约定。这有点矫枉过正，但有一个广泛且记录完备的约定，比没有要好。

我工作的大多数地方都有网络主机和节点的命名约定，但大多数低级命名（如脚本）工作都留给了系统管理员。这是我喜欢的情况。大多数机构都不需要使用命名约定来处理这些细节。

系统管理员级别的任何约定都应该有详细记录。

⊖　追踪各种恶劣天气的活动。——译者注

12.6　小结

与 Linux 系统管理员哲学的其他原则一样，在为文件、过程、脚本、变量和其他任何东西命名时，没有一种特定的"正确"方法可以遵循。真正的问题是什么对你最有效。除了名称有意义且对你有意义之外，你应该感受不到以任何特定方式命名事物的压力。

命名的常识是真正的关键。我使用的主要标准是，"在需要维护脚本的几年内，这个名称对我或其他系统管理员有意义吗?"

系统管理员在命名时使用常识有助于我们成为懒惰系统管理员。易于阅读的代码所花费的维护时间比难以阅读的代码少得多。被迫维护编写得不好且难以理解的代码，直至完全重写它们，这会耗费大量的时间和精力，而这些时间和精力原本可以更好地用于其他地方。

第 13 章 | *Chapter 13*

以公开格式存储数据

使用计算机的原因是为了操作数据。以前它曾被称为"数据处理",这是一个准确的描述。我们仍然在处理数据,尽管它可能是视频和音频流、网络和无线流、文字处理数据、电子表格、图像等形式。它仍然只是数据。

我们使用 Linux 中可用的工具处理和操作文本数据流。通常需要存储数据,并且最好将其存储为开放的文件格式而不是封闭的格式。

虽然许多用户应用程序以 ASCII 格式存储数据,包括简单的纯文本 ASCII 和 XML,但本章是关于与 Linux 直接相关的配置数据和脚本的。本章考虑的文件都是关于系统配置的。

13.1 封闭是不可理解的

在 Windows3.1 引入注册表⊖之前,大多数实用程序和应用程序都将其配置数据存储在 .ini 文件中。这些 .ini 文件存储为 ASCII 文本,易于访问、读取甚至修改。一个简单的文本编辑器就可以更改这些 .ini 配置文件。

注册表通过将配置数据存储在单个大型且不可理解的二进制数据文件中改变了这一切。虽然单个程序可以将配置数据存储在 .ini 文件中,但是注册表被吹捧为集中控制程序配置的一种方式,据称其二进制格式比 ASCII 文本文件解析得更快。

作为系统管理员,我们需要使用许多不同类型的数据。二进制格式本质上是难以理解的,需要特殊的工具和知识来操作。有许多工具可用于提供注册表查看和编辑功能。这些工具包括所谓的免费软件和昂贵的商业程序。为了管理计算机而必须使用本身封闭的特殊

⊖ 维基百科,Windows 注册表,https://en.wikipedia.org/wiki/Windows_Registry。

工具将不可理解性又推进了一步。

所有这些问题的部分原因是这些工具的编写者需要获得有关正在查看或编辑的注册表项内容的信息。如果没有专有软件供应商的内部知识，这些工具是无用的。专有软件以二进制和专有格式存储配置数据的一个原因是隐藏用户的信息。

这一切都源于这些供应商所遵循的封闭和专有理念。从表面上看，它似乎是为了保护用户，防止他们做"傻事"，但它也是掩盖信息的"好方法"。

我尝试在 /etc 中查找二进制格式的 Linux 系统配置文件，但是没有找到。此目录中的数百个配置文件中没有一个是二进制格式。因此无法展示二进制配置文件的样本是什么样的。

二进制格式的一个问题是，它会妨碍创建可以在 Linux 中使用的许多强大的工具。从二进制格式文件生成的数据流都不能用诸如 grep、awk、sed、cat、vim、emacs 这样的工具来处理，我们每天管理我们负责的系统时使用的数百种其他基于文本的工具也不行。

13.2　开放是可知的

"开放源码"涉及代码并使源代码可供任何想要查看或修改它的人使用。"开放数据"[⊖]涉及数据本身的开放性。

开放数据这个术语并不意味着只能访问数据本身，还意味着可以以某种方式查看、使用数据并与其他人共享数据。实现这些目标的确切方式可能会受到某种归属和公开许可的约束。与开源软件一样，此类许可旨在确保继续公开提供数据，而不是以任何方式限制它。

开放数据是可知的。这意味着可以不受限制地访问它。真正开放的数据可以自由阅读和理解，无须进一步解释或解密。在系统管理员世界中，开放表示用于配置、监控和管理 Linux 主机的数据在必要时易于查找、读取和修改。它以允许访问的格式存储，例如 ASCII 文本。当系统打开时，数据和软件都可以通过开放式工具进行管理——这些工具使用 ASCII 文本。

13.3　纯 ASCII 文本

纯文本文件是开放且可读的。它们很容易被程序和系统管理员阅读，所以很容易看到某个东西什么时候起作用——或者不起作用。大多数 Linux 配置文件都是简单的纯 ASCII 文本文件，利用可以使用的简单 Linux 文本操作工具，可以轻松查看和修改它们。

我们可以使用 cat 和 less 来查看 Linux 配置文件，并使用 grep 来提取和查看包含指定字符串的行。我们可以使用 vi、vim、emacs 或任何其他文本编辑器来修改 ASCII 文本格式的配置文件。

⊖　维基百科，开放数据，https://en.wikipedia.org/wiki/Open_data。

在我的一项工作中——使用 Perl CGI 脚本来管理电子邮件系统，我们使用纯文本文件来存储所有数据。此数据包括部门信息，例如谁有权访问该部门的数据。它还包含每个部门的电子邮件用户的 ID 和登录信息。

我们编写了一些 Perl 程序来管理对这些数据的访问，既可以作为整体电子邮件系统管理员访问，也可以作为部门管理员访问。数据仍然是纯 ASCII 文本文件，因此可以使用基本的 Linux 命令行工具来访问和修改数据，尤其是在对文件进行大量修改时。与此同时，我们还能够使用基于 Web 的 Perl CGI 脚本来处理个人和部门记录。

我们确实考虑过使用 MySQL 进行记录管理，但我们决定使用 ACII 文件因其易于访问而更有意义。一个系统管理员花了大约一周时间写了一系列的 Perl 脚本允许我们在 Perl 脚本内部使用类似 SQL 的功能调用，这让我们得以两全其美。

13.3.1　系统配置文件

大多数系统范围的配置文件都位于 /etc 目录及其子目录中。/etc 中的文件提供许多系统服务和服务器的配置数据，例如电子邮件（SMTP、POP、IMAP）、Web（HTTP）、时间（NTP 或 chrony）、SSH、网络适配器和路由、GRUB 引导加载程序、显示屏和打印机配置，等等。

还可以找到提供影响所有用户的系统范围配置的配置文件，例如 /etc/bashrc。/etc/bashrc 文件为所有用户打开 bash shell 时提供初始设置和配置。图 13-1 显示了我的 Fedora VM 上的 /etc/bashrc 文件内容。

```
# /etc/bashrc

# System wide functions and aliases
# Environment stuff goes in /etc/profile

# It's NOT a good idea to change this file unless you know what you
# are doing. It's much better to create a custom.sh shell script in
# /etc/profile.d/ to make custom changes to your environment, as this
# will prevent the need for merging in future updates.

# Prevent doublesourcing
if [ -z "$BASHRCSOURCED" ]; then
  BASHRCSOURCED="Y"

  # are we an interactive shell?
  if [ "$PS1" ]; then
    if [ -z "$PROMPT_COMMAND" ]; then
      case $TERM in
      xterm*|vte*)
        if [ -e /etc/sysconfig/bash-prompt-xterm ]; then
          PROMPT_COMMAND=/etc/sysconfig/bash-prompt-xterm
        elif [ "${VTE_VERSION:-0}" -ge 3405 ]; then
          PROMPT_COMMAND="__vte_prompt_command"
        else
          PROMPT_COMMAND='printf "\033]0;%s@%s:%s\007" "${USER}"
"${HOSTNAME%%.*}" "${PWD/#$HOME/\~}"'
        fi
        ;;
      screen*)
```

图 13-1　/etc/bashrc 文件在所有 bash shell 会话打开时为其提供配置

```
           if [ -e /etc/sysconfig/bash-prompt-screen ]; then
                   PROMPT_COMMAND=/etc/sysconfig/bash-prompt-screen
           else
                   PROMPT_COMMAND='printf "\033k%s@%s:%s\033\\" "${USER}"
"${HOSTNAME%%.*}" "${PWD/#$HOME/\~}"'
           fi
           ;;
       *)
           [ -e /etc/sysconfig/bash-prompt-default ] &&
PROMPT_COMMAND=/etc/sysconfig/bash-prompt-default
           ;;
       esac
   fi
   # Turn on parallel history
   shopt -s histappend
   history -a
   # Turn on checkwinsize
   shopt -s checkwinsize
   [ "$PS1" = "\\s-\\v\\\$ " ] && PS1="[\u@\h \W]\\$ "
   # You might want to have e.g. tty in prompt (e.g. more virtual machines)
   # and console windows
   # If you want to do so, just add e.g.
   # if [ "$PS1" ]; then
   #   PS1="[\u@\h:\l \W]\\$ "
   # fi
   # to your custom modification shell script in /etc/profile.d/ directory
   fi

if ! shopt -q login_shell ; then # We're not a login shell
   # Need to redefine pathmunge, it gets undefined at the end of /etc/profile
   pathmunge () {
       case ":${PATH}:" in
           *:"$1":*)
               ;;
           *)
               if [ "$2" = "after" ] ; then
                   PATH=$PATH:$1
               else
                   PATH=$1:$PATH
               fi
       esac
   }

   # By default, we want umask to get set. This sets it for non-login shell.
   # Current threshold for system reserved uid/gids is 200
   # You could check uidgid reservation validity in
   # /usr/share/doc/setup-*/uidgid file
   if [ $UID -gt 199 ] && [ "`id -gn`" = "`id -un`" ]; then
      umask 002
   else
      umask 022
   fi
   SHELL=/bin/bash
   # Only display echos from profile.d scripts if we are no login shell
   # and interactive - otherwise just process them to set envvars
   for i in /etc/profile.d/*.sh; do
       if [ -r "$i" ]; then
           if [ "$PS1" ]; then
               . "$i"
           else
               . "$i" >/dev/null
           fi
       fi
   done
```

图 13-1 （续）

```
    unset i
    unset -f pathmunge
  fi

fi
# vim:ts=4:sw=4
```

图 13-1　（续）

这里不会详细分析图 13-1 中 /etc/bashrc 文件每行的含义。但是，我们应该在这个文件中观察到一些东西。

首先，看看所有注释。此文件旨在供用户阅读。毕竟，系统管理员是高级用户。我喜欢基于 RedHat 的发行版的一方面原因是它的大多数配置文件和脚本都有很好的注释。

此脚本的一个功能是设置 shell 命令提示符。该脚本确定 shell 是标准 xterm 还是 vte 终端会话，或者它是否在 screen 会话中。它根据条件设置不同的提示字符串。它还使用外部文件，例如 /etc/sysconfig/bash-prompt-xterm，在文件中包含提示配置，并位于系统管理员可轻松管理的位置。

靠近文件开头的是一系列注释，这些注释简要描述了脚本的功能以及不要修改此特定文件的警告。注释还告诉你应该去哪里做自己的修改。我们将进一步研究一下。

缩进使得此脚本片段的结构更容易阅读，而不是所有内容都被卡在左侧边界上。

此配置文件是可执行程序。它是一个包含程序逻辑的 bash 脚本，可以根据外部条件确定要采用的执行路径。这个脚本本身并不完整，它实际上是一个片段，可以根据需要 source（导入）到其他脚本中。

source 是一种 bash shell 方法，它用于将其他 bash 脚本或片段的内容包含到脚本中。被 source 片段的内容可以被多个脚本使用。可以把它想象成编译程序使用的函数库。被 source 的文件将加载到 source 命令所在位置的调用脚本中，然后立即执行。

source 可以使用 source 命令完成。句点（.）是 source 命令的别名。这在图 13-2 中说明，它是图 13-1 中代码的一个片段。

```
# Only display echos from profile.d scripts if we are no login shell
# and interactive - otherwise just process them to set envvars
for i in /etc/profile.d/*.sh; do
    if [ -r "$i" ]; then
        if [ "$PS1" ]; then
            . "$i"
        else
            . "$i" >/dev/null
        fi
    fi
done
```

图 13-2　此代码片段 source 位于 /etc/profile.d 的 * .sh 文件。此目录中的其他文件被忽略

图 13-2 中突出显示的行从 /etc/profile.d 中的所有 * .sh 文件中 source（获取）代码到这段代码片段。

那么图 13-1 中的程序片段如何执行呢？将此代码导入（source）其中以便它可以执行的代码或触发器在哪里？好问题。图 13-3 中的 /etc/profile 脚本 source 了 /etc/bashrc 文件。

```
# /etc/profile

# System wide environment and startup programs, for login setup
# Functions and aliases go in /etc/bashrc

# It's NOT a good idea to change this file unless you know what you
# are doing. It's much better to create a custom.sh shell script in
# /etc/profile.d/ to make custom changes to your environment, as this
# will prevent the need for merging in future updates.
pathmunge () {
    case ":${PATH}:" in
        *:"$1":*)
            ;;
        *)
            if [ "$2" = "after" ] ; then
                PATH=$PATH:$1
            else
                PATH=$1:$PATH
            fi
    esac
}


if [ -x /usr/bin/id ]; then
    if [ -z "$EUID" ]; then
        # ksh workaround
        EUID=`id -u`
        UID=`id -ru`
    fi
    USER="`id -un`"
    LOGNAME=$USER
    MAIL="/var/spool/mail/$USER"
fi

# Path manipulation
if [ "$EUID" = "0" ]; then
    pathmunge /usr/sbin
    pathmunge /usr/local/sbin
else
    pathmunge /usr/local/sbin after
    pathmunge /usr/sbin after
fi

HOSTNAME=`/usr/bin/hostname 2>/dev/null`
HISTSIZE=1000
if [ "$HISTCONTROL" = "ignorespace" ] ; then
    export HISTCONTROL=ignoreboth
else
    export HISTCONTROL=ignoredups
fi

export PATH USER LOGNAME MAIL HOSTNAME HISTSIZE HISTCONTROL

# By default, we want umask to get set. This sets it for login shell
# Current threshold for system reserved uid/gids is 200
# You could check uidgid reservation validity in
# /usr/share/doc/setup-*/uidgid file
if [ $UID -gt 199 ] && [ "`id -gn`" = "`id -un`" ]; then
    umask 002
```

图 13-3 /etc/profile 脚本在启动时为系统上的所有 shell 设置全局环境。它还在 /etc/profile.d 和 /etc/bashrc 中获取 bash 脚本片段

```
else
    umask 022
fi

for i in /etc/profile.d/*.sh ; do
    if [ -r "$i" ]; then
        if [ "${-#*i}" != "$-" ]; then
            . "$i"
        else
            . "$i" >/dev/null
        fi
    fi
done

unset i
unset -f pathmunge

if [ -n "${BASH_VERSION-}" ] ; then
        if [ -f /etc/bashrc ] ; then
                # Bash login shells run only /etc/profile
                # Bash non-login shells run only /etc/bashrc
                # Check for double sourcing is done in /etc/bashrc.
                . /etc/bashrc
        fi
fi
```

图 13-3 （续）

/etc/profile 文件也是一个脚本片段。可以这么说，当从 bash 本身调用时，它被作为登录 shell 调用，它首先读取 /etc/profile（如果它存在），然后按顺序读取 ~/.bash_profile、~/.bash_login 和 ~/.profile（如果它们存在⊖）。

13.3.2　全局 Bash 配置

下面对 bash 进行一些全局配置的更改。

/etc/bashrc 文件提到了 /etc/profile.d 目录。下面看一下实验 13-1 中的目录及其文件。我们将添加一些自己的全局 bash 配置。

实验应该以 root 身份执行。我们的目标是为 bash shell 的全局配置添加一些内容。

将 /etc/profile.d 设为 PWD 并列出其内容。

```
[root@testvm1 ~]# cd /etc/profile.d/ ; ls -l
total 100
-rw-r--r--. 1 root root  664 Jul 25  2017 bash_completion.sh
-rw-r--r--. 1 root root  196 Aug  3 04:18 colorgrep.csh
```

⊖　有关详细信息，参阅 bash 手册页。

```
-rw-r--r--. 1 root root  201 Aug  3 04:18 colorgrep.sh
-rw-r--r--. 1 root root 1741 Nov 10 12:53 colorls.csh
-rw-r--r--. 1 root root 1606 Nov 10 12:53 colorls.sh
-rw-r--r--. 1 root root   69 Aug  4 19:53 colorsysstat.csh
-rw-r--r--. 1 root root   56 Aug  4 19:53 colorsysstat.sh
-rw-r--r--. 1 root root  162 Aug  5 02:00 colorxzgrep.csh
-rw-r--r--. 1 root root  183 Aug  5 02:00 colorxzgrep.sh
-rw-r--r--. 1 root root  216 Aug  3 04:57 colorzgrep.csh
-rw-r--r--. 1 root root  220 Aug  3 04:57 colorzgrep.sh
-rwxr-xr-x. 1 root root  249 Sep 21 03:40 kde.csh
-rwxr-xr-x. 1 root root  288 Sep 21 03:40 kde.sh
-rw-r--r--. 1 root root 1706 Jan  2 10:36 lang.csh
-rw-r--r--. 1 root root 2703 Jan  2 10:36 lang.sh
-rw-r--r--. 1 root root  500 Aug  3 11:02 less.csh
-rw-r--r--. 1 root root  253 Aug  3 11:02 less.sh
-rwxr-xr-x. 1 root root   49 Aug  3 21:06 mc.csh
-rwxr-xr-x. 1 root root  153 Aug  3 21:06 mc.sh
-rw-r--r--. 1 root root  106 Jan  2 07:21 vim.csh
-rw-r--r--. 1 root root  248 Jan  2 07:21 vim.sh
-rw-r--r--. 1 root root 2092 Nov  2 10:21 vte.sh
-rw-r--r--. 1 root root  120 Aug  4 23:29 which2.csh
-rw-r--r--. 1 root root  157 Aug  4 23:29 which2.sh
```

带有 *.sh 扩展名的所有文件都由 /etc/bashrc 或 /etc/profile 中的代码执行。其他扩展名的文件不会被执行。我们将通过在此目录中创建一个新文件来添加 bash 配置。

使用你喜欢的编辑器在此目录中创建名为"mybash.sh"的新文件。将以下内容添加到文件中。

```
################################################################
# The following are global changes to BASH configuration      #
################################################################
alias lsn='ls --color=no'
alias vim='vim -c "colorscheme desert" '
TestVariable="Hello World"
set -o vi
```

测试之前，要确保没有别名并且 testVariable 为 null。

```
[root@testvm1 profile.d]# alias
alias cp='cp -i'
alias egrep='egrep --color=auto'
alias fgrep='fgrep --color=auto'
alias grep='grep --color=auto'
alias l.='ls -d .* --color=auto'
alias ll='ls -l --color=auto'
alias ls='ls --color=auto'
alias mc='. /usr/libexec/mc/mc-wrapper.sh'
```

```
alias mv='mv -i'
alias rm='rm -i'
alias which='(alias; declare -f) | /usr/bin/which --tty-only --read-alias --
read-functions --show-tilde --show-dot'
alias xzegrep='xzegrep --color=auto'
alias xzfgrep='xzfgrep --color=auto'
alias xzgrep='xzgrep --color=auto'
alias zegrep='zegrep --color=auto'
alias zfgrep='zfgrep --color=auto'
alias zgrep='zgrep --color=auto'
[root@testvm1 profile.d]# echo $TestVariable

[root@testvm1 profile.d]#
```

现在测试结果。此更改不会影响已打开的 bash 会话。新会话将反映此更改。以 student 用户身份打开一个新的终端会话。运行以下命令以验证结果。

```
[root@testvm1 profile.d]# echo $TestVariable
Hello World
[root@testvm1 profile.d]# alias
alias cp='cp -i'
alias egrep='egrep --color=auto'
alias fgrep='fgrep --color=auto'
alias grep='grep --color=auto'
alias l.='ls -d .* --color=auto'
alias ll='ls -l --color=auto'
alias ls='ls --color=auto'
alias lsn='ls --color=no'
alias mc='. /usr/libexec/mc/mc-wrapper.sh'
alias mv='mv -i'
alias rm='rm -i'
alias vim='vim -c "colorscheme desert" '
alias which='(alias; declare -f) | /usr/bin/which --tty-only --read-alias --
read-functions --show-tilde --show-dot'
alias xzegrep='xzegrep --color=auto'
alias xzfgrep='xzfgrep --color=auto'
alias xzgrep='xzgrep --color=auto'
alias zegrep='zegrep --color=auto'
alias zfgrep='zfgrep --color=auto'
alias zgrep='zgrep --color=auto
```

如本实验所示，很容易对 ASCII 文件进行更改。不需要重新启动即可使这些更改生效——它们对新的 bash 终端会话立即生效。

13.3.3 用户配置文件

主目录中所谓的隐藏文件——那些名字以句点（.）开头的文件，是特定于用户的配置文件，可以更改它们来满足自己的需求和喜好。.bashrc 文件是一个配置文件，各个用户可以在其中设置自己的 bash 配置，例如别名、功能和它们独有的环境变量。

实验 13-2

以 student 用户身份执行此实验。

.bashrc 文件很短，可以用 cat 查看它。先确保我们在 student 用户的主目录中，然后显示此文件。

```
[student@testvm1 ~]$ cd ; cat .bashrc
# .bashrc

# Source global definitions
if [ -f /etc/bashrc ]; then
        . /etc/bashrc
fi

# Uncomment the following line if you don't like systemctl's auto-paging
feature:
# export SYSTEMD_PAGER=

# User specific aliases and functions
```

这个文件也有很好的注释，甚至告诉我们在哪里添加配置。因此可以添加一些无害的东西来测试这个本地配置。使用你喜欢的编辑器将以下行添加到文件的末尾。

StudentVariable="This is a local variable."

查看此变量。

```
[student@testvm1 ~]$ echo $StudentVariable

[student@testvm1 ~]$
```

此变量尚未添加到环境中。它将成为从现在开始的 bash 终端会话环境的一部分。可以通过像这样 source（获取）.bashrc 文件将它添加到现有的 bash 终端会话中。

```
[student@testvm1 ~]$ . .bashrc
[student@testvm1 ~]$ echo $StudentVariable
This is a local variable.
```

这些例子足以让你了解公开格式配置文件的灵活性。很容易理解文件的逻辑，并在需要时轻松修改它们。虽然每个发行版在把注释添加到这些文件的方式上有所不同，但我使用的所有文件在注释中都有足够的信息，使我能够找出适合改变配置的位置。它们还包含足够的信息帮助我理解逻辑。这并不意味着我不需要做一点工作来理解这一切，但如果需要或只是好奇，我可以做到。

本地用户 bash 配置会覆盖全局配置。因此，如果用户具有这方面知识并希望为自己更改全局配置参数，可以通过在 ~/.bashrc 文件中设置它来实现。

13.3.4　ASCII 的可贵之处

现在可以看到使用 ASCII 文本文件进行配置所营造的开放性如何让我们能够探索和理解 Linux 操作系统的许多过程。ASCII 是配置文件和 shell 脚本的首选格式。

许多系统级可执行文件也是 bash 脚本，用于设置配置和启动二进制文件。下面查看 /bin 目录来验证这一点。

实验 13-3

以 root 用户身份执行此实验。

把 /bin 设为 PWD 并统计文件数，查看总共有多少可执行文件。

```
[root@testvm1 ~]# cd /bin/ ; ls | wc -l
2605
```

查看其中有多少是 asii 文本文件。

```
[root@testvm1 bin]# for I in `ls`;do file $I;done | grep ASCII | wc -l
355
```

/bin 中超过 13％ 的可执行文件是 ASCII shell 脚本。查看作为 ASCII 脚本的文件列表，你的主机的具体结果几乎肯定与我的不同。

```
[root@testvm1 bin]# for I in `ls`;do file $I;done | grep ASCII | less
```

这里没有列出这些文件，读者可以看看都有什么文件。

我们选择查看 ps2ascii 脚本，它用作 ghostscript 程序的包装器。

> 注意　如果你使用的主机没有安装 ps2ascii 程序，可以安装它或选择其他 ASCII 文件来探索本实验的其余部分。

```
[root@testvm1 bin]# cat ps2ascii
#!/bin/sh
# Extract ASCII text from a PostScript file.  Usage:
#       ps2ascii [infile.ps [outfile.txt]]
# If outfile is omitted, output goes to stdout.
# If both infile and outfile are omitted, ps2ascii acts as a filter,
# reading from stdin and writing on stdout.

# This definition is changed on install to match the
# executable name set in the makefile
GS_EXECUTABLE=gs

trap "rm -f _temp_.err _temp_.out" 0 1 2 15

OPTIONS="-q -dSAFER -sDEVICE=txtwrite"
if ( test $# -eq 0 ) then
    $GS_EXECUTABLE $OPTIONS -o - -
elif ( test $# -eq 1 ) then
```

```
        $GS_EXECUTABLE $OPTIONS -o - "$1"
    else
        $GS_EXECUTABLE $OPTIONS -o "$2" "$1"
    fi
```

ghostscript 程序通过从原始文件中提取文本将 Postscript 和 PDF 文件转换为 ASCII 文本文件。这个包装器带有解释程序功能的注释。它设置了一些变量，然后使用不同条件的选项运行程序。

像 ps2ascii 这样的脚本在启动程序时可以提供很大的灵活性。它们使用户的工作更轻松，因为脚本可以管理对传递给主程序的选项和参数进行设置的任务。

13.4　小结

Linux 中的开放数据使系统管理员能够探索所有内容，可以满足我们对 Linux 工作方式的好奇心。将 ASCII 文本文件用于脚本和配置文件可以让系统管理员查看工作环境的内部工作情况。

通过一些相关的 bash 配置程序和文件，可以利用开放性来探索我们的工作方式。我们发现了如何进行全局和局部更改，添加了一些自己的配置将 bash 配置得更符合自己的喜好。

而且，如果想要或需要，我们可以下载用于编译内核可执行代码以及 Linux 发行版提供的所有开源程序和实用程序的源代码。

所有这一切只能在开放的操作系统中实现。

第 14 章 *Chapter 14*

对数据使用分离的文件系统

这个特定的原则有很多内容，它需要了解 Linux 文件系统和挂载点的性质。如果你不熟悉第 6 章的内容，可以重新阅读它。

> **注意** 本章中术语"文件系统"的主要含义是目录树的一部分，目录树位于单独的分区或逻辑卷上，必须挂载在根文件系统的指定挂载点上才能访问它。我们还使用此术语来描述分区或卷上的元数据结构，例如 EXT4、XFS 或其他结构。可以从它们的语境中清楚了解这些不同的用法。

14.1 为什么我们需要分离的文件系统

在 Linux 主机上维护分离的文件系统至少有三个很好的理由。首先，当硬盘崩溃时，我们可能会丢失损坏的文件系统上的部分或全部数据，但是，正如下面将看到的，崩溃的硬盘驱动器上其他文件系统上的数据仍然可以挽救。

其次，尽管可以访问大量的硬盘空间，但某个文件系统可能会填满。当发生这种情况时，分离的文件系统可以使它造成的影响最小化，并且恢复更容易。

再次，当某些文件系统（例如 /home）位于不同的文件系统上时，可以更容易地进行升级。这使得升级变得容易，而无须从备份中恢复该数据。

职业生涯中，我经常遇到这三种情况。在某些情况下，只有一个分区，因此恢复非常困难。当主机配置了分离的文件系统时，从这些情况中恢复总是更容易且恢复得更快。

保持所有类型的数据安全是系统管理员工作的一部分。使用分离的文件系统来存储数据可以帮助我们实现这一目标。这种做法也可以帮助我们实现成为懒惰管理员的目标。备份确实可以恢复在崩溃情况下可能会丢失的大部分数据，但使用分离的文件系统可能恢复在崩溃之前所有的数据。从备份恢复需要更长时间。

14.1.1　硬盘崩溃

你是否遇到过这样的情况，计算机硬盘崩溃，导致 Linux 计算机无法启动，所有数据都放在崩溃的硬盘上，还没有最近的备份？大多数人都遇到过。

使用分离的文件系统时，可以在某些（但不是全部）硬盘驱动器崩溃中从可能未触及的文件系统中恢复数据。当整个目录树使用单个文件系统时，任何类型的硬盘驱动器崩溃都更有可能导致所有数据丢失。

不幸的是，有几种硬盘驱动器故障模式可能会完全阻止驱动器工作，这时驱动器上的所有数据都将丢失。

14.1.2　文件系统填满

尽管我们可以使用大量的硬盘空间，但某个文件系统可能会填满。失控的程序可以非常快速地填满文件系统。如果只有一个文件系统，则主机可能会崩溃并且会丢失许多有价值的数据。

我曾看到片刻间文件系统填满的情况。在只有单个文件系统的主机中，结果可能是灾难性的。具体症状可能有所不同，但可能包括用户无法创建新文件、保存已修改的文件或登录到桌面，以及完全没有响应甚至无法通过 SSH 远程访问主机等现象。在一些情况下，重新获得控制权的唯一方法是关闭系统并启动恢复模式。然后，可以找到并删除填满磁盘的文件，并尝试了解导致这种情况发生的原因。我遇到的最糟糕的情况是为本书测试 VM，VM 无法终止。

在配置分离的文件系统的主机中，填满一个文件系统的任何影响都将被最小化，并且这种情况的损害可能会减少。从这种情况中恢复通常会更快更容易。

14.2　挽救便携式计算机

这发生在今天。

千真万确，就在今天——2017 年 12 月 26 日，我在写这一章时，我的一位朋友给我发了一条短信告诉我，她的便携式计算机无法启动了，我一直为她提供这台计算机的技术支持。

几年前，我的朋友 Cyndi，也是我的瑜伽教练，她的计算机因恶意软件的侵袭而不断变慢。她让我帮忙，我同意了。我告诉她使用 Linux 的好处，她决定尝试一下。

多年来，我通过硬件修复、软件更新和升级到 Fedora 的新版本，帮助 Cyndi 保持她的计算机运行良好，这就是我从一开始为她做的。当她遇到一个自己无法弄清楚的计算机问题时，她总是先打电话给我。这次也不例外。

短信中说她的计算机无法启动，它在屏幕上打印了一系列重复的消息。经过交流，我确定我应该看一下便携式计算机，她把它带到我的家庭办公室。基于在 /dev/sda 上显示一系列 I/O 错误的消息，我确定硬盘驱动器出现故障。我告诉她我不确定是否可以从硬盘中抢救数据，但会尽力去做。

此时，我检查了她的外部 U 盘，并确定最新的备份已是几个月前的了。这方面是我的错，我已经把它解决了。她离开后，我从便携式计算机中取出 320GB 硬盘，然后将其插入我硬盘扩展坞的其中一个插槽中进行研究。

我事先已经知道这块硬盘的情况。当在便携式计算机上安装 Linux 时，我为 /usr、/var、/tmp、/swap 和 /home 使用了分离的文件系统，我在安装 Linux 时一直都这么做。这意味着 /home 文件系统与根（/）文件系统位于不同的逻辑卷上。因为问题是在启动过程中——从技术上说是在引导之后和启动期间，当 systemd 启动各种服务时，所以很可能其他逻辑卷不受影响，包括我用来安装她的主目录的卷，即 /home。

在硬盘驱动器启动后，我使用 lvscan 工具找到主工作站上的所有逻辑卷。结果如图 14-1 所示，其中包括有缺陷的硬盘驱动器逻辑卷。

```
[root@david ~]# lvscan
  ACTIVE          '/dev/fedora_mobilemantra/home' [<48.83 GiB] inherit
  ACTIVE          '/dev/fedora_mobilemantra/root' [<29.30 GiB] inherit
  ACTIVE          '/dev/fedora_mobilemantra/tmp' [19.53 GiB] inherit
  ACTIVE          '/dev/fedora_mobilemantra/var' [19.53 GiB] inherit
  ACTIVE          '/dev/fedora_mobilemantra/usr' [<34.18 GiB] inherit
  ACTIVE          '/dev/fedora_mobilemantra/swap' [7.81 GiB] inherit
  ACTIVE          '/dev/vg_david2/home' [50.00 GiB] inherit
  ACTIVE          '/dev/vg_david2/stuff' [130.00 GiB] inherit
  ACTIVE          '/dev/vg_david2/Virtual' [590.00 GiB] inherit
  ACTIVE          '/dev/vg_david2/Pictures' [75.00 GiB] inherit
  ACTIVE          '/dev/david1/root' [9.31 GiB] inherit
  ACTIVE          '/dev/david1/tmp' [<28.63 GiB] inherit
  ACTIVE          '/dev/david1/var' [<18.63 GiB] inherit
  ACTIVE          '/dev/david1/usr' [<46.57 GiB] inherit
  ACTIVE          '/dev/david1/swap' [14.90 GiB] inherit
  ACTIVE          '/dev/vg_Backups/Backups' [3.63 TiB] inherit
```

图 14-1　lvscan 显示逻辑卷，包括有缺陷的硬盘驱动器上的逻辑卷

lvscan 命令的结果还列出了分配给便携式计算机硬盘驱动器上逻辑卷的设备文件。只要硬盘驱动器达到指定速度并且可以读取，这些设备文件就由 udev ⊖创建出来。正如我在第 5 章中提到的那样，udev 负责检测新设备何时插入系统，并在 /dev 中为它们创建设备文件。

⊖　Unnikrishnan A，Linux.com，Udev: Introduction to Device Management In Modern Linux System（Udev：现代 Linux 系统中的设备管理简介），https://www.linux.com/news/udev-introduction-device-management-modern-linux-system。

列出的逻辑卷中有 /dev/fedora_mobilemantra/home，这是我朋友硬盘的主目录。此时，我掌握了在我的工作站上的 /mnt 上挂载此主目录需要的所有东西。我做到了，并开始研究主目录。一切看起来都不错，我能够毫无问题地读取几个文件。

> **注意** 很幸运，硬盘并没有发生灾难性的故障。在这个案例中，错误显然是 /（根）分区上的坏扇区，而其他分区保持原样，因此可以恢复它们。

要创建主（home）目录的备份并发现位于那里的许多文件是否存在错误，最简单的方法是使用 tar 命令。在创建 tarball 期间没有发生错误，因此我能够从主目录中提取所有数据。

当我打电话给 Cyndi 告诉她的数据仍然以数字化形式存在的消息时，她非常高兴。

我使用 dd 命令，如图 14-2 所示，对整个硬盘进行快速测试。在总共 320GB 中读取 115GB 后发生了 I/O 错误。我本可以继续关注错误的位置，但这足以让我知道是这些错误导致启动问题，这表明它们位于 /（根）文件系统中。

```
[root@david ~]# dd if=/dev/sdi of=/dev/null
dd: error reading '/dev/sdi': Input/output error
224078480+0 records in
224078480+0 records out
114728181760 bytes (115 GB, 107 GiB) copied, 1551.07 s, 74.0 MB/s
```

图 14-2　使用 dd 命令测试硬盘驱动器。这也显示发生了 I/O 错误

将 "outfile" 数据发送到 /dev/null 可防止它在终端会话中作为 STDOUT 显示。向终端显示 STDOUT 也会显著减慢整个过程。但是，任何指示 I/O 错误的 STDERR 消息仍将显示在终端上。运行此命令时，硬盘驱动器或其任何分区均未挂载。

我为她的便携式计算机订购了一个新硬盘并安装了它。然后我安装了 Fedora 27，这是目前最新版本，并将保存的数据恢复到她的主目录。一切都很好，她的所有数据是完好无损。

这个故事完美地说明了为数据使用分离的文件系统的一个原因。它也非常清楚地表明理解 Linux 文件系统分层结构对系统管理员很重要。它显示了 /mnt 挂载点和 /dev/null 设备的适当用法。它也是一个很好的例子，完美地说明了"一切都是文件，/dev 中的设备特殊文件可以与简单的工具一起使用"。

14.3　数据安全

这个数据安全性原则与其他任何事情一样重要。在这个语境下，我指的是保持数据持

续存在和完整性的安全性。今天的硬盘容量很大，有些硬盘容量达到了数 TB。硬盘驱动器是计算机中出故障最频繁的设备之一，还有其他具有风扇等机械移动部件的设备。因此，硬盘驱动器越大，出故障时可能丢失的数据就越多。

当然，保护数据的一方面是进行备份。另一个非常重要的方面是确保数据—— 事实上的数据，如文档、项目文件、财务文件、图形、视频、音频、用户配置文件等，尽可能安全防止被破坏。因为备份系统也会出故障。

根据 Linux 文件系统分层标准，"破坏根文件系统上的数据导致的磁盘错误比破坏任何其他分区的错误都要大。一个小的根文件系统不容易因系统崩溃而损坏[⊖]。"这背后的原因是，在大多数系统中，最大数量的磁盘写入都发生在根分区中，因此它最有可能被某个问题损坏。这似乎正是前一个例子中的情况。

这导致的必然结果是，作为根文件系统一部分的目录比其他那些目录更容易受到这些系统崩溃的副作用的影响。这是理所当然的，因为我无法挂载根文件系统，因此无法恢复其上的任何文件。而在前一个例子中，我能够挂载 /home 文件系统。

因此得出结论，坚持为包含用户数据的目录树采用分离的文件系统是个好主意。它还强化了上述引言中的陈述，即根文件系统应该尽可能小。我的主工作站的根文件系统中使用的空间量仅为 444MB，这并不是很多。尽管如此，考虑到当前硬盘的巨大容量，我建议为根文件系统分配大约 5GB 的磁盘空间以防意外发生。

14.4　建议

我建议将 Linux 目录树的某些特定部分放在分离的文件系统上。有时我甚至建议将它们放在单独的硬盘驱动器上以进一步确保其安全性并便于恢复，因为如果需要更换包含根文件系统的驱动器，在单独驱动器上维护的文件系统上的数据是不需要从备份恢复的。

要将预先存在的文件系统作为重新安装的目录树的一部分挂载，所需的全部内容是在 /etc/fstab 文件中添加适当的条目。这使得在新驱动器中安装操作系统后，重新启动系统时可以挂载它们。可以使用"自定义"磁盘配置在 Linux 安装期间完成配置。此程序的详细信息超出了本书的范围。

当前基于 Red Hat 的安装（如 Fedora 和 CentOS）使用的默认磁盘配置可能远非理想。CentOS 7 将所有内容放在根（/）分区中，除了 /boot 和一个单独的交换卷。

Fedora 27 在 /boot 中放入 1GB，在 /root 中放置 50GB，在交换空间中放入几 GB，实际数量取决于系统中的 RAM 数量，其余全部放在 /home 中。在我的测试 VM 上，这是 195GB。对于我使用的大多数系统来说太多了。我发现经过大量的实验，实际数字取决于

⊖　LSB 工作组 –Linux 基础，文件系统分层标准 V3.0,3，https://refspecs.linuxfoundation.org/FHS_3.0/fhs-3.0.pdf。

硬盘的大小。但结论仍然相同。

　　这些默认值可能导致磁盘使用率不佳，并导致主机在生命周期的后期出现问题。即使 /home 在这些默认安装中在其自己的逻辑卷上是一个分离的文件系统，它的大小对于许多环境来说还是太大了。例如，我主工作站上的主目录只有大约 30GB 的数据，包括这本书和很多照片，有些都可以追溯到 20 多年前。还有其他文件系统也需要考虑。

　　在 Linux 文件系统分层结构中，有三个主要分支专门设计成作为分离的文件系统位于单独的分区或卷上⊖。这是可能的，因为 Linux FHS 就是这样规定的。这三个分支分别是 /usr、/opt 和 /var。我还发现其他分支也可以作为分离的文件系统良好运行，比如 /home、/tmp 和 /opt。

　　我建议将目录树的分支作为分离的文件系统。所有这些文件系统都可以放在与包含根文件系统的驱动器分开的一个或多个硬盘驱动器上。这有助于确保那些不在故障驱动器上的目录分支的整体生存能力。

　　可以参考表 6-1，了解 Linux FHS 的这些分支的简要说明，也可以参考文件系统分层标准 V3.0 ⊖。

14.4.1　/boot

　　/boot 目录树是一个有趣的目录树，因为它不能是逻辑卷配置的一部分。它必须是具有 Linux EXT2、EXT3、EXT4、VFAT 或 XFS 文件系统的单独磁盘分区。当前版本的 Fedora 和 CentOS 6 以及 CentOS 7 安装程序 Anaconda 仅支持这些文件系统。

　　由于大多数现代发行版都使用逻辑卷管理，因此此目录必须是分离的文件系统。如果是这种情况，你将无法选择。但是如果不使用逻辑卷管理而使用直接在原始分区上创建的文件系统（如 EXT4），则可以将 /boot 作为根（/）文件系统的一部分。

　　我建议 /boot 始终是一个分离的文件系统，即使逻辑卷不用于主机上的其他文件系统。

14.4.2　/home

　　显然 /home 应该是一个分离的文件系统。多年的经验，让我非常清楚 /home 始终应该是与目录树其余部分分开的文件系统。我熟悉的发行版的默认文件系统配置清楚地表明，除了它的大小问题之外，这是最佳做法。

　　例如，当 Fedora 从一个版本升级到下一个版本时，即使不使用提供的升级工具，只把 Fedora 的新版本安装在旧的上面，将数据（特别是 /home）放在分离的文件系统上也可以轻松升级版本。这种安装需要与从根文件系统损坏恢复相同的过程，有必要执行文件系统的自定义配置，并选择保留现有的主目录而不格式化它。

⊖　同上，第 3 条。
⊖　同上。

/home 也是我建议放在与操作系统所在硬盘驱动器分开的硬盘驱动器上的文件系统之一。这有助于确保主驱动器发生故障时，/home 上的数据是安全的。它还通过在多个硬盘驱动器上传播磁盘访问来提高性能，因此操作系统不必等待用户数据访问，反之亦然。

虽然 FHS 规定 /home 作为"主目录"，但它也承认目录树中主目录的位置通常受机构标准和系统管理员管理系统的自由决定。我遇到过 /var/home、/opt/home、/homedirs 等主目录。在这个问题上，我喜欢遵循标准。

将主目录作为分离的文件系统使其能够在需要时将其移动到不同的挂载点。要使其能够正常工作，其他东西也可能需要更改，例如默认路径。

root 用户的主目录是 /root，此目录应该仍然是根文件系统的一部分。这样做的原因是确保存储在根主目录中的工具和文件，在恢复模式和不挂载其他文件系统的运行级别中仍然可用。

许多与系统服务相关的非登录账户也在其他位置具有主目录。具体位置因服务而异，但通常是作为服务本身一部分的目录。

14.4.3　/usr

/usr 分支包含非必要的命令，即用户命令，而不是在引导和启动期间或在恢复模式下运行时所需的系统管理命令。

虽然前面的陈述是在 FHS 文档中找到的，但在 Fedora 和 CentOS 7 的实践中已不再严格遵守。在努力简化文件系统分层结构时，这些发行版使用符号链接来为 /bin、/sbin、/lib 和 /lib64 挂载 /usr 中的挂载点。/bin 目录是 /usr/bin 的符号链接，/sbin 是 /usr/sbin 的符号链接，/lib 是 /usr/lib 的符号链接，/lib64 是 /usr/lib64 的符号链接。

启动所需的文件现在是 Linux 初始 RAM 文件系统 initramfs[⊖]的一部分，因此，现在符号链接的目录不再需要在引导时可用。

我通常使 /usr 成为一个分离的文件系统，以防止它成为根文件系统的一部分，从而确保数据的安全性。大多数用户级命令和库都位于此处。这被认为是具有静态文件（通常在主机操作过程中不会改变的文件）的目录树。

此目录树称为"二级分层结构"的原因之一是，它在许多方面具有类似于从根目录开始的主树的结构。它有一个用于本地文件的子目录树，/usr/local。

/usr/local 目录树包含子目录 etc、bin、sbin、include、lib、lib64、share 等。/usr/local 树的目的是成为可以存储本地程序和配置文件的地方。

这是我放置所有本地编写的脚本及其所需的任何配置文件的地方。脚本本身位于 /usr/local/bin 中，配置文件位于 /usr/local/etc 中。为这些脚本编写的手册页等文档位于 /usr/local/share 中。

⊖　维基百科，initial ramdisk，https://en.wikipedia.org/wiki/Initial_ramdisk。

另一个可选方案是使 /usr 成为根文件系统的一部分，但是把 /usr/local 做成一个分离的文件系统。无论如何我只备份 /usr/local，因为我从不对整个系统进行裸机恢复，这是有道理的。如果我遇到操作系统或安装它的硬盘驱动器有问题，需要完全重新安装，那么除了 /usr/local 树之外的所有内容都会在安装过程中重建。

/usr 和 /usr/local 也可以是分离的文件系统。/usr 文件系统将挂载在 /usr 挂载点上，然后本地分支将挂载在 /usr/local 挂载点上。

/usr 树不适用于大型程序，如商业软件或大型开源应用程序。它适用于小型到中等大小的本地编写的程序，以满足系统管理员或本地常规用户的需求。

大型软件应用程序应安装在其他位置，建议使用 /opt 目录树。

14.4.4　/opt

应在 /opt 目录树中安装大型程序。应该将此目录创建为分离的文件系统，以便在必要时可以轻松扩展其大小。

/opt 分支支持多个供应商的子目录的完整分层结构，以安装他们的软件，并为本地系统管理员的使用保留完整目录集，/opt 分支有 /opt/bin、/opt/doc、/opt/include、/opt/info、/opt/lib 和 /opt/man [⊖]。

14.4.5　/var

Linux 文件系统分层结构的 /var 分支是一个有趣东西的组合。它旨在包含"可变"数据——可以更改的数据，但这不是配置数据。由于操作系统在任何类型的恢复或维护模式下或初始引导序列期间不需要 /var 中的数据，因此可以将其安全地创建为分离的文件系统。

位于 /var 中的数据是用户数据和数据库。我们在 /var 中找到了许多不同类型的数据。例如，如果主机是 Web 服务器，则 /www 将包含网站所需的文件。实际上，我在我的 Web 服务器上运行了多个站点，并且每个站点都有自己的目录，例如 /var/wwwboth，/var/wwwlinuxdatabook 等。这样可以轻松确定哪个目录分支包含哪个网站的数据。完成此任务唯一所需的配置位于网站配置文件中。我使用 Apache Web 服务器，这将是 /etc/httpd/conf/httpd.conf。

MariaDB 是 MySQL 的一个分支，它在 /var/lib/mysql 中维护其数据库。SendMail 将用户收件箱存储在 /var/spool/mail 中。BIND 为位于 /var/named 中的数据库提供名称服务。并且还存储了更多的数据。

14.4.6　/tmp

/tmp 目录是用户和服务用以临时存储文件的位置。可将 /tmp 看作一个可以由任何用户

⊖　同上，第 13 条。

或进程暂时存储任何类型的数据的地方。存储在 /tmp 中的文件很可能会被删除，通常是在下次启动时。

我使用 /tmp 下载大文件，如 ISO 映像（比如各种发行版的安装映像）。这些文件可能非常大，并且与各种系统进程创建的文件一起可能会填满一个小的 /tmp 文件系统。因此我的 /tmp 文件系统做得非常大，通常为 10GB 或更多。对于我的主工作站，我目前分配给 /tmp 30GB。在数 TB 容量的硬盘驱动器中，30GB 的尺寸非常合理。

如果 /tmp 文件系统确实填满了，可能会发生奇怪的事情。我在第 6 章中提到了当我设法填满 /tmp 文件系统时出现的问题。GUI 桌面登录失败，因为桌面无法在 /tmp 中创建新文件，但控制台和远程 SSH 登录仍然有效。

但是，如果 /tmp 是根文件系统的一部分，问题会更严重。在这种情况下，可能会因为各种附加服务无法找到足够的磁盘空间来工作而造成许多其他症状。

14.4.7　其他分支

Linux 文件系统分层结构的所有其他分支都必须是根文件系统的原子部分。它们不能作为分离的文件系统创建，并在适当的挂载点挂载到目录树。存储在目录树的这些其他分支中的程序和数据需要在引导的早期阶段以及在低级恢复或维护模式下运行时可用。

14.5　一开始就分离文件系统

为 Linux 文件系统分层结构的一个或多个组件设置分离的文件系统，最佳时间是首次安装操作系统时。大多数 Linux 安装程序（如 Red Hat 的 Anaconda）都能够在安装期间执行自定义磁盘配置。此时，你可以指定单独的逻辑卷以包含一个或多个本章中讨论过的可以单独挂载的文件系统。

安装程序，至少是我熟悉的安装程序，还能够识别现有分区、卷和文件系统，并显示有关它们的标识信息。这样可以在包含操作系统的硬盘驱动器崩溃并被更换后轻松重新安装 Linux。在想要完全重新安装时，它还可以实现轻松的版本升级，例如，从 Fedora 27 到 Fedora 28。可以安装操作系统，并且可以重新格式化根文件系统，而无须触及 /home、/usr 和 /var 文件系统。例如，这将保留我的所有个人数据、电子邮件收件箱和网站数据。

14.6　稍后添加分离的文件系统

原始安装后，将这里讨论的一个或多个目录转换为系统中的分离的文件系统并不特别困难。它只需要一些远见和规划。

转换的基本过程很简单。事实上，有多种方法可以做到这一点。以下是 /home 目录的一个转换流程。此流程假定 /home 目前不在与根文件系统分离的文件系统上。

1）如有必要，安装新的硬盘驱动器。

2）在驱动器上创建分区或逻辑卷。

3）将文件系统标签添加到新分区或卷。这使得新文件系统在未安装时易于识别，并允许通过标签进行安装。

4）备份当前主目录中的数据。如果 /tmp 中有空间，将备份存储在那里。这是使 /tmp 变大的一个很好的理由。

5）从当前 /home 目录中删除数据。此步骤释放了在将新文件系统挂载到文件系统分层结构主干上的 /home 之后无法访问的空间。

6）在 /etc/fstab 中添加一个条目，指定在 /home 上挂载新文件系统。

7）将新卷挂载在 /home 上。

8）将数据恢复到 /home。

9）测试并验证所有数据是否都已正确恢复。

下面在实验 14-1 中做一个这样的转换。

实验 14-1

此实验应该以 root 身份执行。在备份现有 /home 目录后，我们将删除 U 盘上的现有分区并创建一个 Linux 分区，将新分区格式化为 EXT4，挂载为 /home，然后恢复备份数据。

🎥 注意　如果你未注销所有 student 用户会话，则可能会出现意外结果。

如果你以 student 用户身份登录，退出所有 student 登录会话。

⚠警告　此实验可能会导致主目录中的数据丢失。你应只在用于培训且未用于生产的虚拟机或主机上执行此实验。

我们将使用 U 盘作为新 home 驱动器的位置。如果 U 盘已插入系统中，将其卸载并将其拔下。

⚠警告　此实验会破坏 U 盘上的所有现有数据。在继续之前，确保使用指定用于这些实验的设备。

将 U 盘插入 USB 端口，不要挂载它。使用 dmesg 确定分配给设备的设备专用文件。在我的 VM 中是 /dev/sdb。

我们将使用 fdisk 删除现有分区并创建一个新的 Linus 分区。使用 fdisk 查看现有分区。

```
[root@testvm1 ~]# fdisk /dev/sdb

Welcome to fdisk (util-linux 2.30.2).
Changes will remain in memory only, until you decide to write them.
```

```
Be careful before using the write command.

Command (m for help): p
Disk /dev/sdb: 62.5 MiB, 65536000 bytes, 128000 sectors
Units: sectors of 1 * 512 = 512 bytes
Sector size (logical/physical): 512 bytes / 512 bytes
I/O size (minimum/optimal): 512 bytes / 512 bytes
Disklabel type: dos
Disk identifier: 0x73696420

Device     Boot Start    End Sectors  Size Id Type
/dev/sdb1        2048 127999  125952 61.5M  c W95 FAT32 (LBA)

Command (m for help):
```

注意，现有分区可能是 FAT32（VFAT）。我们想让 /home 文件系统使用 EXT4。删除现有分区，然后输出结果验证是否已删除该分区。

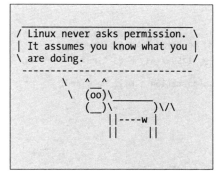

```
Command (m for help): d
Selected partition 1
Partition 1 has been deleted.

Command (m for help): p
Disk /dev/sdb: 62.5 MiB, 65536000 bytes, 128000 sectors
Units: sectors of 1 * 512 = 512 bytes
Sector size (logical/physical): 512 bytes / 512 bytes
I/O size (minimum/optimal): 512 bytes / 512 bytes
Disklabel type: dos
Disk identifier: 0x73696420
```

使用设备上的所有空间创建新分区。分区的类型和编号采用默认值。当被问及是否要删除 VFAT 签名时，回答"是"。然后采取开始和结束扇区的默认值。

```
Command (m for help): n
Partition type
   p   primary (0 primary, 0 extended, 4 free)
   e   extended (container for logical partitions)
Select (default p):
```

```
Using default response p.
Partition number (1-4, default 1):
First sector (2048-127999, default 2048):
Last sector, +sectors or +size{K,M,G,T,P} (2048-127999, default 127999):

Created a new partition 1 of type 'Linux' and of size 61.5 MiB.
Partition #1 contains a vfat signature.

Do you want to remove the signature? [Y]es/[N]o: y

The signature will be removed by a write command.
```

验证新分区是否为 linux 类型 83 的分区。

```
Command (m for help): p
Disk /dev/sdb: 62.5 MiB, 65536000 bytes, 128000 sectors
Units: sectors of 1 * 512 = 512 bytes
Sector size (logical/physical): 512 bytes / 512 bytes
I/O size (minimum/optimal): 512 bytes / 512 bytes
Disklabel type: dos
Disk identifier: 0x73696420
Device     Boot Start   End Sectors  Size Id Type
/dev/sdb1       2048 127999  125952 61.5M 83 Linux

Filesystem/RAID signature on partition 1 will be wiped.

Command (m for help):
```

将新分区表写入 U 盘。

```
Command (m for help): w
The partition table has been altered.
Calling ioctl() to re-read partition table.
Syncing disks

[root@testvm1 ~]#
```

创建一个 EXT4 文件系统。注意，我们正在将文件系统添加到 sdb1 分区，而不是磁盘本身 sdb。在小型设备上，这不会花费很长时间。

```
[root@testvm1 ~]# mkfs -t ext4 /dev/sdb1
mke2fs 1.43.5 (04-Aug-2017)
Creating filesystem with 62976 1k blocks and 15744 inodes
Filesystem UUID: 915c4857-cc81-4637-80ac-5e69d40329df
Superblock backups stored on blocks:
        8193, 24577, 40961, 57345

Allocating group tables: done
Writing inode tables: done
Creating journal (4096 blocks): done
Writing superblocks and filesystem accounting information: done
```

为分区创建一个标签，然后验证它是否已创建。

```
[root@testvm1 ~]# e2label /dev/sdb1 home
[root@testvm1 ~]# e2label /dev/sdb1
home
[root@testvm1 ~]#
```

由于正在进行实验的主机被指定用于培训，因此不应该有太多东西需要备份，也不会
花费很长时间。我们将创建一个简单的 tarball 作为备份。

```
[root@testvm1 ~]# tar -cvf /tmp/home.tar /home
```

我们不会为此实验添加 /etc/fstab 条目，也不会删除 /home 的任何当前内容。

> 提示　将位于 U 盘上的 home 文件系统挂载在 /home 挂载点上不会删除或损坏当前主目录
> 中的现有数据。新文件系统挂载在现有数据上面，无法再访问现有数据。在卸载 U
> 盘上的 home 文件系统后，原始主目录及其数据将再次可访问。

现在在 /home 上挂载新创建的 home 文件系统。我们将使用设备专用文件来明确指定要
挂载的设备。这可以防止与可能具有 "home" 标签的任何其他主文件系统发生任何潜在冲
突。我们还快速查看了它的的内容，除了 lost+found 目录之外应该为空。

```
[root@testvm1 ~]# mount /dev/sdb1 /home ; ls -lR /home
/home:
total 12
drwx------. 2 root root 12288 Feb  2 14:49 lost+found

/home/lost+found:
total 0
[root@testvm1 ~]#
```

/home 中的原始数据仍然存在，它只是被挂载在 /home 挂载点上的空文件系统屏蔽了。

现在可以将备份数据恢复到主目录。从 tarball 中提取数据时，它始终会还原到当前目
录中。因此，如果想恢复 /home，需要在执行提取之前将根目录（/）设置为 PWD，通过以
下命令执行此操作。

```
[root@testvm1 ~]# cd / ; tar -xf /tmp/home.tar
[root@testvm1 /]#
```

验证提取是否正常。

```
[root@testvm1 /]# ls -l /home
total 16
drwx------.  2 root    root    12288 Jan 15 10:04 lost+found
drwx------.  6 student student  1024 Jan 31 09:03 student
[root@testvm1 /]# ls -l /home/student/
total 37
-rw-rw-r--. 1 student student 84 Jan 27 15:28 error.txt
-rw-rw-r--. 1 student student 15 Jan 27 11:41 file0.txt
-rw-rw-r--. 1 student student 15 Jan 27 11:41 file1.txt
```

```
-rw-rw-r--. 1 student student    15 Jan 27 11:41 file2.txt
-rw-rw-r--. 1 student student    15 Jan 27 11:41 file3.txt
-rw-rw-r--. 1 student student    15 Jan 27 11:41 file4.txt
-rw-rw-r--. 1 student student    15 Jan 27 11:41 file5.txt
-rw-rw-r--. 1 student student    15 Jan 27 11:41 file6.txt
-rw-rw-r--. 1 student student    15 Jan 27 11:41 file7.txt
-rw-rw-r--. 1 student student    15 Jan 27 11:41 file8.txt
-rw-rw-r--. 1 student student    15 Jan 27 11:41 file9.txt
-rw-rw-r--. 1 student student    60 Jan 27 15:28 good.txt
-rwxr-xr--. 1 student student 9830 Jan 30 09:28 script.template.sh
-rw-rw-r--. 1 student student    42 Jan 27 15:16 test1.txt
```

也可以这样做。

```
[root@testvm1 /]# df -h /home
Filesystem      Size  Used Avail Use% Mounted on
/dev/sdb1        56M   36M   16M  70% /home
```

注意由于正在使用的 U 盘容量非常小而导致只有少量的可用空间⊖。

此时，新 /home 文件系统正在供用户 student 使用。以 student 用户身份重新登录，并验证一切正常。然后以 student 用户身份注销登录。

现在需要卸载 /home 文件系统。

```
[root@testvm1 /]# umount /home
```

现在可以安全地从主机中删除 U 盘。原始主目录现在已取消屏蔽并正在使用中。

14.7　小结

分离的文件系统让系统管理员的工作更容易。将目录树的一部分保持在分离的文件系统中，可以在驱动器崩溃的情况下提供更大的灵活性，实现将文件系统移动到不同挂载点的灵活性，也可以在需要时更容易地重新安装操作系统。如果一个硬盘崩溃，它还可以提高目录结构其他部分的生存能力。

为这里讨论的目录保持分离的文件系统，这不止一次地挽救了我的数据。

⊖　系统需要占用一定空间。——译者注

第 15 章 *Chapter 15*

使程序可移植

可移植式程序使懒惰的系统管理员的工作更容易。可移植性是一个重要的考虑因素，因为它允许程序在各种操作系统和硬件平台上使用。使用可以在许多类型的系统上运行的解释语言（如 bash 和 Perl）可以节省大量工作。

用 C 语言编写的程序在从一个平台移植到另一个平台时至少必须重新编译。在许多情况下，必须在源代码中维护特定于平台的代码，以便支持预期运行二进制文件的不同硬件平台。这会产生许多额外的工作，包括编写和测试程序。

大多数环境都提供 Perl、bash 和许多其他脚本语言。使用 Perl、bash、Python、PHP 和其他语言编写的程序可以在许多不同的平台上保持不变，只有极少数例外。

15.1 从英特尔 PC 到大型机

曾经我负责一台运行 Linux 的英特尔主机，它还运行着一个相当大的 Apache 网站，内置数据库引擎。我们编写了大量的 Perl 和 bash 程序，这些程序被用作 CGI，根据从数据库中检索到的数据生成网页。甚至数据库软件也是由一个系统管理员用 Perl 编写的。

作为灾难恢复计划的一部分，我们运行的所有大型机和 Unix 程序，即整个软件库存，都应该被迁移到位于费城的恢复服务。此服务未提供基于 Intel 的计算机，因此无法使用相同的硬件直接支持我们的网站。

但是，我们拥有一台 IBM Z 系列大型机，灾难恢复站点上也复制了它，它可以支持大量的 Red Hat 实例。我们认为测试我们的软件，看看它是否可以迁移到 IBM Z 系列机器上是明智的。我们希望不需要做太多改动就可以使它发挥作用。我获准访问 Z 系列主机上的专用 Red Hat 实例，并报告我的结果。

我首先确定了必须移动的软件和相关数据。这很简单，因为我们使用了 Linux 文件系统分层标准定义的文件和数据的标准目录位置。

我们花了不到五分钟创建了需要传输的文件的压缩包，并用几秒钟把压缩包文件 scp（安全复制）到大型机。我从压缩包中提取文件，使用启动 shell 程序启动各种服务器，"自动化所有内容"，然后开始测试。一切都完美无瑕。除了测试本身以外，从开始转移到运行再到结束的总时间是十二分钟。

迁移测试如此顺利的部分原因是我们的数据库实际上是一个纯 ASCII 文本文件，它符合第 13 章的原则："以公开格式文件存储数据"。修改它，从一种二进制格式转换为另一种格式，或从 ASCII 转换为 EBCDIC，或从一个系统导出并将其导入另一个系统，都不需要神奇的咒语。它很管用。

另外，这种轻松迁移之所以成为可能，还由于我们使用了 Perl 和 bash 来实现可移植式程序。

15.2 体系结构

Linux 运行在许多体系结构上。实际上，它支持相当多的硬件体系结构⊖。维基百科维护了 Linux 支持的一长串硬件体系结构，但本章介绍的只是其中的一小部分。

Linux 当然支持 Intel 和 AMD。

它还支持 32 位和 64 位 ARM 体系结构，这些体系结构几乎可以在地球上的每部移动电话和 Raspberry Pi ⊜等设备中找到。大多数移动电话使用称为 Android 的 Linux。

它还支持飞思卡尔（原摩托罗拉）68K 体系结构、德州仪器 320 系列、高通 Hexagon、惠普的 PA-RISC、IBM 的 S390 和 Z 系列、MIPS、IBM 的 Power、PowerPC、SPARC，等等。

这些体系结构在硬件指令集⊛级别上都是不同的。每种体系结构都需要不同的编译器，或者至少需要能够支持其各自指令集的编译器。这反过来意味着使用这些体系结构的编译语言的程序从一种体系结构迁移到另一种时必须重新编译。尽管程序需要重新编译，但这也是一种形式的可移植性。

本章的可移植性是指，程序在从一种体系结构移动到另一种体系结构时能直接工作，不需要重新编译或重写。只有 shell 和其他解释性脚本语言才能做到这一点。

⊖ Wikipedia，Linux 支持的计算机体系结构列表，https://en.wikipedia.org/wiki/ List_of_Linux-supported_computer_architectures。

⊜ Raspberry Pi 基金会，https://www.raspberrypi.org/。

⊛ 免费在线计算词典，指令集，http://foldoc.org/instruction+set。

15.3　可移植性限制

当我第一次听到与软件相关的术语"可移植式"（portable）时，意味着制作一个程序的副本，它可以从一台计算机移动到同一体系结构和操作系统的另一台计算机并在那里运行。在 Google 上搜索这个词会查出大量点击率很高的结果，这些结果都与使用各种技术将软件从一台 Windows 计算机移动到另一台 Windows 计算机有关，包括从可插入任何计算机的 U 盘运行程序等。其他技术的描述不太清楚。

15.3.1　许可

其他结果仅指在多个硬盘上安装程序。供应商可以出于各种原因试图阻止这种情况，在某些情况下，它是严重违法的。最终用户许可协议（EULA）可能明确声明你仅有权在一台计算机上安装和使用程序。更宽松的许可协议可能允许你在多台计算机上安装它——具有一些指定的限制，但是同一时间只能在一台计算机上使用它。

真正的可移植性受到许可的影响，因此有必要对其进行一些考虑。有时技术不是可移植性的限制因素。

15.3.2　技术

然而，有时技术又确实是软件的可移植性的限制因素。

编译器和代码

我们已经考虑了支持平台的可移植性。对于编译执行的程序，这意味着必须有编译器可用于创建与支持的平台兼容的二进制文件。Linux 已经在广泛的硬件平台上得到支持，因此显然有支持这些平台的编译器。

可以说这些平台存在一定程度的兼容性，并且这些代码在它们之间是半可移植式的。这基本上意味着如果需要，可以将代码放在单个代码库中，但需要在代码中考虑周全，以支持目标平台。这些差异是由每个平台的硬件指令集的固有差异造成的。

好消息是 Linux 使用的 GNU 编译器集合 ⊖（GCC）包含 C、C++、Objective C、Fortran、Java 和 Ada 编程语言的编译器。GCC 可以在 60 多个操作系统平台上运行，包括 Linux、DOS、Windows、许多 Unix 变种、MIPS、NeXT，以及脚注 4 中引用的 GCC 定义之前从未听说过的一堆操作系统。我们也可以在该文档中看到 GCC 支持各种处理器，它们都可以编译二进制代码。

这意味着我们在编译的二进制文件领域中具有一定程度的可移植性。缺点是为一个硬件平台编译的代码不能在不同的硬件平台上运行，因此必须对代码重新编译。有时必须对代码进行重大更改才能使其编译。这需要付出很多努力，并且大多数开发人员都不会费心

　⊖　Linux 信息项目，GCC 定义，http://www.linfo.org/gcc.html。

去尝试在所有甚至大多数硬件平台上编译代码。他们通常挑选一两个加在一起拥有最多潜在客户的平台，并且不会超出这些平台的范围。

如果某源代码是开源的，相关知识丰富的程序员可以使这个代码在一个不太常见的硬件平台上运行。当然，这么做会花费大量的工作。

对于懒惰的管理员来说，这绝对不是合适的选择。我们希望代码从一开始就变得更加可移植，这样可以消除大部分额外的工作。由于把编译的代码从一个平台移动到另一个平台所需的工作量很大，在我的可移植性规模上，编译代码的速率很低。虽然可以做到，但我不想自己做。

15.3.3　LibreOffice

LibreOffice ⊖ 是可移植的编译代码的一个很好的例子。我广泛使用 LibreOffice 进行各种项目，包括编写本书。LibreOffice 适用于许多操作系统平台，包括 Linux、各种 Windows 版本、Mac OS 和 Android。甚至还有一个使用 PortableApps.com ⊜ 打包的"Portable"版本⊛。这种打包使应用程序可以在自己的 U 盘上使用，例如，插入到任何 Windows 计算机上使用。

LibreOffice 可以用多种方式携带。它也是开源的，因此可以从 LibreOffice 网站下载源代码并根据自己的需要进行查看或修改。LibreOffice 在 Mozilla 公共许可版本 2.0 ® 下发布。

15.4　shell 脚本

绝大多数 shell 脚本都可以在 Linux 下的任何硬件平台上运行。在大多数情况下，它们也可以在其他 Unix 和类 Unix 操作系统上运行。

> shell 实际上是一种编程语言：它有变量、循环、判断等。
>
> ——Unix 编程环境®

此陈述适用于我曾经使用的每个 shell。前面的章节介绍了如何在命令行中直接编写简短的 shell 程序来快速解决问题。我们还介绍了创建可执行文件以存储这些临时程序，以便将来可用，以及供可能需要相同解决方案的其他系统管理员使用。

我更喜欢使用 bash，因为它是所有 Linux 发行版的默认 shell，也适用于 Unix。其他 shell 也很普遍，比如 ksh、csh、tcsh 和 zsh，但是可能需要安装，因为它们可能不是默认的。

⊖ LibreOffice，主页，https://www.libreoffice.org/。

⊜ PortableApps.com，主页，https://portableapps.com/。

⊛ LibreOffice，可移植版本，https://www.libreoffice.org/download/portable-versions/。

㉔ LibreOffice，许可证，https://www.libreoffice.org/about-us/licenses/。

㉕ Kernighan, Brian W.; Pike, Rob (1984), 3. Using the Shell, The UNIX Programming Environment（3. 使用 Shell，UNIX 编程环境），Prentice Hall，Inc.，ISBN 0-13-937699-2,94。

　　事实上，bash shell 与可移植操作系统接口（POSIX ⊖）标准几乎 100% 兼容⊖，这意味着在一个操作系统和硬件平台上运行的 bash shell 脚本也可以在支持 bash 的所有其他平台上运行。这并不意味着不会遇到问题。例如，第 11 章中编写的 mymotd 脚本会查找某些特定的硬件数据，这些数据可能不可用，可能可用，但获取方式与脚本假设的方式不同。该脚本能够运行，但可能会遇到一些异常结果。

Windows 的可移植性

　　到目前为止，我们一直专注于 Linux 和 Unix 操作系统的兼容性。尽管本书和系统管理员的 Linux 哲学是关于 Linux 环境的，但也要简略地讨论一下 Windows。

　　如上所述，可以创建能够在 Linux、各种版本的 Unix、Windows 和其他操作系统上编译的源代码。这样做需要做很多工作，但它能够做到并且已经完成了。真正的问题是如何在 Linux 和 Windows 上运行 shell 脚本。

　　下面介绍几种可以在 Linux 和 Windows 之间提供脚本可移植性的方法。

1. Cygwin

Cygwin 是一个免费的开源产品，可以下载并安装在 Windows 计算机上。Cygwin 支持 Windows Vista 及更高版本并安装了一个灵活的 Linux 环境以及从 Linux 和 GNU 实用程序移植的几乎完整的程序、实用程序和桌面环境。

　　可以使用 Cygwin 来安装 bash、tcsh、其他 shell、KDE 和其他 Linux 桌面，以及许多系统管理员习以为常的 Linux 实用程序。不仅可以在 Windows 上获得 Linux 体验，而且 bash 和其他脚本现在都可以移植到 Windows。Cygwin 环境甚至扩展到强制 /dev 目录和我们期望在任何 Linux 主机上找到的常用设备专用文件。

　　但是，这种可移植性确实有其局限性。例如，硬件和操作系统特定的功能可能无法正常工作。因此，可能有必要向 shell 脚本添加一些代码来确定操作系统环境，并相应地采取行动来允许差异。这不是什么新鲜事，并且已经在不同的 Linux 发行版之间以及 Linux 和各种版本的 Unix 之间完成。向脚本添加一些额外的代码来允许它在多个操作系统上运行是确保更高级别的可移植性的一种非常简单的方法。

　　在其他情况下，bash 脚本可能会在它们可运行的意义上移植，但那样做没有意义。例如，我编写的用于处理 Fedora Linux 安装的所有任务的安装后脚本不会正常运行，但会产生许多错误。

　　我花了一点时间来安装和学习一些关于 Cygwin 的内容，但我通常不会使用 Windows，除了像这样的一些测试。Cygwin bash shell 对于我们来说很熟悉，它提供了一个使用不依赖

⊖　Newham 和 Rosenblatt，Learning the Bash Shell（学习 Bash Shell）（O'Reilly 1998），ISBN 1-56592-347-2,248。

⊖　维基百科，POSIX，https://en.wikipedia.org/wiki/POSIX。

于操作系统的 Linux 命令和脚本的好机会。

2. PowerShell

微软在 2006 年发布了 PowerShell [⊖] 的第一个版本。2018 年 1 月，他们根据 MIT 许可证提供 PowerShell [⊖]。它的代码本身现在可用于许多平台，包括 Linux。PowerShell 是一种面向对象的脚本语言和 shell，旨在提供 Windows 和 Linux 平台之间的脚本可移植性。

我简单使用过 PowerShell。它与我使用的任何 Linux 和 Unix shell 都有很大的不同。如果你需要在 Linux 和 Windows 操作系统之间的脚本可移植性，一定要了解一下它。

3. 适用于 Linux 的 Windows 子系统

适用于 Linux 的 Windows 子系统[⊜]（WSL）允许 Linux ELF 二进制文件在 X64 版本的 Windows 10 主机上运行。此兼容层使得 Windows 用户能够从 Windows 存储中安装和运行许多不同的 Linux 发行版。

WSL 有其局限性，但它为需要跨平台兼容性的用户提供了另一种选择。

15.5 互联网和可移植性

我们一直在查看 shell 脚本，从命令行运行它们。当使用其他程序运行脚本时会发生什么？例如，一种使脚本可移植的方法是在 Web 服务器上将它们作为 CGI 程序运行，并将结果传递给发出请求的 Web 浏览器。

这种可移植性方法的优点是用户不需要特殊工具、虚拟机或兼容性层。无须在客户端（用户的主机）上下载和安装软件。在 Web 服务器上运行脚本并完成工作。由 Web 服务器完成的工作会产生一些信息，这些信息包含在页面中，只有浏览器用来生成和显示这些页面的数据流才会发送到请求客户端。

下面介绍一下如何为这种类型的环境创建脚本。

15.6 创建网页

回到互联网的石器时代，当我创建第一个商业网站时，我安装了 Apache HTTP 服务器并创建了一些简单的 HTML 页面，其中列出了一些关于我的业务的重要信息，并提供了类似于我的产品概述以及如何与我联系的信息。这是一个静态网站，因为内容几乎不变。维

⊖ Opensource.com, February 6, 2018, Power(Shell) to the people, https://opensource.com/article/18/2/powershell-people。

⊜ Linux Foundation，MIT 许可证，https://spdx.org/licenses/MIT。

⊕ Microsoft, The Windows Subsystem for Linux,（适用于 Linux 的 Windows 子系统）https://docs.microsoft.com/en-us/windows/wsl/about。

护我的网站很简单，因为它具有保持不变的性质。

15.6.1　静态内容

静态内容很容易实现且仍然很常见。让我们快速浏览几个静态网页示例。你不需要工作网站来执行这些小实验。只需将文件放在主目录中，然后使用浏览器打开它们。如果通过 Web 服务器将文件提供给浏览器，你将看到准确的内容。

Web 服务器的唯一功能是发送文本数据来创建从服务器到浏览器的网页。在本章的实验中，我们简单地将文本数据流创建为 /home/~ 目录中的文件。

我们在静态网站上首先需要的是 index.html 文件，它通常位于 /var/www/html 目录中。此文件可以简单到只有一个文本短语，例如 "Hello world"，根本没有任何 HTML 标记。这将只显示没有任何格式的文本字符串。

实验 15-1

本章中的所有实验都可以用 student 用户身份执行。

在你的主目录中创建 index.html 并添加没有引号或任何 HTML 标记的文本 "Hello world"，作为它仅有的内容。

使用以下网址在浏览器中打开 index.html。

`file:///home/<yourhomedirectory>/index.html`。

结果非常不起眼。只是在浏览器窗口中输出的一些文字。

因此，HTML 标记不是必需的，但如果有大量需要格式化的文本，那么没有 HTML 编码的网页，所有内容都挤在一起不好理解。

因此，下一步是通过使用一些 HTML 编码来提供一些格式，从而使内容更具可读性。

实验 15-2

以下数据创建一个页面，其中包含具有 HTML 的静态网页所需的全部最少量标记。将 h1 标记添加到 index.html 文件的文本中。

```
<h1>Hello World</h1>
```

现在查看 index.html 并查看差异。

当然，你可以在实际内容行周围添加大量额外的 HTML 标记，来制作更完整和标准的网页。如下所示更完整的版本仍会在浏览器中显示相同的结果。它也构成了更加标准化的网站的基础。继续把这些用作 index.html 文件的内容并在浏览器中显示它。

```
<!DOCTYPE HTML PUBLIC "-//w3c//DD HTML 4.0//EN">
<html>
<head>
```

```
<title>My Web Page</title>
</head>
<body>
<h1>Hello World</h1>
</body>
</html>
```

使用更复杂形式的结果变化不大，但它构成了一个完整的 HTML 编码网页。上面的 HTML 代码确实改变的一件事是我们现在有一个标题："My Web Page"（我的网页），它出现在浏览器选项卡或标题栏中。

我使用这些技术构建了几个静态网站，我的生活即将改变。

15.6.2　作为新工作的动态网页

我曾经为一个非常动态的网站创建和维护 CGI（通用网关接口）代码。在这种情况下，动态意味着在浏览器上生成网页所需的 HTML 是根据每次访问页面时可能不同的数据生成的。这包括用户在 Web 表单上的输入，该表单用于在数据库中查找数据。结果数据由适当的 HTML 包围并显示在发出请求的浏览器上。但它不需要那么复杂。

使用 CGI 脚本可以为网站创建简单或复杂的交互式程序，运行这些程序可以提供可以根据需要进行更改的动态网页，这些需要包括输入、计算、服务器中的当前条件等。有许多语言可用于 CGI 脚本。这里介绍两种：Perl 和 BASH。其他流行的 CGI 语言还包括 PHP 和 Python。

本章不涉及 Apache 或任何其他 Web 服务器的安装和设置。如果你能访问可以试验的 Web 服务器，则可以直接在浏览器中查看它们出现的结果。否则，你仍然可以从命令行运行程序并查看将要创建的 HTML。你还可以将该 HTML 输出重定向到文件，然后在浏览器中显示生成的文件。

1. 使用 Perl

Perl 是一种非常流行的 CGI 脚本语言。它的优势在于它是一种非常强大的文本操作语言。

要使 CGI 脚本执行，需要在 httpd.conf 中为你正在使用的网站添加以下行。

```
ScriptAlias /cgi-bin/ "/var/www/cgi-bin/"
```

这告诉 Web 服务器你的可执行 CGI 文件所在的位置。本实验不必担心服务器端的问题。没有 Web 服务器，我们仍然可以做我们需要的一切。

实验 15-3

创建一个新文件 index.cgi，并将以下 Perl 代码添加到其中。此文件也应位于此实验的主目录中。

```
#!/usr/bin/perl
print "Content-type: text/html\n\n";
print "<html><body>\n";
print "<h1>Hello World</h1>\n";
print "Using Perl<p>\n";
print "</body></html>\n";
```

将 index.cgi 的权限设置为 755，因为它必须是可执行的。

```
[student@testvm1 ~]$ chmod 755 index.cgi
```

从命令行运行此程序并查看结果。它应该显示它生成的 HTML 代码。

```
[student@testvm1 ~]$ ./index.cgi
Content-type: text/html

<html><body>
<h1>Hello World</h1>
Using Perl<p>
</body></html>
[student@testvm1 ~]$
```

现在有一个 Perl 程序，可以生成 HTML 以便在 Web 浏览器中查看。

使用 Web 服务器时，可以将文件的所有权设置为 apache.apache。此文件也将位于 /var/www/cgi-bin 中。

现在在浏览器中查看 index.cgi。你从中得到的就是文件的内容。浏览器确实需要将它以 CGI 内容的形式提供。除非服务器告诉它在如上所示的 httpd.conf 中指定了程序所在的目录，否则它实际上并不知道该怎么做。但是有变通的办法。

要查看浏览器中的内容，可以再次运行程序并将输出重定向到新文件 test1.html。

```
[student@testvm1 ~]$ ./index.cgi > test1.html
[student@testvm1 ~]$ cat test1.html
Content-type: text/html

<html><body>
<h1>Hello World</h1>
Using Perl<p>
</body></html>
[student@testvm1 ~]$
```

现在使用浏览器查看刚刚创建的包含生成内容的文件。你应该看到一个格式很好的网页。

实验 15-3 中的 CGI 程序仍然生成静态内容，因为它始终显示相同的输出。在实验 15-4 中，我们使用 Perl 的"system"命令在系统 shell 中执行它后面的 Linux 命令。结果返回给程序。在这种情况下，我们只是从 free 命令的结果中查看当前的 RAM 使用情况。

实验 15-4

将以下行添加到 index.cgi 程序中。

```
system "free | grep Mem\n";
```

你的程序现在应该如下所示。

```
#!/usr/bin/perl
print "Content-type: text/html\n\n";
print "<html><body>\n";
print "<h1>Hello World</h1>\n";
print "Using Perl<p>\n";
system "free | grep Mem\n";
print "</body></html>\n";
```

从命令行运行程序两到三次，free 命令几乎每次都返回不同的数字。

```
[student@testvm1 ~]$ ./index.cgi
Content-type: text/html

<html><body>
<h1>Hello World</h1>
Using Perl<p>
Mem:       4042112     300892     637628        1040     3103592     3396832
</body></html>
[student@testvm1 ~]$ ./index.cgi
Content-type: text/html

<html><body>
<h1>Hello World</h1>
Using Perl<p>
Mem:       4042112     300712     637784        1040     3103616     3396996
</body></html>
[student@testvm1 ~]$ ./index.cgi
Content-type: text/html

<html><body>
<h1>Hello World</h1>
Using Perl<p>
Mem:       4042112     300960     637528        1040     3103624     3396756
</body></html>
[student@testvm1 ~]$
```

再次运行程序并将输出重定向到结果文件。

```
[student@testvm1 ~]$ ./index.cgi > test1.html
```

在浏览器中重新加载 ~/test1.html 文件。你应该看到显示系统内存统计信息的附加行。在将输出重定向到此文件的同时运行程序并刷新浏览器几次，并注意内存使用情况应偶尔变化。

2. 使用 BASH

Bash 可能是 CGI 脚本中使用的最简单的语言。它对 CGI 编程的主要优势在于它可以直接访问所有标准 GNU 实用程序和系统程序，并且系统管理员应该熟悉它。

实验 15-5

将现有的 index.cgi 重命名为 Perl.index.cgi，并使用以下内容创建一个新的 index.cgi。

```
#!/bin/bash
echo "Content-type: text/html"
echo ""
echo '<html>'
echo '<head>'
echo '<meta http-equiv="Content-Type" content="text/html; charset=UTF-8">'
echo '<title>Hello World</title>'
echo '</head>'
echo '<body>'
echo '<h1>Hello World</h1><p>'
echo 'Using BASH<p>'
free | grep Mem
echo '</body>'
echo '</html>'
exit 0
```

将权限设置为可执行文件。从命令行运行此程序并查看输出。

```
[student@testvm1 ~]$ chmod 755 index.cgi
[student@testvm1 ~]$ ./index.cgi
Content-type: text/html

<html>
<head>
<meta http-equiv="Content-Type" content="text/html; charset=UTF-8">
<title>Hello World</title>
</head>
<body>
Hello World</h1><p>
Using BASH<p>
Mem:      4042112    290076    647716      1040   3104320   3407516
</body>
</html>
```

再次运行此程序并将输出重定向到之前创建的临时结果文件。然后刷新浏览器以查看它显示为网页的内容。结果应该是相同的，除了一些内存的数字会有点不同。

15.6.3　CGI——开放并可移植

从这些实验中可以看出，创建开放并可移植的 CGI 程序很容易，可以用来生成各种动态网页。虽然这些例子是微不足道的，但你现在应该看到一些可能性。

　　虽然我们考虑脚本的最常见方式是从命令行运行它们，但它们也可以与其他软件一起使用来执行一些非常有趣的任务。用通用语言编写的 CGI 脚本就是一个很好的例子。

　　由于许多操作系统都支持用于创建 CGI 程序的语言，因此这些程序是可移植的。你可能需要在 Windows Web 服务器上安装 bash，但也可以用其他语言。例如，Python 和 PHP 也可用于生成动态网页，并且与 Perl 一样，都可以在大多数平台（操作系统和硬件）上轻松使用。

15.6.4　WordPress

　　WordPress ⊖是一个功能强大的开源程序，用于创建和管理网页。这是用脚本语言编写完整程序以生成和提供基于 Web 的动态内容的一个很好的例子。WordPress 本身就是生成网页的代码，仍然需要 Web 服务器（如 Apache HTTP 服务器）将数据从服务器传送到客户端 Web 浏览器。

　　WordPress 是用 PHP 编写的，因此可以轻松移植到运行 PHP ⊖的任何平台上。PHP 是一种编程语言，特别适合编写动态网页。默认情况下并不总是安装 PHP。如果在运行 WordPress 时遇到问题，检查是否安装了 PHP。

　　WordPress 非常灵活，因为它使用主题来生成网站的外观。通过点击几下鼠标，更改主题，几秒钟就可以更改网站的外观。我在所有网站上都使用 WordPress，因为它非常简单灵活。我甚至教过非技术人员如何使用类似文字处理的界面来创建新的网页和帖子。

　　虽然 WordPress 主题的许多方面都可以通过自己基于 Web 的管理界面进行更改，但有些事情需要直接使用 CSS 样式表，以及特定于主题的 PHP 代码来定义每个主题的外观。可以通过 WordPress 界面使用 CSS，但我发现在终端会话中使用 Vi 或 Vim 最适合我。

　　在修改内容之前，我总是制作一份新副本并保留原件。我通常将副本重命名为 "my-wordpress-theme"，以区别于原始版本。然后我使用 WordPress 管理界面切换到新主题。现在我可以修改新主题而不必担心对原始主题的更新会消除我的更改。

　　当然我可以修改 CSS 来改变颜色和字体之类的东西。我也可以修改主题的 PHP 代码，以便稍微改变页面结构。当主题需要微调时，我已经好几次这样做了。在安装 WordPress 可用的许多插件时，我还修改了主题的 PHP 代码。

　　所有这一切——在可移植性和能够改变它的任何东西的能力方面，都变得可能的唯一原因是 WordPress 和可用的主题都是开放和可访问的。组成此应用程序的文件都存储为 ASCII 文本文件。它是开源的，这意味着 WordPress 分发的 GPLv2 ⊜许可证使得所有这些得以实现。

⊖　WordPress，主页，https://wordpress.org/。
⊖　维基百科，PHP，https://en.wikipedia.org/wiki/PHP。
⊜　自由软件基金会，自由软件许可资源，https://www.fsf.org/licensing/education。

15.7　小结

我曾想在本章中尝试定义可移植性。然而，随着我在写作中的进展，我开始意识到可移植性是一个范围值，而不仅仅是非此即彼的回应——"它是可移植的"或"它不可移植"。虽然可移植，但仍需要调整 shell 脚本，以便在不同的操作系统和硬件平台上运行时产生所需的结果。

可移植性是减少工作量的关键因素。编写可移植的代码——或者至少尽可能可移植，是一种只需要做一次工作的好方法。既然使用 shell 脚本能够一次编写出可以在所有平台上运行的程序，为什么还要为几个不同的平台多次编写代码呢？

系统管理员将大部分时间都用在命令行脚本上，使这些脚本具有可移植性很重要。幸运的是，大多数 shell 脚本，特别是用 bash 编写的脚本，在可移植性方面都很好。为我们管理的网站编写可移植式 CGI 代码是另一个适用的好步骤。

使用可移植的，并且已经针对许多环境进行了测试和创建的开源代码可以节省更多时间。我们将 WordPress 视为一个例子。仅仅因为我们可以编写惊人的 CGI 脚本来驱动一个网站并不意味着这样做是高效的。WordPress 已经被编写出来，它是开源的，它做得很好。如果你不喜欢 WordPress，还有许多其他选项可用。

可移植性是可贵的！

第 16 章

使用开源软件

这个原则的含义可能与你的理解并不完全相符。大多数时候，我们将开源软件视为 Linux 内核、LibreOffice 或其中任何一种组成我们最喜欢的发行版的开源软件包。在系统管理的语境中，开源意味着我们为使工作自动化而编写的脚本。

> 开源软件是带有源代码的软件，任何人都可以检查、修改和增强它。[⊖]
>
> ——Opensource.com

上面引用的网页包含一个关于开源软件的精心编写的讨论，包括开源的一些优点。我建议你阅读那篇文章并考虑它如何应用于我们编写的代码——脚本。如果深入研究它们会了解其含义。本章将有助于你获得一些见解，就像我撰写它受到启发一样。

16.1　开源的定义

开源的官方定义非常简洁。opensource.org 上的开源定义[⊜]的带注释版本包含十个部分，这些部分明确且简洁地定义了软件被视为真正开源所必须满足的条件。

这个定义对于系统管理员的 Linux 哲学很重要，所以我在这里包含了带注释的定义的文本。此定义可以让你更全面地了解开源这个术语的含义。

🔟 **注意**　开源定义不是许可证。它描述了任何许可证被视为开源许可证必须满足的条件。

⊖　Opensource.com，什么是开源？，https://opensource.com/resources/what-open-source。
⊜　opensource.org，开源定义（注释版），https://opensource.org/osd-annotated。

16.2　开源定义（注释）

版本 1.9

下面显示为楷体的部分是开源定义（OSD）的注释，它们不是 OSD 的一部分。可以在此处 [http://www.opensource.org/docs/osd] 找到没有注释的普通版 OSD。

导语

开源并不仅仅意味着公开源代码。开源软件的分发条款必须符合以下标准：

1. 免费再分发

许可证不得限制任何一方将此软件作为包含来自多个不同来源的程序的集成软件发行版的组成部分进行销售或赠送。许可证不需要特许权使用费或其他费用进行此类销售。

理由：通过约束许可证来要求免费再分发，我们消除了许可方放弃许多长期收益以获得短期收益的诱惑。如果不这样做，合作者就会面临很大的压力。

2. 源代码

此程序必须包含源代码，并且必须允许以源代码和编译形式进行分发。如果某种形式的产品没有与源代码一起分发，那么必须有一种广为人知的方法来获得源代码，其价格不超过合理的复制成本，最好是免费通过互联网下载。源代码必须是要修改程序的程序员的首选形式。不允许故意混淆源代码。不允许使用中间形式，例如预处理器或转换器的输出。

理由：我们需要访问未经混淆的源代码，因为无法在不修改程序的情况下进化程序。由于我们的目的是使进化变得容易，我们要求修改变得容易。

3. 派生作品

许可证必须允许修改和派生作品，并且必须允许它们以与原始软件许可证相同的条款进行分发。

理由：仅有阅读源代码的能力不足以支持独立的同行评审和快速的进化选择。为了快速进化，人们需要能够对修改进行实验并重新分发。

4. 作者源代码的完整性

仅当许可证允许使用源代码和"补丁文件"分发以便在构建的时候修改程序时，许可证才可以限制源代码以修改后的形式分发。许可证必须明确允许分发由修改后的源代码构建的软件。许可证可能要求派生作品提供与原始软件不同的名称或版本号。

理由：鼓励大量改进是件好事，但用户有权利了解谁对他们正在使用的软件负责。作者和维护者有互惠的权利知道他们被要求支持的是什么软件并保护他们的声誉。

因此，开源许可证必须保证源代码易于获得，但可能要求将其以原始基础源代码和补丁形式进行分发。通过这种方式，可以提供"非官方"变更，但可以很容易地将其与基础源代码区分开来。

5. 不歧视个人或团体

许可证不得歧视任何个人或团体。

理由：为了从这一过程中获得最大利益，任何个人和团体应该都同样有资格为开源作出贡献。因此，我们禁止任何开源许可证将任何人排除在这个过程之外。

包括美国在内的一些国家对某些类型的软件有出口限制。符合 OSD 的许可证可以向被许可人发出适用限制的警告，并提醒他们有义务遵守法律。但是，它本身可能不包含这些限制。

6. 不歧视行业

许可证不得限制任何人在特定的行业中使用此程序。例如，它不会限制程序不得在商业中使用，也不会限制它不得用于基因研究。

理由：该条款的主要目的是禁止阻止开源软件营利性使用的许可证陷阱。我们希望营利性用户加入我们的社区，而不是将他们排除在外。

7. 许可证的分发

程序所附带的权利必须适用于所有通过重新分发得到此程序的人，而无须由这些当事方来执行额外的许可。

理由：本条款旨在禁止通过间接方式封闭软件，例如要求签订保密协议。

8. 许可证不得特定于产品

程序附带的权利不得取决于程序是某个特定软件发行版的一部分。如果程序是从某个发行版中提取并在程序许可条款中使用或分发的，则获得重新分发的程序的所有各方应具有与原始软件分发一起授予的权限相同的权利。

理由：该条款排除了另一类许可证陷阱。

9. 许可证不得限制其他软件

许可证不得对与许可软件一起分发的其他软件施加限制。例如，许可证不得坚持在同一介质上分发的所有其他程序也必须是开源软件。

理由：开源软件的分销商有权对自己的软件做出自己的选择。

是的，GPL v2 和 GPL v3 符合此要求。与 GPL 的库链接的软件只有在构成单个作品时才会继承 GPL，而只是与它们一起分发的软件不必继承 GPL。

10. 许可证必须是技术中立的

许可证的提供不得基于任何单独的技术或界面风格。

理由：该条款专门针对需要明确表示同意的许可证，以便在许可人和被许可人之间建立合同。强制要求所谓的"点选即同意"的规定可能与重要的软件分发方法相冲突，如 FTP 下载、CD-ROM 选集和网络镜像，此类规定也可能妨碍代码重用。符合本条款的许可证必须允许（a）软件的重新分发通过不支持"点选即同意"下载的非网络渠道进行，并且（b）覆盖的代码（或覆盖代码的重用部分）可以在不支持弹出对话的非 GUI 环境中运行。

开源定义最初源自 Debian 自由软件指导方针（DFSG）。
Opensource.org 网站内容根据知识共享署名国际许可 4.0 进行许可。

16.3　为什么这很重要

开源的定义对于系统管理员很重要，这有几个原因。首先，这个定义为我们提供了一个评估许多许可证的框架。其中一些是真正的开源许可证，而另一些只是假装开源的。

真正的开源许可证允许我们轻松合法地查找、下载和使用开源代码。如果不确定我们使用的代码是开源的，就无法使用已经满足我们许多需求的大量现有代码。根据认可的任何开源许可证分发的代码没有任何使用障碍。了解真正的开源许可的要求能够确保我们使用的代码得到适当的许可。正确许可的开源代码是免费提供的，我们可以在任意数量的计算机上使用它，并将其复制提供给其他人。对如何使用或分享它也没有任何限制。存在许多优秀但不同的开源许可证。

开源促进会（Open Source Initiative）是批准开源许可的公认权威。他们的网站上有一份经批准的开源许可证的最新清单⊖，我们应该在代码开源时应用其中一个批准的许可证。我们还应确保从他人那里获得的软件是根据这些批准的许可证之一分发的。

16.4　创造术语

我喜欢了解 Unix、Linux 和开源的历史，所以我认为承认 Christine Peterson ⊜创造了"开源"这个术语很重要。1998 年 2 月，Peterson 与 Eric S. Raymond、Jon "疯子" Hall 和许多其他领导人进行了一系列会谈，讨论将 Netscape 作为免费软件授权。许多人，尤其是 Peterson，并不认为"免费软件"(free software) 能够正确地定义他们想要实现的目标。

她想出了"开源"一词，并与其他一些与会者接触了这个想法。在 2 月 5 日的一次会议上，一些与会者开始使用"开源"来描述没有限制、源代码随时可用的软件。这个故事确实是她讲的，可以在 Opensource.com 上阅读她的文章⊜。在这篇文章末尾的评论中，Eric Raymond 证实了这一说法。

16.5　许可我们自己的代码

回馈给提供这些优秀的程序（如 GNU 实用程序、Linux 内核、LibreOffice、WordPress

⊖　开源促进会，许可证 https://opensource.org/licenses。
⊜　维基百科，Christine Peterson，https://en.wikipedia.org/wiki/Christine_Peterson。
⊜　Peterson，Christine，Opensource.com，我如何创造"开源"一词，https://opensource. com/article/18/2/coining-term-open-source-software。

等数千种程序）的开源社区的最佳方法之一就是用适当的许可证开源我们自己的程序和脚本。

仅仅编写一个我们相信开源的程序并且同意我们的程序应该是开源代码，并不能保证它是开源的。作为系统管理员，我们确实编写了很多代码，但有多少人考虑过授权我们的代码？我们必须做出选择并明确声明代码是开源的，并且在哪个许可证下分发。缺了这个关键步骤，我们创建的代码就容易遭受专利许可束缚，以致社区无法利用我们的工作。

还记得在第 10 章中创建的 bash shell 模板吗？我们在代码中包含了 GPL V2 许可证头部的语句作为注释，我们甚至提供了一个命令行选项，可以在终端上打印许可证头部。在分发代码时，我建议练习在代码中包含整个许可证文本的副本。

非常有趣的是，在我阅读的所有书籍和我参加过的所有课程中，并没有提到要确保对编写的代码授予许可。所有这些来源都完全忽略了系统管理员编写代码的事实。即使在我参加的许可会议上，重点仍然是应用程序代码、内核代码甚至是 GNU 类型的实用程序。所有的报告都没有暗示系统管理员编写大量用来自动化工作的代码，或者我们甚至应该考虑以任何方式对它们授权。也许你有不同的经历，但我的经历是这样的。这让我感到沮丧，甚至愤怒。

忽略对代码授权许可，代码的价值就会降低。大多数系统管理员甚至都不考虑对代码授权许可，但这对代码能让整个社区使用很重要。这既不关信誉的事，也不关金钱的事。这涉及如何确保代码现在并始终以最佳的自由和开源方式提供给其他人。

Eric Raymond 写道，在计算机编程的早期阶段，特别是在 Unix 的早期阶段，共享代码是一种生活方式⊖。一开始只是重用现有代码。随着 Linux 和开源许可的出现，这件事变得更加容易。它满足系统管理员的需求，以便合法共享和重用开源代码。

Raymond 表示，"软件开发人员希望他们的代码透明，而且他们不想在换工作时丢失他们的工具包和专业知识。他们厌倦了成为受害者，厌倦了被难用的工具和知识产权围栏挫败并且自费力气做重复工作⊖。"本说法也适用于系统管理员。

这导致我们面临与机构代码共享和开源相关的问题。

16.6　机构代码共享

系统管理员的天性是分享代码。我们喜欢帮助别人，这就是为什么我们首先是系统管理员的原因。一些系统管理员更喜欢计算机，但我们都喜欢分享代码。

许多机构不知道如何共享代码或这样做的优势。其他人已经想到这一点，有些人甚至付钱给员工编写开源代码。

⊖　Raymond, Eric S., The Art of Unix Programming（Unix 编程艺术），Addison-Wesley (2004), 380, ISBN 0-13-13-142901-9。

⊖　同上。

16.6.1　孤岛很差劲

作为系统管理员，我在许多不同的机构工作过，我发现很多机构都在与外部和内部共享代码方面做得很差劲。我工作过的大部分地方甚至都没想过在内部共享代码，更不用说与外部共享了。每个开发项目都与其他开发项目隔离开来。部门就像高耸的狭窄的孤岛，里面有很多青贮饲料，自封闭的领地避开了与外界的联系。在许多方面，他们的行为就像竞争对手而不是为同一个机构工作的团队。

我总是发现很难从这些机构的其他部门获取代码。其他部门的上司似乎总是认为我们在某种程度上与他们竞争，并且共享代码是一种零和游戏，其中共享代码的人是失败者。共享代码至少需要花费数周时间进行讨论，有时需要某种书面法律形式，其中包括保密协议。我在谈论的不是两个部门编写的可能在外部市场中以某种方式重叠或竞争的商用代码，我说的是，比如，每天执行基本相同的任务的两个内部实验室机构。共享代码很有意义，可以节省很多工作，并且很容易做到，可那些人不懂。

在某些情况下，自己编写代码比通过官僚主义的废话来获取他们的代码更容易。

16.6.2　开放式机构和代码共享

导致无法沟通的孤岛的那种内部机构需要由开放式机构⊖取代，这将至少在内部鼓励代码共享。Red Hat 的首席执行官 Jim Whitehurst 写了一本书 The Open Organization ⊜，书中讨论了开放式机构的优势和品质，以及如何进行转型。Whitehurst 还为 Opensource.com 写了一篇非常有趣的文章，"欣赏开放的全部力量⊜"，其中讨论了共享的概念，"分享一些东西往往会增加其价值，有创造力的人通过共享会越来越聪明，删除对共享的限制，价值实际上会增加——如果你尽可能多地与尽可能多的人分享。这意味着分享你的指令、你的工作方法、你的源代码，并正如开源促进会®所说的那样，对所有人公开它，不限制某些个人、团体或"行业"的访问。"

2005 年，Karl Fogel 写了一本有趣的书，《制作开源软件——如何运行一个成功的自由软件项目》®，并随后在 2017 年出版了第二版。Fogel 详细介绍了创建开源软件的技巧、技术、法律问题以及社会和政治基础设施。这是一本有趣的书，详细介绍了创建真正开源软件的许多实际方面。它讨论了在内部和外部使用开源许可共享代码的好处。

一些机构向员工支付编写开源代码的费用。例如，许多公司资助一些员工为内核编写

⊖　Opensource.com, What is The Open Organization（什么是开放式机构），https://opensource.com/open-organization/resources/what-open-organization。

⊜　Whitehurst, Jim, The Open Organization（开放式机构），Harvard Business Review Press (June 2, 2015)，ISBN 978-1625275271。

⊜　Opensource.com, Appreciating the full power of open（欣赏开放的全部力量），https://opensource.com/open-organization/16/5/appreciating-full-power-open。

㉕　参阅本章中带注释的开源定义。。

㊄　Fogel, Kark, Producing Open Source Software（制作开源软件），https://producingoss.com/en/index.html。

代码，如果得到 Linus Torvalds 的批准，这些代码最终将与全世界的程序员共享。这并不总是纯粹的利他主义，因为许多这样做的公司希望使内核更好地适用于他们自己的软件。在许多情况下，这些新的或修改过的代码将使 Linux 更好地适用于每个人，Torvalds 可以将其纳入内核源代码树中。

除了内核之外，许多开源项目都得到了那些理解支持开源软件（包括金钱和代码）的价值主张的机构的支持。

16.6.3　要避免的事情

本章讨论的是使用开源软件，但这意味着我们还需要区分真正的开源软件和隐藏限制的软件，或者根本不符合他们声称的软件分发许可的软件。我们需要讨论错误地声称他们的软件是开源软件的公司，这是一件令人伤心的事情。

这是我在本章中包含开源定义的原因之一。了解开源的目标可以帮助你了解许可证何时不符合要求。但还有其他需要注意的事项。

如果软件供应商声明他们的软件是开源的，那么应该可以从 Internet 轻松下载源代码。在某些情况下，我对软件感兴趣，并且在查看网站时未发现源代码可用的迹象。在这些情况下，没有人回答我的那个问题。

如果为了下载某些软件，你需要提供你的姓名、电子邮件地址和其他识别信息，即使他们声称使用开源许可证，该软件也绝对不是来自信誉良好的公司。我已经看到许多涉嫌提供"免费白皮书"下载的公司，如果他们不需要某种"登记"，我会真正感兴趣。我建议对这些公司敬而远之。他们可能正在使用虚假或误导性的开源软件承诺来收集电子邮件地址列表以便发送垃圾邮件。

16.7　代码可用性

使用开源许可证授权代码是一回事，实际上让别人可以使用它是另一回事。我在本章开头引用的开源代码的定义意味着代码必须以某种方式提供，以便任何有意愿的人都可以下载和查看源代码。在本章的前一部分中，我提到诸如填写登记表之类的要求表明，如果代码是在真正的开源许可下分发的，则代码被非法限制。

如何分享代码呢？

16.7.1　我如何分享代码

既然代码可以在批准的开源许可下分发，那么如何实际发布它并将其提供给其他人呢？本章开头的开源定义未指定应如何交付开源软件。

我读过的任何内容都没有定义批准开源软件的批准机制。我读过的许可证以及关于开源软件分发的法律意见都是关于使源代码与可执行文件一起提供的。对于脚本，可执行文件是源代码。

　　共享开源代码非常简单。对我来说，当我安装了一些我编写的脚本以便在我为客户和朋友构建或修复的计算机上轻松完成系统管理任务时，就开始共享开源代码了。然后我开始将一些脚本放到 U 盘上，这样我就可以把它们交给别人了。

　　我有一些客户，并没有很多人对 bash 脚本感兴趣。更多人对 Fedora 的 DVD 或 U 盘感兴趣，而不是我的脚本。

　　下一步是使脚本可以从 Internet 上下载，我已经这样做了。为了使这些脚本更广泛地可用，我已将它们发布在我的技术网站 The DataBook for Linux [一] 上，它位于 http://www.linux-databook.info/?page_id=5245。你可以下载并根据许可条款使用它们。代码全部按照 GPL V2 发布而 PDF 文件根据知识共享署名许可 - 共享相似许可发布。

　　使用 SourceForge [二] 和 GitHub [三] 等开发人员协作网站也是合适的。这些网站允许其他人轻松下载代码副本来参与开发。它们提供版本管理，并允许你作为主要开发人员仅把你认为合适的代码合并进去。

　　我在一个项目上使用了 SourceForge 一段时间，但该项目早已完结并已被另一个项目取代。SourceForge 和 GitHub 这样的网站的优点之一是，在当前的主要开发者决定转移目标时，他们可以让其他人轻松接管项目。这就是我成为项目负责人的项目发生的情况。它是我从另一位需要花时间在其他项目上的开发人员那里接管过来的。

16.7.2　代码共享注意事项

　　有关共享代码，有一些重要事项需要考虑。我将在这里简要介绍一下。重要的是你了解它们并且可以获得你需要的更多信息。

1. 保密

　　对许多人来说，保密是一个值得关注的问题。需要保密的数据或代码可能会在开源软件中公开。

　　当然，把涉嫌机密或商业秘密的代码隐藏起来会使程序整体成为一个专有的软件。如果从程序中删除代码的内容并将其隐藏，那么从开源的角度来看整个程序是无用的。要成为真正的开源，你必须一路走下去。所有代码都是开放的，或者都不是。

　　数据完全是另一个野兽。Eric Raymond 的分离规则 [四] 讨论了策略与实施的分离。这意味着程序的用户接口（实现策略的位置）应该与实现该机制的程序部分分开。这使得可以使用文本模式或 GUI 界面并在不改变程序的基础逻辑的情况下改变这些接口。

　　[一]　Both, David, The DataBook for Linux, http://www.linux-databook.info。

　　[二]　https://sourceforge.net/。

　　[三]　https://github.com/。

　　[四]　Raymond，The Art of Unix Programming，15-16。

我们还可以将此分离规则应用于程序所使用的数据。数据永远不应该作为程序的一部分存储。

作为良好的编程形式，程序使用的数据必须与程序代码分开。这确保了当数据引用的外部环境变化时，数据本身很容易更改。即使使用脚本，配置数据也应该与构成程序逻辑的代码分开维护。使用单独的配置文件可以让不熟练的用户进行更改，而无须担心损坏代码本身。

从程序中分离数据也意味着没有必要随代码本身分发任何可能保密的数据。

2. 提供支持

当我分发我的代码并且有人发现错误时怎么办？我有义务修复它吗？我是否有必要回答使用我软件的人的问题？

这些问题的答案是"不"。我们没有义务支持我们提供的开源代码。为什么？因为开源许可证——至少我使用的 GPL V2 ⊖ ——特别声明没有担保责任。

> 11. BECAUSE THE PROGRAM IS LICENSED FREE OF CHARGE, THERE IS NO WARRANTY FOR THE PROGRAM, TO THE EXTENT PERMITTED BY APPLICABLE LAW. EXCEPT WHEN OTHERWISE STATED IN WRITING THE COPYRIGHT HOLDERS AND/OR OTHER PARTIES PROVIDE THE PROGRAM "AS IS" WITHOUT WARRANTY OF ANY KIND, EITHER EXPRESSED OR IMPLIED, INCLUDING, BUT NOT LIMITED TO, THE IMPLIED WARRANTIES OF MERCHANTABILITY AND FITNESS FOR A PARTICULAR PURPOSE. THE ENTIRE RISK AS TO THE QUALITY AND PERFORMANCE OF THE PROGRAM IS WITH YOU. SHOULD THE PROGRAM PROVE DEFECTIVE, YOU ASSUME THE COST OF ALL NECESSARY SERVICING, REPAIR OR CORRECTION.

图 16-1　GPL V3 包含的条款清楚地表明代码没有暗示或明确的担保

上述条款译文如下：

11. 由于程序是免费许可的，在适用法律允许的范围内，对本程序不作任何担保。除非另有说明，否则版权所有者和／或其他各方应"按原样"提供本程序，不附带任何明示或暗示的担保，包括但不限于对适销性和特定用途适用性的暗示担保。有关本程序的质量和性能的全部风险由你承担。如果程序有缺陷，你应该承担所有必要的服务、修复或更正费用。

如果你在 opensource.org 上阅读了各种已批准的许可证，你会发现它们都有类似的措辞。然而，尽管许可证中有声明，但我们大多数人都希望我们的代码适用于任何取得它的人——以及我们自己。因此，我们会解决出现的任何问题，因为它对我们的用户和我们来说都会更好。

像 Red Hat 这样的公司，以及负责 LibreOffice 办公程序套件的文档基金会⊜，这样的机构都有支持部门、错误和问题报告流程，以及帮助解决使用问题的志愿者，并提供指导和

⊖　开源促进会，许可证 - GPL V2，https://opensource.org/licenses/GPL-2.0,Section 11。

⊜　文档基金会，https://www.documentfoundation.org/。

支持。

16.8　小结

　　使用其他人创建的开源软件很重要，但我并不是说完全放弃使用专有软件，因为它满足了其他方式无法满足的需求。我的意思是，在广泛的 Google 搜索未能找到合适的开源软件之后，我们会考虑使用专有软件，然后探索编写脚本来执行相关任务的可能性。

　　如果你选择编写脚本来解决问题，公开源代码，让其他人可以使用，因为如果你需要执行此任务，其他人也需要这样做。你将为其他人节省你在创建脚本时所投入的工作。

　　还应远离在已有现成软件时始终自己编写代码的陷阱。虽然我们可以编写自己的基于 Web 的内容管理或博客软件，但已经有很多软件可以做到这一点。WordPress、Drupal、Joomla、Plone、OpenCms、Mambo 等都已经可以获得，使用它们会大大减少你的工作量。

　　如果你选择的任何一个软件尚不具备你需要的某些小功能，为它编写插件，然后公开源代码。

第四部分 *Part 4*

成 为 禅 师

　　本书的第 4 部分将我们从成为系统管理员的日常实践方面带到了更为深奥的禅[⊖]世界。我们将研究系统管理员的 Linux 哲学的另外几个方面，分别是关于做出我们自己的选择，以对我们有意义的方式做事，处理好包括上司在内的所有人与我们的合作关系，并尊重他们，以及回馈社区的一些方法。

　　本书的这一部分实验很少。但是，你会找到一些忠告和建议，我通常会尝试将其传授给学生和新的系统管理员——那些我曾经指导过的人。

　　现在和我一起来探索成为禅师之道。

　　⊖　柯林斯英语词典对 zen 的解释：Zen or Zen Buddhism is a form of the Buddhist religion that concentrates on meditation rather than on studying religious writings. 禅或禅宗是佛教的一种形式，专注于冥想而不是研究宗教著作。a Buddhist doctrine that enlightenment can be attained through direct intuitive insight. 一种佛教教义，即通过直接的直觉洞察可以获得启蒙。——译者注

第 17 章 *Chapter 17*

追求优雅

优雅是一件难以界定的事情。使用 Linux 的 dict 命令，Wordnet 提供了优雅的一种定义，"a quality of neatness and ingenious simplicity in the solution of a problem (especially in science or mathematics); 'the simplicity and elegance of his invention.'" "在问题（特别是科学或数学方面）解法中整洁和简单巧妙的性质，'他的发明简单而优雅。'"

在本书的语境中，我认为优雅是在硬件和软件的设计和工作中美观和简单的状态。当软件和硬件的设计优雅时，它们工作得更好，效率更高。用户可以使用简单、高效且易于理解的工具。

在技术环境中创造优雅是很难的。这也是必要的。优雅的解决方案可以产生优雅的结果，并易于维护和修复。优雅不是偶然发生的，你必须为之付出努力。

简单的性质是技术优雅的重要组成部分，第 18 章详细介绍这一性质。本章讨论硬件和软件优雅的含义。

17.1 硬件优雅

是的，硬件可以做得优雅——甚至美观，赏心悦目。设计精良的硬件也更可靠。优雅的硬件解决方案可提高其可靠性。

许多系统管理员都同时负责硬件和软件方面的工作。对于我们这些在小型机构中工作的人来说尤其如此，但在大型环境中也是如此。在思科的五年工作期间，我负责对新服务器进行上架和连接、识别和修复硬件问题，帮助设计机架布局和电源需求，以及完成更多与硬件相关的任务。

理解硬件优雅与理解软件和操作系统的优雅同样重要。

17.1.1 PCB

在谷歌上搜索"pcb [一] 可靠性"揭示了许多关于 PCB 设计和可靠性的文章和论文。Darvin Edwards 撰写的一篇文章"PCB 设计及其对器件可靠性的影响"[二]，讨论了影响可靠性的四大 PCB 设计领域。Edwards 讨论的一个因素是热机械可靠性。重复的功率循环导致快速的温度变化，这反过来导致元件、走线（电导体）和焊点的膨胀和收缩。随着时间的推移，这些重复的热应力循环会在 PCB 上引起各种类型的故障。

在我大学的一个技术初步设计课程中，我的任务之一是为印刷电路板制作一套图纸。电路板的布局是现成的，我真正需要做的就是使用我们刚刚学过的一些新技术重新绘制它。

我在看图纸中的元件布局、走线和焊盘——元件焊接在 PCB 上的地方时，产生了一些想法。我们在课堂上学到的一件事是，每个焊点都是一个潜在的故障点，每根使用的"飞线"——用于"飞过"其他走线的短线，都在 PCB 上增加了两个故障点，其中每个焊点一个。这块板子上有两根"飞线"，我决定试试是否可以通过改变设计来消除它们。我发现能够将一些走线的走向改到不同的位置并消除飞线。

我向导师展示了这一点，他答复说这是一个更优雅的解决方案。那个项目他给我打了一个高分。

17.1.2 主板

硬件优雅意味着主板的简单和精心布局，它是一块相当大的 PCB。如前所述，良好的主板设计可以提高其可靠性。

在我看来，一块布局合理的主板，一块外面的布线和焊盘（元件焊接的安装垫）美观的板子看起来很优雅。主板上的元件放置良好，它们不会相互干扰，或者与之后可能添加的其他元件，比如功能强劲而尺寸较大的视频适配器相互干扰，板载 CPU 插槽的位置便于内存条和主板上的其他元件不会与添加的大容量空气冷却风扇或液体冷却设备相互干扰，——这是优雅的设计。坦率地说，我一直很欣赏精心设计的主板外观。这些主板是真正的艺术品。

17.1.3 计算机

精心设计的计算机很优雅。这个设计包括可以轻松装卸内部配件，为充足的无限制气流提供空间，具备安装风扇和液体散热器的充裕位置，以及便于电缆布线的许多选项。

这与主板、风扇、LED 灯条和花式照明控制器上的大量 LED 灯无关。这些东西都是为

[一] 印刷电路板（Printed Circuit Board）。

[二] Edwards，Darvin，Electronic Design，PCB Design and Its Impact on Device Reliability（电子设计，PCB 设计及其对器件可靠性的影响），http://www.electronicdesign.com/boards/pcb-design-and-its-impact-device-reliability。

了好看和娱乐。我为主工作站购买的最新主板是华硕 TUF X299，它满足了我对工作站的所有需求。它也是唯一满足我所有需求的板子。它恰好在后边缘有一串 LED，可以产生滚动颜色的简单灯光。我没有在 BIOS 中关闭它们，因为它们有点好玩，但我不会特地在我的需求中添加 LED 显示。

当外部电源和硬盘驱动器活动 LED 灯易于看到并具有合适的亮度时，计算机非常优雅，因此可以在所有照明条件下看到它们。电源和复位开关也很容易够到，但不会突起，因此意外碰撞并不会导致计算机复位或断电。

这里不再继续罗列。

17.1.4　数据中心

硬件优雅也意味着精心规划和构建的计算机房或数据中心。机架外壳的布局方式使得多个电源可以方便地连接它们，并且可以畅通无阻地进入前部和后部。布线整齐有序——不像图 17-1 那样乱糟糟，它被切割成一定长度并且没有扭结或缠绕，通过电缆通道和托盘跨过整个计算机房。

图 17-1　这种布线作品可能会完成工作，但它绝对不优雅。（版权：知识共享 CC0）

为了保证在电源故障时的长期稳定性，应使用不间断电源来维持所有设备的电源，直到发电机可以联机并将电源切换过去为止。电源和接地引线本身应合理布线，以确保安全和便于操作。

17.1.5　电源和接地

很难想象计算机的电源和接地应该有一个像"优雅"这样的术语。但是这里有些问题需要考虑。

大约在 1976 年，我在 IBM 担任俄亥俄州利马的客户工程师。除了修复损坏的计算机和安装新计算机之外，我的职责之一是帮助客户规划新计算机的安装。这包括规划适当的电源和接地。在这个特殊的例子中，我与客户就电力需求和良好的基础进行了长时间的讨论。良好的接地对于正确的电气操作和计算机的稳定性至关重要。

那么良好的接地是由什么构成的？它是一种带有绿色绝缘层（绿线接地）的大规格电线，从受保护的设备（计算机）连接到至少嵌入 10 英尺深的潮湿土壤中的铜桩。绿线接地不得连接任何其他接地线，并且不得将其与通过的任何配电箱中的任何接地或中性母线连接。这是 IBM 对计算机逻辑操作的完整性以及人身安全的定义。

经过讨论，客户说他们在铜衬里的地上有一口旧井，它至少有 80 英尺深，里面有 60 多英尺的水。这是一个很好的建议，我赞同将绿线接地从计算机接到井套管是适当的接地方式。使用这个已存在且非常好的接地点是一个优雅的解决方案。

安装接地后，我们不断地碰到问题。这些问题似乎是随机的但频繁发生，某一天会出现内存故障，第二天是磁盘问题，第三天是处理器问题，等等。我们更换了内存、CPU 板以及在大约两周时间内所能想到的所有内容，问题没有解决，可以理解，客户对此感到非常不安。

我现在相当肯定这是一个接地问题。我与工厂的电工讨论了接地的安装，他说他按照我们的讨论接好了地线。但我必须亲眼看看才能确定。

我拿出示波器并用一个感应钳夹在地线上，这样我就能看到地线上的任何电噪声。当我把这一切都搞定时，负责 IT 的副总裁来了，我告诉他我在做什么。从他的表情至少可以看出，他对我有点怀疑。

正当我们完成讨论时，我们都听到一阵电机启动声，并且示波器上出现了大量的电噪声。片刻之后，有人跑出计算机室，大声说计算机坏了。

我可能找不到比这位不满的副总裁更好的证人了。特别是因为我们听到的电机启动声正是我们所站的地方旁边的大型软饮料机上的压缩机电机发出来的。

我们让电工拆除所有配电箱的前面板，以便查看并验证绿线接地的完整性。在看到第一个配电箱时，我立即看到了问题。有一根粗大的、丑陋的、令人讨厌的、非常旧的电线已被嫁接到我们曾经崭新的的绿色地线上。

大约在这个时候，有人走进我们的小房间，并在邮资机器上写了几封信。地线上产生的噪声说明了这一切，因为这两种设备都插在同一个电源插座上。我们让电工把那条丑陋的旧地线从我漂亮干净的新绿色地线上拆下来，从此以后客户从来没有因接地问题再引起另一个问题。

有时优雅是原装的绿色地线。

17.2 软件优雅

现在，我们回过头来专门讨论 shell 脚本，这是系统管理员常用的编程类型。对于系统管理员来说，用 C 语言编写代码是非常罕见的，这需要更多的开发工作并且需要编译，花时间干这种事是很糟糕的。

什么使软件优雅，在软件世界中"优雅"意味着什么？以下是我的一些观点，每个观点都附有一些解释。

一般来说，优雅是代码看起来很好，甚至漂亮，并遵循本书中概述的原则。在我看来，遵守这些指导方针时，软件很优雅。任何软件最重要的方面是，它应该执行你编写它的预期任务。遵守这些指导方针可以让其他人——以及你自己更容易理解你所做的事情并维护代码。下面列举我认为优雅的特征。

1）使用一致的缩进——在程序和流程控制结构中，代码的缩进应该是一致的。这有助于使各种情况下的程序结构和执行流程更容易观察。

我知道有些开发人员使用 Tab 键来缩进，而其他人用空格缩进。人们使用 Tab 或空格的数量也各不相同。只要代码可以很容易地被任何没有编写代码的人读懂——并且那些编写代码的人也可以读懂，用什么样的缩进几乎是无关紧要的。

2）具有清晰布局的设计——应对代码进行精心布置和排序，以便在各种条件下轻松查看执行流程。

最有效的代码是以直通方式执行的代码，它不会发生跳转或具有不必要的流控制结构，从而减慢速度。

使用子程序有充分的理由，例如防止在多个位置复制相同的代码。但是，程序的主体应尽可能以直截了当的方式执行。

3）使用 STDIO——STDIO 是一个强大的推动者，它允许我们将许多小程序链接在一起，以执行任何单个程序都无法完成的复杂任务。

具有强制用户界面（CUI）的程序（例如菜单）不提供 STDIO。这样的程序仅限于独立存在，不能作为数据流中的一部分发挥作用。

应该避免强制用户界面，因为它们非常受限制，并且不能很好地与命令行管道和重定向配合使用。

fdisk 程序是使用菜单界面的有用且功能强大的实用程序的一个示例。但 fdisk 不能在脚本中使用。有人编写了一个单独的程序，用于从脚本中执行 fdisk 函数。目前这样的工具是 sfdisk。

4）添加有意义的注释——对程序充分注释有意义的信息。这有助于使维护人员明白代码的目的，并确保快速定位和修复问题。

5）每个程序都应当做好一件事——本指导方针长期以来一直是 Unix 和 Linux 哲学的宗旨，并且已经产生了核心实用程序和其他针对单个任务并且很好地执行该任务的小型核心实用程序。这导致可以把强大而灵活的命令行程序组合到管道中，以执行单个程序无法执行的复杂任务。

这样做的一个好处是，做一件事的程序往往很小。这使得它们在必要时易于理解和修改。

这个原则的必然结果是，为这些小程序添加更多功能通常不是一个好主意。对所谓的"新功能"的需求应该被视为需要一个也应遵循这些指导方针的新程序。大多数新功能，在补充到现有程序时，只会使代码膨胀并使程序更难以使用和维护。

6）沉默是金——Linux 命令行工具通常不会向系统管理员显示消息，表示一切顺利。

这可以防止不需要的消息进入 STDOUT 数据流管道并导致后续程序混淆。

7）始终使用最少量的必要代码——使用执行预期任务所需的最少代码量。这是简单的关键，与复杂性相反。

一些程序员喜欢炫耀令人迷茫、无法确定入口和出口的复杂代码。编写这种类型的代码是不好的做法，容易引发错误。

在另一个极端，有一项比赛，实际上是一项竞赛，称为"代码高尔夫"[一]。目标是实现具有尽可能小的可执行二进制文件的指定算法。这绝对不是我们在这个特定指导方针中所要做的。这样的竞赛有好的一面，只要不把它们延伸到系统管理的实际做法中即可。在系统管理员的语境中，使用最少量的必要代码意味着尽可能多地满足这些指导方针的其余部分。代码高尔夫并不符合这个要求，因为它在追求最小化时忽略了其他一切。

8）输出易于阅读和理解——当需要任何输出时，用户应该很容易看懂。对于许多程序来说，输出是它们存在的原因。

与消息混杂的输出，与程序的目的关系不大或没有任何关系的其他信息，都会混淆重要数据。输出的实际结构是无关紧要的，只要它清楚地用于预期目的即可。

9）使用有意义的变量名——我喜欢在命令行和 shell 编程中使用有意义的变量名。随机变量名称或诸如 $X 之类的名称对于需要在未来几年调试代码的人来说没什么意义，其中包括最初编写代码的人。

例如，像 $AccountTotal 和 $NumberOfUsers 这样的名字远比 $A1，$B3 更有意义。它们使得阅读代码变得更加容易。在第 20 章中，它们也是"记录一切"的原则的良好起点。对程序维护者来说，命名良好的变量便于了解变量如何适应程序逻辑，以及调试程序时期望有什么样的值类型。

回到我负责清理的 Perl 程序，变量名很随机，结果造成其中好几个变量名指向同一个东西。我重命名了程序中的所有变量，然后才能够将实为同一变量的其他不同名称统一替换为单个的变量名。正是这一小步骤使我在清理特定程序方面取得了重大进展。

10）遵循 Eric S. Raymond 的 17 个 Unix 规则[二]——这些是包括系统管理员在内的所有开发人员都应该阅读和理解的 17 条规则。Raymond 在他的书"Unix 编程艺术"[三]中详细阐述了这些规则。维基百科对这些规则有一个很好的总结（见脚注 3）。

如果你认为我的列表中没有列出某个重要指导方针，则可能它已经在 Raymond 的规则列表中了。务必阅读这些规则，因为它们同时适用于系统管理员以及开发人员。

11）测试一切——这不是很明显吗？！显然不是，因为我遇到过很多明显没有经过良

⊖ Wikipedia, CodeGolf, https://en.wikipedia.org/wiki/Code_golf。

⊜ Wikipedia, The Unix Philosophy, Section : Eric Raymond's 17 Unix Rules, https://en.wikipedia. org/wiki/ Unix_philosophy#Eric_Raymond%E2%80%99s_17_Unix_Rules。

⊝ Raymond, Eric S., The Art of Unix Programming（Unix 编程艺术），http://www.catb.org/~esr/writings/ taoup/html/。

好测试的软件。

我在思科的工作是双重身份的。部分时间我是实验室的主任助理,测试部门的测试在那里运行。其余的时间我是测试人员之一,被分配去测试 Linux 动力装置。

测试不只是运行一系列测试程序来验证被测软件是否可以执行预期任务,它还要确保软件在遇到意外输入时不会出故障。黑客用来获取未经授权访问的计算机和由软件运行的其他设备的最常见漏洞之一是软件无法处理意外输入。

我做的其他测试只是简单地仔细阅读文档和代码,以确定代码是否符合文档中列出的规格说明。如果不符合,我不得不把它当作测试失败,否则开发团队必须获得破例的通融,这很少见。

我在审查代码和文档时所做的部分工作是,确保代码的设计支持 Linux 哲学和文件系统分层标准等文档齐全的标准,以及为确保所有 Linux 发行版的使用一致性而创建的标准。

12)清除废代码——废代码是程序中从未使用过的所有旧代码。许多程序随着时间的推移而发展,有时曾经有用的代码不再需要。当我修复自己的脚本或添加新功能或选项时,我有时会发现一些代码和变量已不再使用,需要清除。

遵循这些准则将有助于确保你编写的代码易于阅读和修改。它观感不错,运行良好。它会很优雅。

17.3 修复我的网站

到目前为止,你已经知道我使用 WordPress 来托管我自己的网站和其他网站。我使用它是因为它是免费的开源软件,可以很好地执行任务并提供极大的灵活性。网站出问题时你可以依靠它来改错。在这种特殊情况下,我在不同的网站上遇到过两次问题,现在都已经修复了。

在确定原因之前,这个问题的症状令人困惑。博客页面我的 both.org 网站的主页上的内容看起来很正常,只有当我试图显示我为此网站提供的静态页面时,才会出现此问题。

静态页面显示主题元素,例如顶部横幅和网站名称。每个页面都显示该页面的正确标题,但没有任何内容。它是一个没有内容的页面。我尝试改变主题但无济于事——这意味着问题不在于主题本身。我安装了另一个 WordPress 实例,并将其指向了 both.org 网站的现有 MySQL 数据库。症状也没有改变或消失。

剩下要检查的唯一地方是 MySQL 数据库。一方面,我忘记了 mysqlcheck 的工具这件事太糟糕了,我本来可能很容易解决这个问题的。另一方面,我忘记了 mysqlcheck 的工具是一件好事,因为我学到了很多东西。

修复此问题的过程非常简单。我将网站的 MySQL 数据库文件从我的每日备份复制到 /var/lib/mysql/wordpress 目录并重新启动 MySQL。

WordPress 可以为每个网站使用不同的 MySQL 数据库,也可以为每个网站使用单个

MySQL 数据库的不同的表。每个网站的表都有不同的表名前缀。此前缀在 WordPress 用于每个网站的 wp-config.php 文件中定义。

我在 /var/lib/mysql/wordpress 目录中找到了正确的数据库文件集，并将它们保存到另一个位置以防万一。然后我找到我的一个备份，这是几天之前的，因为我不确定这个问题是何时开始的。我将备份文件复制到 /var/lib/mysql/wordpress 目录并重新启动 MySQL。此时一切顺利。我可能不需要 MySQL 重启，但我想通过干净的重启来刷新缓存。

这个方法可行的唯一原因是 WordPress 和 MySQL 都是开放式的，我能够查看 WordPress 的代码以及 WordPress 和 MySQL 的配置和数据文件。我本可以下载 MySQL 的源代码，但不需要。我也不需要对 WordPress 这么做，它是用 PHP 编写的，所以它也是开放的。

MySQL 的数据文件存储在 Linux 文件系统分层标准定义的位置 /var 中，这适用于数据库文件！我能够找到它们，确定哪些文件适用于我的网站，并可以使用早期备份轻松替换它们。

另一个影响因素是我写的备份脚本创建了备份，它以正常格式和目录结构存储文件。它不会将它们压缩成 tar 包、zip 文件，或者一些专有的备份格式。我可以使用各种命令行工具访问我的文件，如 cd 和 cp、Midnight Commander（mc）文本模式文件管理器，或者诸如 Krusader、Dolphin 等的 GUI 文件管理器。当我找到我想要的备份文件时，我可以简单地将它们复制到所需位置来替换损坏的文件。

也可以使用 mysqldump 的命令将数据导出到文件，此文件是用来重建数据库的 SQL 命令的脚本。我过去曾经尝试过，发现它运作得很好。这两种方法都可以正常工作，但我更喜欢自己的方法。

WordPress、MySQL 和我的备份解决方案三者的优雅结合在一起，轻松地解决了我手头的问题。我从解决这个问题的过程中学到的一件事是，MySQL 数据库不需要花哨的备份解决方案。

17.4 删除废物

创造优雅是艰苦的工作。保持它可能会更加困难。废物是程序、旧数据文件和目录中的多余程序和代码，其中包含已删除程序残留的文件。

清理废物是系统管理员工作的重要部分。我们可以搜索的东西包括旧的或未使用的软件，脚本中的旧代码、旧配置和数据文件。幸运的是，我们有一些工具可以帮助我们完成这项任务。

17.4.1 旧的或未使用的程序

我刚刚删除了一些不使用的程序。我正在使用 KDE 应用程序启动器，并注意到几个

Calligra 办公套件程序在列表中。我从不使用 Calligra，因为我更喜欢 LibreOffice。Calligra 默认安装在 Fedora 上，因为我永远不会将它用于我的高效工作，所以我决定删除它。

　　我们如何高效地搜索未使用的程序呢？有一种方法可以找到所谓的孤儿——任何其他程序都不需要的程序。这些孤儿通常很少，所以我们使用专门的工具来查找它们也不会有什么坏处。对于此任务，我们使用 rpmorphan 实用程序来列出不是主机上安装的任何其他软件包的依赖项的 RPM 软件包。

实验 17-1

安装 rpmorphan 软件包（如果尚未安装）。

```
[root@testvm1 ~] dnf -y install rpmorphan
```

列出孤立的包。

```
[root@testvm1 ~]# rpmorphan
liberation-sans-fonts
liberation-serif-fonts
libertas-usb8388-firmware
libkolab
libsss_autofs
libsss_sudo
libyui-mga-gtk
libyui-mga-qt
libyui-qt-graph
[root@testvm1 ~]#
```

　　你的孤立包清单与我的不同。我的测试 VM 中的一些"孤立"软件包可能是要删除的，但我确实想要额外的字体。我也不知道是否可以在没有一点研究的情况下安全地移除其他包，但是我确实查看了 libkolab 软件包，看起来它可以安全地从我的 VM 主机中删除。如果 libkolab 已安装，将它删除然后重新安装，如果 libkolab 尚未安装，则将它安装上，以便我们可以看到其他选项。

```
[root@testvm1 ~]# dnf -y remove libkolab ; dnf -y install libkolab
```

　　使用 rpmorphan 的时间功能来识别最新的包。首先查看在一天前已经安装的"孤立"软件包。

```
[root@testvm1 ~]# rpmorphan -install-time +1
liberation-sans-fonts
liberation-serif-fonts
libertas-usb8388-firmware
libsss_autofs
libsss_sudo
libyui-mga-gtk
libyui-mga-qt
libyui-qt-graph
```

注意，libkolab 不在此列表中。现在来查找那些安装时间距今不到一天的"孤立"软件包。

```
[root@testvm1 ~]# rpmorphan -install-time -1
libkolab
```

我们看到的唯一的孤立文件是 libkolab。如果在过去一天里安装了其他软件包，它们也会被发现并可以被删除。

rpmorphan 工具有许多有趣的选项，使我们能够执行诸如查找早于特定日期的孤立软件包之类的操作。它还可以找到比特定日期还新的包。后一种选择允许我们删除可能为测试目的而添加的包。

阅读 rpmorphan 手册页以了解这些有趣选项的更多信息。你将看到它还有一个 GUI 选项，但我更喜欢命令行界面。此程序说明了许多程序员喜欢遵循的重要考虑因素。它与 Eric Raymond 的分离规则密切相关[○]。在这种情况下，程序员将程序的逻辑和功能方面与用户界面分开。这种逻辑与用户界面的分离允许他们创建一个命令行界面和两个图形界面，一个基于 tk，而另一个基于 curses。

> ⚠ **警告** 不要随意删除孤立的包。这可能会导致删除有用的包。它们是孤立的并不意味着不需要它们。rpmorphan 工具只是帮助我们识别应该进一步调查的包，以便我们可以确定它们是否真的可以安全移除。

deborphan 工具可用于 Debian 发行版。事实上，rpmorphan 是基于 deborphan 的。rpmorphan 工具只定位孤立的包，它不会删除它们。如果你决定删除任何孤立的包，则可以使用包管理器，例如 yum 或 dnf 来完成。

这些工具无法发现我们可能希望从系统中删除的所有软件包。寻找孤儿是一回事，但许多未显示为孤立的包也可能需要被删除。例如，我在本章前面提到的 Calligra 办公套件并没有显示为孤立的包，LibreOffice 或许多其他用户级应用程序也没有。有时，通过删除这些大型程序可以腾出大部分磁盘空间。

你可以使用桌面的 Application Launcher 来查找你从未使用过的用户级软件包。这也可以帮助你找到一些你从未使用过的 GUI 管理工具。

> ⚠ **警告** 永远不要尝试使用包管理器的 -y 选项删除包。这可能会导致删除许多你不想删除的包。当包管理器显示如果你用"y"回复它会删除的包的清单时，务必仔细检查清单。检查清单后，你可以选择"y"或"n"。这更安全。

○ Raymond，Eric S.，The Art of Unix Programming，Section The Rule of Separation（Unix 编程艺术，分离规则），http://www.catb.org/~esr/writings/taoup/html/ch01s06.html#id2877777。

如果你决定删除找到的软件包，注意不要删除其他所需的软件。我总是使用 package removal 命令而不使用 -y 选项，它会在不停地询问所有依赖于该包的包的情况下，逐个删除我正在删除以及我要删除的包依赖的包。务必检查你的软件包管理器准备删除的软件包清单，如果你认为不应删除任何软件包，回答"no"。

我曾经尝试删除一个我认为不需要的包。结果将要作为依赖项删除的软件包列表超过了数百个，并且会从我的系统中完全删除 KDE 桌面。那绝对不是我想要做的。

17.4.2　脚本中的旧代码

在脚本中查找废代码也是系统管理员应该至少偶尔执行的任务。消除未使用的代码和定位语法错误可能具有挑战性，但可以使用一些工具。

shellcheck 实用程序类似于 C 和其他语言的 lint 工具[⊖]。它会扫描为 bash 和类似 bash 的 shell、sh、dash 和 ksh 编写的脚本，以便消除废代码和改进语法。一如既往，你可以选择是否进行建议的更改。

我们来看看这个工具是如何工作的。

实验 17-2

安装 ShellCheck 软件包，包名的有些字母需要大写，如图所示。

```
[root@testvm1 student]# dnf -y install ShellCheck
```

使用 shellcheck 检查 shell 脚本模板。

```
[student@testvm1 ~]$ shellcheck script.template.sh | less
```

我收到如下所示的 SC2086 错误。

```
In script.template.sh line 92:
    if [ $verbose = 1 ]
         ^-- SC2086: Double quote to prevent globbing and word splitting.
```

shellcheck 实用工具有点过于热心，它希望我们在变量两侧放置双引号。在一些边缘情况[⊖]下，这可能是一个问题，但我自己从未遇到过它们。因此，在检查并确保没有这些边缘情况之后，我们可以在下一个命令中排除这些错误。

```
[student@testvm1 ~]$ shellcheck --exclude SC2086 script.template.sh

In script.template.sh line 152:
RC=0
^-- SC2034: RC appears unused. Verify it or export it.
```

⊖　Wikipedia，Lint，https://en.wikipedia.org/wiki/Lint_(software)。

⊖　GitHub，shellcheck，Double quote to prevent globbing and word splitting（添加双引号以防止通配和分词），https://github.com/koalaman/shellcheck/wiki/SC2086。

```
In script.template.sh line 153:
Test=0
^-- SC2034: Test appears unused. Verify it or export it.

In script.template.sh line 160:
if [ `id -u` != 0 ]
     ^-- SC2046: Quote this to prevent word splitting.
     ^-- SC2006: Use $(..) instead of legacy `..`.
```

现在，更容易看到可以从代码中删除的几个未使用的变量。我们还看到了一个 if 语句的一些语法建议。

现在你可以看到 shellcheck 突出显示的一些问题。可使用此信息进行你想要的任何修改。

除了利用 shellcheck 找出来的有关语法、孤立变量和其他内容的所有东西之外，有时只需要查看代码。例如，shellcheck 找不到的一种类型是多余的子程序，这些子程序从未在脚本中的任何地方调用。如果不需要，也可以删除它们。

你是否在脚本模板中看到了未使用的子程序？有一个：SelectPkgMgr()，它没有在模板中使用，shellcheck 没有发现它是多余的。

17.4.3 旧文件

有时，旧软件在不再需要时会被删除。在许多情况下，程序包删除过程会保留用户级配置文件。这些通常是我们在主目录中找到的隐藏的"点"文件。

这些遗留配置文件的好处是，如果重新安装该软件包，我们将不会丢失我们的个人配置。不好的是，在很长一段时间内，会积累起来大量的这类文件。

例如，我最近删除的 Calligra 的个人配置文件仍然位于我的主目录中。

旧数据文件也会留在我们的硬盘驱动器上，它们几乎没有任何实用性。这通常是我们很少花时间评估我们拥有的所有文件，来确定它们是否可以删除、归档或保留而导致的。查找旧文件的一种简单方法是使用 find 命令确定文件上次访问的时间。

实验 17-3

首先使用 touch 命令把几个文件"变旧"。如果不加参数，touch 会将 atime、mtime 和 ctime 全都设置为当前系统时间。首先，使用 stat 命令查看你在早期实验中创建的其中一个文件 file0.txt 的属性。如果没有此文件，立即创建它。

```
[student@testvm1 ~]$ stat file0.txt
  File: file0.txt
  Size: 15          Blocks: 8          IO Block: 4096    regular file
Device: fd03h/64771d    Inode: 393236      Links: 1
Access: (0664/-rw-rw-r--) Uid: ( 1001/ student)  Gid: ( 1001/ student)
```

```
Context: system_u:object_r:user_home_t:s0
Access: 2018-02-02 15:39:56.415630341 -0500
Modify: 2018-01-27 11:41:36.056367865 -0500
Change: 2018-01-28 12:15:03.176000000 -0500
 Birth: -
```

这显示了文件的当前访问、修改和更改时间——atime、mtime 和 ctime。它们可能相同，但很可能不同，除非你刚刚创建了此文件。现在不使用选项来 touch 此文件，把这三个属性设置为当前时间。然后再次检查时间。

```
[student@testvm1 ~]$ touch file0.txt
[student@testvm1 ~]$ stat file0.txt
  File: file0.txt
  Size: 15          Blocks: 8        IO Block: 4096    regular file
Device: fd03h/64771d    Inode: 393236    Links: 1
Access: (0664/-rw-rw-r--) Uid: ( 1001/ student)  Gid: ( 1001/ student)
Context: system_u:object_r:user_home_t:s0
Access: 2018-02-23 10:28:25.794938943 -0500
Modify: 2018-02-23 10:28:25.794938943 -0500
Change: 2018-02-23 10:28:25.794938943 -0500
 Birth: -
[student@testvm1 ~]$
```

注意，这三个时间现在是相同的。这里我们使用 touch 把 atime——最后一次访问文件时间设置得更早一些。下面命令中的 -a 选项告诉 touch 命令只设置 atime。-t 选项使用以下时间戳将日期和时间设置为 2013 年 7 月 15 日 16:45:23。

```
[student@testvm1 ~]$ touch -a -t 1307151645.23 file0.txt
[student@testvm1 ~]$ stat file0.txt
  File: file0.txt
  Size: 15          Blocks: 8        IO Block: 4096    regular file
Device: fd03h/64771d    Inode: 393236    Links: 1
Access: (0664/-rw-rw-r--) Uid: ( 1001/ student)  Gid: ( 1001/ student)
Context: system_u:object_r:user_home_t:s0
Access: 2013-07-15 16:45:23.000000000 -0400
Modify: 2018-02-23 10:28:25.794938943 -0500
Change: 2018-02-23 10:48:13.781669926 -0500
 Birth: -
```

注意，ctime 也发生了变化。ctime 是文件 iNode 最后一次更改的时间，这也是我们设置 atime 时发生的。

到目前为止，我们所做的只是为实验设定了条件。现在我们可以使用 find 命令根据 atime 查找旧文件。使用如下所示的 find 命令查找超过两年的文件。find 命令的 atime 选项使用按日（实际上是 24 小时）表示的年龄，以"现在"开始。因此我们需要使用 365×2 = 730 天作为时间段。将 atime 设置为五年以上，因此测试文件应该出现在此测试中。

```
[student@testvm1 ~]$ find . -atime +730
./file0.txt
```

file0.txt 文件按预期显示。你还可以显示最近访问时间距今超过 730 天的文件。通过
sort 实用程序输出结果，以便更容易看到 file0.txt 不在列出的文件中。

```
[student@testvm1 ~]$ find . -atime -730 | sort
.
././.bash_history
./.bash_logout
./.bash_profile
./.bashrc
./.cache
./.cache/mc
./.cache/mc/Tree
./.config
./.config/mc
./.config/mc/ini
./error.txt
./file1.txt
./file2.txt
./file3.txt
./file4.txt
./file5.txt
./file6.txt
./file7.txt
./file8.txt
./file9.txt
./good.txt
./index.cgi
./.lesshst
./.local
./.local/share
./.local/share/mc
./.local/share/mc/history
./.mozilla
./.mozilla/extensions
./.mozilla/plugins
./mymotd
./perl.index.cgi
./script.template.sh
./test1.html
./test1.txt
./.viminfo
```

find 命令可以根据大小、权限、名称和其他条件查找文件。但是，它所能做的就是找

到可能值得进一步调查的文件。调查是唯一可以确切知道应该对找到的文件做什么处理的方法。这通常意味着调查文件内容，但有时可以从文件的名称或位置来确定处置方式。

使用 find 命令的一个潜在问题是最近以不保留其属性的方式从备份还原的文件。这可能使旧文件看起来比实际更加新，并阻碍识别最旧的文件。在这种情况下，必须再次使用基本工具（如 ls 命令或你喜欢的文件管理器）来搜索文件，打开它们检查其内容并删除它们（如果不再需要它们）。

按文件大小也可以查找可能归档或删除的文件。有两种方法可以做到这一点：使用 find 命令或 du 命令。find 命令让我们对结果有更多的控制，因为我们可以组合参数并做一些有趣的事情，比如查找大于 15MB，最后一次访问时间距今超过五年，属于某特定用户的文件。在下一个实验中，我们将首先运用 du 命令，然后运用 find 命令。

<hr>

实验 17-4

以 student 用户身份执行此实验。

首先创建 ~/Documents 目录（如果它不存在），然后向这个目录中添加一些大小逐个增加的文件。

```
[student@testvm1 ~]$ mkdir Documents
```

下一个命令应该在一行中输入。它会在 ~/Documents 目录中创建 100 个包含越来越多数据的文件。

```
[student@testvm1 ~]$ count=0;while [ $count -lt 100000 ]; do
count=$((count+1000)); echo $count;dd if=/dev/urandom of=~/Documents/file-
$count.txt bs=256 count=$count ;done
```

将 ~/Documents 设置为 PWD 并列出其内容。为了简洁起见，这里显示前 20 个文件。在命令中删除对 head 实用程序的调用，这样就可以看到它们的全部。

```
[student@testvm1 Documents]$ ls -l | head -20
total 1262600
-rw-rw-r--. 1 student student 25600000 Feb 23 15:32 file-100000.txt
-rw-rw-r--. 1 student student  2560000 Feb 23 15:31 file-10000.txt
-rw-rw-r--. 1 student student   256000 Feb 23 15:31 file-1000.txt
-rw-rw-r--. 1 student student  2816000 Feb 23 15:31 file-11000.txt
-rw-rw-r--. 1 student student  3072000 Feb 23 15:31 file-12000.txt
-rw-rw-r--. 1 student student  3328000 Feb 23 15:31 file-13000.txt
-rw-rw-r--. 1 student student  3584000 Feb 23 15:31 file-14000.txt
-rw-rw-r--. 1 student student  3840000 Feb 23 15:31 file-15000.txt
-rw-rw-r--. 1 student student  4096000 Feb 23 15:31 file-16000.txt
-rw-rw-r--. 1 student student  4352000 Feb 23 15:31 file-17000.txt
-rw-rw-r--. 1 student student  4608000 Feb 23 15:31 file-18000.txt
-rw-rw-r--. 1 student student  4864000 Feb 23 15:31 file-19000.txt
-rw-rw-r--. 1 student student  5120000 Feb 23 15:31 file-20000.txt
-rw-rw-r--. 1 student student   512000 Feb 23 15:31 file-2000.txt
```

```
-rw-rw-r--. 1 student student   5376000 Feb 23 15:31 file-21000.txt
-rw-rw-r--. 1 student student   5632000 Feb 23 15:31 file-22000.txt
-rw-rw-r--. 1 student student   5888000 Feb 23 15:31 file-23000.txt
-rw-rw-r--. 1 student student   6144000 Feb 23 15:31 file-24000.txt
-rw-rw-r--. 1 student student   6400000 Feb 23 15:31 file-25000.txt
```

du -a 命令只列出文件及其大小以及每个目录中所有文件的总大小。我们可以使用它来轻松快速地找到包含字节数最多的最大文件和目录。我们通过 sort 实用程序运行结果，来最终获得按数字排序的包含最大文件和目录的列表。本例只显示列表中的最后 20 个条目。

```
[student@testvm1 ~]$ du . -a | sort -n | tail -20
20752    ./Documents/file-83000.txt
21000    ./Documents/file-84000.txt
21252    ./Documents/file-85000.txt
21500    ./Documents/file-86000.txt
21752    ./Documents/file-87000.txt
22000    ./Documents/file-88000.txt
22252    ./Documents/file-89000.txt
22500    ./Documents/file-90000.txt
22752    ./Documents/file-91000.txt
23000    ./Documents/file-92000.txt
23252    ./Documents/file-93000.txt
23500    ./Documents/file-94000.txt
23752    ./Documents/file-95000.txt
24000    ./Documents/file-96000.txt
24252    ./Documents/file-97000.txt
24500    ./Documents/file-98000.txt
24752    ./Documents/file-99000.txt
25000    ./Documents/file-100000.txt
1262604 ./Documents
1262780 .
```

结果以千字节为单位。注意，由于目录包含的文件很大，所以它们排在底部附近。使用 du 命令时，很难将目录与文件分开。

find 命令可以更专业一些。下面找到大于 20MB 的所有文件。

```
[student@testvm1 ~]$ find . -size +20M
./Documents/file-93000.txt
./Documents/file-94000.txt
./Documents/file-90000.txt
./Documents/file-92000.txt
./Documents/file-89000.txt
./Documents/file-88000.txt
./Documents/file-91000.txt
./Documents/file-98000.txt
./Documents/file-84000.txt
./Documents/file-85000.txt
```

```
./Documents/file-83000.txt
./Documents/file-97000.txt
./Documents/file-100000.txt
./Documents/file-96000.txt
./Documents/file-95000.txt
./Documents/file-82000.txt
./Documents/file-87000.txt
./Documents/file-86000.txt
./Documents/file-99000.txt
[student@testvm1 ~]$
```

注意，find 命令不会列出文件大小。可以通过往 find 命令中添加一些代码来实现这一点。

```
[student@testvm1 ~]$ find . -size +20M -exec ls -l {} \;
-rw-rw-r--. 1 student student 23808000 Feb 23 15:32 ./Documents/file-93000.txt
-rw-rw-r--. 1 student student 24064000 Feb 23 15:32 ./Documents/file-94000.txt
-rw-rw-r--. 1 student student 23040000 Feb 23 15:32 ./Documents/file-90000.txt
-rw-rw-r--. 1 student student 23552000 Feb 23 15:32 ./Documents/file-92000.txt
-rw-rw-r--. 1 student student 22784000 Feb 23 15:32 ./Documents/file-89000.txt
-rw-rw-r--. 1 student student 22528000 Feb 23 15:32 ./Documents/file-88000.txt
-rw-rw-r--. 1 student student 23296000 Feb 23 15:32 ./Documents/file-91000.txt
-rw-rw-r--. 1 student student 25088000 Feb 23 15:32 ./Documents/file-98000.txt
-rw-rw-r--. 1 student student 21504000 Feb 23 15:32 ./Documents/file-84000.txt
-rw-rw-r--. 1 student student 21760000 Feb 23 15:32 ./Documents/file-85000.txt
-rw-rw-r--. 1 student student 21248000 Feb 23 15:32 ./Documents/file-83000.txt
-rw-rw-r--. 1 student student 24832000 Feb 23 15:32 ./Documents/file-97000.txt
-rw-rw-r--. 1 student student 25600000 Feb 23 15:32 ./Documents/file-100000.txt
-rw-rw-r--. 1 student student 24576000 Feb 23 15:32 ./Documents/file-96000.txt
-rw-rw-r--. 1 student student 24320000 Feb 23 15:32 ./Documents/file-95000.txt
-rw-rw-r--. 1 student student 20992000 Feb 23 15:32 ./Documents/file-82000.txt
-rw-rw-r--. 1 student student 22272000 Feb 23 15:32 ./Documents/file-87000.txt
-rw-rw-r--. 1 student student 22016000 Feb 23 15:32 ./Documents/file-86000.txt
-rw-rw-r--. 1 student student 25344000 Feb 23 15:32 ./Documents/file-99000.txt
[student@testvm1 ~]$
```

我们现在有了一个主目录中最大的文件的列表。在本例中，它们都在 ~/Documents 目录中。

我们又有了一种可以识别主目录中最大文件的工具。仍需要一些判断来决定这些文件中的哪些文件需要删除或存档（如果有的话）。

17.5　小结

本章以及我向你提供的参考资料中讨论的所有内容并不总是可以完成的。现实生活中，脚本永远不会完全没有任何废代码，它们永远不会达到最高级别的优雅。

　　本章的标题应暗示了这一点。优雅是值得努力的事情，但我们可能永远无法实现顶级的优雅，在这种高度的优雅中，所有废物全被删除，所有代码尽可能高效，添加了数量正好的完整注释，这些注释对于我们的代码而言清晰简洁，并且遵循所有编程规则和建议。

　　出于多种原因，这是不可能的。我经常遇到的两个问题是，上司对此并不关心，也不会让我们有时间去做，而且一些指导方针——至少在某种程度上——是互相冲突的。

　　我们确实拥有一些工具，它们可以帮助你在脚本和硬盘驱动器上查找文件。虽然这些工具有所帮助，但它们并不完美，只能做这么多事情。作为系统管理员，有时需要手动从代码和目录中查看可以消除的内容。这很耗时，虽然我不喜欢这样做，但确实需要这样做。

　　使用这些工具在我们的系统中找到主目录中最大和最旧的文件——或者其他非 root 用户的文件，可以作为清理废文件的第一步。它为我们提供了一个起点，我们可以花最少的力气获得最佳结果。删除最大和最旧的文件后，继续查找要删除或移动到归档存储的那些较小和较新的文件就变得不那么有效果了。

第 18 章　*Chapter 18*

追 求 简 单

> UNIX 基本上是一个简单的操作系统，但你必须首先是一个理解简单性的天才[⊖]。
>
> ——Dennis Ritchie

我永远同意 Unix 的创造者之一的说法。但是，自从我开始使用 Unix 和 Linux 后，我的观点发生了变化。Linux 哲学的原则帮助我巩固了对 Linux 简单的真相的理解，而且这种简单性也被此哲学阐明。

本书中的许多原则相互交叉，相互促进。第 17 章讨论了优雅，但没有讨论简单性，尽管在本书和其他许多地方都提到过它。我相信简单性的概念在 Linux 系统管理员哲学中应该有自己独立的章节。

在本章中，我们将探索 Linux 的简单性。

18.1　数字中的复杂性

GNU/Linux 表面上很复杂。我知道的一本书《 Linux in a Nutshell 》[⊜]，包含 372 个 Linux 命令的列表。另一本我最喜欢的初学者用书，《 A Practical Guide to Linux, Commands, Editors, and Shell Programming 》[⊜]涵盖了 "…98 个实用程序…"。

⊖ azquotes.com, http://www.azquotes.com/quote/246027?ref=unix。

⊜ Siever, Figgins, Love & Robbins, Linux in a Nutshell 6th Edition (O'Reilly, 2009), ISBN 978-0-596-15448-6。

⊜ Sobell, A Practical Guide to Linux, Commands, Editors, and Shell Programming, 3rd Edition (Prentice Hall, 2013), ISBN 978-0-13-308504-4（Linux 实用指导方针、命令、编辑器和 Shell 编程，第 3 版）。

但与我提出的另一个数字相比，这些数字是微不足道的。实验 18-1 说明了一种估算 Linux 计算机上命令总数的方法。大多数作为命令行命令的可执行文件都位于 /usr/bin 目录中，因此计算此目录中的文件数量可以得到很好的估计。

实验 18-1

以 student 用户身份执行此实验。确定在 /usr/bin 中的可执行文件数。

```
[student@testvm1 ~]$ ls /usr/bin | wc -w
2635
```

是的，这是很多命令。当然，你看到的数字会有所不同。我的技术评审 BenCotton 告诉我他在便携式计算机上的 /usr/bin 中有 1992 个文件。你可以看到的数字范围取决于你拥有的发行版以及已安装的软件包。

我用来创建和测试这些实验的测试 VM 是一个非常基本的安装，包括 KDE 和 MATE 桌面以及 LibreOffice 等一些应用程序。该 VM 有 2633 个可执行 Linux 文件，其中大部分是 CLI 命令。

我刚开始学习 Linux 时，我顺手拿起了几本关于 Linux 的书籍——当时并没有那么多的书籍可用，并且发现了当时我认为不可想象的数量的命令。我以为我永远不可能学会所有命令。

当我看到标题为"你将实际使用的 77 个 Linux 命令和实用程序"⊖，和"50 个最常用的 UNIX/Linux 命令（带示例）"⊜之类的文章时，我感到畏缩。这些标题暗示有一大堆命令必须要记住或者掌握。

我确实阅读了很多这类文章，但我通常会寻找新的有趣的命令：那些可能帮助我解决问题或简化命令行程序的命令。

18.2　简单性的基础知识

虽然我母亲认为我是天才，但我其实不是。我从来没有尝试过学习全部 Linux 命令，我只是坚持不懈地学习。

我从任何特定时刻手头的项目所需的命令开始学习。工作中我学习到更多的命令，这些项目和工作将我的知识扩展到极限，迫使我找到以前不为我所知的命令来完成它们。我储备的各种命令随着时间的推移而增长，我应用这些命令解决问题时变得更加熟练。我开始去找那些薪水很高而且可以钻研 Linux 的工作。

当我学习关于管道和重定向、标准流和标准 I/O 的知识，读到关于 Unix 哲学和 Linux

⊖ TechTarget.com, http://searchdatacenter.techtarget.com/tutorial/77-Linux-commands-and-utilities-youll-actually-use。

⊜ The Geek Stuff, http://www.thegeekstuff.com/2010/11/50-linux-commands/?utm_source=feedburner。

哲学的内容时，我开始理解命令行如何以及为什么使 Linux 和核心实用程序如此强大。我学会了编写命令行程序，用这些程序以惊人的方式处理数据流是多么优雅。

我还发现一些命令，即使不是完全过时的，也很少被使用。正因为这个原因，找到一个 Linux 命令清单并记住它们是没有意义的。作为系统管理员，学习许多可能永远不需要的命令，不是对时间的有效利用。

这里的简单之处在于了解你手头需要完成的任务。将来会有很多任务要求你学习其他命令。总有方法可以在需要时发掘和学习这些命令。我发现在需要时发掘和学习新命令对我来说非常有效。几乎所有新项目，包括编写本书，都会学习到新的命令。

18.3　永无止境的简化过程

解决方案有效并不意味着停止寻找更好的方法。系统管理员的一个共同特点是一直在寻找更好的方法来做已经做过的事情。有时我发现一个以前不为我所知的命令，进而意识到它比我已经用来完成任务的一两个或更多命令更合适。

在我十多年前写的一个程序中，我在 dmidecode 开始的管道中使用了一系列命令来确定系统的硬件架构是 32 位还是 64 位。这很麻烦，但大部分都有效。后来我发现了一个 Linux 命令 arch，旧方式要执行几个命令完成的操作，执行这一个命令就解决了。我在脚本中做了改动，结果没有改变，但程序更简单、更有效，也更优雅。

简单性与性能或效率无关——至少不是直接的，它与优雅的关系更大。通过简化，我的程序变得更有效率并且性能得到改善。这很优雅。

简化是一个永无止境的过程。它永远不会停止，因为我总是在学习新事物和新方法来用在我已经知道的东西上面。

18.4　简单的程序做一件事

我们大多数直接使用计算机的人都非常喜欢好玩的东西。早期的计算机程序员也不例外。他们写了很多程序，让我们都玩得很开心。我们极客也想玩得开心！

早在 1970 年左右，我就是俄亥俄州托莱多一家小公司的夜间计算机操作员之一。完成所有实际工作后，我们会在 IBM 1401 大型机上找一些乐子。我们会玩像"井字棋"这样的游戏，或者打印不适合重现在这里的 ASCII 艺术页面。井字棋很有趣，但在那台旧计算机上玩它既有趣也很有挑战性。计算机总是将第一步移动为"X"并在一张计算机纸上打印出所得的 3x3 矩阵。人类玩家不得不打开其中一个前面板感应开关来指示他们想要放置"O"的方块编号，然后按一个按钮告诉计算机继续运行程序。那是过去的美好时光。

早期的 Unix 程序员给了我们许多有趣的东西，比如 adventure（冒险）、fortune（运势）和 cowsay。最后两个东西可以用来说明简单性。这种简单性是因为这两个程序都是为了完成一件事而设计的。fortune 程序向 STDOUT 打印随机的运势，而 cowsay 从 STDIN 获取文本字符串并将其显示在卡通牛的语音气球中。

使用你的软件包管理器安装 fortune 和 cowsay，因为它们不太可能已经在你的计算机上。在目前的 Fedora 版本中，它们是"fortune-mod"和"cowsay"。对于早期版本的 Fedora 和其他发行版，你可能需要使用"fortune"作为包名。

实验 18-2

如果还没有安装 fortune-mod 和 cowsay，首先安装它们。以 root 身份完成这部分实验。

```
[root@testvm1 ~]# dnf -y install fortune-mod cowsay
```

本实验的其余部分应以 student 用户执行。现在运行 fortune 几次以查看结果。

```
[student@testvm1 ~]$ fortune
Vulcans believe peace should not depend on force.
-- Amanda, "Journey to Babel", stardate 3842.3
```

我承认在显示这个特定结果之前我尝试了好几次。如果你想检查，/usr/bin 现在可能还有一两个文件。

这很好——只需继续使用 fortune 程序一段时间。

cowsay 程序需要一个文本字符串作为输入，所以执行如实验 18-3 中所示的操作。cowsay 接受文本字符串并将其放在奶牛的语音气球中。

实验 18-3

自己尝试一下 cowsay 程序。

```
[root@testvm1 ~]# cowsay hello world!
```

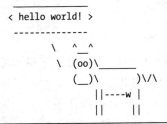

```
 < hello world! >
  --------------
         \   ^__^
          \  (oo)_____
             (__)\       )\/\
                 ||----w |
                 ||     ||
```

也可以玩一段时间这个程序。我可以看到有人可能会在 shell 程序中使用 cowsay 而不是 echo 来输出消息，但是 cowsay 不会保留原始消息文本的列格式，它只是将所有东西混合在一起输出。

我们有两个小程序，每个程序都完成一件事。现在让我们将它们合并在一起，并利用 cowsay 程序在 STDIN 上取得输入的事实做点事情。实验 18-4 显示了如何做到这一点和输出的结果。这个结果可能需要运行程序几次才能得到。

实验 18-4

通过 cowsay 将 fortune 的运行结果利用管道输出。

[student@testvm1 ~]$ **fortune | cowsay**

```
 _____
/ But I have a holy crusade. I dislike  \
| waste. I dislike over-engineering. I  |
| absolutely detest the "because we can" |
| mentality. I think small is beautiful, |
| and the guildeline should always be    |
| that performance and size are more     |
| important than features.               |
|                                         |
\ - Linus Torvalds on linux-kernel       /
 ----------------------------------------
        \   ^__^
         \  (oo)_____
            (__)\       )\/\
                ||----w |
                ||     ||
```

　　每个程序都很小，且每个程序都只做一件事，结合两个简单的程序，就能创建更复杂的东西。我花了一段时间才得到这个结果。拼写错误是原文中就有的。

---

　　fortune 和 cowsay 都有简单的界面，它们都执行单个任务且执行得很好，并且使用 STDIO。它们都有一些命令行选项，可以用来稍微修改它们的行为，但是如实验 18-4 所示，一旦你将它们一起使用，它们真的没有太多其他的东西需要了解。如果你想研究它们的几个命令行选项，可以查看它们的手册页。

18.5　简单程序很小

　　来看看这两个程序有多小，运行实验 18-5 中的命令来查找这个信息。两者都不太大。小程序易于理解和维护。

实验 18-5

下面这个命令可以获得 cowsay 和 fortune 程序的大小。

[student@testvm1 ~]$ **ls -l `which cowsay` `which fortune`**
-rwxr-xr-x 1 root root 4460 Nov 20 11:20 /usr/bin/cowsay
-rwxr-xr-x 1 root root 28576 Aug 2 19:54 /usr/bin/fortune

　　这些程序之所以很小的原因是它们各自只完成一件事。向这些程序中的任何一个添加更多功能都会显著增加其大小并使其难以维护。除此之外，关键点会是什么？这两个程序

是完美的，因为它们都满足为它们设定的需求。

现在以相同的方式考虑其余的 GNU/Unix/Linux 实用程序。ls 程序应该完成什么？它唯一的功能是列出目录中包含的文件，记住目录本身也是文件。它可以通过使用多个选项中的一个或多个——或者根本不用任何选项来以多种不同的方式完成此任务。

如果不用任何选项，ls 命令仅列出当前目录（PWD）中的非隐藏文件名，并在每行输出中列出尽可能多的文件名。-l 选项列出一个很长的易于阅读的漂亮列式列表，它显示文件的权限、大小和其他数据。-a 选项显示所有文件，包括隐藏文件。-r 选项列出文件，递归每个子目录，并列出每个子目录中的文件。如果没有参数，ls 命令会列出 PWD 中的文件。使用不同的目录路径作为参数，它可以列出其他目录中的文件。参数的其他变体允许你列出特定文件。

ls 实用程序还有许多其他有趣的选项和参数变体可以一起使用。可以阅读 ls 的手册页来查看所有可能的用法。

注意，文件通配符由 shell 处理，而不是由 ls 命令处理。因为 shell 为所有以文件名作为参数的程序和脚本处理文件通配符，所以这些程序都不需要这样做。shell 将与通配符匹配的文件名扩展为程序和脚本运行的文件列表。这也是简单的。既然只需要在一个地方（shell）中包含文件通配功能，那为什么还要在每个程序中都做一遍呢？

关于 ls 实用程序你应该注意的事情是每个选项，每一个参数变体，都有助于生成文件列表。它全部的工作就是列出文件。其简单之处在于它做了一件事并且做得非常好。向此程序添加更多功能毫无意义，因为它不需要它们。

18.6　简单与哲学

起初，我希望这样一个技术上不健全的项目会崩溃，但我很快意识到它注定要成功。在有足够决心的情况下，软件中的几乎任何东西都可以实现、销售，甚至使用。没有任何一个科学家可以抵御一亿美元的洪水。但是有一种品质无法以这种方式购买——可靠性。**可靠性的代价是追求极度的简单**。这是富人最难支付的代价⊖。

　　　　——C. A. R. Hoare ⊜，描写关于编程语言 PL/I ⊜的开发（着重号是我加的）

我遇到的许多更有趣的软件问题都涉及现有代码的简化——尤其是我自己的代码。向程序添加新功能会增加其复杂性。向现有代码中快速添加新功能，并将其用于满足截止日期增加了复杂性。

最难的事情之一是降低代码的复杂性。但从长远来看，它会带来回报。

⊖　维基百科，C. A. R. Hoare, https://en.wikiquote.org/wiki/C._A._R._Hoare。
⊜　维基百科，Tony Hoare, https://en.wikipedia.org/wiki/Tony_Hoare。
⊜　维基百科，PL/I, https://en.wikipedia.org/wiki/PL/I。

18.6.1　简化我自己的程序

我编写的在基本的 Fedora 安装后执行许多任务的 bash shell 脚本，已经失控了不止一次。我在第 9 章中提到了这个安装后的程序。但现在我需要讨论它的阴暗面。

由于 Fedora 版本之间的变化，此程序的需求发生了变化。需要修改此程序以安装在默认安装期间不再安装的某些软件包。有时我需要添加代码来删除自动安装的软件包，因为我不想要或不需要它们。

添加新代码来执行这些操作会增加程序的复杂性。在某些情况下，我添加了更多要在程序初始化时进行评估的选项，以便在程序所需的更改方面使我的选项保持打开状态。在几年的时间里，这个程序变得非常庞大，充满了各种各样的废代码。我最近花了一些时间使用 shellcheck 实用程序和我自己的眼睛检查代码来删除废代码——大部分未使用和不再需要的程序，将代码的长度减少了几百行。

18.6.2　简化他人的程序

谈论我如何修复其他人的代码总是更有趣。我过去的一个咨询工作涉及几乎完全重写一组互锁的现有 Perl 程序。这些程序大约有二十五个左右，在小型英特尔服务器上运行。由于代码像意大利面条般混乱且缺乏注释，维护这些程序来增加新功能以及定位和修复错误都变得不可能。我的任务是修复错误并为这些程序添加一些额外的功能。

当我开始尝试理解可怕的复杂意大利面条代码时，很明显我的首要任务是简化代码。在大量注释代码并修复了一些错误后[⊖]，我开始归集一些已插入到这些程序中的两个或多个程序的代码，并将它们收集到 Perl 库中。这使得修复问题更容易，因为它们只需要固定在一个位置——库。我理顺了其他代码，简化了常见的执行路径。

修订后的程序运行速度更快，更短小，更易于维护。可以在几小时和几分钟而不是几天内找到并确定问题。

18.6.3　未注释的代码

我浏览了我的个人归档，找到了图 18-1 中的代码。我不知道它从何而来。我不知道为什么我保留它。它没有任何注释。虽然少数变量名称的长度不仅仅是几个字符，但它们仍然几乎没有说明程序的目的或它应该如何工作。

在图 18-1 中，即使是 "usage"（用法）子程序——显然是 "帮助" 功能，也不是特别有用，因为它显示了一些关于使用语法的内容，并且它仍然没有说明程序的用途。除了程序名称还有点用。这表明它可能与 USB 库有关。我花了很多时间试图理解它。

我看到的少数变量在第二个 case 语句中被赋值，然后用于确定底部 if 系列语句的流程。实际上，可以通过删除所有 if 语句并将 echo 语句移动到 case 语句的匹配节来重构此代

⊖　有关更多信息参见第 20 章。

码以使其更简单。这将消除此代码中对这些变量的需要。

我将脚本复制到 VM 并使用各种选项组合尝试了几次。结果显示在图 18-2 中，并没有更多的启发性。

```sh
#!/bin/sh

prefix=/usr/local
exec_prefix=${prefix}
exec_prefix_set=no

usage()
{
        cat <<EOF
Usage: libusb-config [OPTIONS] [LIBRARIES]
Options:
        [--prefix[=DIR]]
        [--exec-prefix[=DIR]]
        [--version]
        [--libs]
        [--cflags]
EOF
        exit $1
}

if test $# -eq 0; then
        usage 1 1>&2
fi

while test $# -gt 0; do
  case "$1" in
  -*=*) optarg=`echo "$1" | sed 's/[-_a-zA-Z0-9]*=//'` ;;
  *) optarg= ;;
  esac
  case $1 in
    --prefix=*)
      prefix=$optarg
      if test $exec_prefix_set = no ; then
        exec_prefix=$optarg
      fi
      ;;
    --prefix)
      echo_prefix=yes
      ;;
    --exec-prefix=*)
      exec_prefix=$optarg
      exec_prefix_set=yes
      ;;
```

图 18-1 这段代码是干什么的

```
      --exec-prefix)
        echo_exec_prefix=yes
        ;;
      --version)
        echo 0.1.4
        exit 0
        ;;
      --cflags)
        if test "${prefix}/include" != /usr/include ; then
          includes="-I${prefix}/include"
        fi
        echo_cflags=yes
        ;;
      --libs)
        echo_libs=yes
        ;;
      *)
        usage 1 1>&2
        ;;
    esac
    shift
done

if test "$echo_prefix" = "yes"; then
        echo $prefix
fi
if test "$echo_exec_prefix" = "yes"; then
        echo $exec_prefix
fi
if test "$echo_cflags" = "yes"; then
        echo $includes
fi
if test "$echo_libs" = "yes"; then
        echo -L${exec_prefix}/lib -lusb
fi
```

图 18-1 （续）

```
[root@testvm1 student]# ./libusb-config
Usage: libusb-config [OPTIONS] [LIBRARIES]
Options:
        [--prefix[=DIR]]
        [--exec-prefix[=DIR]]
        [--version]
        [--libs]
        [--cflags]
[root@testvm1 student]# ./libusb-config --version
0.1.4
[root@testvm1 student]# ./libusb-config --libs /usr/lib
Usage: libusb-config [OPTIONS] [LIBRARIES]
Options:
```

图 18-2　此程序的运行结果对于理解也没有什么帮助

```
           [--prefix[=DIR]]
           [--exec-prefix[=DIR]]
           [--version]
           [--libs]
           [--cflags]
[root@testvm1 student]# ./libusb-config --prefix=/usr/lib
[root@testvm1 student]# ./libusb-config --prefix=/usr/lib --cflags
-I/usr/lib/include
[root@testvm1 student]# ./libusb-config --prefix=/var/lib --cflags
-I/var/lib/include
[root@testvm1 student]# ./libusb-config --prefix=/lib --cflags
-I/lib/include
[root@testvm1 student]# ./libusb-config --prefix=/lib
[root@testvm1 student]# ./libusb-config --prefix=/lib64
[root@testvm1 student]#
```

图 18-2 （续）

没有比蹩脚的代码更糟的了。我怎么能在不知道它应该做什么的情况下修复这段代码？看起来这段代码可能只是一个测试，或者它是一些想要干一些事的更大的脚本的开始部分。这段代码的真正问题在于它需要花费宝贵的时间来确定它显然没有任何用处。

我最终使用下面的实验 18-6 中显示的 dnf 命令来发现此脚本是 USB 开发库的一部分。我不知道它是如何进入我个人的 ~/bin 目录的。

实验 18-6

可以使用 dnf 命令找到属于其中一个主机的存储库中的 RPM 软件包的配置文件。

```
[root@david ~]# dnf whatprovides *libusb-config
Last metadata expiration check: 2:10:49 ago on Sat 24 Feb 2018 01:50:16 PM
EST.
libusb-devel-1:0.1.5-10.fc27.i686 : Development files for libusb
Repo       : fedora
Matched from:
Other      : *libusb-config

libusb-devel-1:0.1.5-10.fc27.x86_64 : Development files for libusb
Repo       : fedora
Matched from:
Other      : *libusb-config
```

我们现在知道 RPM 包提供了这个文件，所以我们查看主机上是否安装了该软件包。

```
[root@david ~]# dnf list libusb-devel
Last metadata expiration check: 2:11:35 ago on Sat 24 Feb 2018 01:50:16 PM
EST.
Available Packages
libusb-devel.i686       1:0.1.5-10.fc27              fedora
libusb-devel.x86_64     1:0.1.5-10.fc27              fedora
```

这些 RPM 的状态是可用，这意味着它们尚未安装。

在这种情况下，结果表明该脚本来自未安装在我的主机上的 RPM。因为它是一个开发包，所以我也不太可能自己安装它。最重要的是我可以删除这个脚本，至少对我而言，它是废物。

当然，这也是系统管理员工作的一部分。在执行某些所需任务要用到的脚本中查找无用的脚本并删除它们。这份工作还涉及找到无用的变量、永远不会被执行的代码行，以及其他有用的脚本中的废物并删除它。鉴别和删除废物需要时间和一定程度的奉献精神。

18.7　硬件

我们已经在第 17 章中谈到了一些关于硬件的问题。在讨论简单性时，这也是一个适当的主题。毕竟，硬件是运行软件的引擎。

硬件现在并不是特别复杂。有标准的主板尺寸：ATX、Mini ATX、Micro ATX 和 Extended ATX。大多数桌面和塔式计算机机箱都标准化了，它们可以接受这些尺寸中的任何一种，除了 Extended ATX。

通过一些研究，可以购买到与市场上任何标准主板兼容的 CPU 和 RAM 内存 DIMM。其他适配器（如 GPU、SATA 和 USB 插件适配器等）可通过标准主板常用的标准化 PCI Express 总线实现。

电源是标准化的，并且都适合于专门分配给它们的空间。唯一真正的区别是它们能够提供的总功率瓦特数。电源连接器长期以来一直被标准化，因为它们提供的电压也是如此。

USB 和 SATA 连接器使得从硬盘驱动器到鼠标的设备连接起来简单快捷。硬盘驱动器等设备是标准尺寸，在当今的情况下可轻松安装在为其设计的空间内。

硬件现在并不是特别复杂，但严格说来事实并非如此。在主板、机箱、适配器、电源等的宏观层面上，这是事实。但是这些设备在微观和纳米级别都变得更加复杂。随着芯片越来越小，它们越来越复杂，包含越来越多的必要逻辑，使最终用户的生活变得更加简单。

也许你不曾经历过 1980 年代早期，最初的 IBM PC 首次发布的时候。集成电路（IC）可能只够包含它们现在所做元件的一小部分，并且它们的运行速度只是我们现在认为理所当然的速度的一小部分，更不用说极端超频人群可以达到的那些速度。

1981 年，采用单核心的 Intel 8088 CPU 在一个 33 平方毫米面积内拥有 29 000 个晶体管⊖。最新的英特尔 i 系列处理器，在脚注 10 的维基百科页面中列出的 10 核心 i7 Broadwell-E，它在 246 平方毫米的面积内包含 32 亿个晶体管。后者面积仅为前者的 7.5 倍，而晶体管数量达到前者的 11 万多倍。所有这些额外的能力使得 CPU 本身完成曾经必须靠手工完成的复杂的事情成为可能。

在早期，IC 更简单，晶体管数量更少。跳线引脚和 DIP 开关是配置硬件的常见且令人

⊖　维基百科，晶体管数，https://en.wikipedia.org/wiki/Transistor_count。

困惑的方法。今天，我可以将计算机启动到 BIOS 配置模式，并在 GUI 环境中进行更改。但在大多数情况下，即使这些也不是必需的，因为硬件和操作系统几乎都能自动配置。

18.8 Linux 和硬件

今天的 Linux 为配置硬件带来了惊人的简单性。大多数时候不需要用户干预。在过去，Linux 用户通常必须为某些硬件安装设备驱动程序。目前，Linux 几乎总是为我们完成所有工作。

在第 5 章中，我们研究了 Udev 守护程序及其机制，它们使 Linux 能够在引导时，以及在引导后的任意时间热插拔时识别硬件。让我们看一下新设备连接到主机时发生的事情的简化版本。我在此规定主机系统已经启动并在 multi-user.target（运行级别 3）或 graphical.target（运行级别 5）下运行。

1）用户插入新设备，通常插入外部 U 盘、SATA 或 eSATA 连接器。

2）内核检测到此情况并向 Udev 发送消息以通知检测到新设备。

3）根据设备属性及其在硬件总线树中的位置，Udev 会为新设备创建一个名称（如果尚不存在）。

4）Udev 系统在 /dev 中创建设备专用文件。

5）如果需要新的设备驱动程序，则会加载它。

6）设备已初始化。

7）Udev 可以向桌面发送通知，以便桌面可以向用户显示发现新设备的通知。

对于操作系统而言，将新硬件设备热插入正在运行的 Linux 系统并使其准备就绪的整个过程非常复杂。对于只想插入新设备并使其工作的用户来说却非常简单。这极大地简化了最终用户的工作。对于 U 盘和 SATA 硬盘驱动器、U 盘、键盘、鼠标、打印机、显示器以及几乎任何其他东西，我需要做的就是将设备插入相应的 U 盘或 SATA 端口，它将生效。

18.9 窘境

对我而言，最终目标是让最终用户的工作尽可能简单。系统管理员也是最终用户。我更喜欢完成实际工作而不是为了让新设备工作花几个小时去摆弄它。那是旧的做事方式。但是这种新的做事方式将复杂性从人类方面转移到了软件方面。而软件的复杂性也通过硬件复杂性的多方面增加得到了帮助。

所以我们的困惑是，一方面我们被告知程序应该简单，但另一方面我们却应该将复杂性转移到软件中或完全消除它。希望这样可以使得用户不需要处理它。

在复杂性和简单性之间调和这种紧张关系是开发人员和系统管理员的任务。我们为"自动化一切"而创建的程序和脚本确实需要尽可能简单。但它们还需要能够执行手头的任务，以尽可能简化最终用户的任务。

> 计算机不可靠，但人类更不可靠。
>
> ——Gilb 的不可靠性定律

当你成为系统管理员一段时间后，前面引文的正确性就变得很明显了。在某些时候，我们的用户总会找到一种方法来做一些意想不到的事情，这会比我们在程序和脚本中可能做的任何事情造成更多的损伤和破坏。这意味着我们的目标必须是遵循下面的基本原则来编写小程序，每个程序都做好一件事并使用 STDIO 进行交互。

不要忘记最终的讽刺——系统管理员也是人，至少现在如此，作为一个系统管理员，我们是自己脚本的用户。如果我编写脚本来处理我知道我会犯的粗心错误，那么它们将是相当可靠的。我通过尽可能简单地确保我的脚本尽可能可靠，并不断努力进一步简化它们。

18.10　小结

> 傻瓜忽视复杂性，实用主义者忍受它，专家避免它，天才删除它。
>
> ——Alan Perlis ⊖

⊖　维基百科，Alan Perlis，https://en.wikipedia.org/wiki/Alan_Perlis。

使用你喜爱的编辑器

为什么这是系统管理员 Linux 哲学的一个原则？因为争论编辑器的好坏可能会造成大量的资源浪费。每个人都有最喜欢的编辑器。

我使用 vim 作为我的编辑器。它比我尝试过的任何其他编辑器都更符合我的需求。如果你可以对你的编辑器说出这番话——无论哪一种，那你就进入了编辑器的终极世界。

二十多年前，当我开始学习 Solaris 时，我的导师建议我开始学习使用 vi 进行编辑，因为它始终存在于每个系统中。无论操作系统是 Solaris 还是 Linux，事实都证明了这一点。vi 编辑器总是存在，所以我可以依靠它。

vi 编辑器还可以用作 bash 命令行编辑的编辑器。虽然默认的命令编辑器是 emacs，但我使用 vi 选项，因为我已经熟悉了 vi 的快捷键规则。在 bash 中使用 vi 样式编辑器的选项，可以通过将 "set -o vi" 行添加到 ~/.bashrc 文件来设置为仅供你自己使用。为了全局设置 vi 选项，则使用 /etc/profile.d/ 中的配置文件，以便所有 root 用户和非特权用户都将其作为 bash 配置的一部分。

使用 vi 编辑器的其他工具是 crontab 和 visudo 命令，这两个都是围绕 vi 的包装器。懒惰的系统管理员使用已存在的代码，尤其是在这些代码开源时。使用这些工具的 vi 编辑器就是一个很好的例子。

还有许多其他功能强大且非常棒的编辑器。总之，使用你喜欢的编辑器。

使用最好的编辑器可以提高工作效率。一旦你学会了编辑器中最常使用的击键组合和命令，就可以非常有效地编辑所有类型的文件。

19.1　不仅仅是编辑器

本章还有更多内容，不仅仅是编辑器。它实际上讨论的是使用适合你的工具，关于最佳编辑器的讨论是关于各种工具的相同类型讨论的原型。

讨论使用哪些工具，无论是编辑器、桌面、shell、编程语言还是其他任何工具都是正常的，并且非常有用。这些讨论提供了有关已知事物如何工作以及如何使其更好地工作的新事物或新信息的知识。周全和尊重的话语对于增强我的知识和提高我作为系统管理员的技能可能是有用的，甚至是至关重要的。我希望它也适合你。

当这些讨论沦为不敬和无用的口水战争时，问题就出现了，这种口水战争只会在参与者之间造成愤怒和不和。我总是试图退出这些讨论，以便把我的精力省下来投入到更有成效的活动中去。我们来看一些例子。

19.2　Linux 启动

SystemV 和 systemd 是执行 Linux 启动序列的两种不同方法。SystemV 启动脚本和 init 程序是旧方法，systemd 使用目标是新方法。

为了确保我们都有共同的理解，我需要指出 Linux 启动序列在 init 或 systemd 加载内核后开始，具体取决于发行版使用新的还是旧的启动方法。init 和 systemd 程序启动和管理所有其他进程，即程序，并且都被称为各自系统上所有进程的母程序。

虽然许多现代 Linux 发行版都使用较新的 systemd 进行启动、关闭和进程管理，但仍有一些发行版不支持它。其中一个原因是一些发行版的维护者和一些系统管理员更喜欢旧的 SystemV 方法，而不是比较新的 systemd。

我认为两者都有其优点，下面解释一下我的理由。

19.2.1　为什么我更喜欢 SystemV

我更喜欢 SystemV 的主要原因是它更开放，因为启动是使用 bash 脚本完成的。内核启动 init 程序这个编译的二进制文件后，init 启动 rc.sysinit 脚本，该脚本执行许多系统初始化任务。rc.sysinit 完成后，init 启动 /etc/rc.d/rc 脚本，它依次启动 /etc/rc.d/rcX.d 中 SystemV 启动脚本定义的各种服务，其中"X"是正在启动的运行级别的编号。

所有这些程序都是开源且易于理解的脚本。阅读这些脚本可以准确了解整个启动过程中发生的事情。每个脚本都经过编号，以便按特定顺序启动它所针对的服务。服务以串行方式启动，一次只启动一个服务。

Systemd 是编译后的单个大型二进制可执行文件，如果不访问源代码，则无法理解它。它代表了对 Linux 哲学的多个原则的重大违背。因为 systemd 是二进制文件，所以无法直接打开它供系统管理员查看或轻松更改。

19.2.2 为什么我更喜欢 systemd

我更喜欢 systemd 作为我的启动机制，因为它根据启动过程中的当前阶段来并行启动尽可能多的服务。这加快了整体启动速度，并使主机系统比 SystemV 更快地进入登录界面。

systemd 启动机制是开放的，因为所有配置文件都是 ASCII 文本文件。可以通过各种 GUI 和命令行工具修改启动配置，以及添加或修改各种配置文件。

rc.sysinit 和 rc 程序的代码外部有配置文件，可以根据需要修改启动过程。

19.2.3 真正的问题

要把 SystemV 和 systemd 拿来对比的真正问题在于，在系统管理员级别，我们没得选择⊖。是使用 SystemV 还是 systemd 已经被各种发行版的开发人员、维护人员和打包者选择好了。

别人已经为我们做了这个特别的选择，我通常最关心的是 Linux 主机能否正常启动和工作。作为最终用户，甚至作为系统管理员，我主要关心的是我是否可以完成我的工作：比如编写本书、安装更新和编写脚本以自动化所有内容等。只要我能完成我的工作，我就不会真正关心发行版上使用的启动序列。

但是，我确实遇到过在启动时出现的问题。无论在任何主机上使用哪个启动系统，我都知道并且能够按照事件序列找到故障原因并修复它。这才是最重要的。

19.3 桌面环境

我首选的桌面环境是 KDE Plasma。大约在 2008 年，随着 Fedora 9 的发布，KDE 从 V3.x 升级到 V4，发生了重大变化，导致了一些严重的问题。我最喜欢的一些 KDE 应用程序无法运行，因为它们尚未更新到能够使用新版本的 KDE。我经常遇到桌面环境崩溃的问题，以至于无法完成任何实际工作。有时 KDE 会每小时崩溃几次。这对工作很不利。

幸运的是，我能够切换到另外的桌面环境，我使用了 GNOME 2 一年，直到 KDE 再次能用。

然后在 2016 年底，KDE 经历了另一组变化，导致更多的不稳定。这次我把重点放在了解其他几个可用的桌面环境方面。从 2016 年 12 月开始，我把三种不同桌面环境中的每种都用了一个月，所以我可以真正地感受到它们各自的工作方式。只是尝试几个小时的东西，并不能让你真正了解某个桌面环境如何工作，你也不会知道如何配置它以更好地与你自己的工作风格吻合。

我尝试了 Cinnamon、LXDE 和 GNOME 3，并学会了欣赏它们各自的优势。作为这

⊖ OSnews，Editorial: Thoughts on Systemd and the Freedom to Choose（社论：关于系统和选择自由的思考），http://www.osnews.com/story/28026/Editorial_Thoughts_on_Systemd_and_the_Freedom_to_Choose。

些试验的结果，我针对每种桌面环境都分别写了一篇文章，分别是"使用 Cinnamon 作为 Linux 桌面环境的 10 个理由"[⊖]、"使用 LXDE 的 8 个理由"[⊜]和"使用 GNOME 3 用作 Linux 桌面环境的 11 个理由"[⊜]，以匹配我之前写的"使用 KDE 的 9 个理由®。"

我能够把问题变成尝试新事物的机会：在这个例子中，桌面环境就是问题。这些桌面环境中的每个都有很多优点，每个桌面环境也都有一些我使用它们时会发现的缺憾。

即使是我最喜欢的桌面环境 KDE 也存在一些问题。它确实经常陷入无法使用的周期。它很臃肿、占用大量内存。它安装的一些默认应用程序以及在登录时启动 KDE 时启动的默认应用程序，会占用 CPU 周期。我的安装后脚本有代码来删除问题更严重的 KDE 应用程序并关闭其他的后台守护程序，以便我的系统不受它们的影响。所以当它变得好用时，我会继续使用它。

19.4　用 sudo 还是不用 sudo

我认为作为系统管理员并使用你喜欢的工具的一部分含义是不受限制地正确使用我们的工具。在下面的例子中，我发现 sudo 命令的使用方式是与它的设计本意不符的。我特别不喜欢在某些发行版中使用 sudo 工具，特别是因为它被用来限制和约束从事系统管理工作的人运用他们履行职责所需的工具。

> [系统管理员] 别用 sudo。
>
> —— Paul Venezia [⊗]

Venezia 在他发表在 InfoWorld 上的文章中解释说，sudo 被用作系统管理员的拐杖。他不会花很多时间来捍卫这个观点或解释它。他只是说这是一个事实。我同意他的观点——对于系统管理员而言。我们不需要类似自行车辅助轮的东西来完成我们的工作。事实上，它们阻碍了工作。

某些发行版（如 Ubuntu）使用 sudo 命令的方式旨在使需要提升（root）权限的命令用起来更加费劲。在这些发行版中，无法以 root 用户身份直接登录，因此 sudo 命令用于允许非 root 用户临时访问 root 权限。这是为了让人们更加小心地发出需要提升权限的命令，例如添加和删除用户、删除不属于他们的文件、安装新软件，以及管理现代 Linux 主机所需的

⊖　David，Opensource.com，10 reasons to use Cinnamon as your Linux desktop environment, https://opensource.com/article/17/1/cinnamon-desktop-environment。

⊜　David，Opensource.com，8 reasons to use LXDE, https://opensource.com/article/17/3/8-reasons-use-lxde。

⊜　David，Opensource.com，11 reasons to use the GNOME 3 desktop environment for Linux, https://opensource.com/article/17/5/reasons-gnome。

®　David，Opensource.com，9 reasons to use KDE,https://opensource.com/life/15/4/9-reasons-to-use-kde。

⊗　Venezia, Paul, Nine traits of the veteran Unix admin（资深 Unix 管理员的九个特征），InfoWorld, Feb. 14, 2011, www.infoworld. com/t/unix/nine-traits-the-veteran-unix-admin-276?page=0,0&source=fssr。

所有任务。强制系统管理员使用 sudo 命令作为其他命令的前提应该可以使 Linux 用起来更安全。

在我看来，以这些发行版的方式使用 sudo 是一种糟糕且无效的尝试，它为新手系统管理员提供的是虚假的安全感。它在提供任何级别的保护方面完全无效。不管使不使用 sudo，都可以发出错误或造成损害的命令。以发行版的方式使用 sudo 会麻痹系统管理员发出不正确命令的恐惧感，这给系统管理员带来了极大的伤害。这些发行版对可能与 sudo 工具一起使用的命令没有限制或约束。试图通过防止系统被用户搞坏和降低他们做错事情的可能性来限制可能造成的损害——实际上既做不到，也不应该这样做。

所以我们要清楚这一点——这些发行版希望用户执行系统管理的所有任务。如果你记得第 1 章中的列表，他们会哄骗用户——实际上是系统管理员，让他们认为受到某种方式的保护，不会做错任何事，因为他们必须采取这种限制性的额外步骤来输入密码才能运行命令。

19.4.1 绕过 sudo

以这种方式工作的发行版通常会锁定 root 用户的密码，而 Ubuntu 就是这些发行版中的一种。这样，没有人可以登录到 root 并开始无阻碍地工作。我已经设置了一个带有 Ubuntu 16.04 LTS（长期支持）的虚拟机，因此我可以向你展示如何设置密码以避免使用 sudo。

📖注意　实验 19-1 是可选的。它旨在指导你通过为 root 账户设置密码来用 sudo 解锁 root 账户。如果你使用的发行版没有强制你使用 sudo，则应跳过此实验。

实验 19-1

我在这里约定设置，以便你可以根据需要重现它。我安装了 Ubuntu 16.04 LTS ⊖并使用 virtualBox 将其安装在 VM 中。在安装过程中，我创建了一个非 root 用户 student，并为此实验提供了一个简单的密码。

以用户 student 身份登录并打开终端会话。下面看看 /etc/shadow 文件中的 root 条目，这是存储加密密码的地方。

```
student@ubuntu1:~$ cat /etc/shadow
cat: /etc/shadow: Permission denied
```

权限被拒绝，因此我们无法查看 /etc/shadow 文件。这对所有发行版都是通用的，这样非特权用户就无法查看和访问加密密码。允许对这些密码访问会导致可以使用常见的黑客工具破解它们，这不安全。

现在尝试 su - 到 root。

⊖　Canonical Group LTD，下载网站，https://www.ubuntu.com/download/desktop。

```
student@ubuntu1:~$ su -
Password:
su: Authentication failure
```

这个命令失败了，因为 root 账户没有密码并被锁定。下面使用 sudo 来查看 /etc/shadow 文件。

```
student@ubuntu1:~$ sudo cat /etc/shadow
[sudo] password for student: <enter the password>
root:!:17595:0:99999:7:::
<snip>

student:$6$tUB/y2dt$A5ML1UEdcL4tsGMiq3KOwfMkbtk3WecMroKN/:17597:0:99999:7:::
<snip>
```

我已将结果截断为仅显示 root 用户和 student 用户的条目。我还缩短了加密密码，以便条目适合在单行放下。

字段用冒号（:）分隔，第二个字段是密码。注意，root 的密码字段内容是一个"爆炸"符号，世界上其他地方称它为感叹号（!）。这表示该账户已被锁定且无法使用。

如果要使用 root 账户，需要设置 root 账户的密码。

```
student@ubuntu1:~$ sudo su -
[sudo] password for student: <Enter password for student>
root@ubuntu1:~# passwd root
Enter new UNIX password: <Enter new root password>
Retype new UNIX password: <Re-enter new root password>
passwd: password updated successfully
root@ubuntu1:~#
```

现在我们可以直接在控制台上以 root 用户身份登录，也可以直接登录到 root 用户，而不必为每个命令使用 sudo。当然，每次想以 root 身份登录时，我们可以只使用 sudo su -。

Ubuntu 及与其有前后继承关系的发行版都非常好，多年来我使用了其中的好几个。使用 Ubuntu 和相关的发行版时，我要做的第一件事就是设置一个 root 密码，这样我就可以直接以 root 用户身份登录。

19.4.2　sudo 的有效用途

sudo 设施确实有它的用途。sudo 的真正意图是使 root 用户能够委派给一个或两个非 root 用户，定期访问他们需要的一个或两个特定的特权命令。这背后的原因是系统管理员的懒惰，允许用户访问需要提升权限的一两个命令以及他们每天多次使用的命令，为系统管理员避免了大量来自用户的请求，并消除了用户原本会遇到的等待时间。但大部分非 root 用户永远不应该拥有完全的 root 访问权限，他们只需要提升他们要用到的几个命令的权限。

我有时需要非 root 用户来运行需要 root 权限的程序。在这种情况下，我设置了一个或两个非 root 用户并授权他们运行该单个命令。sudo 工具还会记录使用它的每个用户的用户 ID。这可能使我能够追踪谁犯了错误。这就是它的全部功能，它不是一个神奇的保护者。

sudo 工具从未打算用作系统管理员发出的命令的入口。它无法检查命令的有效性。它没有检查用户是否正在做一些愚蠢的事情。对于有权访问系统上的所有命令的用户，即使是让他们通过一个迫使他们说"请"的入口发出命令，也不会使系统安全——这绝不是它的预期目的。

> Unix 永远不会说"请"。
>
> ——Rob Pike [⊖]

关于 Unix 的这句话，用在 Linux 上面与用在 Unix 上面一样有效。当需要以 root 用户身份完成工作时，系统管理员以 root 身份登录，并在完成后退出 root 会话。有些日子我们整天都以 root 身份登录，但是在需要的时候我们总是以 root 身份工作。我们从不使用 sudo，因为它会强制我们输入不必要的内容，以便运行完成工作所需的命令。Unix 和 Linux 都不会问我们是否真的想做某事，也就是说，它不会说"请确认你想要这样做"。

是的，我不喜欢某些发行版使用 sudo 命令的方式。

19.5　小结

对我来说，使用什么工具无关紧要，对其他任何人来说也无关紧要。真正重要的是完成工作。无论你使用的是 vim 还是 EMACS，systemd 或 SystemV，RPM 或 DEB，它们没有什么区别，使用最顺手且最适合你的工具即可。

最重要的是，我们选择使用的工具要不受任何限制或阻碍。滥用完美的工具来帮助和教唆制造这种障碍是不合情理的，并且与 Linux 和开源所代表的自由精神相抵触。无论何时遇到这种滥用的情况，我们都应该抵制并规避它。

Unix、Linux 和开源的最大优势之一是，我们需要完成的每项任务通常都有很多选择。现在有更多的开源文字处理器可供我们使用，而不是我记得在专有 PC 软件时代的高峰期的两三个。

⊖　Wikipedia, Rob Pike, https://en.wikipedia.org/wiki/Rob_Pike。

第 20 章　*Chapter 20*

记 录 一 切

真正的程序员不会注释他们的代码，如果代码难以编写，它就应该很难理解并且难以修改。

——匿名

如果我曾经写过上面那样的话，我也想保持匿名。它甚至可能是讽刺或反话。无论如何，这似乎是许多开发人员和系统管理员的态度。在一些开发者和系统管理员中，有一种很难掩饰的风气，即为了加入某个俱乐部，人们必须自己搞懂一切——无论此俱乐部是什么。如果你无法弄明白，他们会暗示你应该去做别的事，因为你不属于他们的一员。

首先，事实并非如此。其次，我所知道的大多数开发人员、程序员和系统管理员都不会同意此观点。事实上，他们中最优秀的一些人，其中一些人多年来一直是我的导师，他们的观点恰恰相反。最顶尖的人们都把编写文档——良好的文档，在他们所做的全部工作中置于高优先级。

我使用了很多软件，其创建者信奉的理念是所有代码都是不言自明的。我还被要求修复许多完全没有注释，而且也没有文档的代码。看来很多开发者和系统管理员认为如果程序能够完成他们的任务，则不需要为它们编写文档。

有很多类似于上面引文的言论。它们都倾向于支持既不需要文档也不应该编写文档的想法。然而在我的职业生涯中我看到了缺乏文档的灾难性后果。作为系统管理员，我不止一次地被分配了修复无注释代码的工作。这是我曾经执行过的最不愉快的任务之一。

问题部分在于许多上司并未将文档视为高优先级。我曾经参与了 IT 行业许多方面的工作，幸运的是，我所工作的大多数公司都认为文档不仅重要，而且它对于手头的任务至关重要，无论这项任务是什么。

我没有听人说过"这份文档很棒。"大多数情况下，我听到的都是说某些文档有多么糟糕。而且我反复多次克制自己说出这样的话。

然而，确实有很多非常好的文档。例如，LibreOffice 的文档就非常好。它包括多种格式的文档，包括 HTML 和 PDF，范围从"入门"到每个 LibreOffice 应用程序的完整用户指南。

RHEL 和 CentOS 的文档以及 Fedora 的文档——它们都是关系非常密切的发行版，也是我在 IT 行业工作四十多年来所见过的最好的文档。

好的文档并不容易编写，需要花费很多时间。它还需要了解受众——不仅与文档的目的有关，还与读者的技术专业知识以及读者的语言和文化有关。Rich Bowen 在他在 Opensource.com 的佳作文章"RTFM？如何编写值得阅读的手册"⊖中对此有非常好的解释。

本章还会讨论系统管理员的良好文档有哪些构成要素，主要是介绍如何针对我们编写的脚本编写文档。

20.1 红男爵

作为客户工程师，我在 IBM 职业生涯中遇到的最令人沮丧的事件之一就是帮助解决炼油厂中 IBM 1800 ⊖过程控制计算机上的一些问题。

这台特殊的计算机连接着炼油厂的许多传感器，而它用于调整正在发生的工序的各个组成部分。根据传感器读数，此计算机将调整温度和流速等要素，以确保生产工序的产品的正确性和高质量。但是当出现问题时，可能会是灾难性的。

似乎编写代码的程序员没有很好地注释他的代码——或者据我所知，他根本没写——我不可以直接访问他的专有源代码。这位开发人员显然也不喜欢提供有用信息的错误消息。

我不得不说那代码擅长检测错误。它似乎也很擅长在炼油厂关闭受影响的工序。毕竟，没有什么东西爆炸了。然而，要说此程序在沟通错误方面存在缺陷，这是一种严重的轻描淡写。无论出现什么错误，无论出现什么问题，控制台上打印的唯一信息是"Curse you, Red Baron（诅咒你，红男爵）"，还有一个数字型错误消息，我们必须在很长的错误代码列表中查找它。从列表中得到的消息也没有太大帮助。

为了对 IBM 公平起见，我要说明，此程序员并不是 IBM 的员工。

20.2 我的文档理念

我的理念是多年来我最好的导师为我灌输的理念，"在文档完成之前，工作还没有完

⊖ Bowen, Rich, Opensource.com, RTFM? How to write a manual worth reading（RTFM？如何编写值得阅读的手册），https://opensource.com/business/15/5/write-better-docs。

⊖ Engineering and Technology Wiki，IBM 1800，http://ethw.org/IBM_1800。

成。"这意味着必须记录所有内容。文档绝对不是节省打字的地方。对于系统管理员，良好的文档的含义与最终用户的理解不同。

在《Linux 系统管理员哲学》的语境下，文档针对代码的目标受众——我们自己和其他系统管理员。系统管理员需要的文档包括两种主要类型。某种形式的体面命令行帮助选项和注释良好的 shell 代码。

20.2.1　帮助选项

我在寻找帮助我理解 shell 脚本的文档时首先去问的是帮助工具，因为我最常见的需求是理解启动程序的命令的语法以及命令的可用选项和必需或可选参数。通常可以使用所需命令的 -h 选项获取此类信息。

我们在第 10 章中创建的 bash 脚本模板包含代码清单 20-1 中显示的模板帮助工具。你在前面见过这个。这只是一个模板，就像脚本模板的其余部分一样。所有需要为脚本提供的详细帮助，需要在此子程序中添加和修改。添加新选项或功能时，那些信息也应记录在帮助工具中。

代码清单 20-1

```
###########################################################################
# Help                                                                    #
###########################################################################
Help()
{
   # Display Help
   echo "Add description of the script functions here."
   echo
   echo "Syntax: template <option list here>"
   echo "options:"
   echo "g     Print the GPL license notification."
   echo "h     Print this Help."
   echo "v     Verbose mode."
   echo "V     Print software version and exit."
   echo
}
```

像这样的简单帮助工具可以解答我关于脚本执行的大部分疑问，并让我了解可用于修改其行为的各种可用选项。根据脚本函数、语法图和选项列表以及每个选项的简短描述，可以轻松解答运行时的疑问。

好的帮助是系统管理员编写的脚本的第一行文档。所有操作文档都必须包含在帮助子程序中。这也意味着脚本的用户界面应该非常明显且非常简单，以便最小化参考任何形式的帮助的需要。

20.2.2 自由地注释代码

代码中的注释也是文档的一种形式。实际上，它们应该是系统管理员的文档的首要形式。

作为我自己需要记录所有内容的一部分，我在脚本中添加了许多注释。当我试图减少注释时，我回想起我必须解释和修复由其他人编写的无注释和无文档的代码时的情况，就不会这么干了。

我知道很多系统管理员和其他开发人员认为他们的代码是不言自明的，即使没有注释也没关系。无论我们的代码有多好，甚至包含大量精心编写的注释，代码也永远不会不言自明。我们都以不同的方式思考问题，以不同的方式编写代码，并以不同方式解决问题。因为我们感知代码这类事物的方式不同，代码的结构，它的目的，可能对你来说即使没有注释，也是非常明显的，而对我来说可能就是难以理解的。

在本书的前面，我们首先创建了一个 bash 脚本模板，然后使用该模板创建了一个简短的脚本。模板和脚本都添加了很好的注释。关键在于使我记得在构建代码时为它编写注释。我在脚本模板中包含的注释是一个好的开始。

我认为前三部分特别重要。这些是程序说明、更改历史记录和许可证声明。为了便于查看，我在代码清单 20-2 中再次包含了这些内容。

代码清单 20-2

```
#!/bin/bash
################################################################################
#                            scriptTtemplate                                   #
#                                                                              #
# Use this template as the beginning of a new program. Place a short           #
# description of the script here.                                              #
#                                                                              #
# Change History                                                               #
# 04/12/2017  David Both    Original code. This is a template for creating     #
#                           new Bash shell scripts.                            #
# 01/30/2018  David Both    Add an option for setting test mode.               #
#                                                                              #
#                           Add new history entries as needed.                 #
#                                                                              #
#                                                                              #
################################################################################
################################################################################
################################################################################
#                                                                              #
#  Copyright (C) 2007, 2018 David Both                                         #
#  LinuxGeek46@both.org                                                        #
#                                                                              #
```

```
#   This program is free software; you can redistribute it and/or modify   #
#   it under the terms of the GNU General Public License as published by    #
#   the Free Software Foundation; either version 2 of the License, or       #
#   (at your option) any later version.                                     #
#                                                                           #
#   This program is distributed in the hope that it will be useful,         #
#   but WITHOUT ANY WARRANTY; without even the implied warranty of          #
#   MERCHANTABILITY or FITNESS FOR A PARTICULAR PURPOSE.  See the           #
#   GNU General Public License for more details.                            #
#                                                                           #
#   You should have received a copy of the GNU General Public License       #
#   along with this program; if not, write to the Free Software             #
#   Foundation, Inc., 59 Temple Place, Suite 330, Boston,
MA   02111-1307   USA   #
#                                                                           #
#############################################################################
```

程序说明定义了程序的目的，并简略介绍了它的主要功能和选项。更改历史记录告诉未来可能需要对脚本执行维护的系统管理员，代码添加或删除了哪些功能、修复了哪些错误、谁完成了工作以及何时发生了这些事情。

许可证声明用于记录脚本分发的许可证，并可供其他用户使用。这很重要，这样就可以毫无疑问地使用、修改和分发脚本。

代码中嵌入的注释应描述它们引用的代码段的功能。它们还应该包含有关为什么以某种方式完成事情的信息，以及可能不明显的逻辑解释。例如，下面的代码清单 20-3 中的代码片段包含有关其功能的注释、我做出的一些假设、使用新方法的指示符、以及作为注释保留的旧代码，以便可以评估差异。

代码清单 20-3

```
#############################################################################
# Processing Intel CPU data
#############################################################################
# NOTE :This assumes certain data to be constant in /proc/cpuinfo based on
#        data from the chipsets.
if [ $verbose == 1 ]
then
    echo "This is an Intel box"
fi
CPUtype="Intel"
# Get number of CPU cores
# CPUs=`cat /proc/cpuinfo | grep "^processor" | wc -l`
# New method below
CPUs=`cat /proc/cpuinfo | grep "cpu cores" | uniq | awk -F: '{print $2}' |
sed -e "s/^ //"`
```

此外，代码清单 20-2 中的代码部分有一个标题，有助于在视觉上与代码的其他部分分开。这使得查看代码的整体结构和功能流程变得容易。

20.2.3　我编写代码文档的流程

哪个先有，程序还是文档？理想情况下，文档应该是第一个。然后开发代码以满足文档中列出的规格说明。编写代码之前就应该先创建规格说明。我遇到的另一个常见问题是：脚本缺乏明确的规格说明。

如前所述，我喜欢通过使用注释创建我提议的代码的大纲来开始编码。这让我可以看到程序的结构，并确定它是否干净优雅，允许我在必要时在写任何代码之前更改结构。无论我是在编写新代码还是维护现有代码，我都会首先添加注释。这些注释成为我正在编写或维护的脚本的规格说明。然后我可以编写使注释中描述的操作能用的代码。

但我并不总是先完成所有的注释。我首先创建一个基本大纲，其中包含描述程序逻辑的空白注释框架。我尽可能地创建程序主体的轮廓。如果我设想使用其他子程序，我就创建并命名空子程序，然后添加注释来描述其内部功能。

然后我创建代码来实现该基本框架。我通常从程序的主体开始，在必要时添加新的注释，然后编写代码来实现注释。当我到达一个不完整函数调用的分支时，我编写该函数并添加可能仍然需要的任何注释，然后编写代码来实现该子程序。

这是我在本节开头提出的问题的答案。对我来说，至少文档是第一位的。我可以听到敏捷支持者的键盘已经输入了相反的意见。但是从一个非常实际的意义上说，我正在做的就是敏捷，因为我只是编写了我需要的文档，及时编写代码。然后注释也成为文档。

不是每个人都希望以这种方式工作，或者与我一样会发现适合自己的工作方式。有多少人，就有多少种创建代码和编写代码文档的方法。按照最适合你的方式去编写代码文档，但务必做到这一点！

20.3　手册页

手册页在哪里符合记录所有内容的哲学？坦率地说，它不太适合于系统管理员编写的脚本。

在早期，我们讨论了系统管理员工作的时间限制，以及我们编写的大多数脚本都倾向于从操作问题的简约解决方案开始。在这种类型的环境中，我们花在创建手册页上的时间很少，或根本没有时间去做手册页。最重要的是，我自己没有花时间来创建手册页。

20.4　系统文档

此类文档与记录脚本或程序无关。它是关于记录网络状态、连接的主机以及我对它们执行的工作的。这份文档对我以前的咨询业务客户，以及我作为全职员工或承包商工作的任何雇主来说至关重要。

曾经我拥有一家小型有限责任公司，我在那里做一些 Linux 和开源的咨询工作。我仍然为我的教会和一些朋友做一些咨询。

在与客户合作时，我总是记录我与他们的交流内容以及我所做的工作。这样的文档对我来说，就像医生的问诊记录一样。它是客户环境的永久记录，我可以在通过电话与他们交谈或参与电子邮件对话时参考它。它为我提供了我发现的问题和我采取的解决方法的运行注释。

在某些情况下，我拥有多年的文档，它们涵盖从我第一次接触客户，到我在为他们开发项目时发现的有关他们网络的信息，我为他们安装的硬件细节，我在项目中的工作细节，以及每次安装更新的记录。我在这些记录中包含数据，例如网络图、网络 IP 和 MAC 地址，并附有关于每个节点功能的注释。我还保留了我编写的脚本的输出，该脚本列出了我工作的每个 Linux 主机的硬件和一些配置细节。

此信息有多种用途。它给了我一个记录，以便我可以回忆我所做的事情和客户环境的结构——这对我来说是一个辅助记忆的材料。我可以使用它来支持我在需要时进行额外工作的建议。在与客户发生争执时，保留详细记录也很有用。

我总是在为客户执行工作之前创建一个任务清单，这样我就不会忘记任何需要做的事情。我在这份清单上做笔记，然后，在工作结束时，任务清单成为我所执行工作的文档的一部分，并由我在工作期间所做的笔记补充。对于我的一些客户，我最终得到了超过四十页的此类文档。

我通常使用 LibreOffice Writer 来处理这种类型的文档。Writer 使用开放文档文本（ODT）格式，这种格式是开放并众所周知的，并且被许多文字处理程序使用。甚至 Microsoft Word 也可以使用 odt 格式。

使用文字处理器可以将这种类型的文档编写得非常漂亮，以便在我将其复制给客户时看起来很不错。

系统文档模板

我创建了一个模板——实际上是模板的大纲，它可以帮助我记录我过去为之工作过的机构的系统信息。下面是简化的大纲，如果你还没有此类文档的规范或模板，可以将其作为起点。随意使用和修改它以满足你自己的独特需求。

1）标题页。

2）目录。

3）表格索引。

4）插图索引。

5）代码清单索引。

6）简介——文档和机构的简要说明。

7）管理员——当前系统管理员及其联系信息的列表。

8）Internet 连接——Internet 连接和提供它的 ISP 的描述。这可能包括有关合同日期和费用的信息。

❏ 运行的电缆——物业上物理电缆位置的描述，它从 ISP 的街道连接跨越物业以及分界点（通常是 ISP 的调制解调器 / 路由器 / 交换机）。

❏ 外部 IP 地址——如果是静态的，则为外部 IP 地址列表，如果为 DHCP，则为通用 IP 地址范围。

9）内部网络——内部网络的描述。

❏ 所有内部网络的内部 IP 地址空间。

❏ 防火墙——属于机构而不是 ISP 的防火墙的描述。

❏ 物理描述——包括文字描述、网络图和地址映射，列出每个网络节点、其名称、MAC 地址、IP 地址，网络配置是静态还是 DHCP，以及对其功能的简短描述。

10）硬件——每个网络节点的列表。

❏ 硬件描述。这可以使用本书前面创建的 mymotd 程序创建。

❏ 操作系统。对于 Linux，这包括发行版和版本号。

❏ 网络节点提供的功能的描述。

11）操作系统和软件

❏ 所有操作系统的列表以及它们运行的主机列表。

❏ 每台主机上的特定软件列表。这并不意味着可能会要求列出所有像 PHP 这样没有线索的软件，而是列出该主机的主要软件。例如，对于简单的桌面，你可能只会说"桌面软件"。对于服务器，这可能是"DHCPD、HTTPD、NAMED"等。

❏ 许可证——有关可能相关的软件许可证的信息，例如续订信息和成本。具有专有许可的软件应列出许可证 ID 或编号，以便在需要进行许可证合规性审计时参考。

12）主机配置——公共主机配置项，例如 DNS 和 DHCP 服务器、默认网关、电子邮件服务器等方面的网络配置。

13）管理任务——各种管理任务的列表以及负责执行它们或在自动化时监视它们的系统管理员或用户。

14）联系人列表——包括内部系统管理员和管理人员联系人及其职责，以及所有供应商的联系人，包括 ISP、硬件和软件供应商、HVAC、数据中心冷却、UPS、内部安全、外部安全公司、外部紧急联系人如消防和警察等，以及你可能想到的任何其他事情的联系人。

15）活动日志——这是我与客户的联系以及我为客户执行的工作的日志。在描述问题及其解决方案时，本节应尽可能明确。

这个模板是一个很好的起点。拥有这种类型的文档作为记忆辅助材料非常重要——我总是自豪不必询问客户我为他们做了什么，因为我可以很容易地查阅它。你可能会发现有必要使用维护良好的文档作为最坏情况下应对客户或上司对你的行为提出质疑的证据。我很幸运，从来没有发现自己处于最坏的情况。

20.5　为现有代码编写文档

为现有代码创建文档需要与任何其他类型不同的方法。

我做的第一件事是阅读源代码，这对我来说几乎总是 Perl 或 bash 脚本。然后我可以使用注释作为创建外部文档的起点——如果有注释且注释有意义。

我在很多年前接到了一项工作，我将接管大量预先存在的 bash 脚本的维护和修复工作。这些脚本是公司使用的一系列复杂内部应用程序的一部分。代码基本上工作正常，但它是过于复杂的意大利面条代码，缺乏任何可用的注释和文档。

我的第一个任务是修复一些脚本中的错误。我开始阅读这些脚本以确定它们实际上应该做什么。当我确定每个代码段的内容时，我添加了一些注释来描述我刚刚阅读和解释的代码。就在这样做的过程中，我能够确定一些错误的原因并更正它们。

在这个初始阶段，我决定阅读 bash 脚本并询问 IT 人员，这些脚本最初由几个不同的承包商编写，并且由一系列其他承包商维护了几年。每个承包商都添加了一小部分代码，这些代码显然旨在规避他们遇到的问题。这些附加的代码都没有试图修复根本原因。每个承包商都有自己的方式，例如变量、缩进、编码样式和注释的命名方案。那些脚本是一场彻底的灾难。

那个项目是一场噩梦。我花了几周的时间来分析代码并为代码添加适当的、可理解的和有用的注释。那项任务很烦琐，而显然随机命名的变量使得它更加困难。这是在项目目标或编程风格方面没有任何类型的指导或监督的情况下，让许多不同的人从事脚本工作的必然结果之一。

完成注释每个脚本的任务后，尽可能多地重命名变量，解决剩下的问题变得更加容易。

当然，其他人编写的代码并不是唯一存在这些问题的代码。我的代码，特别是我的旧代码，都受到同样的问题的影响。之所以发生这种情况，是因为我那时还没有了解 Unix 或 Linux 哲学。我的代码确实随着时间的推移而改进，当修改我的旧代码有助于解决某个问题时，我就按照自从我是一个初级系统管理员以来学到的更好的编程实践来修改它。

20.6　保持文档更新

我的自己的文档有一些问题。其中首先是忽视及时或完整地更新文档。当我需要的信息没有被正确记录时，这就引起了问题。

当我的文档中有不严格的地方时，我会尽快回去纠正它。这通常意味着更正和更新我在脚本中嵌入的注释。它还意味着改正帮助子程序，以便与代码所做的更改保持一致。

更新我的客户文档也是我需要跟上的任务。我有时会忘记这样做，因为我似乎总是急于完成下一个任务。

保持文档最新是需要纪律性的。如果没有持续的维护，文档就会过时而毫无意义。

文件兼容性

文件兼容性也可能是外部文档——即我的代码之外的文档（例如客户文档）问题。几年来，我使用了一些开源软件，这些软件以非纯文本的格式保存我的数据，并且在没有文档记录的情况下是专有的，并且没有其他软件可以访问。部分原因是我不知道数据格式，这是我自己的错。这也是此程序的开发人员的错，因为他们应该使用开放格式的数据。

在第 13 章中，我们研究了使用开放格式的一些原因。重点是程序本身使用的数据。现在我们正在查看系统管理员使用的数据，以维护各种类型的文档，例如客户访问记录和修复历史记录。这些是重要的文档，因为它们使我们能够回顾并审查已经完成的工作，并了解我们在确定当前问题时所取得的进展。

因此，当升级到有问题的程序导致无法正确升级存储数据的数据库时，我无法访问多年来的客户记录。即使返回到以前版本的程序也没有恢复我的数据，因为它已被破坏。而且，不幸的是，那时我的备份并不像现在那么充分，所以我不能回退到足够早的地方来获得一份没有损坏的副本。

我现在以开放文档格式（ODF）存储我的笔记。ODF 是一种众所周知的、开放的、有文档记录的格式，并且有许多应用程序可以使用它。虽然这个原则特别指向程序数据，但我认为应该推广到必须以开放格式，例如 ODF 来维护文档。

20.7　小结

文档对于系统管理员非常重要。执行日常工作的时候，我们依赖于其他人留给我们的文档。工作的质量和速度直接受到文档质量的影响。以下是为脚本编写文档的一些指导原则。

1）脚本应该用清晰、有意义的注释记录。

2）脚本应该易于阅读。这是一种自我文档形式。

3）脚本应该有一个有用和简洁的帮助功能。

4）遵循这些准则可以得到优雅的脚本。

系统文档作为与客户交互的记录或作为内部记录保存，应始终保持最新。一旦工作完成，应立即进行编写，以确保尽可能准确地回顾信息。

无论你做什么，无论你选择如何工作，只要记住：只要文档没有完成，工作就不算完成。

备份一切，经常备份

我的计算机没有任何问题，我永远不会丢失我的数据。

< 讽刺 > 正确 </ 讽刺 >。

由于种种原因我经历过多次数据丢失，其中大多是我自己的错。保持良好的备份始终使我能够以最小的中断继续工作。本章讨论了数据丢失的一些常见原因以及防止数据丢失和简化恢复的方法。

21.1 数据丢失

这里有几个原因可能导致我们在不合时宜的时候丢失数据。当然，在任何时候丢失数据都不合时宜。

自我造成的数据丢失有多种形式。最常见的形式是删除一个或多个重要的文件或目录。

有时删除有用的文件是偶然的。我刚刚删除了目录中的一堆旧文件，后来发现仍然需要其中的一两个。更常见的是，至少对我来说，我实际上是看过了文件并决定不再需要它们。在删除它们一天或两天，或者一周之后，发现仍然至少需要一些刚刚删除的文件。我还对某个文件进行了重大修改并保存了它。一段时间后发现我做了不应该的修改，特别是删除。

显然，删除文件或对其进行修改时需要注意。但这仍然不能防止我们删除以后可能需要的数据。

电源故障出于多种原因可能会发生。这包括瞬间电源故障，它会像长时间电源故障一样不可逆转地关闭计算机。不管电源故障的原因为何，都有丢失数据的危险，特别是尚未保存的文档。现代硬盘驱动器和文件系统采用的策略有助于最大限度地减少数据丢失的可能性，但数据丢失的情况仍然会发生。

我经历过一些电源故障。回到现代的日志文件系统（如 EXT3 和 EXT4）之前，我确实遇到了一些严重的数据丢失情况。有助于防止因电源故障而导致数据丢失的一种方法是投资安装不间断电源（UPS），以便主机有足够长的时间保持电力供应来执行关机操作，无论连接 UPS 是手动的还是由电源故障本身触发的。

电磁干扰（EMI）是来自许多不同来源的各种类型的电磁辐射。这种辐射会干扰电子设备（包括计算机）的正确操作。

当我在位于佐治亚州亚特兰大的 IBM PC 客户支持中心工作时，我们的第一个办公室距离 Dobbins 空军基地跑道中心线约一英里。各种型号的军用飞机每天 24 小时起降。有时，高功率军用雷达会导致多个系统同时发生故障。在这种环境中，这是无法改变的一个现实。

闪电、静电、微波、老式 CRT 显示器、地面线路上的射频爆发，所有这些以及更多情况都可能导致问题。良好的接地可以减少这些类型 EMI 的影响，正如我们在第 17 章中看到的那样。但这并不能使计算机完全免受 EMI 的影响。

硬盘驱动器故障也会导致数据丢失。当今计算机中最经常发生故障的是具有移动机械组件的设备。列在故障频率列表最前的是散热风扇，硬盘驱动器紧随其后。现代硬盘具有 SMART 功能，可实现预测性故障分析。Linux 可以监控这些驱动器并向 root 发送一封电子邮件，表明即将发生故障。不要忽略这些电子邮件，因为在硬盘发生故障之前更换硬盘驱动器比在硬盘驱动器发生故障后更换硬盘驱动器然后希望备份是最新的那种情况麻烦少很多。

心怀不满的员工可能会恶意破坏数据。适当的安全程序可以缓解此类威胁，但备份才是稳妥的做法。

盗窃也是一种丢失数据的原因。1993 年，我们搬到北卡罗来纳州的罗利后不久，当地报纸和电视上刊发了一系列文章，报道了我们一所知名大学的科学家遭受的苦难。这位科学家将他的所有数据都保存在一台计算机上。他确实有一个备份——在同一台计算机的另一个硬盘驱动器上。当计算机从他的办公室被盗时，他的所有实验数据都丢失了，而且再也没有恢复回来。

这是将良好的备份与备份主机分开保存的一个非常好的反面教材。

发生自然灾害。火灾、洪水、飓风、龙卷风、泥泞滑坡、海啸以及更多种类的灾难都可能破坏计算机和本地存储的备份。我可以保证，即使我有一个很好的备份，我也永远不会在火灾、龙卷风或自然灾害中花时间保存备份。

恶意软件是可用于各种恶意目的，包括销毁或删除数据的软件。

勒索软件是一种特定形式的恶意软件，可以对你的数据进行加密并保存以获取赎金。如果你支付赎金，你可能会获得允许你解密数据的密钥——如果幸运的话。

因此，正如你所看到的，有很多原因都会导致丢失数据。我列举这些可能损坏或丢失数据的原因的意图是吓唬你做备份。它管用吗？

21.2　依靠备份救援

最近，相当近——当我正在编写这本书时，我遇到了一个硬盘崩溃形式的问题，它破坏了我主目录中的数据。我知道它迟早会出问题，所以毫不奇怪。

21.2.1　问题

此故障的第一个迹象是来自启用了 S.M.A.R.T（自我监测、分析和报告技术）的硬盘驱动器发出的一系列电子邮件[⊖]，它是我的主目录所在的硬盘驱动器。这些电子邮件中的每一个都表明一个或多个扇区已经出现故障并且有缺陷的扇区已经脱机，并分配了保留的扇区来代替它们。这是正常的操作，硬盘驱动器专门设计保留扇区正是出于这个原因。

我们将在第 22 章中详细讨论好奇心，但是当这些错误消息开始到达我的电子邮件收件箱几个月时，我才注意到它们。我首先使用 smartctl 命令查看有问题的硬盘驱动器的内部统计信息。最初有缺陷的硬盘驱动器已被更换，但是我保留了一些有缺陷的旧设备，用于在这样的时刻辅助教学。我在我的扩展坞上安装了这个损坏的硬盘驱动器，以说明有缺陷的硬盘驱动器的实验结果是什么样子。

你可以和我一起执行此实验，但结果会有所不同 ——希望你的硬盘比我有缺陷的驱动器更健康。

实验 21-1 中使用的 SMART 报告可能有点令人困惑。网页"了解 SMART 报告[⊖]"可能对此有所帮助。维基百科也有关于这个技术的一个有趣的页面[⊜]。我建议在尝试解释SMART 结果之前阅读这些文档。否则它们可能会很难理解。

 注意　务必在未使用的物理主机上执行此实验。虚拟硬盘的硬件状态与此无关。

实验 21-1

此实验必须以 root 身份执行。

将驱动器安装到扩展坞并将其开机后，dmesg 命令显示驱动器被指定为设备专用文件 /dev/sdi。务必使用正确的硬盘驱动器设备专用文件。你可以使用主机中安装的任何物理硬

⊖　你的主机必须安装并运行 SendMail 等邮件传输代理（MTA）。/etc/aliases 文件中必须有一个条目才能将 root 的电子邮件发送到你的电子邮件地址。

⊜　Understanding SMART Reports（了解 SMART 报告），https://lime-technology.com/wiki/Understanding_SMART_Reports。

⊜　Wikipedia, SMART, https://en.wikipedia.org/wiki/SMART。

盘驱动器，即使它正在使用中。

我已将命令的结果划分为多个部分，以便在讨论期间更容易参考，并且我已删除了大量无关数据。结果如下所示。

```
[root@david ~]# smartctl -x /dev/sdi | less
smartctl 6.5 2016-05-07 r4318 [x86_64-linux-4.15.6-300.fc27.x86_64] (local
build)
Copyright (C) 2002-16, Bruce Allen, Christian Franke, www.smartmontools.org
=== START OF INFORMATION SECTION ===
Model Family:     Seagate Barracuda 7200.11
Device Model:     ST31500341AS
Serial Number:    9VS2F303
LU WWN Device Id: 5 000c50 01572aacc
Firmware Version: CC1H
User Capacity:    1,500,301,910,016 bytes [1.50 TB]
Sector Size:      512 bytes logical/physical
Rotation Rate:    7200 rpm
Device is:        In smartctl database [for details use: -P show]
ATA Version is:   ATA8-ACS T13/1699-D revision 4
SATA Version is:  SATA 2.6, 3.0 Gb/s
Local Time is:    Wed Mar 14 14:19:03 2018 EDT
SMART support is: Available - device has SMART capability.
SMART support is: Enabled
AAM level is:     0 (vendor specific), recommended: 254
APM feature is:   Unavailable
Rd look-ahead is: Enabled
Write cache is:   Enabled
ATA Security is:  Disabled, NOT FROZEN [SEC1]
Wt Cache Reorder: Unknown
=== START OF READ SMART DATA SECTION ===
SMART Status not supported: Incomplete response, ATA output registers missing
SMART overall-health self-assessment test result: PASSED
Warning: This result is based on an Attribute check.
```

结果的第一部分（如上所示）提供了有关硬盘驱动器功能和属性（如品牌、型号和序号）的基本信息。这是值得拥有的有趣的、良好的信息。但是，本节显示必须对此 SMART 数据报告采取一些怀疑态度。注意，我已知的有缺陷的驱动器已通过自我评估测试。这似乎意味着即使驱动器已经存在缺陷，它也不会产生灾难性的故障。

我们目前最感兴趣的数据是接下来的两部分。我已经删除了大量对此实验不重要的信息。

```
=== START OF READ SMART DATA SECTION ===
<snip - removed list of SMART capabilities.>
SMART Attributes Data Structure revision number: 10
Vendor Specific SMART Attributes with Thresholds:
ID# ATTRIBUTE_NAME          FLAGS    VALUE WORST THRESH FAIL RAW_VALUE
```

```
 1 Raw_Read_Error_Rate      POSR--  116  086  006  -  107067871
 3 Spin_Up_Time             PO----  099  099  000  -  0
 4 Start_Stop_Count         -O--CK  100  100  020  -  279
 5 Reallocated_Sector_Ct    PO--CK  048  048  036  -  2143
 7 Seek_Error_Rate          POSR--  085  060  030  -  365075805
 9 Power_On_Hours           -O--CK  019  019  000  -  71783
10 Spin_Retry_Count         PO--C-  100  100  097  -  0
12 Power_Cycle_Count        -O--CK  100  100  020  -  279
184 End-to-End_Error        -O--CK  100  100  099  -  0
187 Reported_Uncorrect      -O--CK  001  001  000  -  1358
188 Command_Timeout         -O--CK  100  098  000  -  12885622796
189 High_Fly_Writes         -O-RCK  001  001  000  -  154
190 Airflow_Temperature_Cel -O---K  071  052  045  -  29 (Min/Max 22/29)
194 Temperature_Celsius     -O---K  029  048  000  -  29 (0 22 0 0)
195 Hardware_ECC_Recovered  -O-RC-  039  014  000  -  107067871
197 Current_Pending_Sector  -O--C-  100  100  000  -  0
198 Offline_Uncorrectable   ----C-  100  100  000  -  0
199 UDMA_CRC_Error_Count    -OSRCK  200  200  000  -  20
240 Head_Flying_Hours       ------  100  253  000  -  71781 (50 96 0)
241 Total_LBAs_Written      ------  100  253  000  -  2059064490
242 Total_LBAs_Read         ------  100  253  000  -  260980229
                            ||||||_ K auto-keep
                            |||||__ C event count
                            ||||___ R error rate
                            |||____ S speed/performance
                            ||_____ O updated online
                            |_____ P prefailure warning
```

smartctl 命令的上一部分结果显示了驱动器上硬件寄存器中累积的原始数据。原始值（RAW_VALUE）对某些错误率不是特别有用，正如你所看到的，有些数字显然是假的。"值"（VALUE）列通常更有帮助。阅读参考的网页以了解原因。一般来说，值列中的数字 100 表示 100% 良好，而像 001 这样低的数字表示接近失败——99% 的使用寿命被用尽。这真的很奇怪。

在这个案例中，Reallocated_Sector_Ct（重新分配的扇区数）的值列中的 048，可能意味着大约有一半分配给重新分配的扇区已经用完了。

Reporting_Uncorrect（报告的不可纠正的缺陷扇区）的编号 001 和 High_Fly_Writes（写入磁头远离硬盘驱动器记录表面而不是最佳的写入）意味着此硬盘驱动器的寿命实际上已经结束了。经验证据证明了这一点。

下一节实际列出了错误及其发生时的相关信息。这是输出中最有用的部分。我不会试图分析每一个错误，我只是想看看是否有多个错误。在下面第一行中的数字 1 350 是在此硬盘驱动器上检测到的错误总数。

```
<Snip>
```

Error 1350 [9] occurred at disk power-on lifetime: 2257 hours (94 days + 1 hours)
When the command that caused the error occurred, the device was active or idle.

After command completion occurred, registers were:
ER -- ST COUNT LBA_48 LH LM LL DV DC
-- -- -- == -- == == == -- -- -- -- --
40 -- 51 00 00 00 04 ed 00 14 59 00 00 Error: UNC at LBA = 0x4ed001459 = 21156074585

Commands leading to the command that caused the error were:
CR FEATR COUNT LBA_48 LH LM LL DV DC Powered_Up_Time Command/Feature_Name
-- == -- == -- == == == -- -- -- -- -- --------------   ------------------
60 00 00 00 08 00 04 ed 00 14 58 40 00 11d+10:44:56.878 READ FPDMA QUEUED
27 00 00 00 00 00 00 00 00 00 00 e0 00 11d+10:44:56.851 READ NATIVE MAX
                                                            ADDRESS EXT
                                                            [OBS-ACS-3]
ec 00 00 00 00 00 00 00 00 00 00 a0 00 11d+10:44:56.849 IDENTIFY DEVICE
ef 00 03 00 46 00 00 00 00 00 00 a0 00 11d+10:44:56.836 SET FEATURES [Set
                                                            transfer mode]
27 00 00 00 00 00 00 00 00 00 00 e0 00 11d+10:44:56.809 READ NATIVE MAX
                                                            ADDRESS EXT
                                                            [OBS-ACS-3]
```

Error 1349 [8] occurred at disk power-on lifetime: 2257 hours (94 days + 1 hours)
When the command that caused the error occurred, the device was active or idle.

After command completion occurred, registers were:
ER -- ST COUNT  LBA_48  LH LM LL DV DC
-- -- -- == -- == == == -- -- -- -- --
40 -- 51 00 00 00 04 ed 00 14 59 00 00  Error: UNC at LBA = 0x4ed001459 = 21156074585

Commands leading to the command that caused the error were:
CR FEATR COUNT  LBA_48  LH LM LL DV DC  Powered_Up_Time  Command/Feature_Name
-- == -- == -- == == == -- -- -- -- --  --------------   ------------------
60 00 00 00 08 00 04 ed 00 14 58 40 00  11d+10:44:53.953  READ FPDMA QUEUED
60 00 00 00 08 00 04 f4 00 14 10 40 00  11d+10:44:53.890  READ FPDMA QUEUED
60 00 00 00 10 00 04 f4 00 14 00 40 00  11d+10:44:53.887  READ FPDMA QUEUED
60 00 00 00 10 00 04 f3 00 14 f0 40 00  11d+10:44:53.886  READ FPDMA QUEUED
60 00 00 00 10 00 04 f3 00 14 e0 40 00  11d+10:44:53.886  READ FPDMA QUEUED
```

Error 1348 [7] occurred at disk power-on lifetime: 2257 hours (94 days + 1 hours)
When the command that caused the error occurred, the device was active or

```
idle.

After command completion occurred, registers were:
ER -- ST COUNT  LBA_48  LH LM LL DV DC
-- -- -- == -- == == == -- -- -- -- --
40 -- 51 00 00 00 04 ed 00 14 59 00 00  Error: UNC at LBA = 0x4ed001459 =
21156074585

Commands leading to the command that caused the error were:
CR FEATR COUNT  LBA_48  LH LM LL DV DC  Powered_Up_Time  Command/Feature_Name
-- == -- == -- == == == -- -- -- -- --  ---------------  ------------------
60 00 00 00 08 00 04 ed 00 14 58 40 00  11d+10:44:50.892  READ FPDMA QUEUED
27 00 00 00 00 00 00 00 00 00 00 e0 00  11d+10:44:50.865  READ NATIVE MAX
                                                          ADDRESS EXT
                                                          [OBS-ACS-3]
ec 00 00 00 00 00 00 00 00 00 00 a0 00  11d+10:44:50.863  IDENTIFY DEVICE
ef 00 03 00 46 00 00 00 00 00 00 a0 00  11d+10:44:50.850  SET FEATURES [Set
                                                          transfer mode]
27 00 00 00 00 00 00 00 00 00 00 e0 00  11d+10:44:50.823  READ NATIVE MAX
                                                          ADDRESS EXT
                                                          [OBS-ACS-3]

Error 1347 [6] occurred at disk power-on lifetime: 2257 hours (94 days +
1 hours)
 When the command that caused the error occurred, the device was active or
 idle.

<Snip - removed many redundant error listings>
```
这些错误表明磁盘确实存在问题。

在更换硬盘之前，我决定等等看还会什么事情发生。故障数字在开始时并没有那么糟糕。在灾难性故障发生时，错误个数上升至 1 350。

一家名为 Backblaze 的云计算公司对超过 67 800 个 SMART 驱动器⊖进行了测试，提供了一些基于统计数据的发现，可以借此了解经历过各种报告错误的硬盘故障率。此网页是我发现的第一个显示报告的 SMART 错误与实际故障率之间的统计相关性的网页。他们的网页还有助于提高我对他们发现应密切监控的五个 SMART 属性的理解。

在我看来，Backblaze 分析的底线是，在他们建议监控的五个统计量中，如果硬盘在其中任何一个中接到错误报告，就应该尽快更换它们。

我的经验似乎证实了这一点，虽然它甚至没有统计学意义。我的驱动器在第一次出现问题的几个月内就失效了，它在恢复之前经历的错误数量非常大，我很幸运能够从导致 /home 文件系统切换到只读（ro）模式的几个错误中恢复。这仅在 Linux 确定文件系统不稳

⊖ BackBlaze, 网站 , What SMART Stats Tell Us About Hard Drives（SMART Stats 告诉我们关于硬盘的什么信息），https://www.backblaze.com/blog/what-smart-stats-indicate-hard-drive-failures/。

定且不值得信赖时才会发生。

21.2.2 恢复

所以这就是包含我的主目录的驱动器灾难性故障的一个很长的描述。除了有点耗时外，恢复很简单。

我关闭了计算机，取出了有缺陷的 320GB SATA 驱动器，换上了新的 1TB SATA 驱动器（因为我想在以后使用额外的空间用于其他存储），并重新启动计算机。我创建了一个物理卷（PV），它占用了此驱动器上的所有空间，然后是一个填充 PV 的卷组（VG）。我使用 250GB 的空间作为 /home 文件系统的逻辑卷（LV）。然后我在逻辑卷上创建了一个 EXT4 文件系统，并使用 e2label 命令把它标记为"home"，因为我使用标签挂载文件系统。此时替换驱动器已准备就绪，因此我将其挂载在 /home 上。

根据我用来创建备份的方法，只需要使用一个简单的复制命令（如代码示例 21-1 中所示），就能将整个主目录恢复到新安装的驱动器中。

代码示例 21-1

为了确保正在恢复的数据不会被破坏，我无法以在 /home 文件系统中拥有文件的任何非 root 用户身份登录。我以 root 身份登录虚拟控制台，并使用以下命令将数据从备份还原到新安装就绪的替换硬盘驱动器中。

```
cp -Rp /media/Backups/Backups/david/2018-03-04-RSBackup/home/ /home
```

"R"选项对整个 /home 目录结构进行递归遍历，并复制整个目录树中的所有内容。"p"选项保留文件的所有权和权限属性。

将数据恢复到我的 /home 目录后，我使用我的非特权用户 ID 登录并检查了一些内容。一切都按预期工作，我的所有数据都已正确恢复，包括用于本书的文件。

21.3 按我的方式做

我的备份 shell 脚本是具有计划性优势的程序之一。这是因为我在编写这个脚本之前，编写、使用了许多我自己的备份脚本，并找出了它们的错误。我能够更完整地理解我在备份系统中真正需要的东西。

我再次开始提出一系列考虑了几个月的需求。我已经有了一个使用 tar 在 tgz 文件中创建备份的备份脚本。但这个脚本的工作量有点大，并且要花时间从 tar 文件中提取单个文件或目录，每晚还需要一个多小时来进行备份。尽管采用 gzip 压缩，但大文件意味着我用于备份的外部 U 盘上只够保留几天的历史记录，因为所有内容都完全备份了多次。

我这些年有很多累积的文件。其中一些文件非常大，特别是我的虚拟机文件。目前，我有大约 18 个虚拟机，每个虚拟机上都有非常大的虚拟磁盘。这占用了大量的空间。

所以我想要一个快速、轻松便捷处理非常大的文件的备份解决方案，通过不创建某种类型的压缩存档来节省空间，可以在单个备份驱动器上创建更多历史记录，这对我或我的客户来说，就很容易在需要时访问特定的文件了。

21.3.1　备份选项

执行备份有很多选项。除了老朋友 tar 之外，大多数 Linux 发行版都提供了一个或多个额外的开源程序，专门用于执行备份。还有许多商用的产品可用。

这些解决方案都没有完全满足我的需求，我其实想使用我听说过的另一个工具 rsync [一]。设计和实现可行的备份程序并不一定需要花哨而昂贵的备份程序。

我一直在试验 rsync 命令，它有一些非常有趣的功能，我可以很好地利用它。我的主要目标是创建备份，用户可以从中快速定位和恢复文件，而无须从备份 tar 包中提取数据，并减少创建备份所需的时间和备份的数量。

本节仅用于描述我自己在备份方案中使用 rsync。它不关注 rsync 的所有功能，也不关注它的许多其他有趣的使用方式。

1. rsync

rsync 命令由 Andrew Tridgell 和 Paul Mackerras 编写，并于 1996 年首次发布。rsync 的主要目的是把一台计算机上的文件远程同步到另一台计算机上。rsync [二]是开源软件，我熟悉的所有发行版都随附它。

rsync 命令可用于同步两个目录或目录树，无论它们是在同一台计算机上还是在不同的计算机上，但它可以做的远不止这些。rsync 创建或更新目标目录，使之与源目录相同。所有常用的 Linux 工具都可以自由访问目标目录，因为它不存储在 tar 包或 zip 文件或任何其他类型的存档文件中，它只是一个包含常规文件的常规目录，可以由普通用户使用基本的 Linux 工具进行访问。这符合我的主要目标之一。

rsync 最重要的功能之一是它用于同步源目录中已更改的预先存在的文件的方法。它不从源复制整个文件，而是使用校验和来比较源文件和目标文件的块。如果两个文件中的所有块都相同，则不传输任何数据。如果数据不同，则仅将源上已更改的块传输到目标。这为远程同步节省了大量的时间和网络带宽。例如，当我第一次使用 rsync bash 脚本将所有主机上的数据备份到大型外部 U 盘驱动器时，大约需要 3 个小时。这是因为所有数据都必须转移，因为之前没有备份过。后续备份需要 3 到 8 分钟的实际时间，具体取决于自上次备份以来已更改或创建的文件数量。我使用 time 命令来确定这一点，因此它是经验数据。例如，昨晚它耗时 3 分 12 秒从 6 个远程系统和本地工作站完成大约 750GB 数据的备份。当

　　㊀　维基百科，rsync，https://en.wikipedia.org/wiki/Rsync。
　　㊁　r 指远程，全称为 remote sync。——译者注

然，白天被实际更改，需要备份的数据只有几百兆字节。

代码示例 21-2 中显示的简单 rsync 命令可用于同步两个目录及其任何子目录的内容。也就是说，使目标目录的内容与源目录的内容同步，以便在同步结束时，目标目录与源目录相同。

代码示例 21-2

这是使用 rsync 同步两个目录所需的最短命令。

```
rsync -aH sourcedir targetdir
```

-a 选项用于存档模式，该模式保留权限、所有权和符号（软）链接。-H 用于保留硬链接，而不是为每个硬链接创建新文件。源目录或目标目录都可以位于远程主机上。

现在假设昨天我们使用了 rsync 来同步两个目录。今天我们想重新同步它们，但是我们已经从源目录中删除了一些文件。rsync 执行此操作的常规方法是简单地把所有新文件或已更改的文件复制到目标位置并将源目录中已删除的文件保留在目标位置上。这样的行为可能是你想要的，但如果你希望从目标中删除已从源中删除的文件（即备份），则可以添加 --delete 选项实现此目的。

另一个有趣的选项，也是我个人最爱用的，因为它极大地增强了 rsync 的功能和灵活性，是 --link-dest 选项。--link-dest 选项使用硬链接⊖⊖来创建一系列每日备份，每天占用的空间非常少，而且创建备份的时间也很短。

使用此选项指定前一天的目标目录，并为今天指定新目录。然后 rsync 命令创建今天的新目录，并在今天的目录中创建昨天目录中每个文件的硬链接。所以今天的目录中现在有一堆链接到昨天的文件的硬链接。没有创建或复制新文件。只是创建了一堆昨天文件的硬链接。使用这组昨天目标目录的硬链接为今天创建目标目录后，rsync 像往常一样执行同步，但是当在文件中检测到更改时，目标硬链接将被替换为昨天的文件副本，然后把对源文件的更改从源复制到目标位置。

所以现在我们的命令看起来像代码示例 21-3 中的那样。

代码示例 21-3

这个版本的 rsync 命令首先在今天的备份目录中为昨天的备份目录中的每个文件创建硬链接。然后将源目录中的文件（被备份的文件）与刚刚创建的硬链接进行比较。如果源目录中的文件没有更改，则不会采取进一步操作。

```
rsync -aH --delete --link-dest=yesterdaystargetdir sourcedir todaystargetdir
```

⊖ 维基百科，硬链接，https://en.wikipedia.org/wiki/Hard_link。

⊜ Both, David, DataBook for Linux, Using hard and soft links in the Linux filesystem（在 Linux 文件系统中使用硬链接和软链接），http://www.linux-databook.info/?page_id=5087。

如果源目录中的文件有更改，rsync 将删除链接到昨天备份目录中文件的硬链接，并从昨天的备份中生成该文件的精确副本。然后，它将对源文件所做的更改复制到今天的目标备份目录。

rsync 还会从目标驱动器或目录中删除已从源目录中删除的文件。

有时候希望在同步时排除某些目录或文件。我们通常不关心对缓存目录的备份，并且由于它们可能包含大量数据，所以与其他数据目录相比，备份它们需要的时间量可能是巨大的。为此，有 --exclude 选项。将此选项与要排除的文件或目录的模式一起使用。你可能希望排除浏览器缓存文件，新命令如代码示例 21-4 所示。

代码示例 21-4

```
rsync -aH --delete --exclude Cache --link-dest=yesterdaystargetdir sourcedir
todaystargetdir
```

注意，要排除的每个文件模式都必须具有单独的排除选项。

rsync 命令可以将远程主机上的文件同步为源或目标。对于下一个示例，假设源目录位于远程计算机上，主机名为 remote1，目标目录位于本地主机上。尽管 SSH 是从远程主机传输数据或向远程主机传输数据时使用的默认通信协议，但我总是添加 ssh 选项。这个命令如下所示。

代码示例 21-5

在此代码段中，源目录位于远程主机 remote1 上。

```
rsync -aH -e ssh --delete --exclude Cache --link-dest=yesterdaystargetdir
remote1:sourcedir todaystargetdir
```

此命令将数据从远程主机上的目录备份到本地主机。

rsync 命令具有大量可用于自定义同步过程的选项。在大多数情况下，我在这里描述的相对简单的命令非常适合根据我的个人需求进行备份。务必阅读 rsync 的扩展手册页，以了解其更多功能以及此处讨论的选项的详细信息。

2. 执行备份

我执行自动备份操作是因为遵循"自动化一切"的原则。我写了一个 bash 脚本 rsbu，它处理使用 rsync 创建一系列每日备份的具体步骤。这包括确保挂载备份介质、生成昨天和今天的备份目录的名称、在备份介质上创建适当的目录结构（如果它们不存在）、执行实际备份以及卸载介质。

我在脚本中使用 rsync 命令的最终结果是我得到了网络中每个主机的日期序列备份。备份驱动器的结构类似于图 21-1 中所示的结构。这样可以轻松找到可能需要还原的特定文件。

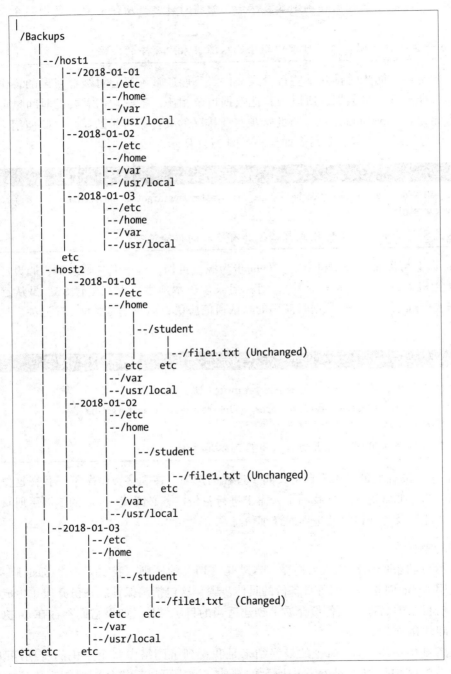

图 21-1 我的备份数据磁盘的目录结构

因此，从 1 月 1 日的空磁盘开始，rsbu 脚本为每个主机将我在配置文件中指定的所有文件和目录进行了完整备份。如果你有很多像我这样的数据，那么第一次备份可能需要几个小时。

1 月 2 日，rsync 命令使用 -link-dest= 选项创建与 1 月 1 日相同的完整新目录结构，然后查找源目录中已更改的文件。如果有任何更改，则在 1 月 2 日目录中创建 1 月 1 日的原始文件的副本，然后从原始文件更新文件中已更改的部分。

在第一次备份到空驱动器之后，备份只需要很少的时间，因为首先创建硬链接，所以只有自上次备份以来已更改的文件需要进一步处理。

图 21-1 还显示了 host2 系列备份中的一个文件 /home/student/file1.txt 的更多详细信息，日期为 1 月 1 日、2 日和 3 日。1 月 2 日，文件自 1 月 1 日以来未发生更改。在这种情况下，rsync 备份不会复制 1 月 1 日的原始数据，它只是在 1 月 2 日目录中创建了一个链接到 1 月 1 日目录的硬链接的目录条目，这是一个非常快的步骤。我们现在有两个目录条目都指向硬盘驱动器上的相同数据。1 月 3 日，该文件已更改。在这种情况下，../2018-01-02/home/student/file1.txt 的数据将会复制到新目录，然后，../2018-01-03/home/student/file1.txt 和任何已更改的数据块将被复制到 1 月 3 日的备份文件中。这些策略是使用 rsync 程序的功能实现的，它允许备份大量数据，同时节省磁盘空间和复制完全相同的数据文件所需的大部分时间。

我的一个程序是每天从一个 cron 作业运行两次备份脚本。第一次迭代执行内置 4TB 硬盘驱动器的备份。这是始终可用的备份，始终是我所有数据的最新版本。如果发生了什么事情，我需要恢复一个文件或所有文件，我可能失去的最多是几个小时的工作成果。

第二个备份被制作到一个轮换系列的 4TB 外置 U 盘驱动器上。我每周至少去一次银行把最新的驱动器存放到保险箱。如果我的家庭办公室被毁，我维护的备份随之被破坏，我只需要从银行获得外置硬盘驱动器，我最多只丢失一周的数据。这种类型的损失很容易恢复。

我用于备份的驱动器，不仅有内置硬盘驱动器，还有我每周轮换的外置 U 盘驱动器，它们都从未填满过。这是因为我编写的 rsbu 脚本会在进行新备份之前检查每个驱动器上备份的天数。如果驱动器上的任何备份早于指定的天数，则会将其删除。该脚本使用 find 命令查找这些备份。天数在 rsbu.conf 配置文件中指定。

当然，在一场彻底的灾难之后，我首先必须找到一个新的地方，为我的妻子和我提供办公空间、购买配件和组装新的计算机、从剩余的备份中恢复，然后重新创建丢失的数据。

我的脚本 rsbu 随其配置文件 rsbu.conf 和 READ.ME 文件一起提供。来自 https://github.com/Apress/linux-philo-sysadmins/tree/master/Ch21。

3. 恢复测试

任何没有经过测试的备份方案都是不完整的。你应该定期测试随机文件或整个目录结构的恢复，以确保备份不仅可以正常工作，而且可以恢复备份中的数据，以便在灾难发生后使用。我看到太多的情况，由于某种原因备份无法恢复，并且由于缺乏测试而无法提前发现问题，因此丢失了有价值的数据。

只需选择要测试的文件或目录并将其还原到测试位置（例如 /tmp），这样就不会覆盖自执行备份以来可能已更新的文件。验证文件的内容是否符合你的预期。使用上面的 rsync 命令从备份中恢复文件只需要从备份中找到要还原的文件，然后将其复制到要将其还原到的位置。

有时我不得不恢复单个文件，偶尔要恢复一个完整的目录结构。我在几个场合必须恢复硬盘的全部内容，正如我在本章前面所讨论的那样。大多数情况下，这是我意外删除文件或目录造成的。有几次是由于硬盘崩溃造成的。那些备份确实派上用场了。

21.3.2　异地备份

创建良好的备份是备份策略中重要的第一步。将生成的备份介质保留在与原始数据相同的物理位置是错误的。

我们已经看到，盗窃在内置驱动器上保存所有备份的计算机可能会导致重要数据完全丢失且不可恢复。如果原始数据和备份数据存储在同一位置，则火灾和其他灾难也会导致数据丢失。防火保险箱是一种可以减少盗窃和火灾等灾难威胁的选择。这种保险箱通常在指定温度下以分钟为单位进行评级，它可以保护其内容物。我想我个人关注的是火会燃烧多久或有多热。也许保险箱会坚持足够长的时间，但如果它没有坚持那么久呢？

我更愿意像大公司那样为自己的备份做充分的工作。我保持当前的异地备份。对我来说，这是我银行的保险箱。对于其他人来说，这可能在"云端"的某个地方。我喜欢使用我的保险箱得到的端到端控制。我知道它受到了很好的保护。如果我的小型家庭办公室被毁，那么银行可能会离它很远，而不会受到任何灾难的影响。

对于大型公司而言，有一些服务可以将你的备份存储在具有气候控制的保险库的远程高安全性位置。这些服务中的大多数甚至会将装甲卡车派到你的设施来接收和运输你的备份介质。有些服务提供高速网络连接，因此备份可以直接在其远程位置的存储介质上进行。

如今，许多人和组织正在进行备份到云端的工作。我对所谓的"云"持认真的态度。首先，"云"只是别人计算机的代名词。其次，考虑到我一直在阅读的涉嫌对安全计算设施的黑客攻击数量，我不太可能放心地把我的数据备份到任何维护在线备份的外部组织都可以从 Internet 访问的地方。我更希望在我需要之前，我的远程备份数据保持离线。

我对云的关注是，除了提供商在其网站上提供的营销信息之外，我无法真正了解他们的安全措施是否比我自己做得更好。也许他们可以，但作为系统管理员，我想要一些证据。我毫不怀疑，比起许多企业和个人，很多云提供商可以更好地管理委托给他们的数据的安全性。但我怎么知道他们是哪几家？记住我们正在谈论基于云的备份解决方案，而不是应用程序或网站存在性的解决方案。

我认为我可以充满信心地说，亚马逊、Azure、谷歌等已建立和认可的云提供商在安全方面肯定比许多中小型机构更值得信赖。我正在考虑那些没有全职系统管理员，或者将 IT 外包给那些并不特别有信誉的小型本地公司的机构。我还认为，在当今持续网络攻击的世界中，许多经验不足的系统管理员还没有准备好应对互联网所需的高级别安全性。

因此，对于许多机构而言，云备份可能是一个可行的选择。对于其他人来说，经验丰富且知识渊博的系统管理员可能是最佳选择。与许多 IT 决策一样，重要的是权衡风险因素并确定你愿意承受多少风险。

21.4　灾难恢复服务

将备份更进一步，我工作的一些地方保有一个或多个灾难恢复服务合同。支付这种类型的服务是为了维护一个完整的计算机和网络环境，它可以立即替换你自己的计算机和网络环境。这通常包括从大型机到基于英特尔的服务器和工作站的所有内容。当然，这是在异地备份存储中保留大量数据之外的补充。

在我工作的其中一个地方，我们对灾难恢复计划进行了季度评估。我们关闭了从英特尔服务器到大型机的所有计算机。我们通知灾难恢复公司我们正在进行测试，他们使用我们备份和运行所需的各种计算机来准备他们的站点。我们让备份存储服务商将最新的备份介质从其安全设施传输到费城的恢复站点。

我们办公室的一群人前往恢复站点并从我们的备份介质中恢复了所有数据，将所有内容联机，并进行了测试以确保一切正常。

演习总是会有问题发生。但这就是演习的重点——找出我们的策略和程序中存在的问题，然后修复它们。

21.5　其他选择

并非每个人都需要灾难恢复服务或大量的备份数据存储。对于只有一台计算机的个人和非常小的企业，一些 U 盘和一个驱动器的手动备份已经足够了。对于其他人来说，相对较小的外部 U 盘也足够了。

这完全取决于你的环境的需要。

21.6　如何"经常"备份

这很简单。每天至少进行一次备份，无论是什么形式的备份。如果某个文件或某些文件特别重要，并且你刚刚创建或更改了它们，立即备份它们。

rsbu 脚本可以非常快速地执行此操作，因为它只会对已更改的文件进行备份。它执行此操作的时候不会影响你继续在这台计算机上工作。

21.7　小结

备份是系统管理员工作中非常重要的一部分。我经历过许多案例，在这些案例中，备份都已经为我工作过的地方以及我自己的业务和个人数据实现了快速的恢复运营。

执行和维护数据备份有许多选项可用。我做了对我起作用的备份，并且从未遇到过数据丢失超过几个小时的情况。

与其他所有内容一样，备份与你的需求有关。无论你做什么——务必做点什么！首先弄清楚如果你丢失了所有东西——数据、计算机、硬拷贝记录，你会承受多少痛苦。这些痛苦包括更换硬件的成本和恢复备份数据所需的时间以及复原未备份的数据所需的工作量。然后相应地规划和实施你的备份系统和程序。

第 22 章 | *Chapter 22*

追随你的好奇心

人们谈论终身学习以及它如何使人保持精神警觉和年轻。系统管理员也是如此。总有更多需要学习的东西，我认为这是让我们大多数人感到高兴并随时准备解决下一个问题的原因。无论年龄多大，持续学习都有助于我们保持思想敏锐和技能纯熟。

我喜欢学习新事物。我很幸运，因为好奇心使我终生与我最喜欢的玩具——计算机一起工作。关于计算机肯定有很多新的东西需要学习，行业和技术都在不断发展变化。地球上和这个宇宙中有许多东西是令人好奇的。计算机和相关技术似乎是我最喜欢的东西。

我也认为你一定很好奇，因为你正在读这本书。但不是每个人都像我们一样好奇。

22.1 查理

让我们乘坐时光机器回到 1970 年的俄亥俄州托莱多。当时我在一家化工厂担任测试员，非常无聊，另外还有七八个人。我们采用化学家梦想的化学配方，将它们复合成乙烯基，并将其压制成汽车工业中用于座椅和乙烯基顶棚的各种类型的织物。我们的工作是测试生成的原料乙烯基和涂层织物，看它们是否符合订购它们的汽车公司提供的所有规格。

我的一个工友查理是一个消极的人。他的抱怨不绝于耳。他会抱怨工作条件——我们周围有很多挥发性化学物质，浓度很容易变高并且一直存在，而且它也很危险。从查理走进的那一刻到下午收工的哨声吹响，他一直在抱怨所有的东西。

有一天，我们进行了一次类似下面所述的谈话。

一天早上 8 点半左右，查理对我说，"我讨厌这份工作。下班时间快点到吧。"

我厌倦了他的消极情绪，所以我说，"查理，如果你非常讨厌这份工作，你为什么不另找一份工作？"

"我不知道其他事该怎么做。"

所以我说，"好吧，你为什么不学新东西？我下学期会回到大学，在获得学位后我不会留在这里很长时间。我打算找一份更好的工作。"

"这对你来说很容易——你还年轻。我已经老了，你不能教老狗新技能。"我问他，"你多大了查理？"

"三十六岁"，他说。

即便在那时候，在我二十出头的时候，在我看来似乎无敌和不朽的年龄，我也知道三十六岁并不老。那时我便发誓，我永远不会停止学习——我每天都会学到新东西。而且我保持着这个誓言。在过去四十年的大部分时间里，这个誓言让我保持职业和爱好都是计算机。

22.2 好奇心把我引入了 Linux

好奇心让我第一次进入 Linux 的世界，但这是一条漫长而曲折的道路。如果你不感兴趣的话，可以跳过这一节。我确实发现描述我如何一步步地走到今天所处的位置的过程对一些人来说是有趣且有帮助的。它确实表明生命中两点之间的最短距离通常不是直线。无论如何，我会尽量用较短的篇幅讲述我的经历以及好奇心对我生活的影响。

从学校成绩的标准来看，我从来都不是一个特别优秀的学生。我倾向于追随我的好奇心而不是课程计划。大多数老师不喜欢这样的学生。我对电力、电子、数学和化学感兴趣。我有幸拥有优秀的化学和数学老师，但在 1960 年，除非我去托莱多读职业技术高中，否则没机会在高中上电子课程。我想去那里，但我的父母让我相信我以后还有机会学习电子学。

在青少年时期，我对电子设备的兴趣得到了 HO 测量模型铁路的帮助和支持，这要求我至少学习电力的基础知识。所以我从图书馆拿书来学习。我还在托莱多大学（UT）书店找到了大学水平的工作手册，我购买并学习了它们。我连接了我的模型铁路，当我学习新东西时，完全撕掉了现有的布线并从头开始重新布线。

我也常常修理坏了的电视。最终邻居们开始请我帮他们修理坏了的电视和收音机。在那些日子里，这很容易，因为每个电子设备都带有原理图，我所要做的就是找出要更换的电子管。这多亏了有在图片中显示各种症状，然后列出在失败时会导致这些问题的电子管类型的书籍。而且基本上每家药店和杂货店都有电子管测试仪和电子管供应。这意味着我可以拆下我怀疑导致故障的电子管，然后走到我可以测试它并购买替代品的地方。

1968 年夏天我在洛杉矶的姑姑家度过。我的叔叔在航空航天工业部门担任计算机程序员，我在他们的车库里找到了一堆旧的自学手册。我没有按照计划一直去海滩，夏天我大部分时间都在学习那些旧课程中的 IBM 大型机计算技术。

然后在 1968 年末，我参与了一项涉及大量数字运算的工作，我们使用的是非常旧的机械计算器，可能需要几分钟才能进行单次乘法运算。我建议购买一台四功能电子计算器，这些计算器刚刚开始上市。我的主管认为这是一个好主意，所以他让我考察这种可能性。我们联系的两家供应商拥有这些有趣的新设备：桌面可编程计算器。两家都愿意让我使用演示模型，这样我就可以在我们自己的环境中，用我们将要处理的问题来测试它们。

我说服财务人员这个价值 3500 美元的计算器是值得花钱买的，最终我们购买了一台 Olivetti Programma 101 ⊖。我花了几个月的时间编程，并希望了解更多关于编程的信息。

我很快发现大学提供一门编程课程，所以我选了一门 BASIC 语言课。本课程由托莱多大学在 GE 分时系统上讲授，可能是 GE-600 ⊜系列，位于俄亥俄州哥伦布市。终端接入是通过 ASR 33 电传打字机通过电话线拨号以 300 波特的速率连接的。

然后，我的工作从使用 P-101 升级到担任 IBM 1401 夜间操作员，这是我第一次直接接触大型计算机。我继续工作了几个月才开始换其他工作。

我在 1969 年初结婚。虽然当时这对我的职业道路还没有直接影响，但后来事实证明它对我的职业成长起了至关重要的作用。

虽然下一份工作中我没有直接接触计算机，但我在晚上为一个乐队工作，担任他们的声音技师和唯一的随团技术人员。这支乐队的鼓手有一门函授课程，他已付钱但没有时间参加，所以他把它转让给我。我抓住这个机会，电子知识让我得以在托莱多的音响销售和维修店工作，在那里我学到了更多。

1972 年左右，我和我的妻子从我的岳父那里买下了一栋前出租屋。碰巧，我们的一个邻居在 IBM 工作。他问我是否有兴趣去 IBM 工作，但那时我很乐意干手头的工作，所以我说我不感兴趣。

音响维修工作促成了另一项工作，即新型立体声商店的服务经理，我也花了一些时间参加电子工程课程。我在这些课程中表现出色，因为我喜欢电子学。

当我失去在新型立体声商店的工作时，我问我的 IBM 朋友他们是否还在招聘。他给了我一次面试机会，从此我在 IBM 开始了 21 年的职业生涯。我在 IBM 的第一份工作是担任通用系统部门（GSD）修理硬件的客户工程师（CE）。1978 年，IBM 将我带到他们位于佛罗里达州 Boca Raton 的工厂，为新产品编写培训课程。1981 年初，我被分配为最初的 IBM PC ⊜编写培训课程。

为了编写 PC 的培训课程，我在办公室需要一台 PC 以便我可以方便地使用并了解它。当时它很秘密，安全人员在我办公室的天花板上安装了六角形网眼铁丝网，并在门上安了一把锁。我是大楼里唯一一位在办公室大门上锁的非经理人。我想头顶上的铁丝网是为了防止一些邪恶的盗贼爬过我办公室的墙壁并跳进去。只有在那之后我才可以在办公室里安装一台计算机。我拥有序列号 00000001。

在编写培训课程时，我最初选择了更传统的 IBM 培训策略，但这不适用于打字机部门

⊖　维基百科，Programma 101, https://en.wikipedia.org/wiki/Programma_101。

⊜　维基百科，GE-600, https://en.wikipedia.org/wiki/GE-600_series。

⊜　维基百科，IBM PC, https://en.wikipedia.org/wiki/IBM_Personal_Computer。

的 CE（客户工程师），他们的工资比我们在 GSD 的工资低。使用打字机部门的 CE 使其更具成本效益，但这意味着我们必须让这些 CE 熟悉计算机概念和技术。我必须确保他们在训练期间亲自动手，但让他们前往训练中心的成本太高了。

所以我完全重写了培训。我编写了一个完整的计算机化培训程序，我利用它编写课程内容，然后将其装到我们运往分支机构用于培训的 IBM PC 上，然后提交给本地分支机构的 CE 用于训练。然后我编写了这门课程。虽然这绝对不是第一个计算机化培训课程，但它是 IBM PC 的第一个培训软件和课件。

为了编写这个修改过的课程并保证我们按计划的 PC 发布日期完成，我申请在家里安装一台计算机，这样我就可以在晚上更方便地工作了。经过各种高层管理人员的几十次签核后，除了我在办公室工作的那台机器外，我还获得了一台 PC 带回家。据我所知，我是第一个在家里拥有 IBM PC 的人。

当然所有这些让我对个人计算机非常感兴趣。所以我通过员工购买计划为自己买了一台计算机。员工折扣后，这花费了超过 5000 美元。此系统包括一双 160KB 的 5.25" 软盘驱动器和 64K 的 RAM，没有硬盘驱动器。当办公室的几个人一起购买我们必须自行构建的第三方存储卡的部件时，我开始折腾 PC 硬件。

经过几次职业转变，我在 PC 上的经历促成了乔治亚州亚特兰大市 IBM PC 帮助中心的工作。在此期间我对操作系统非常感兴趣，并最终成为 OS/2 的主要支持人员之一。

1993 年搬到北卡罗来纳州罗利市后，我于 1995 年离开 IBM，成立了一家专门从事 OS/2 的咨询公司。到 1996 年，OS/2 显然不会存在更长时间。我对学习 Windows NT 的想法感到厌恶。我决定我的未来是在 Unix 上面，虽然那时我还没有听说过 Linux。

大约在这个时候，IBM 的一位朋友有一天打电话给我，问我是否愿意去 MCI 工作，他现在正在那里使用他们的 OS/2 计算机工作。我接受了这份工作，附带条件是提供给我学习 Unix 的机会。

在 MCI 期间，我学习了一些基本的 Unix 课程并开始入门。我也听说过这个叫 Linux 的东西，它和 Unix 很像，我可以在一台个人计算机上安装它。我想我需要提高我的 Unix/Solaris 技能，但是我自己买不起 Sun 计算机和 Solaris。所以我在本地计算机商店购买了 Red Hat 5.0（不是 RHEL）的副本，并将其安装在我的几台计算机中。我喜欢 Linux，在了解了它之后，我发现我没有取得多少进步。我决定努力实现精通 Linux 的目标，并将家中除了一台计算机之外的所有计算机都升级到 Linux。最后一步是我将我的 Web 和电子邮件服务器从 OS/2 迁移到 Linux。

通过所有这些学习，我在本地 ISP 找到了一份 Unix 工程师的工作。他们送我去学习 Solaris 课程，并且我获得了 Sun 认证系统管理员认证。在那里我遇到了一些最好的导师。

从 ISP 下岗后我很快找到了一份外包的工作。在那里我负责修复在 Red Hat Linux 服务器上运行的所有 Perl 脚本。我们还使用了一些需要清理的 bash shell 脚本。我在那份工作中学到了很多关于 Linux 和 shell 脚本的知识。

从此我从事了一系列以 Linux 为中心的工作，其中大部分工作都至少进行过一些 Linux 培训。我发现我工作的大多数地方都需要有人在 Linux 的各个方面培训其他管理员和用户。我整理了几个 Linux 培训班课程和午餐学习课程，这些课程都很受欢迎。

我发现，无论是在教室环境中，还是在书本和文章中，我在教别人时都能学到最多的东西。我必须仔细研究每个问题，以确保我说的是对的。我还必须回答学生关于某些事情的问题，这些事情我编制培训材料时从未考虑过。我必须研究那些我还回答不出来的问题。

现在我在这里撰写关于 Linux 的书，它需要更多的研究、测试和实验。

§

这只是我个人学习 Linux 和开源之路的一部分。有很多经历影响了我的一些决定，并改变了我生活中某些事件发生的时间，从而演变出了上面的那些故事。

找到一份在 Linux 上的工作并不是我在成长或上学时可以料到的，因为在我读高中和大学的早期，既没有 Unix 也没有 Linux，也没有开源。我做出的选择，我遇到的人，我获得的知识，我住过的地方，我所拥有的一系列工作，都促成了我现在所处的位置，因为我一遍又一遍地选择了那些我很喜欢和我有强烈好奇心的技术、计算机、操作系统和 Linux。无论是否有意识，我的选择都把我带到了好奇心驱使的道路上。在许多方面，这是令人愉快和有益的。

如果你有兴趣阅读其他一些已经投身 Linux 和开源的人的故事，可以查看在 Opensource.com 上标记为"Careers"⊖的文章列表。

22.3 好奇心解决问题

有一句老话说"好奇心杀死猫。"我认为这个说法非常愚蠢。我小时候就有人把它用在了我身上，幸好他们不是我的父母。当问题和好奇心把孩子带到一些父母、老师和照顾者不愿花时间去处理的地方时，他们就用这种愚蠢的说法来扼杀孩子。这是把我们束缚起来的一种方式。

我个人的说法是"好奇心解决问题"。追随好奇心将我们带到了禁区外的地方，这些地方让我们能够以除此以外无法解决的方式解决问题。有时，好奇心可能会直接或间接导致找到问题的原因。

安全性

好奇心让我解决了许多问题，其中一些问题我最初甚至并不知道它们存在。在这些情况下，计算机仍然正常运行，没有明显的症状，如崩溃或程序故障。没有可观察到的问题，事情似乎很好。安全问题可能就是这样。

⊖ Opensource.com，Tag Careers，https://opensource.com/tags/careers。

这个特殊的冒险开始于很多年前的某一天，当时我决定查看一下系统的安全性，特别是我和外界之间的防火墙。我已经在防火墙上设置了一些防火墙规则和一些强密码。但我对我的安全状况以及是否可能存在一些我可以关闭的漏洞很好奇。我不是指代码漏洞，我指的是程序和安全配置漏洞，我可以把有些事情做得比当时更好。这一切都始于日志。

当系统正常工作时，我喜欢查看 top、htop、iotop、glances 或任何其他系统监控工具的状况，以便我知道它们看起来不同以往时可能存在问题。我也是这样使用我的日志文件的。所以我花了很多时间扫描我的日志文件，看看我是否能发现任何异常情况。这种工作总是非常耗时的，并且每天尝试解释日志文件中的数百甚至数千行太多了，并且很难将数据简化为可管理的数据。我需要找到一种方法来自动执行该任务，以便在出现潜在问题时提醒我——是的，自动化一切。

1. Logwatch

我读过关于 Logwatch 的内容，它就是干这个的，所以我花了一些时间来研究那些可能对我有用的类似工具。每天，Logwatch 会扫描前一天的日志文件，以查找系统管理员应该看到的异常条目，确定是否存在问题。它非常适合我的需求。

我想我在用作防火墙的 Fedora 主机上安装了 Logwatch，因为它默认没有安装。已经过去很长时间了，所以我不确定，我的 postinstall.sh 脚本现在安装了 logwatch（如果尚未安装）。默认情况下，当前版本的 Fedora 工作站中绝不会安装 Logwatch。

Logwatch 通常由位于 /etc/cron.daily 的 cron 作业 0logwatch 运行，而 0logwatch 脚本配置为将结果通过电子邮件发送给 root 用户。我不希望 Logwatch 的输出转给 root，所以我在防火墙主机上的 /etc/aliases 文件中添加了一行并重新启动了 sendmail。现在电子邮件将发送给我。

logwatch 程序也可以直接从命令行运行。在这种情况下，默认是将输出发送到 STDOUT，因此我从命令行运行 logwatch，而不是等待第二天查看 cron 作业发送给我的内容。

实验 22-1 安装 Logwatch，然后从命令行运行它。我在防火墙上做了这个实验，并且得到了大量的数据。我大幅度地删除了一些数据，只留下足够让你看的部分。

实验 22-1

此实验必须以 root 身份执行。我们首先安装 logwatch，然后从命令行运行它。

```
[root@wally1 ~]# dnf -y install logwatch
Last metadata expiration check: 2:59:04 ago on Sat 07 Apr 2018 05:11:02 AM
EDT.
Dependencies resolved.
================================================================
 Package          Arch       Version            Repository   Size
================================================================
```

```
Installing:
 logwatch                noarch      7.4.3-6.fc27        fedora      423 k
Installing dependencies:
 perl-Date-Manip         noarch      6.60-1.fc27         fedora      1.1 M
 perl-Sys-CPU            x86_64      0.61-13.fc27        fedora      19 k
 perl-Sys-MemInfo        x86_64      0.99-5.fc27         fedora      25 k

Transaction Summary
========================================================================
Install  4 Packages

Total download size: 1.6 M
Installed size: 12 M
Downloading Packages:
(1/4): perl-Sys-CPU-0.61-13.fc27.x86_   49 kB/s |  19 kB      00:00
(2/4): perl-Sys-MemInfo-0.99-5.fc27.x  458 kB/s |  25 kB      00:00
(3/4): logwatch-7.4.3-6.fc27.noarch.r  776 kB/s | 423 kB      00:00
(4/4): perl-Date-Manip-6.60-1.fc27.no  1.8 MB/s | 1.1 MB      00:00
------------------------------------------------------------------
Total                                  1.8 MB/s | 1.6 MB      00:00
Running transaction check
Transaction check succeeded.
Running transaction test
Transaction test succeeded.
Running transaction
  Preparing        :                                           1/1
  Installing       : perl-Sys-MemInfo-0.99-5.fc27.x86_64       1/4
  Installing       : perl-Sys-CPU-0.61-13.fc27.x86_64          2/4
  Installing       : perl-Date-Manip-6.60-1.fc27.noarch        3/4
  Installing       : logwatch-7.4.3-6.fc27.noarch              4/4
  Running scriptlet: logwatch-7.4.3-6.fc27.noarch              4/4
  Running as unit:   run-r859e9a9c34c64b2280025d5d33b5a7ac.service
  Verifying        : logwatch-7.4.3-6.fc27.noarch              1/4
  Verifying        : perl-Date-Manip-6.60-1.fc27.noarch        2/4
  Verifying        : perl-Sys-CPU-0.61-13.fc27.x86_64          3/4
  Verifying        : perl-Sys-MemInfo-0.99-5.fc27.x86_64       4/4

Installed:
  logwatch.noarch 7.4.3-6.fc27
  perl-Date-Manip.noarch 6.60-1.fc27
  perl-Sys-CPU.x86_64 0.61-13.fc27
  perl-Sys-MemInfo.x86_64 0.99-5.fc27

Complete!
```

　　在安装之后，运行 logwatch 命令，不加选项。为了节省篇幅，我在一些部分删掉了大量的行。我还在输出中插入了注释，以便在一定程度上描述结果。你的结果将与我的不同，但这会让你很好地了解我为什么让我的好奇心把我带到安全问题的其他方面。

```
[root@testvm1 ~]# logwatch

################## Logwatch 7.4.3 (04/27/16) ####################
        Processing Initiated: Fri Apr  6 14:01:32 2018
        Date Range Processed: yesterday
                           ( 2018-Apr-05 )
                           Period is day.
        Detail Level of Output: 10
        Type of Output/Format: stdout / text
        Logfiles for Host: wally1.both.org
###############################################################
```

上一节是描述命令运行的条件、日期和时间的标题。下一节包含内核信息，主要是各种服务的启动和停止以及登录条目。logwatch 已经将这一部分从超过 10 000 行修剪为仅100 行。我又从中删除了更多内容。

```
--------------------- Kernel Audit Begin -----------------------

**Unmatched Entries** (Only first 100 out of 10226 are printed)
 audit[1]: SERVICE_START pid=1 uid=0 auid=4294967295 ses=4294967295
 msg='unit=mlocate-updatedb comm="systemd" exe="/usr/lib/systemd/systemd"
 hostname=? addr=? terminal=? res=success'
 audit[1]: SERVICE_START pid=1 uid=0 auid=4294967295 ses=4294967295
 msg='unit=sysstat-collect comm="systemd" exe="/usr/lib/systemd/systemd"
 hostname=? addr=? terminal=? res=success'
 audit[1]: SERVICE_STOP pid=1 uid=0 auid=4294967295 ses=4294967295
 msg='unit=sysstat-collect comm="systemd" exe="/usr/lib/systemd/systemd"
 hostname=? addr=? terminal=? res=success'

<SNIP>
```

接下来的几个条目是一些成功登录的结果

```
 audit[16590]: CRYPTO_KEY_USER pid=16590 uid=0 auid=4294967295
 ses=4294967295 msg='op=destroy kind=server fp=SHA256:e9:53:4c:65:7f:a4:
 cb:6d:42:0c:40:a3:a4:a2:a9:d3:05:dd:4f:41:3b:26:ed:f6:02:ec:2b:4f:f9:a2:
 9d:5c direction=? spid=16590 suid=0  exe="/usr/sbin/sshd" hostname=? addr=?
 terminal=? res=success'
 audit[16590]: CRYPTO_KEY_USER pid=16590 uid=0 auid=4294967295
 ses=4294967295 msg='op=destroy kind=server fp=SHA256:2d:39:44:81:f6:e0:
 47:1f:f3:b1:02:a1:76:73:2e:16:26:6f:d8:e5:7d:2a:4a:ab:76:17:dd:36:54:b1:
 e6:a5 direction=? spid=16590 suid=0  exe="/usr/sbin/sshd" hostname=? addr=?
 terminal=? res=success'
 audit[16590]: CRYPTO_KEY_USER pid=16590 uid=0 auid=4294967295
 ses=4294967295 msg='op=destroy kind=server fp=SHA256:c4:2a:24:f1:0b:14:
 d4:4e:eb:33:6b:90:e0:84:c5:64:72:ec:30:72:3c:84:28:72:88:14:e3:1a:9d:d7:
 de:a9 direction=? spid=16590 suid=0  exe="/usr/sbin/sshd" hostname=? addr=?
 terminal=? res=success'
 audit[16589]: CRYPTO_SESSION pid=16589 uid=0 auid=4294967295 ses=4294967295
```

```
msg='op=start direction=from-server cipher=aes128-ctr ksize=128 mac=hmac-
sha2-256 pfs=diffie-hellman-group-exchange-sha256 spid=16590 suid=74
rport=54280 laddr=24.199.159.59 lport=22  exe="/usr/sbin/sshd" hostname=?
addr=109.228.0.237 terminal=? res=success'
audit[16589]: CRYPTO_SESSION pid=16589 uid=0 auid=4294967295 ses=4294967295
msg='op=start direction=from-client cipher=aes128-ctr ksize=128 mac=hmac-
sha2-256 pfs=diffie-hellman-group-exchange-sha256 spid=16590 suid=74
rport=54280 laddr=24.199.159.59 lport=22  exe="/usr/sbin/sshd" hostname=?
addr=109.228.0.237 terminal=? res=success'
```

`<SNIP>`

下面几行只是大量登录失败中的两个。这是我发现存在大量攻击的第一个迹象。这些很难通过目视找到，因此我使用 grep 实用程序来查找更多信息。这个方法并没有真正使人意识到这个问题有多糟糕，但是后面还有其他部分可以做到。

```
audit[16589]: USER_LOGIN pid=16589 uid=0 auid=4294967295 ses=4294967295
msg='op=login acct="(unknown)" exe="/usr/sbin/sshd" hostname=?
addr=109.228.0.237 terminal=ssh res=failed'

audit[16596]: CRYPTO_KEY_USER pid=16596 uid=0 auid=4294967295
ses=4294967295 msg='op=destroy kind=session fp=? direction=both spid=16597
suid=74 rport=41125 laddr=24.199.159.59 lport=22  exe="/usr/sbin/sshd"
hostname=? addr=221.194.47.243 terminal=? res=success'
audit[16596]: USER_LOGIN pid=16596 uid=0 auid=4294967295 ses=4294967295
msg='op=login acct="(unknown)" exe="/usr/sbin/sshd" hostname=?
addr=221.194.47.243 terminal=ssh res=failed'
```

`<SNIP>`

```
--------------------- Kernel Audit End ------------------------
```

cron 部分显示了在 24 小时内每个 cron 作业运行的次数。

```
--------------------- Cron Begin ------------------------

Commands Run:
   User root:
      /sbin/hwclock --systohc --localtime: 1 Time(s)
      run-parts /etc/cron.hourly: 24 Time(s)
      systemctl try-restart atop: 1 Time(s)

--------------------- Cron End ------------------------
```

下一部分列出了大量的身份验证失败情况。它以一种显示未授权访问尝试的问题有多严重的方式来做到这一点。它通过按尝试次数列出入侵尝试所源自的 IP 地址来实现此目的。

```
--------------------- pam_unix Begin ------------------------

sshd:
   Authentication Failures:
```

```
        root (123.183.209.135): 21 Time(s)
        unknown (14.37.169.239): 10 Time(s)
        unknown (85.145.209.59): 10 Time(s)
        unknown (116.196.115.44): 8 Time(s)
        unknown (212.129.36.144): 6 Time(s)
        unknown (84.200.7.63): 5 Time(s)
        root (218.65.30.25): 3 Time(s)
        root (84.200.7.63): 3 Time(s)
        unknown (103.99.0.54): 2 Time(s)
        unknown (196.216.8.110): 2 Time(s)
        ftp (116.196.72.140): 1 Time(s)
        ftp (118.36.193.215): 1 Time(s)
        operator (5.101.40.81): 1 Time(s)
        root (103.26.14.92): 1 Time(s)
        root (103.89.88.220): 1 Time(s)
        root (103.92.104.175): 1 Time(s)
        root (103.99.2.143): 1 Time(s)
        root (118.24.28.246): 1 Time(s)
<SNIP>
        unknown (91.121.77.149): 1 Time(s)
        unknown (95.38.15.86): 1 Time(s)
    Invalid Users:
        Unknown Account: 163 Time(s)
    Sessions Opened:
        root: 2 Time(s)

   systemd-user:
     Unknown Entries:
        session opened for user root by (uid=0): 3 Time(s)

    ------------------- pam_unix End -------------------
```

上面的"invalid users"（非法用户）行显示，前一天共有 163 次尝试破解我的防火墙主机系统。PAM 负责整体登录安全性，上一部分从 PAM 的角度查看登录情况。下面的 SSHD 部分也是如此。它基本上是相同的信息，但表示方式有所不同。

从这两个部分，我可以看到对我的系统的整个 ssh 攻击列表，这真的让我对它们的起源以及如何防止它们充满好奇。

```
    ------------------- SSHD Begin -------------------

    Didn't receive an ident from these IPs:
        103.79.143.56 port 58313: 1 Time(s)
        103.79.143.56 port 61578: 1 Time(s)
        103.89.88.181 port 53906: 1 Time(s)
        103.89.88.181 port 57332: 1 Time(s)
        103.89.88.181 port 58951: 1 Time(s)

<SNIP>
```

```
    202.151.175.6 port 39552: 1 Time(s)
    217.61.5.246 port 44974: 1 Time(s)
    66.70.177.18 port 33668: 1 Time(s)
    87.98.251.208 port 56975: 1 Time(s)

 Failed logins from:
    5.101.40.81: 1 time
       operator/password: 1 time
    18.188.155.82 (ec2-18-188-155-82.us-east-2.compute.amazonaws.com): 2 times
       root/password: 2 times
    23.97.75.224: 1 time
       root/password: 1 time
    46.105.20.171 (vps16696.ovh.net): 1 time
       root/password: 1 time
    54.37.139.198 (198.ip-54-37-139.eu): 1 time
       root/password: 1 time

<SNIP>

    221.229.166.102: 1 time
       wp-user: 1 time

 Users logging in through sshd:
    root:
       192.168.0.1 (david.both.org): 2 times

**Unmatched Entries**
Disconnected from invalid user test 36.77.124.2 port 48914 [preauth] :
1 time(s)
Disconnected from invalid user ubnt 103.99.2.143 port 55522 [preauth] :
1 time(s)
Disconnected from authenticating user root 123.183.209.135 port 58498
[preauth] : 1 time(s)
Disconnected from invalid user ftpuser 36.36.201.21 port 46357 [preauth] :
1 time(s)

<SNIP>

Disconnected from invalid user avis 201.155.194.157 port 52769 [preauth] :
1 time(s)
Disconnected from authenticating user root 23.97.75.224 port 1984 [preauth] :
1 time(s)
Disconnected from authenticating user root 64.41.86.128 port 58134 [preauth] :
1 time(s)
Disconnected from invalid user sybase 188.187.55.243 port 36344 [preauth] :
1 time(s)
Disconnected from invalid user cron 221.145.180.62 port 37912 [preauth] :
1 time(s)

--------------------- SSHD End -------------------------
```

这些部分的其余内容不言自明，与安全性没有任何直接关系。因此，我没有在此输出中添加任何进一步的注释。我保留了这些部分，以便你可以看到 logwatch 可能从典型的防火墙日志中创建的许多部分信息。

```
--------------------- Systemd Begin ------------------------

Reached target Shutdown: 3 Time(s)

Started:
    Cleanup of Temporary Directories: 1 Time(s)
    Generate a daily summary of process accounting: 1 Time(s)
    LVM2 metadata daemon: 1 Time(s)
    Network Manager Script Dispatcher Service: 103 Time(s)
    Update a database for mlocate: 1 Time(s)
    User Manager for UID 0: 3 Time(s)
    dnf makecache: 23 Time(s)
    system activity accounting tool: 144 Time(s)
    update of the root trust anchor for DNSSEC validation in unbound: 1
    Time(s)

User Sessions:
    root:  66 68 70

Slices created:
    User Slice of root 3 Time(s)

**Unmatched Entries**
    Closed D-Bus User Message Bus Socket.: 3 Time(s)

--------------------- Systemd End ------------------------
--------------------- Disk Space Begin ------------------------

Filesystem                      Size  Used Avail Use% Mounted on
devtmpfs                        3.9G     0  3.9G   0% /dev
/dev/mapper/fedora_wally1-root  9.8G  173M  9.1G   2% /
/dev/mapper/fedora_wally1-usr    35G  5.3G   28G  17% /usr
/dev/mapper/fedora_wally1-home  4.9G  262M  4.4G   6% /home
/dev/mapper/fedora_wally1-tmp    25G   45M   24G   1% /tmp
/dev/mapper/fedora_wally1-var    30G  6.2G   22G  23% /var
/dev/sda1                       2.0G  399M  1.5G  22% /boot

--------------------- Disk Space End ------------------------
--------------------- lm_sensors output Begin ------------------------

coretemp-isa-0000
Adapter: ISA adapter
Package id 0:   +82.0 C  (high = +85.0 C, crit = +105.0 C)
Core 0:         +79.0 C  (high = +85.0 C, crit = +105.0 C)
Core 1:         +83.0 C  (high = +85.0 C, crit = +105.0 C)
Core 2:         +80.0 C  (high = +85.0 C, crit = +105.0 C)
```

```
Core 3:          +80.0 C  (high = +85.0 C, crit = +105.0 C)

-------------------- lm_sensors output End ------------------------

###################### Logwatch End #########################
```

Logwatch 从 Linux 主机日志中提取与其相关的大量有用信息。它减少了系统管理员需要查看的信息量，从数万行缩减到几千行。好的部分是它聚合相关的日志条目，因此它们都在最终报告中的一个位置，这使得浏览起来更容易。

对 Logwatch 结果的一些快速分析表明，绝大多数攻击都是脚本干的。这些是使用简单脚本的自动攻击，它只需尝试登录一系列 IP 地址即可找到打开的 SSHD 端口。一旦找到具有开放 SSHD 端口的 IP，脚本可能会花费几分钟尝试使用随机但已知的用户 ID 和基于字典的密码登录。如果计算机可以访问，脚本会使用某些恶意软件感染计算机。

对于受到良好保护的主机，脚本的破坏性并不是特别严重。它们正在寻找容易对付的目标——未受到良好保护或根本没有受到保护的管理不善的主机。认真的破解者，那些针对特定个人或企业的破解者，完全是另一个故事。一个足够认真的破解者最终会找到进入你计算机的方法。

就我而言，这些不是认真的破解者。Logwatch 结果显示我的防火墙每天遭受数百次，有时甚至数千次的攻击。这些攻击是随机的，永远不会持久。但我仍然需要减少攻击次数以提高我的安全性。随着时间的推移，我使用多种策略来做到这一点。在每一步中，我的好奇心都被新的信息、问题的新观点或者仅凭好奇心本身所激发。

2. iptables

为了阻止攻击，我首先求助的是 iptables 防火墙，因为我已经熟悉它。几个星期以来，我花了很多时间将最恶劣的罪犯的 IP 地址添加到我的 iptables 防火墙中。

出于好奇，我想确定源 IP 地址来自世界的哪个部分。所以我开始使用 whois 来确定它们。如果地址来自某个我已知自己永远不需要登录的地方，我就阻止整个地址范围。

这很容易做到，但它确实阻止了一些想浏览我的网站的人。阻塞整个 A 类 IP 地址时，此方法有点过分，但手动添加单个地址需要花费大量时间。因此，按照懒惰管理员的实际做法，"自动化一切"，我对自动添加 IP 地址到我的防火墙规则产生了好奇。

3. Fail2ban

经过大量的探索和研究，我找到了 Fail2ban，这是一个开源软件，可以自动完成我之前手动完成的操作。这符合"使用开源软件"的原则。

Fail2ban 具有一系列复杂的可配置匹配规则，而且在尝试破解系统时可以采取单独操作。它包含针对许多类型攻击的规则，包括 Web、电子邮件和许多可能存在漏洞的服务。Fail2ban 通过检测攻击然后向防火墙添加规则来工作，规则将在指定和可配置的时间范围内阻止来自该特定单个 IP 地址的进一步尝试。时间过后，它会删除阻止规则。

Fail2ban 用于在 IP 地址已被阻止时通知系统管理员的方法之一是发送电子邮件。默认情况下，电子邮件将发送到 root，但也可以配置。我没有在许多不同的工具中配置来发送电子邮件到我的个人地址，而是允许它们发送到 root，而我已经配置的 /etc/aliases 文件，将所有发给 root 的电子邮件重新路由，把它们都发送给我。

我出于好奇心花了一些时间调整规则，因为 Fail2ban 会阻止一个在指定的时间段内进行了指定次数的破解尝试的 IP 地址。我发现，对于我的环境和需求，任何十分钟内的三次尝试都按照我想要的方式工作。我还发现，阻止 IP 地址至少二十四小时而不是默认的十分钟，确实很容易阻止屡犯者。下面的示例清单 22-1 中的结果基于这些过滤规则。

示例清单 22-1

安装 Fail2ban 并根据我的需要进行配置几天后，我再次运行 logwatch，Fail2ban 部分如下所示。

```
-------------------- fail2ban-messages Begin ------------------------------
Banned services with Fail2Ban:                          Bans:Unbans
   my-sshd:                                              [ 35:35 ]
      123.183.209.135                                    17:17
      84.200.7.63                                        4:4
      212.129.36.144 (212-129-36-144.rev.poneytelecom.eu)    3:3
      218.65.30.25 (25.30.65.218.broad.xy.jx.dynamic.        3:3
      163data.com.cn)
      18.188.155.82 (ec2-18-188-155-82.us-east-2.compute.    1:1
      amazonaws.com)
      66.70.177.18 (ns545339.ip-66-70-177.net)           1:1

<SNIP>
      183.230.146.26                                     1:1

Fail2Ban hosts found:
   my-sshd:
      103.20.149.252 - 2018-04-05 11:01:55 (1 Times)
      103.20.149.252 - 2018-04-05 11:01:57 (1 Times)
      103.26.14.92 - 2018-04-05 07:43:26 (1 Times)
      103.26.14.92 - 2018-04-05 07:43:28 (1 Times)
      103.28.219.152 - 2018-04-05 05:17:57 (1 Times)
      103.28.219.152 - 2018-04-05 05:18:00 (1 Times)
      103.89.88.220 - 2018-04-05 11:57:17 (1 Times)
      103.89.88.220 - 2018-04-05 11:57:19 (1 Times)
      103.92.104.175 - 2018-04-05 02:23:13 (1 Times)
      103.92.104.175 - 2018-04-05 02:23:14 (1 Times)
      103.99.0.32 - 2018-04-05 16:15:59 (1 Times)
      103.99.0.32 - 2018-04-05 16:16:01 (1 Times)
      103.99.0.54 - 2018-04-05 04:17:38 (1 Times)
```

```
<SNIP>
        88.87.202.71 - 2018-04-05 01:31:22 (1 Times)
        90.84.44.20 - 2018-04-05 19:01:06 (1 Times)
        90.84.44.20 - 2018-04-05 19:01:08 (1 Times)
        91.121.105.20 - 2018-04-05 14:21:39 (1 Times)
        91.121.105.20 - 2018-04-05 14:21:41 (1 Times)
        91.121.77.149 - 2018-04-05 04:28:28 (1 Times)
        91.121.77.149 - 2018-04-05 04:28:29 (1 Times)
        95.38.15.86 - 2018-04-05 22:13:11 (1 Times)
        95.38.15.86 - 2018-04-05 22:13:13 (1 Times)

    -------------------- fail2ban-messages End ------------------------
```

4. 追根溯源

由于对我的防火墙上的这些攻击的来源感到好奇，我开始收集这些电子邮件以便对其进行分析。它们通常如示例清单 22-2 所示。这是电子邮件的完整来源，因此你可以对其进行详细检查。

示例清单 22-2

```
Received: from wally1.both.org (wally1.both.org [192.168.0.254])
        by bunkerhill.both.org (8.14.4/8.14.4) with ESMTP id w34E9NnR002675
        for <dboth@millennium-technology.com>; Wed, 4 Apr 2018 10:09:23 -0400
Received: from wally1.both.org (localhost [127.0.0.1])
        by wally1.both.org (8.15.2/8.15.2) with ESMTP id w34E9NTA013030
        for <dboth@millennium-technology.com>; Wed, 4 Apr 2018 10:09:23 -0400
Received: (from root@localhost)
        by wally1.both.org (8.15.2/8.15.2/Submit) id w34E9NBq013023
        for dboth@millennium-technology.com; Wed, 4 Apr 2018 10:09:23 -0400
Message-Id: <201804041409.w34E9NBq013023@wally1.both.org>
Subject: [Fail2Ban] SSH: banned 123.183.209.135 from wally1.both.org
Date: Wed, 04 Apr 2018 14:09:23 +0000
From: wally1 <wally1@both.org>
To: dboth@millennium-technology.com
X-Spam-Status: No, score=-48 required=10.6 tests=ALL_TRUSTED,BAYES_00,USER_
IN_WHITELIST
Content-Type: text/plain
MIME-Version: 1.0
X-Scanned-By: MIMEDefang 2.83 on 192.168.0.51
Hi,

The IP 123.183.209.135 has just been banned by Fail2Ban after
3 attempts against SSH.

Here is more information about 123.183.209.135:

GeoIP Country Edition: CN, China
```

```
Regards,

Fail2Ban
```

这是我收到的电子邮件类型的典型示例。主题行包含源 IP 地址、报告攻击的主机的名称以及 Fail2ban 规则，在本例中为 SSH。我想使用原始 IP 地址来确定来源国。Fail2ban 规则集包括使用 GeoIP 的选项，GeoIP 是一个搜索 IP 地址及其指定国家 / 地区的数据库的程序，以确定发起攻击的国家 / 地区。这是一个有趣的旅程，我安装它没有太多困难。对于我用于防火墙的 Fedora，GeoIP 位于 Fedora 存储库中。对于 CentOS，它位于 EPEL [⊖] 存储库中。

收集了大量的 Fail2ban 电子邮件后，我将它们从 Thunderbird 导出成一个主题行列表。我写了一个脚本，读取列表并使用 GeoIP 识别来源国并按频率生成国家列表。

最频繁和持久的攻击似乎来自亚洲各个地区、东欧、南美洲的几个国家和美国。

5. 收集电子邮件

为了收集这些电子邮件，我首先使用 Thunderbird 中提供的过滤器来识别 Fail2ban 发送的邮件并将它们移动到特定文件夹。这工作正常，但我发现 Thunderbird 过滤器并不总是准确的。这不是唯一一会导致问题的过滤器。

我决定我需要一些不同的东西来过滤和整理我的电子邮件——所有邮件，而不仅仅是供 Fail2ban 使用的那些。

6. procmail

我之前听说过 procmail。它作为默认的本地邮件发送代理（LDA）安装在所有基于 Red Hat 的发行版上。这使得我很容易将 procmail 用于这个项目。该项目首先将 Fail2ban 发送的电子邮件分类到一个文件夹中，然后对其他电子邮件进行一些分类。

我还想解决一个技术问题。客户端电子邮件过滤依赖于在邮件存入收件箱后扫描邮件。由于某些未知原因，有时客户端不会从收件箱中删除已移动的邮件。这可能是 Thunderbird 的问题（或者我的 Thunderbird 配置可能有问题）。这个问题我花了很多年都没有成功解决，即使通过多次完全重新安装 Fedora 和 Thunderbird 也不行。

为了解决这些问题，我需要一种基于服务器而不是基于客户端的方法来过滤电子邮件（即，将它们分类到适当的文件夹中）。这意味着没有必要让 Thunderbird（或任何电子邮件客户端）保持运行，就可以执行电子邮件分类操作。

在对 procmail 进行一些研究之后，我创建了一个 procmail 规则，将传入的 Fail2ban 电子邮件分类到特定文件夹中。我还创建了一些其他规则，将其他类型的电子邮件分类到各种文件夹中。

虽然我使用 SpamAssassin 来识别垃圾邮件，但我现在使用 procmail 规则将垃圾邮件归

⊖ EPEL - Extra Packages for Enterprise Linux (Linux, RHEL, Fedora)（企业 Linux 的额外软件包）。

档到我的垃圾邮件文件夹中。我也得到了一些 SpamAssassin 规则似乎永远无法识别的垃圾邮件。在某个时刻，每当我在收件箱中看到那些令人厌恶的特定垃圾邮件时，我就会也创建一个或多个规则来过滤它们。我也很好奇我的垃圾邮件过滤的功效，所以，我把垃圾邮件存储了几天，而不是删除它们，以防我需要查看 SpamAssassin 分数来改善这些规则。

2017 年 11 月，我为 Opensource.com 撰写了一篇关于使用 SendMail、SpamAssassin 和 procmail 对电子邮件进行分类和排序的文章⊖。它更详细地介绍了解决多个问题，而不仅仅是将 Fail2ban 电子邮件整理成一个特定文件夹的办法。

7. rkhunter

在看到每天都有多少次破解我的防火墙的尝试之后，我对此更加关注。因此，我对如何进行破解的好奇使我发现了 root 工具包。我决定开始专门寻找 root 工具包，这些工具包是安装在被破解者攻陷的主机上的软件包。它们允许破解者访问主机并为自己的目的控制它。

确保没有被安装 root 工具包——至少没有已知的 root 工具包，这是由一个名为 rkhunter 的软件工具执行的任务，它的名字表示 root 工具包猎手（root kit hunter）。我安装了 rkhunter 并定期运行它以确保没有被安装已知的 root 工具包。

当然，最后一句话表明，任何设计用于扫描计算机系统中的任何类型的恶意软件的软件都存在同样的问题——它只能找到那些已知的且已为其开发出特征值的恶意软件。当你检测到 root 工具包时，损害已经造成，是时候擦除所有东西并重新开始了。

我确实使用 rkhunter，但我并不完全依赖它来保护我的网络安全。

8. SSH

我试图阻止的攻击是简单的脚本密码黑客攻击。因此，显而易见的一步是确保密码基本上不可破解，并使用 SSH 与公钥 / 私钥对（PPKP）进行网络内的系统间通信。

因此，我为所有内部系统都设置了中等长度的密码，为防火墙主机设置了超长密码。我一直使用 SSH 和 PPKP 登录到我网络上的其他主机，因此我的操作程序没有重大变化。我不会描述在我的防火墙上此设置的细节，因为它可能会给认真的黑客提供一些帮助。此外，这部分更多的是关于我的好奇心所引导的方向，而不是我用来保护系统所采取的所有步骤的细节。

§

因此，我对防火墙主机系统安全性的探索非常有启发性。我一直在做一些非常基本的安全性工作，但在我真正看到它之前并没有完全理解问题的范围。一步一步，我的好奇心把我引入了保护我系统的世界。我利用这些知识来保护我的其他系统以及我客户的系统。

⊖ Both, David, SpamAssassin, MIMEDefang, and Procmail: Best Trio of 2017, Opensource.com, （SpamAssassin、MIMEDefang 和 Procmail:2017 年最佳三重奏组合）https://opensource.com/article/17/11/spamassassin-mimedefang-and-procmail。

如果 Logwatch 没有如此清楚地展示出这个问题，就可能不会激起我的好奇心去探索安全问题和防火墙。这次探索让我的系统变得更加安全。

我还在我的系统上查看了一些其他安全选项，但是各种形式的入侵检测之类的事情往往是在事后进行的，它们施加的管理负载超出了我认为我自己的系统需要的。在那种情况下，降低风险并不能证明启用和维护它所需的工作成本是合算的。

默认情况下，SELinux ⊖也安装在所有基于 Red Hat 的发行版上，出于好奇心，我尝试用了它几次。我发现，它不适合在我的所有主机上使用。我确实在我的防火墙上采用限制模式启用了它，因为这是我获得最大成果的地方。任何严重的攻击者都需要先破坏防火墙，这会触发某人严重攻击我的网络的警告。然后我可以在违规行为发生之前采取适当的行动。但记住没有完美的安全性。任何一套安全预防措施的目的都是为了让攻击者花费的时间和精力超过他们所愿意付出的。它归结为你能承受多少风险的问题。

这一切都始于我的好奇心。我原本打算简化检查日志文件以发现潜在问题的任务。这引导我进入一些非常有趣的方向，主要的是我的网络的安全性，特别是防火墙。它还引导我去探索其他一些方面，因为你应该已经看到了这一点，所以这里不作讨论。

22.4　追随自己的好奇心

我已经不止一次地提到你应该探索 Linux 的许多方面，并到你的好奇心引导你的地方去。通过追随我的好奇心，首先是关于电子产品，然后是计算机、编程、操作系统、OS/2、Linux、服务器、网络，等等，我能够做很多好玩和有趣的事情。

你可能会考虑到特定的个人和职业目标，这可能会将你引导到可以帮助你实现这些目标的地方，从而激发你的好奇心。你也可能是一个天生好奇的人，更倾向于对你特别感兴趣的事情感到好奇而不依赖于一个特定的目标。你的好奇心是如何驱动的并不重要。重要的是你追随它并且你不允许任何人或任何东西来抑制这种好奇心。

22.4.1　成为作者

我目前为 Opensource.com ⊜写了很多文章，无论我写什么内容，我总能学到一些新的东西，甚至是我已经熟悉的东西。我写过的每篇文章，无论是为 Linux Journal、Linux Magazine 还是 Opensource.com，都是一个放纵我的好奇心并学习更多关于 Linux 的知识的机会。

撰写这本书也不例外。在研究本书的各个方面时，我学到了我已经知道的命令的更多知识，并且我学到了一些新的命令。我的好奇心已经把我引导到了本书中永远不会出现的

⊖　Binnie，Chris，Practical Linux Topics（实用 Linux 主题），Apress 2016,91。

⊜　Opensource.com，https://opensource.com/。

方面，只因为学习 Linux 的新东西很有趣，而且还有很多东西需要学习。

找到我想写的主题几乎不是问题。我通常使用最近的事件作为我文章的主题。要写的东西总是在不断发生。这只是一个认识它们并将故事用语言表达的问题。在写这本书的过程中发生了许多事情，它们都成为了书中的一部分，我在几章中提到了这些事情。

有时候，由于我偶尔会努力将这种哲学翻译成我的哲学，我会更多地了解哲学以及我如何使用它以及它如何帮助和指导我。我从很多方面学到了很多，我的哲学不仅仅是关于 Linux 的。

22.4.2　失败是一种机会

我没有失败。我刚刚找到了 10 000 种不起作用的方法。

——托马斯 A. 爱迪生

虽然在测试过程中数千种不同材料和制造技术的特定组合的失败并未导致可行的灯泡，但爱迪生继续进行实验。同样道理，未能解决问题或创建执行其定义任务的代码并不意味着项目或总体目标将失败。这仅意味着特定工具或方法不会产生成功的结果。

比起其他任何方式，我通过失败学到了更多东西。对于那些我自身造成的失败，我感到特别高兴。我不仅必须纠正自己造成的问题，而且需要找到原始问题并解决。这总是需要大量的研究，但我学到的东西比起很快地解决了原始问题要多得多。

这只是我的本性，我认为所有优秀的系统管理员的本性是把这些情况都视为学习机会。如前所述，我已经当了很多年的培训师，而且当我在教学时，有些演示、实验和实验室项目都会失败，它们是最有趣的一些体验。对我和我班上的学生来说，这些都是非常棒的学习经历。有时我甚至将这些意外失败归入后期课程，因为它们使我能够讲授一些重要的东西。

22.4.3　去做就对了

每个人都有最适合自己的学习方式。作为一名培训师，我每次教课时都会看到这一点，无论主题如何。追随我们的好奇心是一样的——我们都有这样的火花，引导我们发现更多的事情。我们的方法可能不尽相同，但它们都会引导我们所有人获得更多的知识和技能。

我开始在家里的所有计算机上安装 Linux。这迫使我学习 Linux 而不回头。只要我有办法回到我原来熟知的做事方式，我就没有必要真正学习 Linux。这就是我决定学习 Linux 时所做的，它教会了我很多知识。我有几台计算机，在我的家庭办公室里创建了一个完整的内部网络。多年来，我的网络不断发展变化，每次改变我都学到了更多知识。其中很大一部分知识都是由于我的好奇心，而不是任何具体的需求促成的。

我有来自 ISP 的静态 IP 地址和两个防火墙来提供外部访问并保护我的内部网络。其中一个防火墙是带有 CentOS 的 Raspberry Pi。多年来，我一直在使用 Fedora 和 CentOS 的英特尔机器。我在防火墙和路由器等任务中学到了很多东西。

我有一台运行 DHCP、HTTP、SMTP、IMAP、NTP、DNS 和其他服务的服务器，以便将这些服务提供给我的内部网络，并使一些服务可用于外部世界，例如我的网站和收到的电子邮件。我在一般的服务器任务中学到了很多关于使用 Linux 的知识。我已经学到了数量惊人的关于实施和管理这些服务的知识。

我有几个桌面工作站、一台便携式计算机、一台 EeePC，它们都连接到我的有线网络。EeePC 和便携式计算机也可以使用我的无线路由器连接，由于每月费用，以及它没有给我机会学习配置无线路由器，我不使用我的 ISP 提供的无线网络。我还有几款智能手机、一款 Kindle 和一款 iPad。学习如何设置我的电子邮件服务器以最好地使用这些工具，同时尽最大努力以安全的方式提供这些服务一直是一项挑战。

对我来说，好奇心是学习背后的驱动力。我不能只是坐在教室里，因为有人说我需要学习特定的东西，并且能够成功学习。我需要对这个主题有一些兴趣，有关它的东西需要激起我的好奇心。上学期间，我对喜欢的科目学习得更加努力，因此我在吸引我的科目中取得很好的成绩。

22.5 小结

通过使用我的家庭网络来放纵我的好奇心，我有很多安全的空间可以让我从失败中恢复过来。失败的方式有很多，所以我学到了很多东西。当我不小心弄坏了东西的时候，我学到了最多的知识，而当我故意将东西弄坏时，我也学到了很多东西。在这些情况下，我知道自己想要学习什么，并且可以通过能够让我了解这些特定事物的方式来解决破坏问题。

我也很幸运，因为我有一些工作要求，或者至少允许我参加 Unix 和 Linux 的各个方面的课程。对我来说，课堂作业是验证和加强我自己学到的东西的一种方式。它让我有机会与大多数知识渊博的老师进行互动，这些老师可以帮助和澄清我对自己无法理解的点点滴滴的理解。

当一名好奇的系统管理员。它对我有用。

第 23 章 | *Chapter 23*

没什么应当

在我开始写这本书之前，特别是写关于我为 Opensource.com 举办的竞赛的部分前，这并不是我的原则之一。写那个部分时，我已经不止一次地使用了"没什么应当"的短语，这让我感到震惊。我甚至在第 2 章中简要地讨论了它，所以我开始以一种新的方式思考这个问题并决定它应当是一个原则。

这个原则是关于可能性的。它也是本书所有章节中最有禅意的。它更多的是关于我们如何解决问题的思维而不是特定技术。它也是为了克服或至少认识到阻碍我们充分利用自身潜力的一些障碍。

23.1　始终存在各种可能性

本书中介绍的每个原则都揭示了 Linux 的一些基本事实，以及作为系统管理员如何与之交互。我并不是说这些事实是告诉你"应当"如何与 Linux 交互的。使用 Linux 时，没什么"应当"。

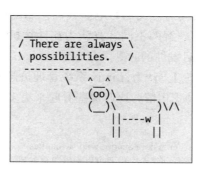

在电影《卡恩的愤怒》中，斯波克说，"总有各种可能性。"使用 Linux 总是有各种可能性——有许多方法来处理和解决问题。这意味着你可以用某种方式执行任务，而另一个系统管理员可以用另一种方式来执行。完成任务不存在某种"理所应当"的方法，只有你完成任务的方法。如果结果符合要求，那么达成它们的方法就是完美的。

我在第 4 章的"管道挑战赛"部分中列举了一个很好的例子。来自世界各地的 80 多名系统管理员提交了他们解决我在 Opensource.com 上以竞赛形式提出的问题的解决方案。一些解决方案非常近似，但没有两个完全相同，许多解决方案的差异非常大。每个系统管理员都有一个独特的、富有创意的解决方案，能够满足比赛的要求。

同样一个问题，提交给这么多不同的人，怎么会产生如此多样的解决方案呢？这里有两个因素在起作用。这是因为乍看之下，Linux 似乎很复杂，而实际上是其具有令人难以置信的灵活性。Linux 系统管理员有许多不同命令和实用程序可用，这直接导致针对某一特定问题具有许多不同解决方案。

第二个因素是 Linux 系统管理员以多种不同的方式学习 Linux，大家的经历是不同的。事实上，这些经验让我们意识到 Linux 和开源软件的无限制性使我们能够更全面地理解操作系统并进行推理。即使使用完全相同的命令，我们也可以找到将它们应用于手头问题的不同方法。

23.2　释放力量

现在很多人无论他们推广什么东西，都在谈论"利用……的力量"。这些话多次在营销活动中出现。许多自我激励大师谈论利用心灵的力量，或"内在的力量"，尽管他们从未确切定义"内在"的内容，也没有指出这种"力量"到底是什么。

我在 Google 上搜索"利用 Linux 的强大功能"，并用该短语找到了大约 14 篇文章。我用 Google 搜索"释放 Linux 的力量"并获得了六个结果。这说明了一个问题。当我们谈论利用某些东西时，我们暗示我们想要包含某些东西或控制它，而当我们谈论释放某些东西时，我们正在从解放它的角度思考。

在某些方面，这是关于语义[⊖]的，因为语义表明了我们的思考方式。语义学是对意义的研究，它考虑的是词语选择及其对意义的影响。我们使用的词语的意义，对于说话者或作者而言，可能与听众和读者所理解的不同。我认为在计算机特别是 Linux 的语境中，选择释放还是选择利用，是非常有启发性的。

非常不科学的观察使我理论上[⊖]认为，Linux 系统管理员倾向于更多地考虑"释放"、"发挥"或"解放"Linux 的力量。我相信，比起那些看起来更多用"利用"和"限制"方式思

⊖ Wikipedia，Semantics，https://en.wikipedia.org/wiki/Semantics。
⊖ 我没有任何科学依据可以得出任何结论，但我可以根据我观察到的结果进行理论化。

考的人，Linux 系统管理员解决 Linux 问题的方法对我们的思维具有更少的限制。我们有许多简单但功能强大的工具可供使用，我们不会受到操作系统的束缚，也不会受到对使用的工具或应用它们的操作方法的任何抑制性思考方式的束缚。

当可以通过开源软件解决的问题释放出成千上万人的想象力时，就有了无法衡量的力量。

23.3 解决问题

我们大多数人对如何解决问题几乎没有意识。这会削弱解决问题的能力。解决问题是一门严重依赖科学方法和批判性思维的艺术。理解这个概念可以使我们摆脱制度化思维强加给我们的认知限制。

我们被教育系统教导要以特定的方式思考，这些教育系统似乎在为解决问题而传播方法。例如，我的数学基础知识是用所谓的传统方法教我的。我学习了数字系统，用于计算总和和差异的算法，包括位置值、进位和借位的概念，我记住了乘法表、特定的除法算法等。我的孩子们用不同的方法学习数学，这可能是"新数学"。今天，我的孙辈们正在学习"新"新数学。

在阅读了一些关于当前数学教学方法的内容之后，我希望我已经学会了这种方法。我喜欢这样一个事实：学生们正在学习定义明确、可重复且可传授的解决数学问题的过程。

在 2017 年《Journal of Physics: Conference Series（物理学杂志：会议系列）》中的文章"通过数学调查方法提高批判性思维技能"⊖中，作者建立了一种学习数学的研究方法与批判性思维技能提高之间的正相关关系。在解决问题时，批判性思维是系统管理员的关键技能。

问题是，我喜欢按照我所学的方式做数学。对我来说，这比用最新的方法更容易，尽管我现在通过本章的研究，对这些方法有所了解。我看过我的孙子孙女解决数学问题，但我不知道他们在做什么，或者他们如何得出正确的结果。使用我的"旧数学"方法检查他们的结果，我得出了相同的结果——除了他们做错的那些。或者我做错的那些。其中我的结果错误的情况占多数。但是，当我们都做对了的时候，答案肯定是一样的。

那么，到底谁是对的？我们之中，到底哪个人正在使用正确的方法来解决这些问题？在我们上学期间，获得正确答案只是解决问题的一部分。另一部分是使用正确的算法，即老师所传授的算法，以得出正确的答案。我们正被传授的东西，是算法以及我们如何选择正确的算法并将其应用于手头的数学问题。在教育系统以外，在所谓的现实世界中，唯一

⊖ N Sumarna, Wahyudin, and T Herman, The Increase of Critical Thinking Skills through Mathematical Investigation Approach, Journal of Physics: Conference Series, Volume 812, Number 1, Article 012067, 通过数学调查方法提高批判性思维技能，物理学杂志：会议系列，第 812 卷，第 1 期，第 012067 条 http://iopscience.iop.org/article/10.1088/1742-6596/812/1/012067/meta。

重要的是，计算的数值结果正确。

在 Linux 和计算机领域，重要的是解决手头的问题。无论是硬件问题、软件问题还是其他问题都无关紧要。解决问题是衡量系统管理员成功与否的标准。

突破机构教学方法教给我们的"应当"，特别是我们盲目遵循的死记硬背和算法，可以让我们自由地考虑以新的方式解决问题。这并不意味着教给我们的这些方法是错误的，只是其他方法可能也值得考虑，并且它们可能更适用于特殊情况，尤其适用于解决技术问题。

用"应当"来束缚我的，不仅是那些机构。很多时候是我自己。我发现自己在框子里思考，因为那是我认为我"应当"的地方。当我发现自己被"应当"困住时，有多种办法可以防止这种情况并从中解脱出来。

在第 24 章中，我们将详细探讨一种根植于科学方法的用于解决问题的算法。现在，让我们先来看看解决问题和避免思维有限的两个重要技能——批判性思维和推理。

23.3.1　批判性思维

回到第 1 章，我简要地提到我曾经参与了对潜在新员工的面试。我们首先向受试者询问一些基本问题，然后转向更难的问题，以探索其知识极限。我们考虑过的大多数人都能够轻松地完成面试的这个阶段。

当我们开始提出另一类问题时，我们对许多潜在的新员工产生了担忧，这些问题要求他们通过一系列步骤来查看问题情况和推理，从而使他们能够确定假设问题的原因。大多数人做不到这样。他们解决问题的标准方法是重新启动计算机而不进行任何实际问题分析。然后，他们的常规方法是在一个序列中按顺序使用一组特定的脚本操作来解决问题，这些脚本按解决问题的概率排序，每个脚本解决特定症状的问题。从来没有尝试去理解采取特定的操作背后的推理过程，也不去尝试找出造成问题的根本原因。

我称之为"症状 – 修复"方法。它基本上是一个脚本，即一系列选择，该方法不用考虑底层系统如何工作。涉及限制性系统时，这是修复损坏的计算机和其他设备的常用方法。这是真正有效的唯一一方法，因为限制性和封闭式系统无法像开放式系统一样被真正了解，特别是像 Linux 这样的开放式操作系统。

绝大多数能够通过我们为他们设置的故障情景进行推理的人往往在 Unix 和 Linux 方面拥有丰富的经验。在我看来，这是因为 Unix 和 Linux 用户以及系统管理员解决问题的思维方式不同于使用限制性更强的操作系统的人。使用和管理 Unix 和 Linux 系统需要更高水平的推理技巧。Unix 和 Linux 的无限制性也促使我们学习和提高这些技能。凭借对强大操作系统的深入了解，对可用工具的全面了解以及良好的批判性思维技能⊖，Linux 系统管理员能够快速解决问题，并且可以自由选择和使用工具。

⊖　Skills You Need web site, Critical Thinking Skills（你需要的技能网站，批判性思维技能），https://www.skillsyouneed.com/learn/critical-thinking.html。

批判性思维是使 Linux 和 Unix 系统管理员在工作中如此优秀的关键因素。它使我们能够查看问题的症状，确定什么是重要的，而什么不是，将这些症状与我们以前的经验或知识联系起来，并用它来确定问题的一个或多个可能的根本原因。

使用 Windows 和其他封闭的专有操作系统的系统管理员也有很多非常聪明的。所有这些非常聪明的系统管理员也使用批判性思维和推理来解决问题。真正的问题是他们工作的系统的封闭性，限制了他们解决问题时可选择的方法。

23.3.2　解决问题的推理

另一项有助于系统管理员解决问题能力的技巧就是推理[⊖]。批判性思维使我们能够查看问题的症状，不同形式的推理可以确定呈现症状的一些可能的根本原因，以便确定下一步骤。

有四种被广泛认可的推理形式，系统管理员使用它们来帮助解决问题。我们使用归纳、演绎、反绎和综合推理[⊖]来引导我们得出结论，指出观察到的症状的一种或多种可能原因。下面简要地看一下这些推理形式以及它们如何应用于解决问题。

1. 演绎推理

这是最常见的推理形式。它用于从大量更一般的观察中得出关于特定实例的结论，这些观察的结果是一般规则。例如，以下三段论说明了演绎推理及其主要缺陷。

一般规则：计算机中的温度升高是由机械设备（风扇）故障引起的。

观察实例：我的计算机过热。

结论：计算机中的风扇出现故障。

很多时候，这种演绎推理在解决过热问题方面取得了成功。然而，结论完全取决于规则和当前观察的准确性。

考虑其他可能性。可能是计算机房中的环境温度非常高，导致计算机内部的温度升高。或者 CPU 上的散热器散热片可能被灰尘堵塞，这会减少空气流动，从而降低冷却系统的功效。我也可以想到其他可能的原因。

在所有演绎推理中，这种三段论都存在巨大的谬误。规则和断言必须始终是正确的，结论才能成立。这种谬误并不意味着使用这种推理是错误的，但它确实告诉我们，使用演绎推理确实需要小心。

2. 归纳推理

归纳推理的过程按另一个方向进行。结论是从少量观察中创建一般规则时得出的，有时只有一个观察。这个归纳推理的实例也显示了存在固有的谬误的可能性。

⊖　维基百科，Reason（推理），https://en.wikipedia.org/wiki/Reason。

⊖　Butte College, Deductive, Inductive, and Abductive Reasoning（演绎、归纳和反绎推理），http://www.butte.edu/departments/cas/tipsheets/thinking/reasoning.html。

观察：风扇故障导致计算机过热。

结论：由于风扇故障，计算机总是过热。

实际上，可以从中得出更多同样糟糕的结论。一个结论是所有风扇故障都导致计算机过热，这也是不正确的。另一个结论是所有计算机风扇都出故障了。还有一个结论是所有计算机都会因风扇故障而过热。

在这里，我们必须小心我们得出的结论。在这种归纳推理中，当我们将规则应用为演绎三段论中的断言时，我们很可能综合出一条导致我们误入歧途的一般规则。

3. 推理失败

演绎推理和归纳推理都包含了它们自己失败的种子，因为所有的证据都是可用的并且所有的断言都成立是错误的假设。这两种推理都是僵硬且不灵活的。演绎推理和归纳（原文 deductive 错误）推理都不允许存在可能性、概率、不完整数据、不正确的断言、随机性、直觉或创造力等因素。

让我们来探索一下。首先，我规定在这个思想实验中，我们没有任何经验或训练来帮助我们确定问题的成因。

我的计算机过热了。我能感受到计算机机箱的顶部很热，而且比以往任何时候都要热得多。我关掉计算机，打开机箱后，我把它重新开机了一会儿。我现在可以看到一个大型风扇没有在旋转。

因为我没有理由认为问题在于出故障的机箱风扇，我只是抓住机会用一个新的好风扇替换它。这解决了问题，计算机不再过热。

我使用了如下的一些归纳推理。

观察：我通过更换机箱风扇，修好了过热的计算机。

规则：更换机箱风扇将解决计算机过热问题。

我已经采用了一个实例并将其概括为一条规则。现在让我们看看另一个问题。在这个例子中，另一台计算机过热。下面是我的演绎逻辑。

规则：更换机箱风扇可以解决计算机过热问题。

断言：计算机过热。

结论：我应当更换机箱风扇。

在这一小段演绎逻辑中，我采用了根据单个过热的经验创建的规则，并将其应用于计算机过热的第二个实例。我已经采用了一般规则并将其应用于特定实例。逻辑上没有错误但是更换机箱风扇并没有解决过热问题。为什么？因为在第二个实例中电源过热是因为进气口被来自周围环境的灰尘堵塞。

这里的麻烦首先在于第一次过热的经验所产生的规则是错误的，因为它太笼统了。第二个问题是，基于这个单个的错误规则和这种形式的推理所强加的刚性，如果迫使我得出那就是问题的唯一可能原因的结论，那么我会停止寻找其他根本原因。这个逻辑让我甚至懒得去查看风扇是否正常工作。

这组刚性逻辑的另一个问题是没有灵活地考虑其他可能性。我们的规则集太受限了，无法解决问题。这就提出了一个问题：我们是否能够确定拥有足够大的规则集来解决所有可能出现的问题，或者一条足够复杂的规则，可以一直用来解决某个单独的症状。

你明白我现在要怎么办吗？

4. 反绎推理

反绎推理是第三种被认可的推理形式，它更复杂，但更灵活。它允许存在特定关系的不完整信息和概率。反绎推理中有时最好的方法是根据可用信息进行有根据的猜测。

反绎推理可以获取所有可用数据——观察结果的全部内容，并允许我们得出结论，指出观察到的症状的一个或多个最可能的根本原因。无论我们是否拥有所有信息，反绎推理都有效。它使我们能够根据手头最佳的信息得出结论。它允许灵活性，因为我们从先前的归纳推理中得出的任何规则，以及我们使用演绎推理从这些规则中得出的任何结论都没有严格执行。

通过反绎推理，我们不需要像归纳和演绎推理那样接受结论作为唯一可能的结果。我们可以自由调整规则体系，用新数据重新启动推理过程，也就是说，前一行推理是错误的——在本例中。我们现在拥有的采用哪种推理的自由是综合推理的基础。

5. 综合推理

我相信系统管理员使用前面讨论的所有三种推理形式来解决问题，很难确定思维过程的特定部分属于三种公认推理形式的那一种。事实上，系统管理员成功使用的是这种类型的组合推理，而不是单一类型的推理。这称为综合推理。

例如，我已经制定了有关过热的规则，用于推断可能的原因。该示例说明了灵活性和使用有限的信息来分析问题并使用其他测试来获取更多数据。它也允许可以为我们在演绎过程中使用的规则集添加更多规则的归纳过程。也可以忽略和丢弃明显不正确、过时或不再需要的规则。

综合推理让我觉得天衣无缝，也许对你来说似乎也是这样。我几乎不知道我在做这件事，当我从演绎转向反绎推理时很少或根本没有迹象，例如，当我在解决问题的过程中取得进展时。综合推理，有意或无意，有意识或无意识地，帮助我避免"应当"的陷阱。并非总是如此，但大部分时间都是如此。通过了解我自己的推理过程，当我陷入"应当"陷阱时，我可以更容易地认识到这一点并找到出路。对于过热的计算机，这可能意味着更像下面这样的推理过程。

计算机过热，我从以往的经验中知道至少有两种可能的原因。我检查计算机，发现没有风扇出现故障，电源没有过热。由于我已经知道的两个可能原因中的任何一个都不是当前问题的根源，我使用 hddtemp 命令和 touchy-feely 方法做了进一步的检查，这两者都显示了某个硬盘非常热。

我可以更换硬盘，但我注意到硬盘周围没有气流。进一步的探索表明，有一个地方可以安装一个风扇，它可以产生在该硬盘驱动器上方的冷却气流。我安装了一个新风扇。然后，我检查硬盘，它的温度降低了。

在这个实际问题的案例中，我不只是盲目地更换过热的配件。尽管可观察到硬盘驱动器非常热，但它本身并不是问题的原因。提供冷却气流的风扇不够也是肇事者，还有其他因素。首先，尽管风扇已经提供足够的气流将驱动器冷却到正常水平，我还是很好奇，所以我使用系统活动报告器（SAR）检查了它的使用模式。SAR 日志显示该驱动器一直在大量使用。使用 htop 和 glances 进行的额外调查表明，/home 文件系统被一个名为 baloo 的程序大量访问。

我的文件系统分布在两个物理硬盘上，但最常用的两个 /home 和 /var 都在同一个驱动器上。为了减轻硬盘驱动器的压力，我的第一步是安装一个新的硬盘驱动器作为分散负载的手段，并将使用最多的 /home 文件系统移动到新的驱动器上。然后，我对 baloo 进行了一些研究，结果证明它是一个文件索引器，它是 KDE 桌面环境的一部分。我找到了关闭它的方法，并将 /home 中的磁盘活动减少到几乎为零，只剩下我自己的工作产生的磁盘活动。

实际上，这种单一过热症状有多种原因，我实施的所有修复都是合适的。根本原因是一个流氓程序，它在单个文件系统中产生了大量活动。这导致磁盘活动过多，从而导致磁盘驱动器过热。由于没有冷却风扇导致的驱动器上方没有气流只会加剧这个问题。

是的，这是一个真实的事故，并不是特别罕见。遵循死板的逻辑形式永远不会把我们引导到真正解决问题的地方，也不会减少事故再次发生的可能性。反绎推理使我们既符合逻辑又具有创造性，并在所谓的框外思考。它还允许我们采取预防措施，以确保不再发生相同或相关的问题。

反绎推理使我们能够从经验中学习。这不仅适用于事情进展顺利而且我们解决问题的时候，还尤其适用于当事情出错并且我们做得不对的时候。

23.4 自知之明

当然，这些推理类型是人造结构，旨在使哲学家、心理学家、精神病学家和认知科学家能够拥有共同的词汇和结构性指示，以便能够讨论和探索我们的思考方式。

这些纯粹的人造结构不应被解释为对系统管理员如何工作的限制。它们只是让我们了解自己和思考方式的工具。适当内省可以帮助我们改善自己的工作。

集中你的注意力

作为一名瑜伽学生，无论是在我自己的小瑜伽室还是在教室中，开始日常练习时我做的第一件事都是找到我集中注意力的地方。现在正好就是做这件事的时候，用思想去探索自己的身体方面的同时，思索现有的经验。

在我自己完成之后，我觉得，这是一个用来探索系统管理员的思考和推理的很好的方法。这并不是说我使用这种技术来解决问题，而是探索我自己解决问题的方法。

很多时候，在解决问题之后，特别是解决新的或特别困难的问题之后，我都会花一些时间来思考这个问题。我从症状开始思考，回想我的思考过程，以及那些症状导致我考虑到的地方。我花时间考虑最终使得我解决问题的方面，我可能会做得更好的事情，以及我可能想要学习的新事物。

我们曾经在我以前的一个工作场所召开称之为"反思经验教训"的会议，在那些会议中，可以回顾我们作为一个团队做得对的事情以及可以做得更好的事情。现在它给了我一个独自一人做这件事的机会。现在最好但同时最难的部分是没有其他人帮助我理解我本可以做得更好的事情。这使得我自己尽可能地做到这一点变得更加重要。

为了做到这一点，没有必要练习瑜伽。只要留出一些时间，找到一个你不会被打扰的场所，闭上眼睛思考就可以了。在尝试审查事故之前，先深呼吸，放松并保持冷静。从头开始，思考一下事故。检查完整的事件序列以及最终用于找到解决方案的步骤。你需要知道和学习的东西会让你清楚这一切。我发现这种形式的自我评估非常强大。

我还喜欢在开始研究一个新问题之前，花点时间集中注意力思考。这让我想到了各种可能性。首先，有表示问题的可能原因的。然后，有表示我找到问题原因的方法和工具的。最后，还有表示解决问题的方法的。

23.5　多样性的含义

作为个人，我们的推理过程复杂多样。我们每个人都有不同的经历，这些经验构成了我们在推理中使用的结构和过程的基础。由于这些差异，没有人会以同样的方式解决问题。

为了说明这个特殊的原则"没什么应当"，我认为最好的例子就是我为 Opensource.com 举办的命令行挑战赛，我们在第 4 章中对此进行了探讨。令人难以置信的多样性的思想、创造力和解决问题的方法的范围大得惊人，并且其含义令人振奋。

这项挑战赛的结果说明了可以将一些简练的、通用实用程序通过多种方式组合在一起产生正确结果。这是使用 Linux 时要记住的重要一点。因为有系统管理员、开发人员、开发运营人员等不同的人，所以有很多种正确的解决问题的方法。重要的是结果。

23.6　量化考核狂热

技术由两类人主导：那些理解不归他们管理的东西的人，以及那些管理他们不理解的东西的人。

——Archibald Putt，Linux Journal

我仍然听到上司在谈论 KLOC [⊖]、击键次数、错误个数和其他类型的数值测量设计，以便较低级别的上司可以使用它们向更高级别的上司报告结果，并且用于表明工作正在取得进展。这些尝试量化开发人员和系统管理员执行的工作的质量和数量的方法都完全偏离了重点，并可能导致开发人员的代码臃肿。如果你付钱让我每天编写 X 行代码，我会去写，不管执行程序原计划完成的任务是否需要它们。

对于系统管理员，这种尝试量化工作的方法会导致只管修复症状，而不是解决问题的根本原因。在指定时间段内获得并解决的工单数量是衡量绩效的一种令人厌恶的无知方式。生产力测量的概念基于 Taylor、Gilbreth 夫妇在 19 世纪中期开发的时间和运动研究[⊜]实践，并受到当时工业家管理人员的欢迎。维基百科有一篇关于时间和动作的简短而有趣的文章[⊜]。

使用上面这些超过 150 年的测量策略，使系统管理员和开发人员正在执行的工作贬值。他们专注于错误的事情。它们建立了应当以某种方式包含我们的边界，对于那些不知道如何管理我们的上司来说，这是可以理解的。

在本书中，我们已经看过了懒惰的系统管理员。衡量思维的生产力是不可能实现的。我希望这样的事情永远不可能实现。然而，系统管理员思考的结果可以用通过这种思考得出的结论所达到的生产力的方式间接衡量。例如，每个新脚本——在我们的沉思状态下构思的脚本，每种改进的安装和管理计算机及其操作系统的新方法，以及为获得更好的方法而分析的每种故障模式，都提高了整体生产力，并导致未来对系统管理员和其他人的干预的需求减少。这使得系统管理员有更多时间进行不受约束的思考。

我在本书中以非常贬义的方式谈到了上司。感谢 Dilbert 漫画®，上司现在是一个非常糟糕的经理的常用同义词。我有一些这样的经理，他们对优秀团队和有创造性且成功的系统管理员都具有破坏性。我见过许多优秀的系统管理员因为有毒的管理者而离开了一个机构。

23.7　优秀的管理人员

尽管现实世界中有许多平庸的上司，但也有很多非常优秀的管理人员，而且我很幸运能够在我的职业生涯中拥有一些好领导。好的管理人员——了解技术并了解如何管理那些直接与技术打交道的人，那些通常是从团队中脱颖而出的少数人。他们是 CE、开发人员、

⊖　KLOC 是 "thousand (K) Lines of Code"（千行代码）的首字母缩写，IT 管理人员使用它来衡量绩效。

⊜　Time and motion study（时间和动作研究）. BusinessDictionary.com. WebFinance, Inc. http://www. businessdictionary.com/definition/time-and-motion-study.html (accessed: April 01, 2018)（访问时间：2018 年 4 月 1 日）。

⊜　维基百科，Time and motion study（时间和动作研究），https://en.wikipedia.org/wiki/Time_and_motion_study。

®　https://en.wikipedia.org/wiki/Pointy-haired_Boss。——译者注

系统管理员、测试人员，甚至是以前工作中的黑客。

这些了不起的管理人员们知道，管理我们这些现在正在做事的人的最佳方式是，提出一些有见识的问题来了解情况，然后退到一旁让我们解决问题，同时尽可能地让更高级别的经理和上司知情。我们在没有持续的微观管理，并且拥有做必要的事的自由的情况下工作得最好，理解这些事是这样一位管理人员的标志。

23.8　协作

所以，既然我已经让你确信"没什么应当"，只要以自己的方式做所有事情就都是好的，这就给我们留下了一个问题：各不相同的系统管理员如何在团队中协作？

团队？什么团队？我们不需要任何臭名昭著的团队。

实际上，我们确实需要团队，我们确实需要在这些团队中一起工作。我们在几乎所有现存的开源软件中都有一些优秀的团队及其结果的事例。

由来自全球各地的开发人员组成的团队共同合作，共同开发我们都使用和欣赏的开源软件。一些团队成员可能会得到报酬，但大部分都不取报酬，并且自愿花时间和精力去处理代码。其他志愿者扮演系统管理员的角色，帮助保持开发系统的正常运行。其他人测试生成的代码，还有其他人开发文档。

团队的地理位置各不相同，团队中每个成员的最佳工作方式也独一无二。这种人才的地理位置分散对团队合作施加了一些有趣而重要的限制。

2012 年，Ryan Tomayko 根据他作为 GitHub 早期员工的经历写了一篇博客文章。题为"你的团队应当像开源项目一样工作"[⊖]。这篇文章假定，那些可以在同一办公空间工作的地理位置上一致的团队，如果对他们施加沟通和人际互动的限制，这种限制跟在地理位置广泛分散的开源团队所受到的限制类型相同，他们将工作得更好。根据 Tomayko 的说法，"……旨在符合开源约束的流程导致项目运行良好，吸引注意力，并且似乎能自身维持运转，而传统上相同的项目结构需要更多的手动协调和权威性的刺激……[它] 在没有协调的情况下创造出合作的可能性……"

我强烈建议你阅读 Tomayko 的文章。其中有一些有趣的事情要考虑。他列出了这些限制，并表示办公室作为一个工作空间正处于衰落状态，并且主要用作专为移动工作者设计的空间，提供在你喜欢的咖啡馆等地方工作所需的相同服务。

作为系统管理员，我们经常需要和跨时区的团队成员协作，彼此之间只能通过电子互动来了解。我自己的经验与 Tomayko 的经验一致，并表明这可以比当每个人都在本地并且应用传统的所谓管理时更好。显然，大多数开源项目都是这种成功协作的绝佳例子。

⊖　Tomayko, Ryan, Your team should work like an open source project（你的团队应当像开源项目一样工作），https://tomayko.com/blog/2012/adopt-an-open-source-process-constraints。

23.8.1 孤岛城市

我在某个机构工作了大约一年，这是传统团队方法失败的极好例子。最糟糕的是，它日常的通勤也是糟糕的。

在这个仍然无名的机构中，管理层创造了非常狭窄、非常高的孤岛来容纳一切。有多个团队：Unix 团队、应用团队、网络团队、硬件团队、DNS 团队、机架团队、有线团队、权力团队——几乎任何你能想到的团队。

工作流程令人难以置信。例如，我的一个项目是在几台服务器上安装 Linux，这些服务器将用于机构网站的各个方面。第一步是订购服务器，但请求需要数周时间才能通过行政官僚机构批准。

一旦服务器交付，Unix 团队就会在安装实验室中装配它们并安装操作系统。我们非常好地完成了这一部分。但首先我们不得不请求 IP 地址。在交付服务器之前，我们无法做到这一点，因为 IP 地址请求需要服务器的序列号和 NIC 的 MAC 地址。

这里的问题是每个孤岛都被迫与其他所有孤岛签订服务水平协议（SLA），并且 SAL 定义的响应时间至少为两周。每个孤岛的响应时间都不会比 SLA 中指定的时间更快。

但是，在服务器机房中分配机架位置之前，我们无法获取 IP 地址，因为 IP 地址是由机架和机架中的位置分配的。因此，我们必须提交机架分配请求，并等待两周才能得到所需的机架。

获取 IP 地址后的下一步是将其发送到处理 DHCP 配置的孤岛。在获得 IP 地址后，在 DHCP 设置完成之前，我们必须等待至少两周。

仅当在 DHCP 服务器上配置了服务器的网络配置数据时，我们才可以发出将服务器从机架移动到服务器机房的请求。这又是另外两周的周转时间。

移动请求获得批准后——只有在此之后，我们才能发出请求在机架中安装计算机。安装完成后，我们可以发出请求，将服务器连接到网络和电源上。只有完成后才能发出开启服务器电源的请求。

除安装操作系统外，我们无法触及服务器。我们甚至不被允许进入服务器机房。永远不被允许。

毋庸置疑，安装每台服务器并使其运行并准备让生产团队接管需要数月时间。我可以继续列举出更多例子来说明这个地方是一场功能性灾难，但我认为你了解了。他们所谓的团队只是政治领地，被难以捉摸的孤岛保护。

23.8.2 简单的方法

我在思科和 Bruce 一起工作时有更好的体验。下一章中介绍有关 BRuce 的更多信息。他和我制定出一个非常棒的系统。

服务器通常在我们订购后不到一周交付。我将在早上装配其中的四台，分配 IP 地址，配置它们所连接的交换机，将它们添加到 DNS 和 DHCP 服务器并在其上安装 Linux。下午我们还会再做四次。

不同之处在于所有团队都在一起工作。处理网络寻址和配置的团队编写了脚本——它们自动化所有内容，并为我们提供了访问权限，以便我们可以使用这些脚本来执行 DHCP 和 DNS 的所有网络配置。我编写的脚本用于执行 Linux 安装。

BRuce 和我完全负责机架及其中的所有内容，这些都与启动和运行服务器有关。他和我作为一个团队工作得很好，因为我们每天花一点时间来确定需要做什么，并决定哪个将承担需要完成的哪项任务。这不是开会，没有任何形式的正式东西。没有人根据某些任意的标准为我们分配任务。BRuce 和我都是具有强烈个性的系统管理员。当我们独自工作时，我们很快就轻松地完成了工作。我们只是按我们都认为合适的方式，将任务进行分工并分别开展工作。很多时候我们需要其他系统管理员的帮助，无论是本地的还是远程的，我们只是继续进行早上的讨论，以确定当天的工作，将它们分给三到四个人，这取决于我们有多少人。我们与其他团队合作得很好，并且通常会在服务器交付给实验室的同一天将其交给开发人员或测试人员。

管理层也采用这种方法进行合作。我们被简单告知一个新项目正在启动，或者需要对现有项目进行更改。我们将与项目负责人商量，以确定他们的需求和目标。正如你将在下一章中看到的那样，有时 BRuce 和我必须努力获取我们需要的信息，但是一旦我们掌握了它，我们就会在管理层很少或根本没有干预或监督的情况下处理剩下的事情。

23.9　小结

我们这些在 Unix 和 Linux 系统管理方面取得成功的人本质上是好奇和深思熟虑的。我们抓住一切机会扩大知识基础。

我们喜欢出于好奇心而尝试新知识、新硬件和新软件，"因为它存在"。我们对计算机出故障时向我们敞开的机会津津乐道。每个问题都是新的学习机会。我们喜欢参加技术会议，因为可以获得其他系统管理员提供的经验，可以从预定的演示文稿中收集大量新信息。

严格的逻辑和规则并没有给我们系统管理员足够的灵活性来有效地执行工作。我们并不特别关心"应当"做什么。系统管理员不容易受到其他人试图约束我们的"应当"的限制。我们灵活使用逻辑和批判性思维，并产生出色的结果。我们通过独立思考、批判性思维和综合推理创造我们自己的做事方式，这样能够在做事的同时学习更多知识。

我们系统管理员具有很强的个性——这样才能完成工作，特别是以"正确"的方式做事。这与我们如何"应当"执行任务无关，而是关于使用最佳做法并确保最终结果符合这些做法。

我们不只是在框外思考。我们是那些打破别人强加给我们工作上的束缚的人。对我们来说，没什么"应当"。

指导年轻的系统管理员

多年来我参加了很多培训课程，大部分都非常有用，可以帮助我更多地了解 Unix 和 Linux 以及其他许多科目。但是，尽管培训有用且重要，但它无法涵盖执行系统管理员职责的许多重要方面。

我参加的所有课程通常是四到五天。关于命令、过程、文件系统、进程以及本书中涉及的许多内容，信息太多，培训课程无法涵盖你需要了解的所有内容。而且并非所有东西都可以在课堂上讲授。有些事情只能由现实环境中的优秀导师传授，通常是在你面临解决关键问题的极大压力时。

没有什么比让上司或爪牙看着你的肩膀批评你的一举一动更糟的了。这确实发生了。这些压力包括提供每小时进度报告，回答愚蠢的问题，如"什么时候会被修复"，抵制上司将另外三个人增加到一个人的任务中的企图，以及更多，这些事情不仅浪费我们的时间，也打断了我们的思路，降低了我们的整体效率。大多数时候，我们知道该做什么以及如何做，我们只需要一个能安宁地工作的环境。

一个好的导师允许你在这种情况下进行实际工作，这样你就可以在保持不受狼群影响的情况下获得宝贵的学习体验，在你不间断工作的同时获取热量。一位伟大的导师也将能够在各种情况下创造一种学习的机会，无论这些情况有多么关键。

刚开始入行时，我是一个年轻无辜的系统管理员。我很幸运，因为我在一些不同的地方工作时，都有其他经验丰富的系统管理员愿意指导我并鼓励我。当我向他们请教对他们而言答案非常明显的问题时，他们都没有嘲笑我。这些耐心的系统管理员都没有告诉我"自己去看文档"。

24.1　雇用合适的人

指导合适的人永远不会容易，指导不合适的人是不可能成功的。考虑到这一点，让我们来看看如何雇用合适的人。

作为系统管理员，特别是高级系统管理员，你的部分工作应该包括帮助雇用合适的人员作为团队的一部分。如果你的上司将你与招聘流程隔离开来，那么你应该尽一切力量来改变它。幸运的是，在我的大部分工作生涯中，这很少成为一个问题。聪明的管理者会让整个团队都参与招聘新成员。

我曾经有过的最好和最愉快的面试之一就是我申请在思科担任测试人员和兼职实验室系统管理员的时候。我和经理花了一点时间谈话，然后部门里的其他人车轮式地问了我大约五个小时。他们分成两三组，问我各种问题。每组都提出假设的情况要我解决，他们问我技术问题，测试了我的耐心。实际上，我在那次面试中玩得很开心，因为每一位采访过我的人都是他们受雇的工作的合适人选。我最终得到了这份工作。我不是什么东西都知道。当某个问题我确实不会时，我就如实地告诉面试官。

雇用合适的人方法很多，但没有万无一失的方法。然而，我发现合适的面试官和合适的问题可以帮助实现这一目标。

正如我之前提到的，很多参加了系统管理员类型职位面试的人尚未准备到位，因为他们不知道如何解决问题。有时候，在雇用这个人之前你不能发现这一点，而在那个时候，可能很难"取消雇用他们"了。我工作的一个地方使用了动手测试。测试很简单，我们设置了一个 Linux 主机，其中包含三个特定但相当简单的问题，申请人必须在指定的时间内修复这些问题。

虽然这个测试是关于发现和解决问题的，但我们也同时研究了申请人完成任务的方式。那些恐慌或者或多或少地随机前进的人，以很少的方向挣扎的人，很快就会从我们的考虑中消除。而那些处理问题有目的感，具有完善的问题解决算法的人，即使他们没有解决所有问题，但我们认为他们是最有可能在工作中取得成功的人。我们可以很容易地传授某项技术，但不能轻而易举地传授解决问题的技巧和禅的意识。

测试可能存在法律问题，但如果测试真正代表了申请人将要做的工作类型，并且所有申请人都必须参加测试，那么（与你的律师核实），使用测试的方式来面试应该没问题。

24.2　指导

如何指导年轻的系统管理员呢？银河系中有多少颗恒星？每个系统管理员都有自己的指导方式，每个年轻的系统管理员都需要不同的知识和不同的方法。

当我有一位优秀的老师时，学习起来更加容易，但我发现当我喜欢一门课程并对它感兴趣时，老师的素质对我来说没有多大影响。最好的导师允许甚至鼓励我追随好奇心。即使我未能完成目标,他们在实验时也给了我奖励。

然而,一个非常糟糕的老师不仅会破坏学习的欲望,还会摧毁学习的能力。一个非技术性的例子是我的高中英语文学老师。很明显,她真的很喜欢我们应该学习的书籍、故事、诗歌和其他文学作品。不幸的是,她不知道如何教导我们或如何将她这种对学科的热爱传递给学生。我们学习了莎士比亚之类,我真是无聊透顶。

第二年夏天,我参加了一些学校戏剧排练,戏剧老师喜欢我的作品,她把我推荐给了爱尔兰山剧场的招聘人员,这是一个夏令营的剧院,在密歇根州南部制作莎士比亚剧目。哇!整个夏天的莎士比亚?是的,我喜欢它。作为一个学徒,那个夏天我学到了更多关于莎士比亚的知识,这比我在教室环境中,在我在那个语文老师那样的老师教导下学到的东西更多。

那个夏天,我遇到了几位好导师。他们为我们所有人举办了培训课程。他们帮助我们学习了材料的意义以及表演的机制。对我来说,理解是最有帮助的。我认为理解是指导者可以帮助学生的最重要的事情之一。死记硬背不重要,理解和批判性思维以及解决问题的能力是我的技术导师赋予我的最重要的事情。

BRuce 导师

我很幸运,有一些非常优秀和耐心的导师允许我失败,以便我可以从失败中学习。特别是 BRuce 导师,因为他喜欢签署他的电子邮件,确保我接受了必要的培训,但他也允许我非常快速地运用从培训中学到的东西。他立刻指派我完成艰巨的任务,迫使我利用新发现的知识,这帮助我突破了自我安慰和自我施加的限制边界。

几年来,BRuce 和我在两家不同的公司合作过,这两份工作都需要深入的 Unix/Linux 知识和技能。我们一起工作得很好,因为我们都非常擅长我们的工作。他明白我开始时并没有拥有与他相同的技能水平,但他尊重我所拥有的技能,并给了我很多机会使用这些技能并学习新技能。

在许多方面,BRuce 是典型的脾气暴躁的系统管理员——并且有充分的理由。我的意思是,当与技术性较差的人打交道时,例如跟营销人员和上司论及他们想要在我们负责的实验室中做的事情,他的第一反应几乎总是直截了当、明确的"不行"。因为这些提议是最初的构想,没有经过深思熟虑,没有任何可能做和不可能做的概念,会在实验室中引起问题。BRuce 询问了提出请求的人一系列问题,最终我们完成了他们真正想要做的事情。似乎大多数提出这些要求的人也试图设计基础设施来支持这些提议,但这是我们的专业领域,而不是他们的。他们对于自己的提议会对测试提议的人产生怎样的影响也考虑得不是很周到。

BRuce 并不是有些人认为的一个混蛋。他是在完成自己的职责,这是为了确保实验室对使用它的每个人都充分发挥作用。我们收到的大多数初始请求都存在严重缺陷。确保这些缺陷不会影响实验室的其他部分是我们的责任。BRuce 只是非常生硬,因为我们没有时间处理其他人造成的问题，只有我们两个人在实验室里处理超过 15 排，每排 24 个机架，所有这些机架上都装满了运行测试的设备，如果实验室网络被某人的胡乱实验所破坏，那么必须重新启动。

在这种类型的环境中，不容忍错误。BRuce 和我只是执行旨在保护所有用户的实验室指导方针。作为我的导师，这也是 BRuce 试图帮助我理解的事情——这就是一个大多数人的利益超过少数人的利益的时候。实验室必须以防止某些用户影响其他用户工作的方式运行。

24.3　解决问题的艺术

我的导师帮助我的最好的事情之一是制定一个我可以用来解决几乎任何类型问题的既定过程。在我看来，它与科学方法密切相关。

在我构思这本书的过程中，我发现了一篇题为"科学方法如何运作"的简短文章⊖，它使用图表描述了科学方法，非常类似于我为我的"解决问题的五个步骤"创建的图表。所以我作为导师传承了这个方法，这是我对你们所有年轻的系统管理员的贡献。我希望你和我一样觉得它有用。

解决任何形式的问题都是艺术、科学，并且——有人会说，也许有点神奇。解决技术问题，例如计算机出现的技术问题，也需要大量的专业知识。

解决任何性质的问题，包括 Linux 的问题的任何方法，必须包含的不仅仅是一系列症状以及修复或规避导致症状的问题所需的步骤。这种所谓的"症状修复"方法在管理人员的纸面上看起来不错，但在实践中它确实很糟糕。解决问题的最佳方法是拥有大量的专业知识和强大的方法论。

解决问题的五个步骤

解决问题的过程涉及五个基本步骤，如图 24-1 所示。该算法与脚注 1 中提到的科学方法非常相似，但专门用于解决技术问题。

在对问题进行故障排除时，你可能已经按照这些步骤操作了，但你可能还没有意识到这一点。这些步骤是通用的，适用于解决大多数类型的问题，而不仅仅是计算机或 Linux 的问题。我在各种类型的问题中使用这些步骤多年，只不过自己没有意识到而已。把它们编纂起来使我在解决问题方面更加有效，因为当我陷入困境时，我可以检查我所采取的步骤，验证我在这个过程中的位置，并在任何适当的步骤中重新启动。

你可能在过去听过其他一些适用于解决问题的术语。此过程的前三个步骤也称为问题

⊖　Harris, William, How the Scientific Method Works（科学方法如何运作），https://science.howstuffworks.com/innovation/scientific-experiments/scientific-method6.htm。

的确定，即查找问题的根本原因。最后两个步骤是问题的解决，这实际上解决了问题。

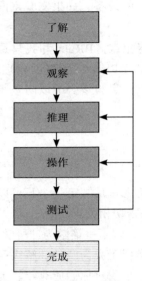

图 24-1 解决问题的五个步骤非常类似于科学的步骤

接下来分别详细地介绍这五个步骤。

1. 了解

了解你尝试解决的问题的专业知识是第一步。我所看到的关于科学方法的所有文章似乎都把这当作一个先决条件。然而，知识的获取是一个持续的过程，它由好奇心驱动，并利用科学方法通过实验探索和扩展现有知识所获得的知识得到增强。这是我在本书中使用术语"实验"，而不是"实验室项目"的原因之一。

你必须尽可能多地了解 Linux，了解可以与 Linux 交互并影响 Linux 的其他因素，例如硬件、网络，甚至如温度、湿度和电气环境等会影响 Linux 系统运行的环境因素。

通过阅读有关 Linux 和其他主题的书籍和网站可以获得知识。你可以参加课程、研讨会和会议。你还可以通过在网络环境中设置多台 Linux 计算机以及通过与其他知识渊博的人交互来获得知识。当你解决问题并发现特定类型问题的新原因时，你将获得知识。当尝试修复导致临时故障的问题时，你也可以获得新知识。

课程向我们提供的新知识也很有价值。我个人的偏好是玩 Linux，或者使用网络、名称服务、DHCP、Chrony 等特定部分进行实验 —— 然后参加一两门课程来帮助消化所获得的知识。

记住，"没有知识，抵抗是徒劳的"，用博格的话来说。知识就是力量。

2. 观察

解决问题的第二步是观察问题的症状。重要的是要注意所有的问题症状。观察正常工作的情况也很重要。现在不是尝试解决问题的时候，只是观察而已。

观察的另一个重要部分是，问自己关于你所看到的和你没看到的问题。你除了需要提出特定于待解决问题的问题之外，还有一些常见问题要问。

❑ 此问题是由硬件、Linux、应用程序软件引起的，还是由于缺乏用户知识或培训引起的？

❑ 这个问题与我见过的其他问题类似吗？

❑ 是否有错误消息？

❑ 是否有与该问题有关的日志条目？

❑ 错误发生之前计算机上发生了什么？

❑ 如果没有发生错误，预期会发生什么？

❑ 最近有关于系统硬件或软件的更改吗？

当你努力回答这些问题时，其他问题将会显露出来。这里要记住的重要事情不是具体问题，而是收集尽可能多的信息。这增加了你对此特定问题实例的了解，并有助于找到解决方案。

在收集数据时，不要认为从其他人那里获得的信息是正确的。要自己观察一切。如果你与位于远程位置的人员一起工作，这可能是一个主要问题。仔细询问至关重要，在尝试确认你所提供的信息时，允许远程访问相关系统的工具非常有用。在远程站点询问某人时，不要提出引导性问题：他们会通过回答他们认为你想听到的内容来尝试提供帮助。

在其他时候，你收到的答案将取决于此人拥有的 Linux 和计算机知识。当一个人了解——或者认为他们了解计算机时，你收到的答案可能包含难以反驳的假设。不要问"你检查过 …… 吗"，让对方实际执行检查项目所需的任务更好。不要告诉人们他们应该看到什么，只需让用户向你解释或描述他们所看到的内容即可。同样，远程访问机器可以让你确认得到的信息。

最好的问题解决者是那些从不把任何事情视为理所当然的人。他们从不认为他们拥有的信息是 100% 准确或完整的。如果你所掌握的信息似乎自相矛盾或与症状相矛盾，从头开始，就好像你根本没有任何信息一样。

在我从事计算机业务的几乎所有工作中，我们总是试图互相帮助，当我在 IBM 工作时就是这样。我一直很擅长修理东西，有时候当另一个 CE 在寻找问题根源遇到特别的困难时，我会出现在客户面前。我要做的第一件事是评估情况。我会问初级的 CE 到目前为止他们做了什么来找到问题。之后我会从头开始。我一直想要自己看结果。很多次我都因为观察到别人错过的东西而获得回报。在一个非常奇怪的事件中，我通过坐在上面修好了一台大计算机。

坐在工作上

这是 1976 年我在俄亥俄州利马的 IBM 担任 CE 时发生的。当时我们两个人正在安装 IBM System 3，它比 IBM 大型机，如 360 或 370 要小，但仍然足够大，需要一个自己的机房、高压电源和有效的空气冷却。

我们组装了主 CPU，并在开始连接 IBM 1403 行式打印机控制器时遇到问题。打印机控制器包含在 CPU 左侧略低于桌面高度的单元中。那个漂亮的大工作面高度正好适合坐在上面。

我们刚刚将打印机控制器固定在 CPU 的框架上，并且正在执行安装说明中内置的许多检查中的一项检查。我们把欧姆表上的引线连接在了 CPU 的框架和打印机控制器的电源上的特定终端之间。结果应该是开路，即电阻无穷大，这表明电源的热引线到框架之间没有短路。在这个案例中，有一个短路（零电阻）——这很糟糕。不像你在电视上看到的那样，那里没有壮观的噪音和烟火，但它会成为一个问题，因为它会阻止计算机上电。最好是在计算机仍在组装而不是组装完毕的时候解决这个问题。

我们花费了一个小时的努力来找问题，但没有找到。我们打电话给在佛罗里达州博卡拉顿的 System 3 的支持中心，并在他们指导下采取了几个问题确定步骤，仍不成功。

我有点沮丧，一下坐在打印机控制单元上。在我眼角的余光中，我看到欧姆表上的指针指示的结果是开路。我向其他 CE 和博卡拉顿的 Vern 提到了这一点，后来当我作为课程开发员（CSR）在那里工作的几年里，他成为了我的一个导师。

我们从控制器上取下了我所坐过的盖板，并且运气不错，发现其中一个固定在打印机控制器框架顶部上的螺栓已松动并落入电源从而造成短路。当我坐在控制器的顶部时，框架移动到正好足以使螺栓不再产生短路所需的接触。我们通过从电源上卸下松动的螺栓解决了这个问题。

当时负责 System/3 支持的 Vern 对指令进行了一些更改，以便在此问题再次发生时解决它。他还与制造人员合作，以确保它不会再次发生，方法是进行检查以确保在构建过程中螺栓被正确拧紧。

要记住的事情是要真正观察系统各个部分的情况。要注意所有的东西，不要忽视一丝一毫的线索。有时查看 top 或用于监视内核或网络内部功能的其他某个实用程序都可以提供一些东西的瞬间一瞥——一条线索，让我们开始朝着正确的方向前进。

而有时候只需要一点运气，就像坐在打印机控制单元上那样。

3. 推理

使用推理技巧从你对症状的观察、了解的知识中获取信息，来确定问题的可能原因。我们在第 23 章中详细讨论了不同类型的推理。通过对问题的观察、你的知识和过去的经验来推理的过程是艺术和科学相结合，产生灵感、直觉或其他一些神秘的心理过程的地方。这提供了一些对问题的根本原因的见解。

在某些情况下，这是一个相当简单的过程。你可以查看错误代码并从可用的来源中查找其含义。或者你可能会观察到一种熟悉的症状，并且你知道哪些步骤可能会解决它。然后你可以运用通过阅读 Linux、本书以及随 Linux 提供的文档获得的大量知识，来找出导致问题的原因。

在其他情况下，它可能是问题确定过程中非常困难和冗长的那部分。这些案例可能是最困难的类型。也许是你从未见过的症状或你使用任何方法都无法解决的问题。正是这些困难的工作需要付出更多的工作，特别是对它们进行更多的推理。

症状不是问题，问题导致症状。你想要解决的是真正的问题，而不仅仅是症状。

4. 操作

现在是时候采取适当的修复操作了。这通常是简单的部分。困难的部分上一步——弄清楚该怎么做。在你知道问题的原因后，很容易确定要采取的正确修复操作。

采取的具体操作取决于问题的原因。记住，我们正在解决根本原因，而不仅仅是试图摆脱或掩盖症状。

每次只进行一处更改。如果可以采取的可能纠正问题原因的操作有多种，则只进行一处更改或采取最有可能解决根本原因的操作。你在这里要做的事情是选择最有可能解决问题的纠正措施。无论是你自己的经验告诉你要采取哪种操作，还是其他人的经历，根据列表从最高优先级的操作开始下移到最低优先级，每次执行一个操作。每次操作后都测试结果。

5. 测试

在采取一些明显的修复操作后，应该进行修复测试。这通常意味着首先执行一遍失败的任务，但它也可以是一个简单的说明问题的命令。

我们在第 11 章讨论了测试和为 shell 脚本编写代码，过程在这里是一样的。我们进行一处更改，采取一种可能的纠正措施，然后测试此操作的结果。这是确定哪个纠正措施会解决问题的唯一方法。如果我们采取了多种纠正措施然后进行一次测试，则无法知道哪个操作对解决问题真正起作用。如果我们想要在找到解决方案后撤回作出的无效更改，这一点尤为重要。

如果修复操作未成功，则应重新开始此过程。如果你可以采取其他纠正措施，返回此步骤并继续这样做，直到你已经没有可选择的措施或已经确定你是在错误的路线上。

测试时务必检查原始观察到的症状。由于你采取的措施，它们可能已经发生变化，你需要了解这一点，以便在下一次迭代过程中做出明智的决策。即使问题尚未解决，改变的症状在确定如何进行下去时也非常有价值。

24.4　示例

我自己有一个解决问题的例子，发生在我作为兼职 Linux 系统管理员的任务中。它非常简单，但有助于说明我前面概述的步骤的处理流程。

我收到了一位来自我们测试人员的电子邮件，表明他作为测试的一部分安装的应用程序崩溃了。它给出了错误消息，表明它已用尽交换空间。这是用户执行并传送给我的初始**观察**。

我**了解**的情况告诉我，用于测试此应用程序的系统有 16GB 的 RAM 和 2GB 的交换空间。以前的经验（**知识**）告诉我，这些计算机中的交换空间几乎从不使用，RAM 的使用率通常远低于这些机器中 16GB RAM 的 25%。

在这一点上，我**推断**这个问题并不是一个交换空间的问题，因为这看起来很不可能。我仍然可以保持这种可能性，尽管非常轻微。你会发现程序提供的许多错误消息可能会产生误导，用户的观察甚至更是如此。

我做了一些自己的**观察**。我登录到这台机器上并使用 free 命令作为查看内存和交换空间的工具。我**观察**到有大量的空闲 RAM，而交换空间使用率为零。我**了解**到如果交换空间使用率实际为零，则很可能从未分配任何可用交换空间，并且自上次引导以来未发生任何分页。

我还从以前的经验（**知识**）中**推断**，在此错误消息中可能蕴含着真相。这很可能是由于某些资源或其他原因造成的。其他主要可消耗资源是 CPU 周期和磁盘空间。

这看起来不像 CPU 问题，所以我使用 df 命令**观察**磁盘空间，结果表明 /var 文件系统已满。我**推断**填满的文件系统是导致问题的原因。对 /var 的一点探索表明，测试人员的软件确实位于那里，并填满了文件系统。

所有系统开始时都使用 1.5 GB 的 /var 文件系统。规定的策略是在 /opt 中安装应用程序，这是我们应该测试的应用程序原计划安装的地方，并且配置为占用所有剩余的磁盘空间，因此可以轻松地达到 100GB 或更大的空间——对于任何正在测试的应用程序都远远足够了。

我和测试人员讨论了这个问题，并被告知他确实在 /var 中安装了应用程序。我告诉他从那里卸载新程序，并在属于应用程序的 /opt 中安装它。在采取此**操作**后，我让他通过执行先前失败的操作来**测试**纠正措施。测试成功，问题解决了。

24.5　迭代

当你解决问题时，至少需要迭代一些问题的步骤。例如，如果执行给定的纠正措施无法解决问题，你可能需要尝试另一个已知的解决问题的操作。图 24-1 显示你可能需要迭代到任何上一步以继续。

可能需要返回观察步骤并收集有关此问题的更多信息。我还发现有时候回到了解步骤并收集更多基础知识是个好主意。后者包括阅读或重读手册、手册页，使用 Google，以及获得继续通过我受阻的地方所需知识所需的一切东西。

保持灵活性，如果无法向前进展，要毫不犹豫地退后一步。

24.6　小结

在本章中，我们研究了一种解决问题的方法，适用于许多非技术性事物以及计算机硬件和软件的问题。我们在这里讨论的是如何在问题解决算法的框架内使用特定的推理方法。这种特殊组合的灵活性非常强大。

我不是告诉你，你"应当"采用这种方法。但是，如果你全力以赴地参禅并分析自己用来解决问题的方法，你很可能会发现它已经非常接近我在这里描述的算法。作为导师，我建议你花时间分析自己的方法。我认为你会发现它是一种富有成效的时间用途，具有很强的启发性。

我也恳请你指导别人，传承知识、技能和自己的哲学。对于经验丰富的系统管理员来说，几乎没有什么比这更重要的了。我们的技能是惊人的，我们并没有完全靠自己完成这些。我们很棒，因为那些指导我们的人以及他们实际上认为我们拥有成为出色的系统管理员所需的东西。我们有责任将其传承给年轻的系统管理员。

最后，我有一些很棒的导师，他们明白学习什么——真正学习，以及谁让我这样做。你们都给了我从失败中学习的机会。你们帮助我搞清楚我哪里出错了，让我回到正轨。你们是我的英雄。这是献给你们的书，Alyce、BRuce、Vern、Dan、Chris、Heather、Ron、Don、Dave、Earl 和 Pam。以及所有无名的导师——你们非常难得！感谢你们的支持和指导。

第 25 章

支持你最喜欢的开源项目

Linux 和在 Linux 上运行的程序的很大一部分都是开源程序。许多较大的项目（例如内核本身）直接由为此目的而设立的基金会（例如 Linux 基金会）和 / 或有兴趣这样做的公司和其他机构支持。

作为系统管理员，我编写了很多脚本，我喜欢这样做，但我不是编写应用的程序员。我也不想成为程序员，因为我喜欢系统管理员的工作，它允许进行不同类型的编程。因此，在大多数情况下，为开源项目贡献代码对我来说不是一个好选择。还有其他贡献方式，我选择使用这些方式。本章将帮助你探索可能作出贡献的一些方法。

25.1 项目选择

在我们讨论可以为开源项目做出贡献的不同方式之前，我们将研究如何选择我们想要贡献的项目。这可能看起来令人为难，因为许多项目都需要这样或那样的支持。

我主要考虑的是我是否使用某个项目生成的软件或硬件。例如，我每天都使用 LibreOffice。我依靠它，它对我的生产力非常有用。所以我支持的项目之一是 LibreOffice。

我还支持高级别的机构，这些机构负责监督开源的某些方面，例如 Linux 基金会，它支持和鼓励使用开源软件，并支持许多不同的开源社区。

选择一些对你有意义的项目并支持它们。但是别忘记顾及那些"隐藏"的项目。其中一些项目对开源软件的成功至关重要，但没有人知道它们，所以它们得不到支持。几年前的 Heartbleed ⊖ 漏洞就是这类项目的一个例子。几乎每个 Linux 发行版和其他操作系统中

⊖ Heartbleed 网站，http://heartbleed.com/。

都使用的 OpenSSL 软件只有一个维护者和一笔很小的预算，它有一个 bug——一个漏洞，危及每台使用 OpenSSL 的计算机。此漏洞自 2012 ⊖年以来一直存在，但直到 2014 年才被发现。

此漏洞很快得到修复，一些机构为该项目做出了贡献，以确保开发人员能够继续开展工作，并帮助确保代码中不存在其他漏洞。

无论你选择什么，找到一些你可以支持的项目，并以某种对你有意义的方式支持它们，这么做总是很有趣！

25.2　编写代码

我未选择向开源项目贡献代码并不意味着你也应当避免它。我知道许多系统管理员都是优秀的程序员，可以对那些数百个开源项目中的一个或多个非常有帮助。没有编程人员，一个项目就不会有开始。

许多项目都有大型的开发人员团队，有的项目却很小，有时候只有一个开发人员在开源项目上做兼职的无酬工作。其他开发人员为负责开源项目代码的大型机构工作，通常是因为此机构对该项目有一些特别的兴趣。在大多数情况下，小型项目的新开发人员非常受欢迎，但大项目也非常欢迎新开发人员。

不同的项目使用不同的编码语言。许多项目使用 C 或 C++ 编码，而其他项目则使用 Perl、PHP、Python、Ruby、bash 或其他 shell 脚本语言等解释语言。

无论你的技能水平如何，你都可以找到一个项目，其中包含大量可以参与的任务。

25.3　测试

编写代码后，需要有人对其进行测试。测试与编写代码一样重要。我们在第 11 章中详细讨论了测试，因为它的重要性，所以我专门为其分配了一章。

有些项目需要专门的测试人员，他们会在开发人员完成后立即获取代码，并通过一系列正式测试来运行它。这与我在思科工作时的一半职责非常相似。这种类型的测试需要编写正式的测试计划，然后系统地按计划完成测试，将测试失败的情况报告给开发人员以进行修复。

你还可以下载和测试许多常见和流行软件包的 beta 版本。这些测试版本大多数都是向业界推出的，其明确意图是吸引错误报告和修复——如果你有这方面的天赋。这种类型的测试通常不太严格。项目负责人使产品可用于实际工作，并可能提供一些方向，例如希望测试某特定功能。你可以像使用最终版本一样使用该产品，但是当你发现错误时，将其报

⊖　Wikipedia，Heartbleed，https://en.wikipedia.org/wiki/Heartbleed 。

告给项目以进行修复。

25.4 提交错误报告

提交错误报告是支持开源项目的一种非常重要的方式。

大多数项目都有明确定义和记录的方法来报告错误。许多项目使用 Bugzilla 报告错误，一些使用其他工具，包括一些自制的工具，甚至只是发给开发人员的电子邮件。有关如何提交错误的详细信息通常可以通过项目主页上的链接找到。

在这一部分，我们不会讨论像上一节那样的 beta 测试。这里使用的是最终版本，其代码已经通过了所有设计出来用于测试它的 alpha 和 beta 测试。这是实际工作中的测试，是"生产中的测试"，因为生产是最好的考验，也是最后的考验。

当我们在生产产品中发现错误时，即使这不是任何类型的官方测试程序的一部分，我们也有责任向项目提交错误报告。几乎每个项目都有报告错误的一些方法。

开发人员经常请求提供更多信息，这可能会缩小问题的排查范围。这些请求很重要，快速响应非常有用。大多数情况下，这些请求是为了澄清发生错误的条件，例如操作系统版本，或者在发生故障时可用的空闲内存、交换空间和磁盘空间数量。在一个案例中，内核开发人员要求我安装一个带有检查点的内核版本，旨在帮助开发人员找到存在问题的代码部分。

报告生产软件中的错误有助于使所有用户受益，而不仅仅是我们自己。

25.5 文档

无论我们是否编写代码，文档都是许多人可以参与的领域。虽然有很多关于不阅读文档（RTFM）的人们的笑话，但文档非常重要。

文档存在不同类型。这些类型包括命令行实用程序和工具的手册页，以及针对 LibreOffice 等大型应用程序的完整联机手册。LibreOffice 有一系列精心编写的手册，可以下载 PDF 文件或在浏览器中联机使用。

LibreOffice 还有一个很好的帮助工具，包括目录、索引和搜索实用程序。图 25-1 显示了 LibreOffice 帮助工具的首页。它有明确的使用方法和多样的查找信息的方法。这是我见过的最好的帮助设施之一。

对于我们这些喜欢写作的人来说，创建和维护文档是一种很好的贡献方式。

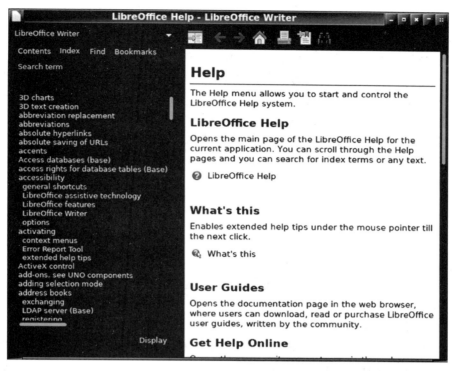

图 25-1　LibreOffice 帮助工具的主页提供了多个选项，用于查找有关当前应用程序的
信息。David Both，CC-by-SA

25.6　协助

协助他人是另一种支持开源软件的好方法。这种参与方式有许多不同的形式。

一种形式是参加本地聚会，开源爱好者与不熟悉开源的人讨论开源的好处。聚会有时也称为安装盛会，经验丰富的用户帮助新手安装 Linux 并开始使用基础知识操作。另一种形式是简单地将 Linux 介绍给你的朋友和家人并帮助他们开始使用。一些 Linux 用户喜欢在各种论坛和 IRC 聊天室闲逛，通过回答问题来帮助人们。

我有时会这样做，但这不是我最擅长的。

25.7　教学

我喜欢教学。根据我多年来收到的课程评估表，我很擅长教学。自 1978 年我在 IBM 担任课程开发员以来，我教过许多不同的硬件和软件课程。

在过去的十五年里，我编写过关于 Linux 的课程，并为我所工作过的各种机构讲授这些课程。后来，当我创办自己的 Linux 咨询公司（几年前我把它关闭了），我编写了三个为期多日的课程，涵盖了从入门到高级系统管理的所有内容。

如果你精于此道，并且有一些做演示的技巧，那么教学可能非常适合你。课程的长度可以从一小时到一周不等。在我的两个雇主那里，我做了一个小时的午餐学习课程，这些课程只是对 Linux 和其他开源软件各个部分的概述。在另外的地方，我做了一天或两天的课程，旨在将一些基本的 Linux 命令和文件系统之类的东西介绍 Windows 管理员。

这是我贡献的主要方式之一——通过传播我的知识。我还设法提供了一些关于我的 Linux 哲学的指导和信息。无论你通过做什么来教别人，都是在帮助他们学习 Linux 和开源软件。

25.8　写作

我也喜欢写作。这本书只是我的一个写作项目，我也经常为 Opensource.com ⊖和我的网站撰写文章，特别是 Linux DataBook ⊜网站。DataBook 网站是我尝试记录我学到的独门绝技的地方。

在 IBM 工作时，我把 DataBook 网站作为 OS/2 信息的数据库。建立该数据库目的在于我和其他 OS/2 支持人员可以快速找到有关 OS/2 的信息。我也用它来确保一旦我发现了如何做某事，或者发现了一些特别难以捉摸的东西的信息，我不必再花费时间来找它。基本上它就是我的一个记忆帮手。关于 OS/2 的大部分信息也可以在 Inside OS/2 Warp ⊜的第 6 章"文件系统"和第 22 章"排除故障"中找到。在我离开 IBM 之后，这些信息成为 DataBook for OS/2 的基础，就像它的前身一样，它也是我独立咨询公司的记忆工具。

在 IBM 放弃 OS/2 之后，我开始编写两本书：The DataBook for Linux Administrators 和 DataBook for Linux Users。这两本书是关于 Linux 的数据集合，特别是关于 Fedora Linux、系统管理员和用户的数据。它们包含我多年来一直使用 Linux 发现的信息，我需要为自己维护它，让它仍然作为我的记忆帮手。我也希望向所有人提供这些信息，所以我把它全部放在我的网站上。

我为 Opensource.com 写了很多文章，主要是深入研究一些重要的专题，如文件系统、各种服务器软件、桌面、以及其他 Linux 和开源软件。

编写帮助系统管理员和其他想要成为系统管理员的人的文章和书籍是我回馈开源社区的主要手段，并可以提供一定程度的指导，即使它在某种程度上是不太受人欢迎的。

在这里再说一遍，如果你的文字功底很好，写作对于 Linux 和开源是一个很好的帮助方式。

⊖　Opensource.com, https://opensource.com/。
⊜　DataBook for Linux, http://www.linux-databook.info/。
⊜　Mark Minasi, et al, Inside OS/2 Warp, New Riders Publishing, 1995。

25.9　捐赠

最后，大多数项目都接受货币捐赠。乍一看，这似乎是为开源项目提供支持的一种相当粗鲁和不干预的方式，但所有项目都需要货币支持。我选择了三个项目，我不时向他们捐出一点钱。

由于它在我的日常工作中的重要性，我通过小额捐款支持 LibreOffice[⊖]。我也捐助了几个高级别机构。我捐助了 Linux 基金会[⊜]，因为它们支持 Linux 基础架构，它们通过付钱给 Linus Torvalds 直接支持他继续他的内核工作，并支持其他对其福祉和增长至关重要的开源社区。我也捐助了开源促进会[⊜]，这个机构负责批准各种许可证并证明它们遵守开源原则。

还有许多其他需要资金的开源机构和项目。你的捐款可以直接支持那些处于开源运动最前沿的人的工作。

25.10　小结

开源就是以某种方式做出贡献。我的主要贡献是在教学和写作方面。我喜欢做这两件事，因为我很擅长。

我不会在这里列出一堆项目。主要原因是有太多项目，我肯定会漏掉一些。即使我可以将它们全部列出，这里提供的任何此类列表也都只是某个时间点的快照——并且不等我将第一稿提交给我的出版商，它就会过时。因此，在撰写本文时，我只列出了一些目前我支持的项目。

因此，如果你想支持一个项目，选择一个你熟悉，并对你有所帮助的项目，找到它的主页，并确定如何以某种对你有意义的方式做出贡献。

然后去做贡献吧！

⊖　LibreOffice web site, Support LibreOffice（支持 LibreOffice），https://www.libreoffice.org/donate/。

⊜　Linux Foundation, Donate to The Linux Foundation（捐赠给 Linux 基金会），https://www.linuxfoundation.org/about/donate/。

⊜　The Open Source Initiative, Donate（开源促进会，捐赠），https://opensource.org/civicrm/contribute/transact?reset=1&id=2。

Chapter 26 | 第 26 章

现实部分

在本书的大部分内容中，我们都在云端思考。毕竟，这是一本通常不太实用的技术哲学书。我只想借此机会在本书结束前将我们带回现实世界。

这里有"真相"。现实每天都以各种方式强加给系统管理员。始终遵循先前在这本书中提出的每个原则虽然有可能做到——但难度非常大。在"现实"的世界中，系统管理员仅仅为了完成指定工作，就会面临一些令人难以置信的挑战。截止日期、管理层和其他压力迫使我们每天多次做出关于下一步该做什么以及如何做的决定。会议通常会浪费我们的时间——尽管并非总是如此。在许多机构中，找到时间和金钱用于培训是闻所未闻的，而在其他一些机构中需要出卖你的灵魂。

找到时间记住和使用哲学充其量是挑战。然而，从长远来看，坚持哲学确实会带来高价值的回报。

尽管如此，现实总是会侵入到如此完美的哲学领域。任何哲学如果没有灵活性的空间，那么它都只是学说，而不是系统管理员的 Linux 哲学。在本章中，我们将探讨一些影响系统管理员的各个方面的现实。

26.1 人

> 操作计算机很容易——与人相处很难。
>
> ——Bridget Kromhout

系统管理员必须与人合作并互动。这可能很困难，但我们确实需要不时这样做。

从我 1969 年第一次在计算机前坐下来开始，我一直很喜欢它的就是我在编写程序时它完全按照我的要求去做。

通过输入一系列构成程序的命令，我可以让计算机做任何我想做的事——只要在它的能力范围内。如果我想改变它的作用，只需要改变程序。非常简单。

人们并不简单。不仅我无法进入他们的规划，他们自己也并不总是关注他们所拥有的——或者其他人认为他们拥有的规划。如果我是每个人的老板，那么他们都会按照我的方式去做，然后事情可能很简单。但情况不会是那样的。

因此，在我们努力成为最超凡的系统管理员的过程中，我们遇到了人。人们通常是善良的，即使是大多数上司也不例外。问题是许多人不了解技术。

26.2 指手画脚的管理者

我曾经遇到过这样一种情况，有位权威人士给我发了一封电子邮件说让我尽快把一份文档放在网站新闻源上。他们说打印件在办公室的桌子上，希望我把打印件扫描为图像。我回答说我想得到这个文件，在我查看打印件之前我就可以把它放上去。

这个人回复我说他们（意味着超过两个人）希望我去看打印件，因为它的大小很奇怪，他们不希望它"太大"。顺便说一下，他们确实有一份发送到打印机的 PDF 副本。不幸的是，PDF 文件没有附上。我回答说我不关心打印件的大小，因为我会使它适合网站新闻源的空间大小，请发给我 PDF 文件。

我收到的下一封电子邮件附有 PDF 附件和一些文字，大意是如果文件在网站上显得太大，很多人会非常沮丧。什么？！

我从 PDF 文件上复制文字内容并粘贴到网站上的 WordPress 帖子中，并在文档中添加了他们想要的图像副本。它看起来非常好。

可是这已经花了大约三天时间！如果他们在第一封电子邮件中发送了 PDF 文件，我本来可以在收到消息后的二十或三十分钟内将这份文档放在新闻源上的。

为了确保相关人员之间的和谐，我下次与电子邮件的作者见面时就和他交谈，表明我对他们的语气并不介意。然后我简要解释了为什么我这样做的四个很好的理由，以及为什么直接在网站上使用 PDF 文件并不像使用我从中复制的原始文本那样好。我相信你能想出多种原因，所以我在这里也不会把它们展开。

跟我谈话的人看起来非常困惑，并说："我对你刚刚说的话一无所知。"我说我只是想确保文档在网站上看起来尽可能好，并随即结束了对话，留下了一些我当时想到的东西没有说。

§

那是与人打交道。这是我们的现实。

我知道相关的人只是想让一切看起来都很好，并给网站访问者留下好印象。我知道这一点。但被多个人试图指手画脚地管理根本不需要管理的任务造成的挫败感，并不会因为知道这些而更容易克服。

26.3 过犹不及

> 如果你不能用聪明的方式使他们失明，那就用胡说八道来阻止他们。
>
> ——W.C. Fields

我曾经有过一件难看的旧 T 恤，上面用非常大胆的字体印着上面的句子。我听过许多系统管理员对他们合作的非技术人员说过类似的话。这种态度可能适用于 T 恤，但对于真正专业的系统管理员来说不合适。

我们系统管理员必须与其他人互动，无论他们是用户、其他团队的技术专业人员、同事还是管理层。我们需要与具有不同知识水平的其他人讨论我们的工作。知识不是有或没有的二选一条件，它是有深有浅的。人们对于计算机和技术的知识量存在很大差异。其范围从看似一无所知到知识渊博。他们的知识水平对于我们如何与他们互动非常重要。

我发现，无论人们的计算机和技术知识水平如何，当我较为细致地解释某个事物时，他们几乎总能做出很好的回应。在这种情况下，我都假定我正在向其解释事物的人足够聪明，能够理解我所说的一切，如果他们不理解我说的话，他们会要求我澄清。

当我这样做时，有两种不同类型的反应。第一种反应来自对技术不太了解的人。在我说得很深入之前，他们通常会说他们不明白。在这种情况下，我尽我所能地总结一下，然后就不谈了。在许多情况下，这些人对我尝试告诉他们的内容感到困惑但感觉很好，因为我已经假定他们应当被视为知识渊博的人。这对于产生善意和为双方创造积极体验奠定了基础。第二种反应来自知识渊博的人。他们很欣赏我愿意给他们详细的解释，但通常只是想快速切入正题。

这种方法让另一个人在谈话中能设定自己的限制。他们可以随时告诉我们他们想要更多或更少的信息。从长远来看，给人们提供更多信息会减少很多麻烦。

26.4 技术支持烦恼

我也是一个凡人。当我的互联网无法连接，我打电话给客服请求提供技术支持时，我甚至等不及第一级支持人员问我他们脚本上的第一个问题，我就会说："我确实重启了调制解调器。我没有重启我的计算机，因为它是 Linux，不需要重新启动。我想和第三级支持人员对话。"

第三级支持人员讨厌我打电话。我知道我打电话给他们后，他们就会议论我好几天。然而，当我打电话时，我已经完成了他们原本会尝试让我在与一级支持人员的脚本对话期间做的所有事情。我无法忍受必须逐级通过各种支持层面完成工作。那样太浪费时间了。

然而，有时，第一级支持人员们可以立即修复它，他们实际上有一些相关的知识。

所以我问自己，"当别人需要我的帮助时他们怎么看我？"答案并不好。我问我的妻子，她毫不犹豫地说我的态度不好。我可能傲慢、居高临下、粗鲁，像个十足的混蛋。我当然不是有意这样的，但情况确实如此。

对我来说，这可能是对其他事情感到沮丧造成的结果，比如我被打断了工作，我多次听到同样的问题，我只是累了，或者随便什么事情。所有这些对所发生的事情的情绪反应都会妨碍解决问题。

这是我的现实——从正反两个方向看。因此，我个人的任务是为需要我帮助的人以及我正在寻求帮助的人提供更好的帮助。

26.5　你应当按我的方式做

我无法统计在本书中曾多少次说过在 Linux 中做任何事情都不存在某种唯一正确的方法。我甚至写了一篇名为"没什么应当"的章节来说明问题。

然而，如果我只是屈服于我的冲动并告诉人们按照我的方式去做，那么一切都会变得如此简单。看到新的系统管理员与我可以快速解决的问题进行斗争可能会令人沮丧和困难。作为导师，我很难让他们犯错误。眼睁睁地看着年轻人用艰难的方式学习，这对我来说是最难的事情。

我从飞行教练那里学到了如何做到这一点。很多年前我参加了飞行课程。某次在和我的教练一起进行训练飞行之前，我正在预检一架赛斯纳 152 飞机。我已经完成了整个外部检查，然后进入飞机并坐在左侧座位。我检查了机舱检查清单和启动检查清单。检查清单对于飞行员来说是件大事。整个过程中，我的教练只是坐在副驾驶座位上看着。

在检查清单的最后，我松开了停车制动器并稍微提高了油门。飞机没动。我又把油门提高了一点，但仍然没有发生任何事情。这可能只有一个原因。我向侧窗看去，发现我将楔子留在了原位。那架飞机不会移动到任何地方去——这正是楔子的预期用途。

我检查了关闭检查清单，走下飞机，拔下了楔子，重新回来，并第二次检查启动检查清单。这次飞机移动了。我滑行到跑道尽头起飞并开始了飞行训练。

在这期间我的教练从来没有说过一句话。她没有必要，因为我知道我漏掉了检查清单上的一步。我很好地学到了这一课。我的教练的职责是教我如何**独自**飞行而不是为我做事。如果她做了我忘记的事情，我怎么会学到它呢？我不再飞行了，但是当我这样做的时候，**我始终**记得要执行清单上的每个项目，并确保楔子已被拔出。

这绝对是最好的教学场景。当你看到年轻的系统管理员显然正在犯错误的时候，你不动声色地让他们继续。

还有其他需要注意的事项：观察你正在训练的系统管理员的举止和态度。如果他们因为自己的问题感到沮丧和愤怒，并责怪你没有告诉他们那些他们知道你看到的事情，他们可能不适合系统管理员的工作。

26.6 可以拒绝

有时系统管理员只能拒绝。干脆、直率、没有选择余地地拒绝。BRuce 和我不得不完全拒绝一些想要使用我们实验室的项目。这些项目会在我们顺利运行的实验室中产生巨大的动荡，在它们推进的同时摧毁其他几个项目的工作。

当然，我们确实解释了为什么不能接受这些项目。我们花了一些时间与提出这些项目的工程师合作，帮助他们理解为什么他们的项目与我们实验室已经完成的工作不相容。虽然他们对此很不高兴，但他们最终理解了为什么我们拒绝。在这两个案例中，我们都建议了替代方案，包括建立自己的实验室，但我不知道他们最后是怎么做的。

无论是否得到赞赏，有时强有力的"不行"是正确的答案。

26.7 科学方法

我们已经研究了使用基于科学方法的规则系统来确定和解决问题。这很管用。你的规则系统可能与我的有所不同，但如果你成功的话，坚持下去。使用某种形式的规则系统可以使问题的解决更加严谨和可重复。

但是，有些问题就是难以处理。虽然付出足够的时间并迭代规则系统中的各种循环有可能会解决它们，但从一开始就重新开始可能更有意义。毕竟，在生产环境中工作时，必须将停机时间降至最低。

我偶尔会将硬盘驱动器从出故障的系统转移到正常工作的系统。现在 Linux 使用 dbus 和 udev 在 /dev 中添加设备专用文件自动处理硬件的方式使得这种移动很容易做到，带有移植的硬盘的系统会启动并正常运行。一旦新系统启动并运行，我可以在发生故障的系统中安装另一个硬盘驱动器并尝试找到问题的根本原因。在其他情况下，最快的解决方案是重新安装操作系统。

有时候，即使我有时间，以及在谷歌上执行大量搜索，我仍然无法解决问题。这时有必要重新安装操作系统，以便重新开始做更高效的工作。我不喜欢这样做，因为我可能永远无法找出问题的根本原因。

需要明确的是，科学方法确实有效。但是，有时需要修复计算机并让它重新投入生产，这意味着我们只需要面对现实并做任何必要的事情让它再次运行。如果我们以后可以找出根本原因，这很好，可以在将来帮助我们。如果找不出来，我们只能带着未被满足的好奇心继续前进。

26.8　了解过去

我发现了解 Unix 和 Linux 的历史既有趣又有益。在本书的前面部分，我特别提到了两本书，我发现它们对我理解 Linux 及其哲学很有帮助。

Mike Gancarz 的《 Linux 和 Unix 设计思想》[⊖]在哲学方面特别有趣。Eric S. Raymond 的第二本书《 Unix 编程艺术》[⊜]，提供了有关 Unix 和 Linux 编程和历史的迷人内部历史性观点。第二本书也可以在互联网上免费获得。[⊜]如果你还没有阅读这两本书，我建议你阅读它们。它们对我在本书中所写的大部分内容提供了一个历史和哲学基础。

26.9　结语

这是一本有趣的书。当我第一次概述这些章节时，我认为我对其中的一些章节可能找不到很多话题。现在看来我确实有很多话要说。所以我将最后一部分概括一下。

- ❑ 计算机坏了。
- ❑ 系统管理员修复损坏的计算机。
- ❑ 与人相处很难。
- ❑ 系统管理员应对所有类型的人。
- ❑ 阅读本书中提到的书籍。它们是令人惊叹的资源，可以提供有关成为 Linux 系统管理员的深刻见解。
- ❑ 永远不要停止学习新事物。每天都有更多需要学习的东西。
- ❑ 遵循本书的哲学。
- ❑ 使用算法，它很管用。

最后，你应当在本书中找到唯一的"应当"。

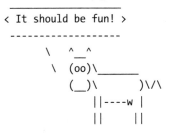

```
 _____
< It should be fun! >
 ----------------
        \   ^__^
         \  (oo)_____
            (__)\       )\/\
                ||----w |
                ||     ||
```

⊖　Gancarz, Mike, Linux and the Unix Philosophy（ Linux 和 Unix 设计思想）, Digital Press - an imprint of Elsevier Science, 2003, ISBN 1-55558-273-7。

⊜　Eric S. Raymond，Eric S. The Art of Unix Programming（ Unix 编程艺术）, Addison-Wesley, September 17, 2003, ISBN 0-13-142901-9。

⊜　Raymond, Eric S. The Art of Unix Programming（ Unix 编程艺术）, http://www.catb.org/esr/writings/taoup/html/index.html/。

参 考 文 献

书

Binnie, Chris, Practical Linux Topics, Apress 2016, ISBN 978-1-4842-1772-6

Gancarz, Mike, Linux and the Unix Philosophy, Digital Press – an imprint of Elsevier Science, 2003, ISBN 1-55558-273-7

Kernighan, Brian W.; Pike, Rob (1984), The UNIX Programming Environment, Prentice Hall, Inc., ISBN 0-13-937699-2

Libes, Don, Exploring Expect, O'Reilly, 2010, ISBN 978-1565920903

Nemeth, Evi [et al.], The Unix and Linux System Administration Handbook, Pearson Education, Inc., ISBN 978-0-13-148005-6

Matotek, Dennis, Turnbull, James, Lieverdink, Peter; Pro Linux System Administration, Apress, ISBN 978-1-4842-2008-5

Raymond, Eric S., The Art of Unix Programming, Addison-Wesley, September 17, 2003, ISBN 0-13-142901-9

Siever, Figgins, Love & Robbins, Linux in a Nutshell 6th Edition, (O'Reilly, 2009), ISBN 978-0-596-15448-6

Sobell, Mark G., A Practical Guide to Linux Commands, Editors, and Shell Programming Third Edition, Prentice Hall; ISBN 978-0-13-308504-4

van Vugt, Sander, Beginning the Linux Command Line, Apress, ISBN 978-1-4302-6829-1

Whitehurst, Jim, The Open Organization, Harvard Business Review Press (June 2, 2015), ISBN 978-1625275271

网站

BackBlaze, Web site, What SMART Stats Tell Us About Hard Drives, https://www.backblaze.com/blog/what-smart-stats-indicate-hard-drive-failures/

Both, David, 8 reasons to use LXDE, https://opensource.com/article/17/3/8-reasons-use-lxde

Both, David, 9 reasons to use KDE, https://opensource.com/life/15/4/9-reasons-to-use-kde

Both, David, 10 reasons to use Cinnamon as your Linux desktop environment, https://opensource.com/article/17/1/cinnamon-desktop-environment

Both, David, 11 reasons to use the GNOME 3 desktop environment for Linux, https://opensource.com/article/17/5/reasons-gnome

Both, David, An introduction to Linux network routing, https://opensource.com/business/16/8/introduction-linux-network-routing

Both, David, Complete Kickstart, http://www.linux-databook.info/?page_id=9

Both, David, Making your Linux Box Into a Router, http://www.linux-databook.info/?page_id=697

Both, David, Network Interface Card (NIC) name assignments, http://www.linux-databook.info/?page_id=4243

Both, David, Using hard and soft links in the Linux filesystem, http://www.linux-databook.info/?page_id=5087

Both, David, Using rsync to back up your Linux system, https://opensource.com/article/17/1/rsync-backup-linux

Bowen, Rich, RTFM? How to write a manual worth reading, https://opensource.com/business/15/5/write-better-docs

Charity, Ops: It's everyone's job now, https://opensource.com/article/17/7/state-systems-administration

Dartmouth University, Biography of Douglas McIlroy, http://www.cs.dartmouth.edu/~doug/biography

DataBook for Linux, http://www.linux-databook.info/

Digital Ocean, How To Use journalctl to View and Manipulate Systemd Logs, https://www.digitalocean.com/community/tutorials/how-to-use-journalctl-to-view-and-manipulate-systemd-logs

Edwards, Darvin, Electronic Design, PCB Design And Its Impact On Device Reliability, http://www.electronicdesign.com/boards/pcb-design-and-its-impact-device-reliability

Engineering and Technology Wiki, IBM 1800, http://ethw.org/IBM_1800

Fedora Magazine, Tilix, https://fedoramagazine.org/try-tilix-new-terminal-emulator-fedora/

Fogel, Kark, Producing Open Source Software, https://producingoss.com/en/index.html

Free On-Line Dictionary of Computing, Instruction Set, http://foldoc.org/instruction+set

Free Software Foundation, Free Software Licensing Resources, https://www.fsf.org/licensing/education

gnu.org, Bash Reference Manual – Command Line Editing, https://www.gnu.org/software/bash/manual/html_node/Command-Line-Editing.html

Harris, William, How the Scientific Method Works, https://science.howstuffworks.com/innovation/scientific-experiments/scientific-method6.htm

Heartbleed web site, http://heartbleed.com/

How-two Forge, Linux Basics: How To Create and Install SSH Keys on the Shell, https://www.howtoforge.com/linux-basics-how-to-install-ssh-keys-on-the-shell

Kroah-Hartman, Greg , Linux Journal, Kernel Korner – udev – Persistent Naming in User Space, http://www.linuxjournal.com/article/7316

Krumins, Peter, Bash emacs editing, http://www.catonmat.net/blog/bash-emacs-editing-mode-cheat-sheet/

Krumins, Peter, Bash history, http://www.catonmat.net/blog/the-definitive-guide-to-bash-command-line-history/

Krumins, Peter, Bash vi editing, http://www.catonmat.net/blog/bash-vi-editing-mode-cheat-sheet/

Kernel.org, Linux allocated devices (4.x+ version), https://www.kernel.org/doc/html/v4.11/admin-guide/devices.html

LibreOffice, Portable Versions, https://www.libreoffice.org/download/portable-versions/

LibreOffice, Home Page, https://www.libreoffice.org/

LibreOffice, Licenses, https://www.libreoffice.org/about-us/licenses/

Linux Foundation, Filesystem Hierarchical Standard (3.0), http://refspecs.linuxfoundation.org/fhs.shtml

Linux Foundation, MIT License, https://spdx.org/licenses/MIT

The Linux Information Project, GCC Definition, http://www.linfo.org/gcc.html

Linuxtopia, Basics of the Unix Philosophy, http://www.linuxtopia.org/online_books/programming_books/art_of_unix_programming/ch01s06.html

LSB Work group - The Linux Foundation, Filesystem Hierarchical Standard V3.0, 3, https://refspecs.linuxfoundation.org/FHS_3.0/fhs-3.0.pdf

Microsoft, The Windows Subsystem for Linux, https://docs.microsoft.com/en-us/windows/wsl/about

N Sumarna, Wahyudin, and T Herman, The Increase of Critical Thinking Skills through Mathematical Investigation Approach, Journal of Physics: Conference Series, Volume 812, Number 1, Article 012067, http://iopscience.iop.org/article/10.1088/1742-6596/812/1/012067/meta

Opensource.com, https://opensource.com/

Opensource.com, Appreciating the full power of open, https://opensource.com/open-organization/16/5/appreciating-full-power-open

Opensource.com, David Both, SpamAssassin, MIMEDefang, and Procmail: Best Trio of 2017, Opensource.com, https://opensource.com/article/17/11/spamassassin-mimedefang-and-procmail

Opensource.com, Feb 6, 2018, Power(Shell) to the people, https://opensource.com/article/18/2/powershell-people

Opensource.com, Tag Careers, https://opensource.com/tags/careers

Opensource.com, What is open source?, https://opensource.com/resources/what-open-source

Opensource.com, What is The Open Organization, https://opensource.com/open-organization/resources/what-open-organization

The Open Source Initiative, Donate, https://opensource.org/civicrm/contribute/transact?reset=1&id=2

Opensource.org, Licenses, https://opensource.org/licenses

opensource.org, The Open Source Definition (Annotated), https://opensource.org/osd-annotated

OSnews, Editorial: Thoughts on Systemd and the Freedom to Choose, http://www.osnews.com/story/28026/Editorial_Thoughts_on_Systemd_and_the_Freedom_to_Choose

Peterson, Christine, Opensource.com, How I coined the term 'open source', https://opensource.com/article/18/2/coining-term-open-source-software

Petyerson, Scott K, The source code is the license, Opensource.com, https://opensource.com/article/17/12/source-code-license

PortableApps.com, Home page, https://portableapps.com/

Princeton University, Interview with Douglas McIlroy, https://www.princeton.edu/~hos/frs122/precis/mcilroy.htm

Raspberry Pi Foundation, https://www.raspberrypi.org/

Raymond, Eric S., The Art of Unix Programming, http://www.catb.org/esr/writings/taoup/html/index.html/

Wikipedia, The Unix Philosophy, Section: Eric Raymond's 17 Unix Rules, https://en.wikipedia.org/wiki/Unix_philosophy#Eric_Raymond%E2%80%99s_17_Unix_Rules

Raymond, Eric S., The Art of Unix Programming, Section The Rule of Separation, http://www.catb.org/~esr/writings/taoup/html/ch01s06.html#id2877777

SourceForge, Logwatch repository, https://sourceforge.net/p/logwatch/patches/34/

Time and motion study. BusinessDictionary.com. WebFinance, Inc. http://www.businessdictionary.com/definition/time-and-motion-study.html

Understanding SMART Reports, https://lime-technology.com/wiki/Understanding_ SMART_Reports

Unnikrishnan A, Linux.com, Udev: Introduction to Device Management In Modern Linux System, https://www.linux.com/news/udev-introduction-device- management-modern-linux-system

Venezia, Paul, Nine traits of the veteran Unix admin, InfoWorld, Feb 14, 2011, www.infoworld.com/t/unix/nine-traits-the-veteran-unix-admin- 276?page=0,0&source=fssr

Wikipedia, Alan Perlis, https://en.wikipedia.org/wiki/Alan_Perlis

Wikipedia, Christine Peterson, https://en.wikipedia.org/wiki/Christine_Peterson

Wikipedia, Command Line Completion, https://en.wikipedia.org/wiki/Command- line_completion

Wikipedia, Comparison of command shells, https://en.wikipedia.org/wiki/ Comparison_of_command_shells

Wikipedia, Dennis Ritchie, https://en.wikipedia.org/wiki/Dennis_Ritchie

Wikipedia, Device File, https://en.wikipedia.org/wiki/Device_file

Wikipedia, Gnome-terminal, https://en.wikipedia.org/wiki/Gnome-terminal

Wikipedia, Hard Links, https://en.wikipedia.org/wiki/Hard_link

Wikipedia, Heartbleed, https://en.wikipedia.org/wiki/Heartbleed

Wikipedia, Initial ramdisk, https://en.wikipedia.org/wiki/Initial_ramdisk

Wikipedia, Ken Thompson, https://en.wikipedia.org/wiki/Ken_Thompson

Wikipedia, Konsole, https://en.wikipedia.org/wiki/Konsole

Wikipedia, Linux console, https://en.wikipedia.org/wiki/Linux_console

Wikipedia, List of Linux-supported computer architectures, https://en.wikipedia. org/wiki/List_of_Linux-supported_computer_architectures

Wikipedia, Maslow's hierarchy of needs, https://en.wikipedia.org/wiki/Maslow%27s_ hierarchy_of_needs

Wikipedia, Open Data, https://en.wikipedia.org/wiki/Open_data

Wikipedia, PHP, https://en.wikipedia.org/wiki/PHP

Wikipedia, PL/I, https://en.wikipedia.org/wiki/PL/I

Wikipedia, Programma 101, https://en.wikipedia.org/wiki/Programma_101

Wikipedia, Richard M. Stallman, https://en.wikipedia.org/wiki/Richard_Stallman

Wikipedia, Rob Pike, https://en.wikipedia.org/wiki/Rob_Pike

Wikipedia, rsync, https://en.wikipedia.org/wiki/Rsync

Wikipedia, Rxvt, https://en.wikipedia.org/wiki/Rxvt

Wikipedia, Semantics, https://en.wikipedia.org/wiki/Semantics

Wikipedia, SMART, https://en.wikipedia.org/wiki/SMART

Wikipedia, Software testing, https://en.wikipedia.org/wiki/Software_testing

Wikipedia, Terminator, https://en.wikipedia.org/wiki/Terminator_(terminal_emulator)

Wikipedia, Time and motion study, https://en.wikipedia.org/wiki/Time_and_motion_study

Wikipedia, Transistor count, https://en.wikipedia.org/wiki/Transistor_count

Wikipedia, Tony Hoare, https://en.wikipedia.org/wiki/Tony_Hoare

Wikipedia, Unit Record Equipment, https://en.wikipedia.org/wiki/Unit_record_equipment

Wikipedia, Unix, https://en.wikipedia.org/wiki/Unix

Wikipedia, Windows Registry, https://en.wikipedia.org/wiki/Windows_Registry

Wikipedia, Xterm, https://en.wikipedia.org/wiki/Xterm

WikiQuote, C._A._R._Hoare, https://en.wikiquote.org/wiki/C._A._R._Hoare

WordPress, Home page, https://wordpress.org/

Python Linux系统管理与自动化运维

作者：赖明星 ISBN：978-7-111-57865-9 定价：89.00元

构建高可用Linux服务器（第4版）

作者：余洪春 ISBN：978-7-111-58295-3 定价：89.00元

Linux系统安全

作者：Tajinder Kalsi ISBN：978-7-111-58631-9 定价：59.00元

DevOps和自动化运维实践

作者：余洪春 ISBN：978-7-111-61002-1 定价：89.00元

跟老男孩学Linux运维：核心系统命令实战

作者：老男孩 ISBN：978-7-111-58597-8 定价：99.00元

跟老男孩学Linux运维：核心基础篇（上）

作者：老男孩 ISBN：978-7-111-60668-0 定价：89.00元

跟老男孩学Linux运维：MySQL入门与提高实践

作者：老男孩 ISBN：978-7-111-61367-1 定价：99.00元

跟老男孩学Linux运维：Shell编程实战

作者：老男孩 ISBN：978-7-111-55607-7 定价：89.00元

Linux实战

书号：978-7-111-62704-3　作者：[美] 戴维·克林顿（David Clinton）　定价：109.00元

12个现实项目案例带你精通Linux系统安全、管理与运维，美亚全五星好评以实践项目驱动，聚焦Linux管理核心技能，Linux实践必备